发电行业人工智能应用

华志刚　主编

内 容 提 要

人工智能是新一轮科技革命和产业变革的重要驱动力量，加快发展新一代人工智能是事关我国能否抓住新一轮科技革命和产业变革机遇的战略问题。

本书主要内容包括概论、人工智能技术现状及政策环境分析、人工智能算法、人工智能应用技术、人工智能在火电领域的应用、人工智能在核电领域的应用、人工智能在水电领域的应用、人工智能在风电领域的应用、人工智能在太阳能发电领域的应用、人工智能在综合智慧能源领域的应用、人工智能在供热领域的应用、人工智能应用的技术经济性。

本书既可作为高等院校能源动力、电气、自动化、人工智能专业师生的教学用书，也可作为能源领域的研究机构、发电厂、科技公司和制造企业的研发和技术支持人员的参考用书。

图书在版编目（CIP）数据

发电行业人工智能应用／华志刚主编. —北京：中国电力出版社，2020.9（2022.9 重印）
ISBN 978-7-5198-4749-4

Ⅰ.①发… Ⅱ.①华… Ⅲ.①人工智能—应用—发电—研究 Ⅳ.①TM6-39

中国版本图书馆 CIP 数据核字（2020）第 105640 号

出版发行：中国电力出版社
地　　址：北京市东城区北京站西街 19 号（邮政编码 100005）
网　　址：http：//www.cepp.sgcc.com.cn
责任编辑：宋红梅　董艳荣
责任校对：黄　蓓　王海南
装帧设计：王红柳
责任印制：吴　迪

印　　刷：北京瑞禾彩色印刷有限公司
版　　次：2020 年 9 月第一版
印　　次：2022 年 9 月北京第三次印刷
开　　本：787 毫米 ×1092 毫米　16 开本
印　　张：23.75
字　　数：534 千字
印　　数：3501—4000 册
定　　价：85.00 元

编审委员会

编写组

主　编　华志刚

副主编　李璟涛　汪　勇　吴水木　翟永杰　张宝军　苗井泉
　　　　　刘思广

参　编（按姓氏笔画排序）

马开科　王　颖　王泽森　尹书剑　邓　剑　刘　萌
刘一舟　刘鑫月　关　光　孙庆喜　李　奎　杨　洋
肖　宁　何　枭　余哲明　张　起　张小晖　范佳卿
周方俊　赵振兵　袁建丽　顾　怡　黄　睿　崔　希
符　佳　臧剑南

序　一

新中国成立以来，中国的发电装备产业经历了从无到有的过程。1952 年国家批准建设上海和哈尔滨两大动力基地，1981 年从国外引进 300MW 和 600MW 发电机组。经过近 70 年的发展，至 2019 年底，中国发电装机容量已经突破了 20 亿 kW。近年来，随着风电、太阳能等新能源发电产业蓬勃发展，推动中国发电领域从设计、制造、生产和经营全面进入了提质增效、清洁低碳、数字化和智能化的时代。

半个世纪以来，全球在数字化和智能化领域发生了巨大的变化，并逐步由大众消费领域向发电等工业领域渗透。1972 年，X86 处理器诞生成为 PC 时代的开端；2006 年，谷歌将世界带入了云计算时代；2007 年，iPhone 问世标志着高效移动时代的来临；2016 年，AlphaGo 战胜李世石，大众第一次感受到人工智能的强大。随着大数据、云计算、移动互联等数字经济的蓬勃发展，人工智能技术正在被广泛地应用于国家治理、经济建设、城市发展、人民生活和工业生产等各个领域。

近年来全世界掀起了互联网、人工智能企业与工业企业融合的浪潮，发电行业成为竞相争夺的焦点。国际上，红杉资本、软银等巨型风险投资集团不惜重金进入能源领域。在国内，阿里巴巴、腾讯、华为、京东、大疆科技、商汤科技、海康威视等企业都从不同角度进入发电领域，涉足领域包括发电厂运维、巡检、安全等。

在国家层面，促进人工智能等技术与实体经济融合是不可阻挡的历史趋势。十八大以来，中国经济发展面对国内外风险挑战明显上升的复杂局面。受到国际政治的影响，中国在高科技领域必将走向一条更加可控、更加安全的发展道路。发电领域比以往任何一个时间都需要更加积极地推进“四个革命、一个合作”的能源安全发展战略。推进人工智能在发电行业的应用将是推进我国能源供给革命和能源技术革命，保障国家能源安全的重要抓手。

中国的发电行业格局正在经历迅猛变化，已经开始由追求规模发展向追求高质量发展过渡，对发电领域科技发展提出了更高的要求。可以预见，人工智能技术的融合将为发电行业精细化管理和高质量发展提供重要支撑。人工智能技术在互联网、零售、交通、家居等消费行业取得了前所未有的成功，发电行业的人工智能应用对于安全性、经济性、可靠性和业务相容性提出了更高的要求。然而，在发电领域的应用目前只是初步实现了自动化和部分智能化，人工智能与发电行业具体场景的融合仍需要开展大量的工作，如在运行、检修、安全、经营等方面。

为了在日趋激烈的市场竞争下占据有利位置，发电企业亟待通过数字化、智能化建设突破电厂传统的安全管理、运行管理、设备管理以及经营决策方式，提升电厂经营管理水平，促进发电产业转型升级。结合发电行业面临的发展形势及其对人工智能的应用需求和实践场景，开展人工智能在发电行业的应用及探究，推进人工智能技术与发电产业的融合创新，已迫在眉睫。

在此背景下，《发电行业人工智能应用》编写组立足发电领域的基本现状，调研了国内外顶尖的人工智能实验室、科技公司和研究机构，与相关专家学者就人工智能技术在发电领域的发展方向进行了大量深入的探讨研究，积极探索人工智能对于发电技术的推进作用，研究发电各环节人工智能技术的应用场景和实现方式，力图为相关从业人员展示当前的技术现状和未来的应用前景。

该书内容不仅涵盖了人工智能的发展现状以及各国制定的人工智能相关政策，而且深入浅出地对人工智能的技术理论、应用技术进行了分析论述，以火电、核电、水电、风电、太阳能等不同品质的发电能源为基础，总结现状、列举需求、归纳场景、分析案例。该书的各章节脉络清晰、中心明确、有据可依，为发电行业的从业人员提供了一份宝贵的参考资料。

希望该书的出版能助力推动人工智能技术与发电行业的深度融合，推进未来发电行业的智慧化高质量转型发展，激励更多的发电行业从业人员关注人工智能、了解人工智能、享受人工智能，共同参与到推动能源工业互联网的革命浪潮中，抓住发电领域智能化这个巨大的历史机遇。

江毅

2020 年 6 月

序　二

如同蒸汽时代的蒸汽机、电气时代的发电机、信息时代的计算机和互联网，人工智能正成为推动人类进入智能时代的决定性力量。人工智能向各行各业快速渗透融合进而重塑整个社会发展，“人工智能 +X”应用范式日趋成熟，这是人工智能驱动第四次技术革命的最主要表现形式。

放眼世界，人工智能已成为国际竞争的新焦点。美国、英国、德国、日本等均把发展人工智能作为提升国家竞争力、维护国家安全的重大战略，力图在新一轮国际科技竞争中掌握主导权。2017 年 7 月，我国发布了《国务院关于印发新一代人工智能发展规划的通知》，明确指出新一代人工智能发展分三步走的战略目标，人工智能上升至国家规划战略高度；同年 10 月，人工智能进入十九大报告，将推动互联网、大数据、人工智能和实体经济深度融合，作为贯彻新发展理念，建设现代化经济体系的重要举措。2020 年 3 月，中共中央政治局常务委员会召开会议提出，加快 5G 网络、数据中心等新型基础设施建设进度，“新基建”将成为稳投资、稳增长、推动经济高质量发展的新动力。

随着云计算、大数据、物联网、移动互联等技术的发展和不断突破，新一代人工智能产业已在全球范围进入快速发展轨道，成为新一轮科技革命的突破口和产业变革的核心驱动力。对发电行业而言，也将面临行业格局重塑的巨大转型，数字化、智能化、信息化技术与发电行业深度融合，智能发电将是电力能源生产和消费革命的一个重要发展方向。安全、高效、清洁、低碳、灵活的智能电厂，将是发电企业未来较长时期的发展方向，是传统发电企业转型升级的必经之路。智能发电适应电力工业信息化、数字化、智能化的发展趋势，已经被写入《电力发展“十三五”规划》。

近几年，一些发电集团已经开始进行智能电厂建设的规划、论证和实施，建设智能电厂已成为行业共识的目标。2016 年 7 月，华北电力大学与原中国国电集团公司（现国家能源投资集团有限责任公司）共建的“智能发电协同创新中心”正式成立，致力于智能发电基础理论与关键技术研究。2019 年，国家电力投资集团有限公司牵头成立中国智慧能源产业联盟，标志着以中央企业为主导推动我国智慧能源发展、落实国家能源战略迈出了重要一步。在智能电厂建设方面，大唐姜堰燃机热电有限责任公司、大唐南京发电厂、国电内蒙古东胜热电有限公司、华能国际电力股份有限公司汕头电厂、中电（普安）发电有限责任公司、国家电投集团河南电力有限公司沁阳发电分公司、华电莱州发电有限公司、京能高安屯燃气热电有限责任公司等均已开展数字化智能电厂建设，取得了一些初步成果。

作为电力工作的从业者，我们需要清醒地认识到，智能电厂的发展才刚刚起步，远未到全面应用推广的阶段，还需要开展大量艰苦卓绝的工作，以推动概念的落地和实现。

在此形势下，《发电行业人工智能应用》一书面世了。该作品最大的亮点在于系国内首次开展涵盖火电、核电、水电、风电、太阳能发电、综合智慧能源和供热等各电源品种的人工智能应用研究，可谓恰逢其时、恰乘其势。该书从电力发展的现状和趋势出发，抽丝剥茧地梳理各电源品种对人工智能的应用需求和发展思路，重点关注人工智能最新研究成果及其在发电领域的应用实践，聚焦人工智能在电厂安全管理、工程建设、生产管理、经营决策等全过程应用场景，并对典型应用案例进行介绍分析，提出了人工智能技术在发电领域的重点应用场景及研究方向，具有较强的可操作性和工程实践指导意义。

本人认真阅读了该作品，其在理论的广度和深度、语言的精准性和条理性、内容的全面性和完整性等专业性方面，着实为一本佳作。该书深入分析了人工智能典型算法的技术原理、数学模型和应用领域，系统阐述了大数据、物联网、计算机视觉、自然语言处理和智能机器人等人工智能关键技术的应用领域、前沿动态和技术关键点。相信通过该书将搭建科研院所、高等院校、科技公司和发电企业之间技术沟通交流的桥梁，成为研究人员和技术人员的一本重要参考资料。

千里之行，始于足下。智能电厂发展之路必将经历由初级形态向高级形态、由局部应用到系统应用的历程，需要进行顶层设计、全面规划、明确技术、建立标准，需要在基础理论、关键技术与工程应用方面取得突破，需要实现理论、技术与体制、机制的创新，需要通过“产学研用”合作加以推进，真正把智能电厂从概念转化为切实可行的模式，真正推动我国电力工业的转型发展。

衷心希望作者开展的工作能够为我国发电产业的智能化升级开创新的篇章。

是以为序。

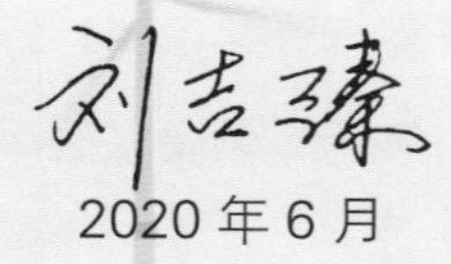

2020 年 6 月

前 言

人工智能是新一轮科技革命和产业变革的重要驱动力量，加快发展新一代人工智能是事关我国能否抓住新一轮科技革命和产业变革机遇的战略问题。发电行业在几十年快速增长后，增速放缓，为适应新时代对科学生产、精细管理的需要，发电行业面临战略转型，人工智能是实现安全生产、精细管理，促进产业变革的重要手段。

新一代人工智能产业已在全球范围进入快速发展轨道，各国针对人工智能领域均制定了推动人工智能相关技术与产业发展的纲要与规划。美国重点关注国防军事、国土安全和医疗影像等领域，美国国防部高级研究计划局于2018年9月宣布将投入20亿美元开展一项名为AI Next的计划，旨在加速人工智能研究；麻省理工学院计划斥资10亿美元，建设新的计算机学院，致力于将人工智能技术用于该校的所有研究领域。欧洲国家更加关注于人工智能伦理、数据安全、电子政务、数字技术等方面，包括法国、英国、德国等国家，均制定了防范人工智能给人类带来潜在威胁等安全问题的政策，例如德国相继发布了《新高科技战略》《将科技带给人类——人机交互的研究项目》《联邦教育研发部关于创建“学习系统”平台的决定》等政策文件，其研究重点在于人工智能技术与“工业4.0”计划的结合。日本发布的人工智能政策文件有《日本复兴战略2016》《人工智能科技战略》两项，在能源清洁和能源高效利用等领域重点部署。自2017年起，我国人工智能进入国家战略规划，从国家顶层设计方面，越来越重视到人工智能作为一项基础技术，能够渗透至各行各业，并助力传统行业实现跨越式升级，提升行业效率，正在逐步成为掀起互联网颠覆性浪潮的新引擎。

本书共分为12章。第1章从人工智能的概念、发展历程和主要学派入手，使读者对人工智能广阔的研究内容与应用领域有个总体了解。第2章围绕全球主要国家的人工智能技术的研究和应用现状，对各国人工智能市场规模、发展趋势和政策环境进行全面解析。第3章全面阐述有监督学习、无监督学习、弱监督学习、深度学习、知识表示与推理、群体智能算法等人工智能典型算法的原理、实现与应用。第 4 章详细介绍人工智能应用技术路线的方法原理、表现形式和典型应用领域，涵盖大数据应用、计算机视觉、自然语言处理、物联网技术、智能测量、智能控制和智能机器人等。第 5 ~ 11 章以场景应用需求为导向，总结典型应用案例的成功经验，系统探讨人工智能在火电、核电、水电、风电、太阳能发电、综合智慧能源和供热等各个领域的应用场景、技术实现方式和实施效果。第 12 章总结人工智能技术经济性分析方法，以此评估人工智能技术应用的经济效益，分析人工智能总体市场规模。

纵观国内外人工智能的发展现状以及各国针对人工智能推广应用所制定的相关政策，新一代人工智能产业已在全球范围进入快速发展轨道，逐渐成为新一轮科技革命的突破口和产业变革的核心驱动力。当前，发电行业已初步具备将人工智能转变为生产力的技术经济可行性，并将在智能安防、运行优化、状态检修、经营决策、远程诊断等领域得到更广阔的应用。因此，推进人工智能技术与发电生产经营的融合创新，必将成为发电产业发展和智能化升级的重要突破点。为更好地推动人工智能技术在发电行业的落地应用，编写组先后调研瑞士苏黎士大学、中国科学院、清华大学、上海交通大学、同济大学、哈尔滨工业大学、东南大学、华北电力大学、瑞士 ABB 公司、华为、阿里云、大疆科技、商汤科技、海康威视等高校、研究院所和高科技公司。在交流学习的基础上，作者结合近年来的思考和实践，选取了主流人工智能技术进行了粗浅的探讨，对各种人工智能技术在发电行业的应用场景进行了研究分析，与高校、研究院所、高科技公司的专业研究人员和电厂技术人员共同分享。

在此要特别感谢国家电力投资集团有限公司江毅总经理、中国工程院刘吉臻院士、东南大学吕剑虹教授对本书编写给予的悉心指导和关心。感谢严宏强、赵兰坤、岳乔、黄智、张晋宾、郑慧莉、杨东超、王举宝、李辉、吕克启、夏杰、刘景军、李广博、钟永、孙洁等课题中期和验收评审专家，他们对本书内容提供了许多宝贵建议，在此深表谢意。

感谢中国自动化学会发电自动化专委会的侯子良、杨新民、沈炯、许继刚、尹松、金丰、孙长生、吕剑虹、陈世和、郭为民、姚峻等各位专家委员提供的技术指导和帮助。

在本书编写过程中，得到了国家电力投资集团有限公司、国家电投集团科学技术研究院、上海发电设备成套设计研究院、国核电站运行服务技术有限公司、山东电力工程咨询院、华北电力大学、中关村华电能源电力产业联盟等单位领导、专家以及同事们的指导和帮助，在此表示感谢。

本书的编写，还得到了国家能源局、发电集团、高等院校、科研院所和高科技公司等有关单位和部门的大力支持，参考了他们的许多研究成果，在此一并表示感谢。

本书得到国家电力投资集团有限公司2019年软课题研究项目“人工智能在发电行业应用及研究”、国家自然科学基金项目（61871182、61773160）、北京市自然科学基金项目（4192055）和模式识别国家重点实验室开放课题基金项目（201900051）等的支持。

本书的出版得益于全体编委会成员一年多的辛勤付出和努力工作。感谢陈建国、刘袁新、包伟伟、李俊峰、付雪建、林雄、李世元、安东平、王金娜、杨凯、张腾兮、王怡爽等为本书编写在资料提供和书稿核对方面付出的辛劳。

本书既可作为高等院校能源动力、电气、自动化、人工智能专业师生的教学用书，也可作为能源领域的研究机构、发电厂、科技公司和制造企业的研发和技术支持人员的参考用书。

人工智能是范围极广、内容庞杂的一门学科，新技术发展日新月异，鉴于编委会成员的水平和掌握的资料有限，本书分析还不够全面，研究尚不够深入，提出的观点不一定正确，仅供专家和同行参考借鉴。书中存在的疏漏及论述不当之处，敬请读者批评指正！

编　者

2020年6月于北京

目 录

第1章 概论

1.1 人工智能的定义

1.1.1 智能的概念

人工智能（Artificial Intelligence，AI）的目标是用机器实现人类的部分智能。智能的概念及本质是古今中外许多哲学家、脑科学家一直在努力探索和研究的问题，但至今仍然没有完全掌握，以致智能的发生与物质的本质、宇宙的起源、生命的本质一起被列为自然界的四大奥秘。

近年来，随着脑科学、神经心理学等研究的推进，人们对人脑的结构和功能有了初步认识，但对整个神经系统的内部结构和作用机制，特别是脑的功能原理，还有待进一步探索，因此，很难对智能给出确切的定义。目前，根据对人脑已有的认识，结合智能的外在表现，业内研究机构、专家学者从不同的角度、用不同的方法对智能进行研究，提出了几种不同的观点，其中影响较大的观点有思维理论、知识阈值理论及进化理论等。

思维理论来自思维科学，又称认知科学。思维科学是研究人们认识客观世界的规律和方法的一门科学，其目的在于揭开大脑思维功能的奥秘。思维理论认为智能的核心是思维，人类的一切智慧或智能都来自大脑的思维活动，人类的一切知识都是人类思维的产物。因此，通过研究人类思维规律与方法可望揭示智能的本质。思维科学的应用领域涉及科学语言学、模式识别、人工智能、教育学、情报学、管理学等学科，对新一代智能计算机的发展具有重要作用。

知识阈值理论强调知识对于智能的重要意义和作用，认为智能行为取决于知识的数量及其一般化的程度，一个系统之所以有智能是因为它具有可运用的知识。因此，知识阈值理论把智能定义为智能就是在巨大的搜索空间中迅速找到一个满意解的能力。这一理论在人工智能的发展史中有着重要的影响，知识工程、专家系统等都是在这一理论的影响下发展起来的。

进化理论认为人的本质能力是在动态环境中的行走能力、对外界事物的感知能力、维持生命和繁衍生息的能力，正是这些能力为智能的发展提供了基础，因此，智能是某种复杂系统所浮现的性质，是由许多部件交互作用产生的结果。智能仅仅由系统总的行为以及行为与环境的联系所决定，它可以在没有明显的可操作的内部表达的情况下产生，也可以在没有明显的推理系统出现的情况下产生。该理论的核心是用控制取代表示，从而取消概念、模型及显式表示的知识，否定抽象对于智能及智能模拟的必要性，强调分层结构对于智能进化的可能性与必要性。该理论是由美国麻省理工学院（MIT）的布鲁克（R. A. Brook）教授提出来的。1991 年他提出了“没有表达的智能”，1992 年又提出了“没有推理的智能”，这是他根据对人造机器动物的研究和实践提出的与众不同的观点。目前这一观点尚未形成完整的理论体系，有待进一步研究，但由于它与人们的传统看法完全不同，因此引起了人工智能界的注意。

综合上述各种观点，可以认为：智能是知识与智力的总和。其中，知识是一切智能行为的基础；智力是获取知识并应用知识求解问题的能力，即在任意给定的环境和目标的条件下，正确制定决策和实现目标的能力，它来自大脑的思维活动。

1.1.2 智能的特征

1. 智能具有感知能力

感知能力是指通过视觉、听觉、触觉、味觉、嗅觉等感觉器官感知外部世界的能力。感知是人类获取外部信息的基本途径，人类的大部分知识都是通过感知获取，然后经过大脑加工获得。如果没有感知，人们就不可能获得知识，也不可能引发各种智能活动。因此，感知是产生智能活动的前提。

根据有关研究，视觉与听觉在人类感知中占有主导地位，80% 以上的外界信息是通过视觉得到的，有 10% 是通过听觉得到的。因此，在人工智能的机器感知研究方面，主要研究机器视觉和机器听觉。

2. 智能具有记忆与思维能力

记忆与思维是人脑最重要的功能，是人有智能的根本原因。记忆用于存储由感知器官感知到的外部信息以及由思维所产生的知识；思维用于对记忆的信息进行处理，即利用已有的知识对信息进行分析、计算、比较、判断、推理、联想及决策等。

思维是一个动态过程，是获取知识以及运用知识求解问题的根本途径，可分为形象思维、逻辑思维及顿悟思维等。

（1）形象思维。形象思维又称为直感思维，是一种以客观现象为思维对象、以感性形象认识为思维材料、以意象为主要思维工具、以指导创造物化形象的实践为主要目的的思维活动。

思维过程有两次飞跃。第一次飞跃是从感性形象认识到理性形象认识的飞跃，即把对事物的感觉组合起来，形成反映事物多方面属性的整体性认识（即知觉），再在知觉的基础上形成具有一定概括性的感觉反映形式（即表象），然后经形象分析、形象比较、形象概括及组合形成对事物的理性形象认识。第二次飞跃是从理性形象认识到实践的飞跃，即对理性形象认识进行联想、想象等加工，在大脑中形成新的意象，然后回到实践中，接受实践的检验。这个过程不断循环，就构成了形象思维从低级到高级的运动发展。

形象思维具有如下特点：

1）主要是依据直觉，即感觉形象进行思维；

2）思维过程是并行协同式的，表现为一个非线性过程；

3）形式化困难，没有统一的形象联系规则，对象不同、场合不同，形象的联系规则亦不相同，不能直接套用；

4）在信息变形或缺少的情况下仍有可能得到比较满意的结果。

（2）逻辑思维。逻辑思维又称为抽象思维，是一种根据逻辑规则对信息进行处理的理性思维方式。人们通过感觉器官获得外部事物的感性认识，将它们存储于大脑中，再通过匹配选出相应的逻辑规则，并且作用于已经表示成一定形式的已知信息，进行相应的逻辑推理。这种推理一般都比较复杂，通常不是用一条规则做一次推理就能够解决问题，而是要对第一次推出的结果再运用新的规则进行新一轮的推理。推理是否成功取决于两个因素：一是用于推理的规则是否完备；二是已知的信息是否完善、可靠。如果推理规则是完备的，由感性认识获得的初始信息是完善、可靠的，则通过逻辑思维可以得到合理、可靠的结论。

由于逻辑思维与形象思维分别具有不同的特点，因而可分别用于不同的场合。当要求迅速做出决策而不要求十分精确时，可用形象思维，但当要求进行严格的论证时，就必须用逻辑思维；当要对一个问题进行假设、猜想时，需用形象思维，而当要对这些假设或猜想进行论证时，则要用逻辑思维。人们在求解问题时，通常把这两种思维方式结合起来：首先用形象思维给出假设，然后用逻辑思维进行论证。

（3）顿悟思维。顿悟思维又称为灵感思维，是一种显意识与潜意识相互作用的思维方式。当我们遇到一个无法解决的问题时，会“苦思冥想”，这时大脑处于一种极为活跃的思维状态，会从不同的角度、用不同的方式去寻求解决问题的方法。有时一个“想法”从大脑中涌现出来，使人“茅塞顿开”，问题便迎刃而解。像这样用于沟通有关知识或信息的“想法”通常被称为灵感。灵感也是一种信息，可能是与问题直接有关的重要信息，也可能是一个与问题并不直接相关、且不起眼的信息，只是由于它的到来使解决问题的智慧被启动起来了。顿悟思维比形象思维更复杂，至今人们还不能确切地描述灵感的机理。例如，1830 年奥斯特在指导学生实验时，看见电流能使磁针偏转，从而发现了电磁关系。当然，虽然发现很偶然，但也是在 10 年探索的基础上发现的。顿悟思维具有如下特点：

1）具有不定期的突发性；

2）具有非线性的独创性及模糊性；

3）顿悟思维穿插于形象思维与逻辑思维之中，起着突破、创新及升华的作用。

应该指出，人的记忆与思维是密不可分的，总是相随相伴的。它们的物质基础都是由神经元组成的大脑皮质，通过相关神经元此起彼伏的兴奋与抑制实现记忆与思维活动。

3. 智能具有学习能力

学习是人的本能。人人都在通过与环境的相互作用不断地学习，从而积累知识以适应环境的变化。学习既可能是自觉的、有意识的，也可能是不自觉的、无意识的；既可以是有教师指导的，也可以是通过自己实践的。

4. 智能具有行为能力

人们通常用语言或者某个表情、眼神及形体动作来对外界的刺激做出反应，传达某个信息，这些称为行为能力或表达能力。如果把人们的感知能力看作是信息的输入，那么行为能力就可以看作是信息的输出。它们都受到神经系统的控制。

1.1.3 人工智能

所谓人工智能就是用人工的方法在机器（计算机）上实现的智能，或者说是人们使机器具有类似于人的智能。由于人工智能是在机器上实现的，因此又称为机器智能（Machine Intelligence，MI）。

关于人工智能的含义，早在它被正式提出之前，就由英国数学家图灵（A. M. Turing）提及。1950年图灵发表了题为《计算机与智能》（*Computing Machinery and Intelligence*）的论文，文章以“机器能思维吗？”开始，论述并提出了著名的图灵测试，形象地指出了什么是人工智能以及机器应该达到的智能标准。图灵在这篇论文中指出不要问机器是否能思维，而是要看它能否通过如下测试：让人与机器分别在两个房间里，他们可以通话，但彼此都看不到对方，如果通过对话，作为人的一方不能分辨对方是人还是机器，那么就可以认为对方的那台机器达到了人类智能的水平。为了进行这个测试，图灵还设计个很有趣且智能性很强的对话内容，称为“图灵的梦想”。

现在许多人仍把图灵测试作为衡量机器智能的准则，但也有许多人认为图灵测试仅仅反映了结果，没有涉及思维过程。即使机器通过了图灵测试，也不能认为机器就有智能。针对图灵测试，著名哲学家约翰·塞尔（J. R. Searle）在1980年设计了“中文屋思想实验”以说明这一观点。在中文屋思想实验中，一个完全不懂中文的人在一间密闭的屋子里，有一本中文处理规则的书。实验者不必理解中文就可以使用这些规则，屋外的测试者不断通过门缝给实验者写一些有中文语句的纸条。实验者在书中查找处理这些中文语句的规则，根据规则将一些中文字符抄在纸条上作为对相应语句的回答，并将纸条递出房间。这样，从屋外的测试者看来，仿佛屋里的人是一个以中文为母语的人，但实验者实际上并不理解其所处理的中文，也不会在此过程中提高自己对中文的理解。用计算机模拟这个系统，可以通过图灵测试，这说明一个按照规则执行的计算机程序不能真正理解其输入、输出的意义。许多人对约翰·塞尔的中文屋思想实验进行了反驳，但还没有人能够彻底将其驳倒。实际上，要使机器达到人类智能的水平是非常困难的，但是人工智能的研究正朝着这个方向前进，图灵的梦想总有一天会变成现实。特别是在专业领域内，人工智能能够充分利用计算机的特点，具有显著的优越性。2014年图灵测试举办方英国雷丁大学宣称居住在美国的俄罗斯人弗拉基米尔·维西罗夫（V. Vesely）创立的AI软件尤金·古斯特曼（E. Goostman）通过了图灵测试，尤金让33%的测试者相信它是人类。

人工智能是一门研究如何构造智能机器（智能计算机）或智能系统，使它能模拟、延伸、扩展人类智能的学科。通俗地说，人工智能就是要研究如何使机器具有能听、会说、能看、会写、能思维、会学习、能适应环境变化、能解决各种面临的实际问题等功能的一门学科。实际上，人工智能不是要发明出一个比人类还聪明的怪物来奴役人类，而是运用人工智能技术去解决问题、造福人类，就像100年前的“电气化”一样。人类现在的绝大部分职业将会被智能设备取代。

1.2 人工智能的发展历程

1.2.1 萌芽期（1956 年之前）

自远古以来，人类就有着用机器代替人们脑力劳动的幻想。早在公元前 900 多年，我国就有歌舞机器人流传的记载。公元前 850 年，古希腊也有了制造机器人帮助人们劳动的神话传说。此后，在世界的许多国家和地区都出现了类似的民间传说或神话故事。为追求和实现人类的这一美好愿望，很多科学家为之付出了艰辛的劳动和不懈的努力。人工智能可以在顷刻间爆发，而孕育这个学科却需要经历一个相当漫长的历史过程。从古希腊伟大的哲学家亚里士多德（Aristotle）创立的演绎法，到德国哲学家、数学家莱布尼茨（G. W. Leibnit）奠定的数理逻辑的基础，再从英国数学家图灵 1936 年创立图灵机模型，到美国数学家、电子数字计算机的先驱莫克利（J. W Mauchly）等人 1946 年研制成功世界上第一台通用电子计算机，这些都为人工智能的诞生奠定了重要思想理论和物质技术基础。1943 年，美国神经生理学家麦卡洛克（W. S. McCulloch）和皮茨（W. Pits）一起研制出了世界上第一个人工神经网络模型（MP 模型），开创了以仿生学观点和结构化方法模拟人类智能的途径。1948 年，美国著名数学家诺伯特·维纳（N. Wiener）创立了控制论，为以行为模拟观点研究人工智能奠定了理论和技术基础。1950 年，图灵发表了题为《计算机与智能》（*Computing Machinery and Intelligence*）的著名论文，明确提出了“机器能思维”的观点。至此，人工智能的基本雏形已初步形成，人工智能的诞生条件也已基本具备。通常，人们把这一时期称为人工智能的萌芽期。

1.2.2 形成期（1956—1969 年）

人工智能术语诞生于一次历史性的聚会。为使计算机变得更“聪明”，或者说使计算机具有智能，1956 年夏季，由当时在美国达特茅斯（Dartmouth）大学的年轻数学家、计算机专家麦卡锡（J. McCarthy，后为麻省理工学院教授）和他的 3 位朋友哈佛大学数学家、神经学家明斯基（M. L. Minsky，后为麻省理工学院教授）、IBM 公司信息中心负责人罗切斯特（N. Lochester）、贝尔实验室信息部数学研究员香农（C. E. Shannon）共同发起，并邀请 IBM 公司的莫尔（T. More）和塞缪尔（A. L. Samuel）、麻省理工学院的塞弗里奇（O. Selfridge）和所罗门诺夫（R. Solomont），以及兰德（RAND）公司和卡内基－梅隆大学的纽厄尔（A. Newell）、西蒙（H. A. Simon）共 10 人，在达特茅斯大学召开了一个为期两个月的夏季学术研讨会。这些来自美国数学、神经学、心理学、信息科学和计算机科学方面的杰出年轻科学家，在一起共同学习和探讨了用机器模拟人类智能的有关问题。会上经麦卡锡提议正式采用了人工智能（Artificial Intelligence，AI）这一术语，用它来代表有关机器智能这一研究方向，标志着人工智能作为一门新兴学科的正式诞生，麦卡锡因此被称为人工智能之父，1956 年也就成为人工智能元年。

这次会议之后 10 多年中，人工智能在定理证明、问题求解、博弈论等众多领域取得了一大批重要研究成果。例如，1956 年，塞缪尔成功研制了具有自学习、自组织和自适应能力的西洋跳棋程序。该程序可以从棋谱中学习，也可以在下棋过程中积累经验提高棋艺；同年，纽厄尔、肖（J. C. Shaw）和西蒙等人组成的心理学小组研制出一个称为逻辑理论机（Logic Theory Machine，LT）的数学定理证明程序，该程序可以模拟人类用数理逻辑证明定理时的思维规律，去证明如不定积分、三角函数、代数方程等数学问题。1958 年，麦卡锡建立了行动规划咨询系统。1960 年，麦卡锡又研制出了人工智能语言——列表处理程序设计语言（List Processing，LISP）。1965 年，鲁滨逊（J. A. Robinson）提出了归结（消解）原理。1968 年，美国斯坦福大学费根鲍姆（E. A. Feigenbaum）领导的研究小组研制成功了化学专家系统 DENDRAL。此外，在人工神经网络方面，1957 年，康纳尔大学罗森布拉特（F. Rosenblatt）等人研制出了感知器（Perceptron），利用感知器可进行简单的文字、图像、声音识别。

1.2.3 发展期（1970—1989 年）

通常人们把从 20 世纪 70 年代初到 80 年代末这段时间称为人工智能的发展期，也有人称为低潮时期。人工智能在经过形成期的快速发展之后，很快就遇到了许多麻烦。例如：

（1）在博弈方面，塞缪尔的下棋程序在与世界冠军对弈时，5 局中败了 4 局。

（2）在定理证明方面，鲁滨逊归结法的能力有限。当用归结原理证明“两个连续函数之和还是连续函数”时，推了 10 万步也没证明出结果。

（3）在问题求解方面，由于过去的研究一般针对具有良好结构的问题，而现实世界中的问题多为不良结构，如果仍用那些方法去处理，将会产生组合爆炸问题。

（4）在机器翻译方面，原来人们以为只要有一本双解字典和一些语法知识就实现两种语言的互译，但后来发现并不那么简单，甚至会闹出笑话。例如，把“心有余而力不足”的英语句子“The spirit is willing but the flesh is weak”翻译成俄语，俄语再译成英语时竟变成了“酒是好的，肉变质了”，即英语句子为“The wine is good but the meat is spoiled”。

（5）在神经生理学方面，研究发现人脑由上亿个神经元组成，按当时的机器从结构上模拟人脑是根本不可能的。对单层感知器模型，明斯基出版《感应器》（*Perceptrons*）中指出了其存在的严重缺陷，致使人工神经网络的研究落入低潮。

此外，在人工智能的本质、理论、思想和机理方面，人工智能受到了来自哲学、神经生理学等社会各界的责难、怀疑和批评。一些西方国家的人工智能费用被削减，研究机构被解散，一时间全世界范围内的人工智能研究陷入困境。

科学的真理常常是先由少数人发现和创造。早在20世纪60年代中期，当大多数人工智能学者正热衷于对博弈、定理证明、问题求解等进行研究时，专家系统这一重要研究领域开始悄悄孕育。正是由于专家系统这棵幼小萌芽的存在，才使得人工智能能够在后来出现的困难和挫折中很快找到了前进的方向，又迅速再度兴起。

专家系统（Expert System，ES）是一类具有大量专门知识，并能够利用这些知识去解决特定领域中需要由专家才能解决的那些问题的计算机程序。专家系统实现了人工智能从理论研究走向实际应用、从一般思维规律探讨走向专门知识运用的重大突破，是人工智能发展史上的一次重要转折。当时，国际上最著名的两个专家系统分别是1975年费根鲍姆领导研制成功的MYCIN专家系统和1981年斯坦福大学国际人工智能中心杜达（R. D. Duda）等人研制成功的专家系统PROSPECTOR。其中，MYCIN专家系统可以识别51种病菌，能正确使用23种抗生素，能协助内科医生诊断、治疗细菌感染疾病，并从技术上解决了诸如知识表示、不确定性推理、搜索策略、人机联系、知识获取及专家系统基本结构等系列重大问题。

1977年，费根鲍姆正式提出了“Knowledge Engineering”（KE，知识工程）的概念，进一步推动了基于知识的专家系统及其他知识工程系统的发展。专家系统的成功说明了知识在智能系统中的重要性，使人们更清楚地认识到人工智能系统应该是一个知识处理系统，而知识表示、知识获取、知识利用是人工智能系统的三个基本问题。

这一时期，与专家系统同时发展的重要领域还有计算机视觉、机器人、自然语言理解和机器翻译等。此外，在知识工程长足发展的同时，一直处于低谷的人工神经网络开始慢慢复苏。1982年，美国物理学家霍普菲尔德（J. Hopfield）提出了一种新的全互联型人工神经网络——Hopfield神经网络模型，成功地解决了计算复杂度为NP完全的“旅行商问题”（Travelling salesman problem, TSP）。1985年，鲁梅哈特（D. E. Rumelhart）等人推广了由韦尔博斯（P. Werbos）发明的反向传播（Back Propagation，BP）算法，解决了多层人工神经元网络（Multi-Layer Perceptron，MLP）的学习问题，使得大规模神经网络训练成为可能。

1.2.4 走向实用期（1990年以后）

进入20世纪90年代，随着网络技术特别是互联网技术的发展，加速了人工智能的创新研究，促使人工智能技术逐步走向实用化。1997年IBM公司深蓝超级计算机战胜了国际象棋世界冠军卡斯帕罗夫（G. Kasparov），2008年IBM提出“智慧地球”的概念，都是这一时期的标志性事件。

2011年至今，随着大数据、云计算、互联网、物联网等信息技术的发展，泛在感知数据和图形处理器等计算平台推动以深度神经网络为代表的人工智能技术飞速发展，大幅跨越了科学与应用之间的“技术鸿沟”，诸如图像分类、语音识别、知识问答、人机对弈、无人驾驶等人工智能技术实现了从“不能用、不好用”到“可以用”的技术突破，迎来爆发式增长的新高潮。

人工智能创新创业如火如荼，全球产业界充分认识到人工智能技术引领新一轮产业变革的重大意义，纷纷调整发展战略。例如，谷歌在其2017年度开发者大会上明确提出发展战略从“移动优先”转向“人工智能优先”，微软2017年年报首次将人工智能作为公司发展愿景。麦肯锡公司报告指出，2016年全球人工智能研发投入超300亿美元并处于高速增长阶段；全球知名风投调研机构CB Insights报告显示，2017年全球新成立人工智能创业公司1100家，人工智能领域共获得投资152亿美元，同比增长141%。

创新生态布局成为人工智能产业发展的战略高地。信息技术和产业的发展史，就是新老信息产业巨头抢占布局、创新生态的更替史。例如，传统信息产业代表企业有微软、英特尔、IBM、甲骨文等，互联网和移动互联网时代信息产业代表企业有谷歌、苹果、亚马逊、阿里巴巴、腾讯、百度等。人工智能创新生态包括纵向的数据平台、开源算法、计算芯片、基础软件、图形处理器等技术生态系统和横向的智能制造、智能医疗、智能安防、智能零售、智能家居等商业和应用生态系统。目前，智能科技时代的信息产业格局还没有形成垄断，因此全球科技产业巨头都在积极推动人工智能技术生态的研发布局，全力抢占人工智能相关产业的制高点。

人工智能的社会影响日益凸显。一方面，人工智能作为新一轮科技革命和产业变革的核心力量，正在推动传统产业升级换代，驱动“无人经济”快速发展，在智能交通、智能家居、智能医疗等民生领域产生积极正面影响。另一方面，个人信息和隐私保护、人工智能创作内容的知识产权、人工智能系统可能存在的歧视和偏见、无人驾驶系统的交通法规、脑机接口和人机共生的科技伦理等问题已经显现出来，解决方案也正在加紧研究中。

1.3 人工智能的主要学派

若从 1956 年正式提出人工智能学科算起，人工智能的研究发展已有 60 多年历史。这期间，不同学科或学科背景的学者对人工智能做出了各自的理解，提出了不同的观点，由此产生了不同的学术流派。对人工智能研究影响较大的主要有符号主义、连接主义和行为主义三大学派。

1.3.1 符号主义

符号主义（Symbolism）是一种基于逻辑推理的智能模拟方法，又称为逻辑主义（Logicism）、心理学派（Psychlogism）或计算机学派（Computerism），其原理主要为物理符号系统假设和有限合理性原理。长期以来，一直在人工智能中处于主导地位。

符号主义学派认为人工智能源于数学逻辑。数学逻辑从 19 世纪末起就获得迅速发展，到 20 世纪 30 年代开始用于描述智能行为。计算机出现后，又在计算机上实现了逻辑演绎系统。该学派认为人类认知和思维的基本单元是符号，而认知过程就是在符号表示上的一种运算。符号主义致力于用计算机的符号操作来模拟人的认知过程，其实质就是模拟人的左脑抽象逻辑思维，通过研究人类认知系统的功能机理，用某种符号来描述人类的认知过程，并把这种符号输入到能处理符号的计算机中，从而模拟人类的认知过程，实现人工智能。

1.3.2 连接主义

连接主义（Connectionism）又称为仿生学派（Bionicsism）或生理学派（Physiologism），是一种基于神经网络及网络间的连接机制与学习算法的智能模拟方法，其原理主要为神经网络和神经网络间的连接机制和学习算法。这一学派认为人工智能源于仿生学，特别是人脑模型的研究。

连接主义学派从神经生理学和认知科学的研究成果出发，把人的智能归结为人脑的高层活动的结果，强调智能活动是由大量简单的单元通过复杂的相互连接后并行运行的结果。人工神经网络就是其典型代表性技术。

1.3.3 行为主义

行为主义又称进化主义（Evolutionism）或控制论学派（Cyberneticsism），是一种基于“感知 – 行动”的行为智能模拟方法。

行为主义最早来源于20世纪初的一个心理学流派，认为行为是有机体用以适应环境变化的各种身体反应的组合，它的理论目标在于预见和控制行为。诺伯特·维纳和麦洛克等人提出的控制论和自组织系统、钱学森等人提出的工程控制论和生物控制论，影响了许多领域。控制论把神经系统的工作原理与信息理论、控制理论、逻辑以及计算机联系起来。早期的研究工作重点是模拟人在控制过程中的智能行为和作用，对自寻优、自适应、自校正、自镇定、自组织和自学习等控制论系统的研究，并进行“控制动物”的研制。到20世纪60、70年代，上述这些控制论系统的研究取得一定进展，并在20世纪80年代诞生了智能控制和智能机器人系统。

人工智能研究进程中的这三种假设和研究范式推动了人工智能的发展。就人工智能三大学派的历史发展来看，符号主义认为认知过程在本体上就是一种符号处理过程，人类思维过程总可以用某种符号来进行描述，其研究是以静态、顺序、串行的数字计算模型来处理智能，寻求知识的符号表征和计算，它的特点是自上而下。而连接主义则是模拟发生在人类神经系统中的认知过程，提供一种完全不同于符号处理模型的认知神经研究范式，主张认知是相互连接的神经元的相互作用。行为主义与前两者均不相同，认为智能是系统与环境的交互行为，是对外界复杂环境的一种适应。这些理论与范式在实践之中都形成了自己特有的问题解决方法体系，并在不同时期都有成功的实践范例。就解决问题而言，符号主义有从定理机器证明、归结方法到非单调推理理论等一系列成就，连接主义有归纳学习，行为主义有反馈控制模式及广义遗传算法等解题方法，它们在人工智能的发展中始终保持着一种经验积累及实践选择的证伪状态。

1.4 人工智能的研究内容

1.4.1 知识表示

1. 概念表示

对于人工智能来说，知识是最重要的部分。知识由概念组成，概念是构成人类知识世界的基本单元。人们借助概念才能正确地理解世界，与他人交流，传递各种信息。如果缺少对应的概念，将自己的想法表达出来是非常困难甚至是不可能的。能够准确地使用各种概念是人类一项重要且基本的能力。鉴于知识自身也是一个概念，因此，想要表达知识，能够准确表达概念是先决条件。

概念由概念名、概念的内涵表示、概念的外延表示组成。概念名由一个词语来表示，属于符号世界或认知世界。概念的内涵表示用来反映和揭示概念的本质属性，是人类主观世界对概念的认知，可存在于人的心智之中，属于心智世界。概念的外延表示由概念指称的具体实例组成，是一个由满足概念的内涵表示的对象构成的经典集合，概念的外延表示外部可观可测。

经典概念大多隶属于科学概念。比如，偶数、英文字母属于经典概念。

偶数的概念名为偶数。偶数的内涵表示为如下命题：只能被 2 整除的自然数。偶数的外延表示为经典集合 {0，2，4，6，8，10，…}。

英文字母的概念名为英文字母。英文字母的内涵表示为如下命题：英语单词里使用的字母符号（不区分字体）。英文字母的外延表示为经典集合 {a，b，c，d，e，f，g，h，i，j，k，l，m，n，o，…}，经典概念在科学研究、日常生活中具有极其重要的意义。

2. 知识表示的方法

知识是人们在长期的生活及社会实践中、在科学研究及实验中积累起来的对客观世界的认识与经验。人们把实践中获得的信息关联在一起，就形成了知识，把有关信息关联在一起所形成的信息结构称为知识表示。信息之间有多种关联形式，其中用得最多的一种是用“如果……，则……”表示的关联形式，它反映了信息间的某种因果关系。例如，我国北方居民经过多年的观察发现，每当冬天即将来临，就会看到一批批的大雁向南方飞去，于是把“大雁向南飞”与“冬天就要来临了”这两个信息关联在一起，就得到了一条知识：如果大雁向南飞，则冬天就要来临了。

知识反映了客观世界中事物之间的关系，不同事物或相同事物间的不同关系形成了不同的知识。例如，“雪是白色的”也是一条知识，反映了“雪”与“颜色”之间的一种关系。又如“如果头痛且流涕，则有可能患了感冒”是一条知识，反映了“头痛且流涕”与“可能患了感冒”之间的一种因果关系。在人工智能中，把前一种知识称为“事实”，而把后一种知识，即用“如果……，则……”关联起来所形成的知识称为“规则”。

知识的表示一般分为产生式表示法和框架表示法。产生式通常用于表示事实、规则以及它们的不确定性度量。产生式不仅可以表示确定性规则，还可以表示各种操作、规则、变换、算子函数等；不仅可以表示确定性知识，而且还可以表示不确定性知识。一个产生式系统由规则库、综合数据库、推理机三部分组成。产生式系统求解问题的过程是一个不断地从规则库中选择可用规则与综合数据库中的已知事实进行匹配的过程，规则的每一次成功匹配都使综合数据库增加了新内容，并朝着问题的解决方向前进了一步。这一过程称为推理，是专家系统中的核心内容。

框架是一种描述所有对象（一个事物、事件或概念）属性的数据结构。一个框架由若干个被称为“槽”的结构组成，每一个槽又可根据实际情况划分为若干个“侧面”。一个槽用于描述所论对象某一方面的属性，一个侧面用于描述相应属性的一个方面。槽和侧面所具有的属性值分别被称为槽值和侧面值。

3. 知识图谱

知识图谱的概念最初由谷歌于 2012 年提出，目的是利用网络多源数据构建的知识库来增强语义搜索、提升搜索质量。正如谷歌知识图谱负责人辛格哈尔（A.Singhal）博士关于知识图谱提到的“The world is not made of strings，but is made of things”（世界是由事物组成，而不是字符串），知识图谱旨在以结构化的形式描述客观世界中的概念、实体及其间的复杂关系。其中，概念是指人们在认识世界过程中形成的对客观事物的概念化表示，如人、动物、组织机构等；实体是客观世界中的具体事物，如画家达·芬奇、篮球运动员姚明等。关系描述概念、实体之间客观存在的关联，如毕业院校描述了个人与其所在院校之间的关系、运动员和篮球运动员存在概念和子概念的关系等。

作为大数据环境下知识工程的标志性产物，知识图谱遵循知识建模、知识获取、知识集成、知识共享与应用的生命周期。互联网的迅速发展正在逐渐改变知识的产生方式，知识资源变得丰富多样，而建模和获取任务也就需要针对知识资源的特性进行相应的调整和改变。

简单来说，获取知识的资源对象大体可分为结构化数据、半结构化数据和非结构化数据三类。结构化数据是指知识定义和表示都比较完备的数据，半结构化数据的典型代表是百科类网站，虽然知识的表示和定义并不一定规范统一，其中部分数据（如信息框、列表和表格等）仍遵循特定表示以较好的结构化程度呈现，但仍存在大量结构化程度较低的数据，一些领域的介绍和描述类页面往往也都归在此类，如计算机、手机等电子产品的参数性能分析介绍。非结构化数据则是指没有定义和规范约束的“自由”数据，包括最广泛存在的自然语言文本、音视频等。互联网时代，知识在数据中的分布有如下特点：

（1）多媒体性：同一知识可能表达为不同的媒体形式，如维基百科的词条可能包括文本描述、图片展示以及结构化的信息框等。

（2）隐蔽性：很多有价值的知识可能存在于网页链接或者资源文件中，如语义网知名教授亨德勒（J.A.Hendler）的个人主页中关于其个人简介的结构化表达就“藏”在一个单独的 RDF 文件中。

（3）分布性：关于同一事物的不同方面的知识往往分布也各异，如科研人员的基本信息可以在其主页和个人简历中获取，论著发表情况收录于权威的 ACM 或者 DBLP 数据库中，而其参与的学术活动信息则得通过相关活动的页面获得。

（4）异构性：知识的分布表达和定义不可避免地造成异构性，即不同用户对于同一知识的表达和理解存在或多或少的差异。以不同类型信息的组织管理需要用到的分类体系为例，比较著名的有开放式分类目录搜索系统（Open Directory Project，ODP），但是不同的门户网站和导航网站往往会根据需要定义各自的分类系统。

（5）海量性：较之传统人工编撰的知识库，互联网上知识的规模巨大。例如，维基百科共收录了约 600 万的英文词条和 90 万的中文词条，事实知识的条目更是数以亿计。上述特点给知识图谱构建带来了机遇和挑战。

知识建模是定义领域知识描述的概念、事件、规则及其相互关系的知识表示方法，建立知识图谱的概念模型，主要包括领域概念及概念层次（上下位关系）学习等。

领域概念是人们理解客观世界的线索，是人们对客观世界中的事物在不同层次上的概念化描述。概念层次是知识图谱的“骨骼”，即使是现有结构化比较好的知识图谱，其概念体系也存在诸多问题，如概念数量少、知识覆盖率低；上下位关系稀疏、概念扁平化组织、知识的精确度低；上下位关系错误和噪声多、概念结构混乱。概念层次学习的目的是确定概念与子概念之间的关系，判断两个概念之间是否存在上下位关系，基本步骤是首先进行概念抽取，然后对概念间上下位关系进行识别，最后将概念以识别得到的上下位关系为基础组织成树或有向无环图的结构。

知识获取是对知识建模定义的知识要素进行实例化的过程。知识图谱中实例的属性描述以三元组的形式表示，其数量决定了知识图谱的丰富程度。因此，建模完成之后，通常采用不同类型的机器学习方法从多源异构的数据源中进行事实型知识的学习。知识的获取方法分为有监督方法、半监督方法和无监督方法，其中有监督方法包括基于规则、分类、序列标注等方法，半监督方法则以自扩展方法和远程监督方法为主，无监督方法的典型代表是开放信息抽取。

知识图谱间的分布性和异构性阻碍了知识在整个语义网上的共享。语义集成技术就是在异构知识图谱之间发现实体（概念、属性或实例）间的等价关系，从而实现知识共享。由于知识图谱多以本体的形式定义和描述，因此，知识图谱语义集成的核心是本体模式层和实例层的匹配问题，即本体映射。高质量大规模的知识获取和语义集成是大数据环境下知识图谱构建的一项艰巨任务，还有许多问题亟待研究。

知识图谱最初提出的目的是增强搜索结果，改善用户搜索体验，即语义搜索。但其应用方式远不止于此，知识图谱还可以应用于知识问答、领域大数据分析等。知识问答是通过对问句的语义分析，将非结构化问句解析成结构化的查询，从已有结构化的知识图谱中获取答案，使用户可直接获得问题的答案。知识驱动的大数据分析与决策是另一种典型的应用方式，借助知识图谱丰富准确的知识结点和广泛的关系网络对语义稀疏的领域大数据进行分析理解，为行业决策提供有力支撑。

1.4.2 知识获取

1. 搜索技术

人工智能研究的对象大多是属于结构不良或非结构化的问题。对于这些问题，一般很难获得其全部信息，更没有现成的算法可供求解使用，因此只能依靠经验，利用已有知识逐步摸索求解。像这种根据问题的实际情况，不断寻找可利用知识，从而构造一条代价最小的推理路线，使问题得以解决的过程称为搜索。

对那些结构性能较好，理论上有算法可依的问题，如果问题或算法的复杂性较高（如按指数形式增长），由于受计算机在时间和空间上的限制，也无法付诸实用。这就是人们常说的组合爆炸问题。例如，64 阶梵塔问题有 3 种状态，仅从空间上来看，这是一个任何计算机都无法存储的问题。可见，理论上有算法的问题实际上不一定可解。这类问题也需要采用搜索的方法来进行求解。

搜索算法可根据其是否采用智能方法分为盲目搜索算法和智能搜索算法。盲目搜索算法是指在搜索之前就预定好控制策略，整个搜索过程中的策略不再改变。采用这种方法，即使搜索出来的中间信息不再有价值，其搜索过程也不会因此而改变。可见，盲目搜索算法的灵活性较差，搜索效率较低，且不便于复杂问题的求解。

智能搜索算法是指可以利用搜索过程得到的中间信息来引导搜索过程向最优方向发展的算法。根据其搜索机理，这种算法可以分为多种类型。例如，基于搜索空间的状态空间启发式搜索、与或树启发式搜索及博弈树启发式搜索算法，基于生物演化过程的进化搜索算法，基于生物系统免疫机理的免疫算法，基于物理退火过程的模拟退火算法，以及基于统计模型的蒙特·卡罗搜索算法等。

状态空间启发式搜索是一种用状态空间来表示和求解问题的搜索方法。与或树启发式搜索是一种用与或树来表示和求解问题的搜索方法。博弈树启发式搜索是一种特殊的与或树，主要用于博弈过程的搜索。进化搜索算法是一种模拟自然界生物演化过程的随机搜索方法，其典型代表为遗传算法。免疫算法是一种模拟生物体免疫系统功能的随机搜索方法，在保留遗传算法优良特性的前提下，较好地解决了遗传优化过程中出现的退化现象。模拟退化算法是一种主要针对组合优化问题的随机寻优算法，在控制工程、机器学习等领域有着广泛的应用。蒙特·卡罗搜索算法是一种以概率统计理论为指导的搜索算法，其典型应用是采用深度学习和蒙特·卡罗算法的 AlphaGo。

2. 群集智能算法

群集智能算法是人工智能的一个重要分支方向，它起源于对“人工生命”的研究。“人工生命”用来研究具有某些生命基本特征的人工系统。该算法包括两个方面内容：研究如何利用计算技术研究生物现象、研究如何利用生物技术研究计算问题。我们更关注的是研究如何利用生物技术研究计算问题。目前，已经有很多源于生物现象的计算技巧。例如遗传算法和免疫算法，遗传算法模拟基因进化过程，免疫算法模拟生物免疫系统的功能。现在讨论另一种生物系统——社会系统，更确切地说是由简单个体组成的群落与环境以及个体之间的互动行为，也可称为群集智能（Swarm Intelligence）。这些模拟系统利用局部信息，从而可能产生不可预测的群体行为，如用来模拟鱼群和鸟群的运动现象及规律。

对群集智能的研究是受社会性昆虫行为的启发，从事计算研究的学者通过对社会性昆虫的模拟产生了一系列对于传统问题的新的解决方法，这些研究就是群集智能的研究。群集智能中的群体指的是“一组相互之间可以进行直接通信或者间接通信（通过改变局部环境）的主体，这组主体能够合作进行分布问题求解；而所谓群集智能，指的是“无智能的主体通过合作表现出智能行为的特性”，群集智能在没有集中控制并且不提供全局模型的前提下，为寻找复杂的分布式问题的解决方案提供了基础。

3. 机器学习

（1）机器学习的定义。人工智能近年在语音识别、图像处理等诸多领域都获得了重要进展，在人脸识别、机器翻译等任务中已经达到甚至超越了人类的能力，尤其是在举世瞩目的围棋“人机大战”中，AlphaGo 以绝对优势先后战胜过去 10 年最强的人类棋手、世界围棋冠军李世石九段和柯洁九段，让人类领略到了人工智能技术的巨大潜力。可以说，人工智能技术所取得的成就在很大程度上得益于目前机器学习理论和技术的进步。在可以预见的未来，以机器学习为代表的人工智能技术将给人类未来生活带来深刻的变革。作为人工智能的核心研究领域之一，机器学习是人工智能发展到一定阶段的产物，其最初的研究动机是为了让计算机系统具有学习能力以便实现人工智能。

什么叫机器学习（Machine Learning，ML）？至今，还没有统一的机器学习定义，而且也很难给出公认的和准确的定义。简单地按照字面理解，机器学习的目的是让机器能像人一样具有学习能力。机器学习领域奠基人之一、美国工程院院士米切尔（Tom Mitchell）教授认为机器学习是计算机科学和统计学的交叉，同时也是人工智能和数据科学的核心。他撰写的经典教材《机器学习》（*Machine Learning*）中所给出的机器学习的经典定义为“利用经验完善计算机系统自身的性能”。一般而言，经验对应于历史数据（互联网数据、科学实验数据等），计算机系统对应于机器学习模型（如决策树、支持向量机等），性能则是模型对新数据的处理能力（如分类和预测性能等）。

更进一步地说，机器学习致力于研究如何通过计算的手段，利用经验改善系统自身的性能，其根本任务是数据的智能分析与建模，进而从数据里面挖掘出有用的价值。随着计算机、通信、传感器等信息技术的飞速发展以及互联网应用的日益普及，人们能够以更加快速、容易、廉价的方式来获取和存储数据资源，使得数字化信息以指数方式迅速增长。但是，数据本身是死的，它不能自动呈现出有用的信息。机器学习技术是从数据当中挖掘出有价值信息的重要手段，它通过对数据建立抽象表示并基于表示进行建模，然后估计模型的参数，从而从数据中挖掘出对人类有价值的信息。

从广义上来说，机器学习是一种能够赋予机器学习的能力，以此让它完成直接编程无法完成的功能的方法。但从实践的意义上来说，机器学习是一种利用数据训练模型，然后使用模型预测的一种方法。图 1-1 所示为机器学习与人类思考的类比。

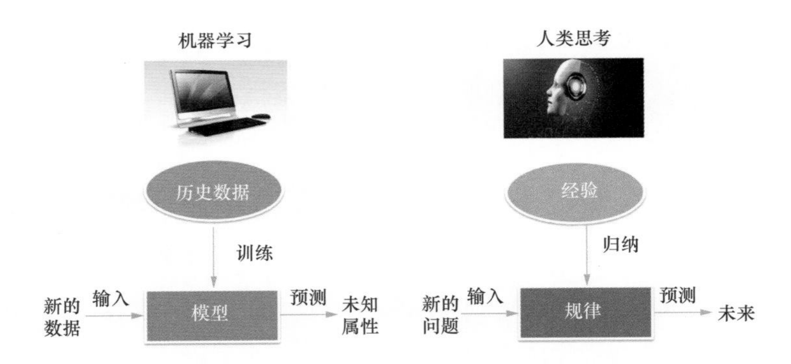

图 1-1 机器学习与人类思考的类比

人类在成长、生活过程中积累了很多的历史与经验。人类定期地对这些经验进行“归纳”，获得了生活的“规律”。当人类遇到未知的问题或者需要对未来进行“推测”的时候，人类使用这些“规律”，对未知问题与未来进行“推测”，从而指导自己的生活和工作。

机器学习中的“训练”与“预测”过程可以对应到人类的“归纳”和“推测”过程。通过这样的对应关系，机器学习的思想并不复杂，仅仅是对人类生活学习过程的一个模拟。由于机器学习不是基于编程形成的结果，因此它的处理过程不是因果的逻辑，而是通过归纳思想得出的相关性结论。

（2）机器学习的发展。机器学习是人工智能研究较为年轻的分支，尤其是 20 世纪 90 年代以来，在统计学界和计算机学界的共同努力下，一批重要的学术成果相继涌现，机器学习进入了发展的黄金时期。机器学习面向数据分析与处理，以无监督学习、有监督学习和强化学习等为主要的研究问题，提出和开发了一系列模型、方法和计算方法，如基于支持向量机（Support Vector Machine, SVM）的分类算法、高维空间中的稀疏学习模型等。在机器学习的发展过程中，卡内基－梅隆大学的米切尔教授起到了不可估量的作用，他是机器学习的早期建立者和守护者。机器学习发展的重要里程碑之一是统计学和机器学习的融合，其中重要的推动者是加州大学伯克利分校的乔丹（Michael I. Jordan）教授。作为一流的计算机学家和统计学家，乔丹教授遵循自下而上的方式，从具体问题、模型、方法、算法等着手一步一步系统化，推动了统计机器学习理论框架的建立和完善，已经成为机器学习领域的重要发展方向。美国科学院院士沃塞曼（Larry Wasserman）在其撰写的《经计学完全教程》（*All of Statistics*）中指出，统计学家和计算机学家都逐渐认识到对方在机器学习发展中的贡献。通常来说，统计学家长于理论分析，具有较强的建模能力；而计算机学家具有较强的计算能力和解决问题的直觉，因此，两者有很好的互补，机器学习的发展也正是得益于两者的共同推动。2010 年和 2011 年的图灵奖分别被授予学习理论的奠基人瓦利安（Leslie Valliant）教授和研究概率图模型与因果推理模型的珀尔（Judea Pearl）教授，这具有重要的风向标意义，标志着统计机器学习已经成为主流计算机界认可的计算机科学主流分支。而顶级期刊《科学》（*Science*）、《自然》（*Nature*）近年连续发表多篇机器学习的技术和综述性论文，也标志着机器学习已经成为重要学科。

（3）机器学习的范围。机器学习与模式识别、统计学习、数据挖掘、计算机视觉、语音识别、自然语言处理等领域有着很深的联系。从范围上来说，机器学习跟模式识别、统计学习、数据挖掘是类似的；同时，机器学习与其他领域的处理技术相结合形成了计算机视觉、语音识别、自然语言处理等交叉学科。平常所说的机器学习应用应该是通用的，不仅仅局限在结构化数据，还有图像、音频等应用。图 1–2 所示为机器学习与相关学科和研究领域。

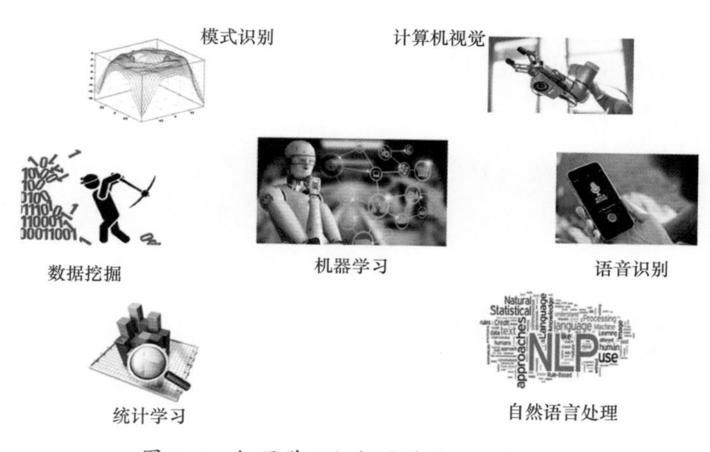

图 1–2　机器学习与相关学科和研究领域

1）模式识别。模式识别与机器学习的主要区别在于模式识别是从工业界发展起来的概念，机器学习则主要源自计算机学科。在著名的《模式识别与机器学习》（*Pattern Recognition And Machine Learning*）这本书中，毕晓普（Christopher M. Bishop）认为模式识别源自工业界，而机器学习来自计算机学科。不过，它们中的活动可以被视为同一个领域的两个方面，同时在过去的 10 年间，它们都有了长足的发展。

2）数据挖掘。数据挖掘 = 机器学习 + 数据库。数据挖掘仅仅是一种思考方式，告诉我们应该尝试从数据中挖掘出知识，一个拥有数据挖掘思维的人才是关键，而且还必须对数据有深刻的认识，这样才可能利用数据指引业务的改善。大部分数据挖掘中的算法是机器学习算法在数据库中的优化。

3）统计学习。统计学习近似等于机器学习，统计学习是与机器学习高度重叠的学科。因为机器学习中的大多数方法来自统计学，甚至可以认为，统计学的发展促进了机器学习的繁荣昌盛。例如，著名的支持向量机算法就是源自统计学科。但在某种程度上两者是有分别的，在于统计学习者重点关注的是统计模型的发展与优化，偏数学领域；而机器学习者更关注的是能够解决问题，偏实践方向。因此，机器学习研究者会重点研究学习算法在计算机上执行的效率与准确性的提升。

4）计算机视觉。计算机视觉 = 图像处理 + 机器学习。图像处理技术用于将图像处理为适合进入机器学习模型中的输入，机器学习则负责从图像中识别出相关的模式。计算机视觉相关的应用非常多，例如百度识图、手写字符识别、车牌识别等。机器学习的新领域——深度学习的发展，大大促进了计算机图像识别的效果，未来计算机视觉的发展前景不可估量。

5）语音识别。语音识别 = 语音处理 + 机器学习。语音识别是音频处理技术与机器学习的结合。语音识别技术一般不会单独使用，一般会结合自然语言处理等相关技术。目前相关应用有苹果的语音助手 Siri 等。

6）自然语言处理。自然语言处理 = 文本处理 + 机器学习。自然语言处理技术主要是让机器理解人类语言含义的一门领域。在自然语言处理技术中，大量使用了编译原理相关的技术，例如词法分析、语法分析等。除此之外，在理解这个层面，还使用了语义理解、机器学习等技术。作为唯一由人类自身创造的符号，自然语言处理一直是机器学习界不断研究的方向。按照百度机器学习专家余凯的说法："听与看，是动物都会的，而只有语言才是人类独有的"。如何利用机器学习技术进行自然语言的深度理解，一直是工业和学术界关注的焦点。

4. 深度学习与神经网络

机器学习发展的另一个重要节点是深度学习的出现。如果说乔丹教授等人奠定了统计机器学习的发展基石，那么多伦多大学的辛顿（Geoffrey Hinton）教授则使深度学习技术迎来了革命性的突破。至今已有多种深度学习框架，如深度神经网络、卷积神经网络和递归神经网络，已被应用在计算机视觉、语音识别、自然语言处理、语音识别与生物信息学等领域并取得了极好的效果。近年来，机器学习技术对工业界的重要影响多来自深度学习的发展，如无人驾驶、图像分类等。

神经网络（也称之为人工神经网络，Artificial Neural Network，ANN）算法是 20 世纪 80 年代机器学习界非常流行的算法，不过在 20 世纪 90 年代中途衰落。现在，携着"深度学习”之势，神经网络重装归来，重新成为最强大的机器学习算法之一。

神经网络的诞生起源于对大脑工作机理的研究。早期生物界学者们使用神经网络来模拟大脑，机器学习的学者们使用神经网络进行机器学习的实验，发现在视觉与语音的识别上效果都相当好。在 BP 算法（加速神经网络训练过程的数值算法）诞生以后，神经网络的发展进入了一个热潮。

自从 20 世纪 90 年代以后，神经网络已经消寂了一段时间。但是 BP 算法的发明人辛顿教授一直没有放弃对神经网络的研究。由于神经网络在隐藏层扩大到两个以上时，其训练速度就会非常慢，因此实用性一直低于支持向量机。2006 年，辛顿教授在《科学》（*Science*）上发表了一篇文章，论证了两个观点：

（1）多隐层的神经网络具有优异的特征学习能力，学习得到的特征对数据有更本质的刻画，从而有利于可视化或分类。

（2）深度神经网络在训练上的难度，可以通过“逐层初始化”来有效克服。

通过这样的发现，不仅解决了神经网络在计算上的难度，同时也说明了深层神经网络在学习上的优异性。从此，神经网络重新成为机器学习界的主流强大学习技术。同时，具有多个隐藏层的神经网络被称为深度神经网络，基于深度神经网络的学习研究称之为深度学习。

2012 年 6 月，《纽约时报》披露了谷歌大脑（Google Brain）项目，这个项目是由斯坦福大学的吴恩达（Andrew Y. Ng）和 Map-Reduce 的发明人迪恩（Jeff Dean）共同主导，用 16000 个 CPU Core 的并行计算平台训练一种称为“深层神经网络”的机器学习模型，在语音识别和图像识别等领域获得了巨大的成功。

2012 年 11 月，微软在中国天津的一次活动上公开演示了一个全自动的同声传译系统，讲演者用英文演讲，后台的计算机一气呵成自动完成语音识别、英中机器翻译，以及中文语音合成，效果非常流畅，其中支撑的关键技术就是深度学习。

2013 年 1 月，在百度年会上，百度宣布成立百度研究院，其中第一个重点方向就是深度学习，并为此而成立深度学习研究院（Institute of Deep Learning，IDL）。

2013 年 4 月，《麻省理工学院技术评论》杂志将深度学习列为 2013 年十大突破性技术（Breakthrough Technology）之首。

人工智能是机器学习的父类，深度学习则是机器学习的子类。深度学习的发展极大地促进了机器学习地位的提高，推动了业界对机器学习与人工智能梦想的再次重视。图 1-3 表示了人工智能、机器学习、深度学习三者之间的关系。

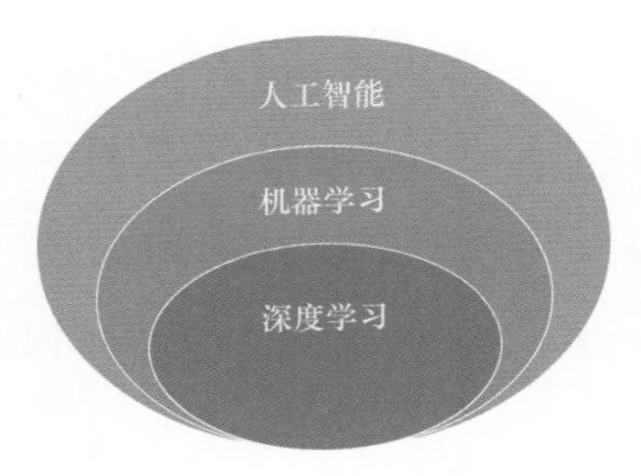

图 1–3　人工智能、机器学习、深度学习三者之间的关系

总结起来，人工智能的发展先是经历了早期的逻辑推理，到中期的专家系统，这些科技进步确实使我们拉近了与智能的距离，但还有一大段距离。直到机器学习诞生以后，人工智能界感觉终于找对了方向。基于机器学习的图像识别和语音识别在某些垂直领域达到了跟人相媲美的程度。机器学习使人类第一次如此接近人工智能的梦想。

人工智能的发展可能不仅取决于机器学习，更取决于深度学习，深度学习技术由于深度模拟了人类大脑的构成，在视觉识别与语音识别上显著性地突破了原有机器学习技术的界限，因此极有可能是真正实现人工智能梦想的关键技术。无论是谷歌大脑还是百度大脑，都是通过海量层次的深度学习网络所构成的。也许借助于深度学习技术，在不远的将来，一个具有人类智能的计算机真的有可能实现。

1.4.3 知识应用

1. 专家系统

专家系统是目前人工智能中最活跃、最有成效的一个研究领域。自 1965 年费根鲍姆等人研制出第一个专家系统 DENDRAL 以来，它已获得了迅速发展，广泛地应用于医疗诊断、地质勘探、石油化工、教学及军事等各个方面，产生了巨大的社会效益和经济效益。专家系统是一个智能的计算机程序，运用知识和推理步骤来解决只有依靠专家经验才能解决的难点问题。因此，可以这样来定义：专家系统是一种具有特定领域内大量知识与经验的程序系统，它应用人工智能技术、模拟人类专家求解问题的思维过程求解领域内的各种问题，其水平可以达到甚至超过人类专家的水平。

2. 计算机视觉

计算机视觉（Computer Vision），也称为机器视觉（Machine Vision），是用机器代替人的眼睛进行测量和判断，是模式识别研究的一个重要方面。计算机视觉通常分为低层视觉与高层视觉两类。低层视觉主要执行预处理功能，如边缘检测、移动目标检测、纹理分析、立体造型以及曲面色彩等。主要目的是使得看见的对象更突出，这时还不是理解阶段。高层视觉主要是理解对象，需要掌握与对象相关的知识。机器视觉的前沿课题包括实时图像的并行处理，实时图像的压缩、传输与复原，三维景物的建模识别，动态和时变视觉等。

机器视觉系统是指通过图像摄取装置将被摄取的目标转换成图像信号，传送给专用的图像处理系统，根据像素分布和宽度、颜色等信息，转换成数字信号，图像系统对这些信号进行各种运算，抽取目标的特征，进而根据判断的结果来控制现场的设备运作。

机器视觉的主要研究目标是使计算机具有通过二维图像认知三维环境信息的能力，能够感知与处理三维环境中物体的形状、位置、姿态、运动等几何信息。机器视觉与模式识别存在很大程度的交叉性，两者的主要区别是机器视觉重三维视觉信息的处理，而模式识别仅仅关心模式的类别。此外，模式识别还包括听觉等非视觉信息。

在国外，机器视觉的应用相当普及，主要集中在半导体及电子、汽车、冶金、食品饮料、零配件装配及制造等行业。机器视觉系统在质量检测的各个方面已经得到广泛的应用。在国内由于近年来机器视觉产品刚刚起步，目前主要集中在制药、印刷、包装、食品饮料等行业。但随着国内制造业的快速发展，对于产品检测和质量要求不断提高，各行各业对图像和机器视觉技术的工业自动化需求将越来越大，在未来制造业中将会有很大的发展空间。

3. 自然语言处理

概括而言，人工智能包括运算智能、感知智能、认知智能和创造智能。其中运算智能是记忆和计算的能力，这一点计算机已经远远超过人类。感知智能是计算机感知环境的能力，包括听觉、视觉和触觉等。近年来，随着深度学习的成功应用，音频识别和图像识别获得了很大的进步。在部分测试过程中，甚至达到或者超过了人类水平，并且在很多场景下已经具备实用化能力。认知智能包括语言理解、知识和推理，其中，语言理解包括词汇、句法、语义层面的理解，也包括篇章级别和上下文的理解；知识是人们对客观事物认识的体现以及运用知识解决问题的能力；推理则是根据语言理解和知识，在已知的条件下根据一定规则或者规律推演出某种可能结果的思维过程。创造智能体现了对未见过、未发生的事物，运用经验，通过想象力设计、实验、验证并予以实现的智力过程。

目前，随着感知智能的大幅度进步，人们的焦点逐渐转向了认知智能。比尔·盖茨曾说过："语言理解是人工智能皇冠上的明珠"。自然语言理解处在认知智能最核心的地位，它的进步会引导知识图谱的进步，会引导用户理解能力的增强，也会进一步推动整个推理能力。自然语言处理的技术会推动人工智能整体的进展，从而使得人工智能技术可以落地实用化。自然语言处理通过对词、句子、篇章进行分析，对内容里面的人物、时间、地点等进行理解，并在此基础上支持一系列核心技术（如跨语言的翻译、问答系统阅读理解、知识图谱等）。基于这些技术，又可以把它应用到其他领域，如搜索引擎、客服、金融、新闻等。总之，就是通过对语言的理解实现人跟计算机的直接交流，从而实现人跟人更加有效的交流。自然语言技术不是一个独立的技术，受云计算、大数据、机器学习、知识图谱等各个方面的支撑。

4. 语音处理

语音是指人类通过发音器官发出来的、具有一定意义的、目的是用来进行社会交际的声音。语音是肺部呼出的气流通过在喉头至嘴唇的器官的各种作用而发出的。根据发音方式的不同，可以将语音分为元音和辅音，辅音又可以根据声带有无振动分为清辅音和浊辅音。人可以感觉到频率在 20 ~ 30000Hz、强度为 -5 ~ 130dB 的声音信号，在这个范围以外的音频分量是人耳听不到的，在音频处理过程中可以忽略。

语音的物理基础主要有音高、音强、音长、音色，这也是构成语音的四要素。音高指声波频率，即每秒钟振动次数的多少；音强指声波振幅的大小；音长指声波振动持续时间的长短，也称为“时长”；音色指声音的特色和本质，也称作“音质”。

语音信号是人类进行交流的主要途径之一。语音处理涉及许多学科，它以心理语言和声学等为基础，以信息论、控制论和系统论等理论为指导，通过应用信号处理、统计分析和模式识别等现代技术手段，发展成为新的学科。语音处理不仅在通信、工业、国防和金融等领域有着广阔的应用前景，而且正在逐渐改变人机交互的方式。语音处理主要包括语音识别、语音合成、语音增强、语音转换和情感语音等。

语音经过采样以后，在计算机中以波形文件的方式进行存储，这种波形文件反映了语音在时域上的变化。人们可以从语音的波形中判断语音音强（或振幅）、音长等参数的变化，但却很难从波形中分辨出不同的语音内容或不同的说话人。为了更好地反映不同语音的内容或音色差别，需要对语音进行频域上的转换，即提取语音频域的参数。常见的语音频域参数包括傅立叶谱、梅尔频率倒谱系数等。

5. 智能体

智能体（Agent）即具有智能的实体，任何独立的能够思考并可以同环境交互的实体都可以抽象为智能体。智能体主要起源于人工智能、软件工程、分布式系统以及经济学等学科。自20世纪90年代，智能体技术越来越受到学术界和产业界的重视。在人工智能领域，希望通过实现一种简单结构的软硬件来达到复杂智能的能力；而在软件工程领域，希望有新的程序设计模式或程序设计语言来突破面向对象的程序设计范式；在分布式系统或计算机网络中，希望将传统的集中式控制转为分布式控制，以实现每个通信节点或计算节点之间的自主通信；如果将以上思考推广到社会领域，那么可以直接将人当作一个理性的计算实体，对人类的各种智能行为加以分析。以上这些需求或者思考都促进了智能体技术的发展，尽管各个领域对智能体的定义有很多相通之处，但在技术细节上却相差甚远。

6. 机器人

机器人是集机械、电子、控制、计算机、传感器、人工智能等多学科及前沿技术于一体的高端装备，是制造技术的制高点。目前，在工业机器人方面，其机械结构更加趋于标准化、模块化，功能越来越强大，已经从汽车制造、电子制造和食品包装等传统应用领域转向新兴应用领域，如新能源电池、高端装备和环保设备，在工业领域得到了越来越广泛的应用。与此同时，机器人正在从传统的工业领域逐渐走向更为广泛的应用场景，如以家用服务、医疗服务和专业服务为代表的服务机器人以及用于应急救援、极限作业和军事的特种机器人。面向非结构化环境的服务机器人正呈现出欣欣向荣的发展态势。总体来说，机器人系统正向智能化系统的方向不断发展。

1.5 人工智能的行业应用

2017年7月20日，国务院印发了《新一代人工智能发展规划》（国发〔2017〕35号），标志着人工智能已经上升至国家战略高度。《新一代人工智能发展规划》（国发〔2017〕35号）描绘了未来十几年我国人工智能发展的宏伟蓝图，确立了“三步走”目标，重点强调了在“人工智能+”各领域进行人工智能技术创新和深度融合。

在培育高端高效的智能经济中提到，加快培育具有重大引领带动作用的人工智能产业，促进人工智能与各产业领域深度融合，形成数据驱动、人机协同、跨界融合、共创分享的智能经济形态。使数据和知识成为经济增长的第一要素，人机协同成为主流生产和服务方式，跨界融合成为重要经济模式，共创分享成为经济生态基本特征，个性化需求与定制成为消费新潮流，促进生产率大幅提升，引领产业向价值链高端迈进，形成有力支撑实体经济发展，全面提升经济发展质量和效益的新局面。

1.5.1 智能制造

智能制造应围绕制造强国重大需求，推进智能制造关键技术装备、核心支撑软件、工业互联网等系统的集成应用，研发智能产品及智能互联产品、智能制造工具与系统、智能制造云服务平台，推广流程智能制造、离散智能制造、网络化协同制造、远程诊断与运行维护（简称“运维”）服务等新型制造模式，建立智能制造标准体系，推进制造全生命周期活动智能化。

1.5.2 智能农业

智能农业旨在研制农业智能传感与控制系统、智能化农业装备、农机田间作业自主系统等。建立完善天空地一体化的智能农业信息遥感监测网络。建立典型农业大数据智能决策分析系统，开展智能农场、智能化植物工厂、智能牧场、智能渔场、智能果园、农产品加工智能车间、农产品绿色智能供应链等集成应用示范。

1.5.3 智能物流

智能物流应加强智能化装卸搬运、分拣包装、加工配送等智能物流装备的研发和应用推广，建设深度感知智能仓储系统，提升仓储运营管理水平和效率。完善智能物流公共信息平台和指挥系统、产品质量认证及追溯系统、智能配货调度体系等。

1.5.4 智能金融

智能金融方面应加快建立金融大数据系统，提升金融多媒体数据处理与理解能力。创新智能金融产品和服务，发展金融新业态。鼓励金融行业应用智能客服、智能监控等技术和装备。建立金融风险智能预警与防控系统。

2018 年 4 月，中国建设银行推出位于上海市九江路的我国首个实现无人银行。在这家无人银行里，没有银行职员，没有安保，通过具有人脸识别功能的闸门实现人员的进出管理。

1.5.5 智能商务

智能商务鼓励跨媒体分析与推理、知识计算引擎与知识服务等新技术在商务领域应用，推广基于人工智能的新型商务服务与决策系统。建设涵盖地理位置、网络媒体和城市基础数据等跨媒体大数据平台，支撑企业开展智能商务。鼓励围绕个人需求、企业管理提供定制化商务智能决策服务。

1.5.6 智能家居

智能家居需加强人工智能技术与家居建筑系统的融合应用，提升建筑设备及家居产品的智能化水平。研发适应不同应用场景的家庭互联互通协议、接口标准，提升家电、耐用品等家居产品感知和联通能力。支持智能家居企业创新服务模式，提供互联共享解决方案。

在建设安全便捷的智能社会中，应围绕提高人民生活水平和质量的目标，加快人工智能深度应用，形成无时不有、无处不在的智能化环境，使全社会的智能化水平大幅提升。越来越多的简单性、重复性、危险性任务由人工智能完成，个体创造力得到极大发挥，形成更多高质量和高舒适度的就业岗位；精准化智能服务更加丰富多样，人们能够最大限度享受高质量服务和便捷生活；社会治理智能化水平大幅提升，社会运行更加安全高效。

1.5.7 智能教育

智能教育应利用智能技术加快推动人才培养模式、教学方法改革，构建包含智能学习、交互式学习的新型教育体系。开展智能校园建设，推动人工智能在教学、管理、资源建设等全流程应用。开发立体综合教学场、基于大数据智能的在线学习教育平台。开发智能教育助理，建立智能、快速、全面的教育分析系统。建立以学习者为中心的教育环境，提供精准推送的教育服务，实现日常教育和终身教育定制化。

1.5.8 智能医疗

智能医疗是推广应用人工智能治疗新模式的新手段。建立快速精准的智能医疗体系，探索智慧医院建设，开发人机协同的手术机器人、智能诊疗助手，研发柔性可穿戴、生物兼容的生理监测系统，研发人机协同临床智能诊疗方案，实现智能影像识别、病理分型和智能多学科会诊。基于人工智能开展大规模基因组识别、蛋白组学、代谢组学等研究和新药研发，推进医药监管智能化。加强流行病智能监测和防控。具备检测、护理、手术功能，有望根治各种疾病。

1.5.9 智能健康和养老

智能健康和养老应加强群体智能健康管理，突破健康大数据分析、物联网等关键技术，研发健康管理可穿戴设备和家庭智能健康检测监测设备，推动健康管理实现从点状监测向连续监测、从短流程管理向长流程管理转变。建设智能养老社区和机构，构建安全便捷的智能化养老基础设施体系。加强老年人产品智能化和智能产品适老化，开发视听辅助设备、物理辅助设备等智能家居养老设备，拓展老年人活动空间。开发面向老年人的移动社交和服务平台、情感陪护助手，提升老年人生活质量。

1.5.10 智能政务

智能政务应开发适于政府服务与决策的人工智能平台，研制面向开放环境的决策引擎，在复杂社会问题研判、政策评估、风险预警、应急处置等重大战略决策方面推广应用。加强政务信息资源整合和公共需求精准预测，畅通政府与公众的交互渠道。

1.5.11 智能法庭

智能法庭旨在建设集审判、人员、数据应用、司法公开和动态监控于一体的智慧法庭数据平台，促进人工智能在证据收集、案例分析、法律文件阅读与分析中的应用，实现法院审判体系和审判能力智能化。

1.5.12 智能城市

智能城市应构建城市智能化基础设施，发展智能建筑，推动地下管廊等市政基础设施智能化改造升级；建设城市大数据平台，构建多元异构数据融合的城市运行管理体系，实现对城市基础设施和城市绿地、湿地等重要生态要素的全面感知以及对城市复杂系统运行的深度认知；研发构建社区公共服务信息系统，促进社区服务系统与居民智能家庭系统协同；推进城市规划、建设、管理、运营全生命周期智能化。

1.5.13 智能交通

智能交通应重点研究建立营运车辆自动驾驶与车路协同的技术体系，研发复杂场景下的多维交通信息综合大数据应用平台，实现智能化交通疏导和综合运行协调指挥，建成覆盖地面、轨道、低空和海上的智能交通监控、管理和服务系统。

1.5.14 智能环保

智能环保应加快建立涵盖大气、水、土壤等环境领域的智能监控大数据平台体系，建成陆海统筹、天地一体、上下协同、信息共享的智能环境监测网络和服务平台。研发资源能源消耗、环境污染物排放智能预测模型方法和预警方案。加强京津冀、长江经济带等国家重大战略区域环境保护和突发环境事件智能防控体系建设。

本章小结

人工智能是在计算机科学、控制论、信息论、神经心理学、哲学、语言学等多种学科研究基础上发展起来的一门综合性很强的新兴交叉学科，是一门新思想、新观念、新理论、新技术不断出现并正在迅速发展的前沿学科。

本章介绍了人工智能的定义、人工智能的发展历程及主要学派，简要介绍了人工智能的主要研究内容及行业领域的应用方向，以开阔读者的视野，使读者对人工智能的起源、广阔的研究内容及应用领域有总体了解，为本书后续人工智能在发电领域的研究成果和应用实践奠定基础。

第2章 人工智能技术现状及政策环境分析

2.1 全球人工智能技术现状

人工智能技术按照应用对象，可以划分成两类，分别是专用型和通用型。其中，专用型的技术，目前在部分领域已经有了较为突出的成果。被人们广泛知晓的 AlphaGo，就是典型的应用案例。这类专用型技术，由于其用途单一，具有很高的针对性，从而利用相对简单的规则或知识，即可完成对应模型的建立；后期可通过不断训练，提升模型的准确性，从而在实现成果突破方面具有天然的优势。这也使得目前已实现突破的成果，其类型多为专用型。除了围棋，人工智能专用型技术正逐步向智能识别（包括医学、安防等）等领域延伸，其应用水平已接近并超过了人类。

相较于专用型技术，通用型的技术研究与应用目前处于开始的状态。通用型技术，才是真正意义的人工智能。但通用型技术研究所面临的主要困难，是由于通用型技术所要面对的用途多样、模型输入与输出繁多，模型的复杂度超乎想象，导致建模过程困难较多。如同人的大脑，通用型技术要求能够举一反三，适用于不同的问题。

综合国内外人工智能领域的现有成果可以看出，通用型技术目前发展相对缓慢，仍处于探索阶段。虽然在机器学习、信息感知等方面，取得了智能化提升的初步成果，但在深层次的智能推测还相对较差。因此，总体而言，人工智能技术研发与应用尚处于初期，与人类的智慧相比，还无法相提并论。

2.1.1 国外人工智能企业技术情况

1. 谷歌（Google）

作为全球最大的搜索引擎公司，谷歌一直以如何提升客户体验为最终目标。在人工智能领域，谷歌的发展核心包含 7 大原则：价值性、公平性、安全性、责任性、保密性、卓越性和针对性。目前，谷歌在自然语言处理、量子计算等方面，积极推动人工智能技术的研发与应用，在无人驾驶、智能家居、医疗、智能助理等领域，取得了初步成果。

谷歌在人工智能方面的研究预期分别是：

（1）围绕现有产品与服务，充分利用人工智能技术，提升市场竞争力。

（2）开放研发平台，便于其他企业，包括相关研究机构、开发者，开展技术创新。

（3）侧重于基础工具包的研发，为社会提供应用创新的手段。

谷歌在人工智能领域已取得了较多的成果。其中，在机器学习方面，已将许多成果应用到了自己的产品中。例如，谷歌的云端相片集，主要利用将其研发的图像识别技术，实现图像中人脸的智能检测，并能够自动对图像进行加签，实现智能分类。同时，Google Lens 在利用图像识别技术的基础上，集合 OCR 技术，能够在识别图像中信息的基础上，通过关联性分析，向客户智能推送相关信息，为用户带来智能性用户体验。与此相似，谷歌地图可以利用关联信息，为用户提供综合信息。例如，用户在使用导航功能时，系统可以智能关联停车信息，为用户提供停车建议。更为高端的是谷歌的 Gmail 和 Inbox，它们能够在用户收到邮件后，自动识别邮件信息，并为用户提供回复建议。除此以外，YouTube 和 Google Translator 能够利用人工智能技术，分别能够为视频自动制作字幕，以及实现智能翻译。可以说，谷歌的人工智能应用已较为广泛。

在大力推广软件应用的同时，谷歌十分重视软硬件的融合创新。自开展人工智能技术研发以来，陆续研发了多款产品，包括融合人工智能技术的智能音响、移动电脑、移动电话以及智能耳机等。其中，Google Home 能够应用人工智能技术，在识别用户所处环境的同时，为用户智能改变音质，提供贴心的智能服务。软硬件的融合，为谷歌拓展市场，提供了有力支撑。

在谷歌核心原则的指导下，谷歌大力推进通用基础工具及平台的开放，为广大研究机构、企业提供了多款研发工具，包括 Tensor Flow、云机器学习 API 以及张量处理器计算机芯片。

目前，谷歌将市场瞄准了医疗保健、环境保护等方面。以医疗方面为例，谷歌研发人员与部分国家的医疗机构进行合作，应用人工智能技术，智能诊断由于糖尿病导致的眼部不适的问题。以动物保护为例，谷歌研究人员通过对收集的鸟鸣音频进行智能识别，快速识别音频中的特征，从而智能识别鸟的种类。

2. 苹果（Apple）

苹果作为全球领先的科技公司，在软硬件方面有突出建树。但在人工智能领域，苹果极少公布其研究的最新成果。在 2017 年，苹果首次在人工智能领域发表了一篇文章，名为“以对抗性训练实现模拟与无监督图像学习”。在文章中，苹果重点介绍了其关于在计算机视觉中，如何提升图像识别效率的方法。

经研究表明，采用合成图像的方法，由于在图像合成过程中，对关键特征进行了有效标注，这使得模型训练的效果有较大的提升。而原始图像，由于缺少人工的标注，从而导致算法训练效果较差。以桌子为例，各组成部件在合成图像时，由于桌子腿、桌面已经被标记，依据标记信息，算法可以快速进行识别；而对于原始图像，由于没有完备的算法，使得原始图像的生成还有较大差距。

但是，由于算法训练中使用的是被标记的合成图像，这使得算法在实际应用过程中，会出现较大应用隐患。这是由于合成图像的训练算法，对于实际图像缺乏适应性。由于合成图像不具备真实性，从而使得神经网络算法，只能快速识别合成图像信息，无法正常识别到真实图像，这决定了该技术仍有极大的应用缺陷。

针对这一问题，苹果的技术团队积极开展了相关解决方案的研讨。最终，技术团队以提升合成图像真实性为目标，提出了基于模拟与无监督的方式，提升算法对于真实图像的适应性。同时，为了进一步提高算法应用效果，技术团队提出生成式对抗网络技术。该技术可使两个训练得来的神经网络，在对抗环境中不断优化提高合成图像的真实性。这一技术的应用，有力地解决了苹果之前遇到的问题。目前，最新的成果已经可以让合成图像与真实图像几乎没有差异。

与此同时，苹果在移动电话的人工智能应用方面，也取得了较大成果。以 Siri 智能语音助手为例，已逐步实现了智能唤醒、智能识别、智能搜索等功能，这为广大的手机用户提供了良好的客户体验。

3. 优步（Uber）

近年来，优步在人工智能客服、开源深度学习框架以及无人驾驶等方面积极开展人工智能技术研发。

（1）人工智能客服。优步作为业内领先的汽车租赁公司，在人工智能领域开展了大量工作。针对其数量庞大的用户群体，为了提高客户的用户体验，优步积极尝试在客服方面引入人工智能技术，在优化客服流程的基础上，为用户带来更加个性化、便捷化的服务。

优步为了提升客服效率，在所开发的平台上，依据客户来源类型（包括内置客户、网页客户、司机客户、电话客户、线下客户），为不同类型的用户带来个性化服务。并且，优步为各项客服工单，开发了工单追踪功能，能够确保各个客服工单能够有效执行。得益于优步的这项功能，优步能够快速处理来自全球四百余个地市，每天几十万的客服工单。

在此基础上，优步逐步研发了人工智能客服平台。该平台在使用机器学习的基础上，结合自然语言处理技术，为客户提供了优质的服务体验，这也为优步不断开拓市场，提供了有力支撑。

（2）开源深度学习框架（Ludwig）。在人工智能专用工具方面，优步研发了开源深度学习框架（Ludwig）。这一学习框架的推广应用，解决了编程对于人工智能技术应用的局限性。这一巨大改变，降低了人工智能技术应用的门槛，使得非专业人员也可以毫无束缚地参与人工智能的创新。

Ludwig 是基于 Tensor Flow 的工具包。该工具由于不再对编程有要求，因此，可以在不编程的前提下，完成深度学习模型的训练与测试。对于用户而言，仅需要提供一个包含两个列表的文件。其余的训练、测试、可视化以及分布式培训，则可以通过该工具自动实现。

Ludwig 具有较强的可扩展性。这一优势，帮助 Ludwig 在扩展数据类型、模型架构方面，变得更加容易。对于工程应用人员而言，该工具可以帮助其快速完成深度学习模型的训练与测试。对于研究人员而言，该工具可以帮助其建立基线版本，为模型的对比提供支撑，以此可以为模型的数据预处理、可视化对比提供支撑。

（3）无人驾驶汽车。在无人驾驶汽车领域，优步积极布局，组建了无人驾驶汽车部门，并且在无人汽车领域开始了关键技术与产品的研发。其初期目标，是通过为无人驾驶汽车提供技术支撑，实现无人出租车的推广应用。

但由于 2018 年 3 月，优步一辆无人驾驶车辆发生车撞人事故，造成了被撞行人的伤亡，使得优步相关研发工作逐渐放缓。值得注意的是，优步并未放弃无人驾驶汽车的投入，且制定了长期的发展规划。这是基于优步对无人驾驶汽车仍有十足的信心与期望。

（4）无人驾驶电动踏板车。与无人驾驶汽车相仿，优步在无人驾驶电动踏板车方面，同样积极布局。无人驾驶电动踏板车，能够通过无人驾驶模式，自动到达用户所在地点，或者指定的充电地点。

目前，该产品正处于研发状态，关于该产品的进展尚未得到进一步的公布。但从相关报道来看，目前优步通过收购的 Jump，推出了第二代自行车产品。该产品能够实现自诊断和电池更换。其中，电池更换功能，使得优步自行车，能够摆脱对于充电桩的依赖，这为未来无人驾驶电动踏板车的广泛推广，提供了极大便利条件。

4. Facebook

（1）两大人工智能实验室。Facebook 是全球广泛应用的聊天工具，在人工智能领域，具有较为领先的成果。这主要得益于其所设立的两大人工智能实验室。

1）Facebook AI 研究实验室（FAIR）。作为 Facebook 基础研究的重要机构，该实验室拥有一支强大的研发团队，而且这个队伍的规模将会在未来不久扩展到两倍的程度。

近期，该实验室对外宣布 Facebook 已开始布局智能机器人领域，并公布了其应用触觉技术，来帮助机器人完成简单任务的成果。

2）应用机器学习团队（AML）。AML 是 Facebook 的一个致力于人工智能产品研发的团队。该团队目前主要的目标是在 Facebook 产品中，探索使用新的人工智能技术。其最终目标是在 Facebook 现有的相关领域里，为用户提供搜索、语言翻译与识别、自动生成视频字幕，以增强 Facebook 的实用性与智能化。

（2）在人工智能领域，Facebook 已经布局并开展了包括自然语义处理、图像处理、语音识别等的研究与应用。

1）Facebook 自然语义处理能力。

a. 文本理解引擎 Deep Text。Facebook 向外界发布了文本理解引擎 Deep Text，它可以理解数千篇覆盖 20 多种语言的文本，并且几乎可与人类的理解精确度相媲美。同时，该引擎可以为用户提供精准的推荐。并且，该引擎除了可以进行文章和服务推荐之外，还能够依据聊天记录，智能进行信息匹配。例如，两位 Facebook 在谈论美食时，引擎可以很容易地推送出相关品类的餐厅信息，或者前往餐厅的交通信息等，这为用户快速了解相关信息，决定行程安排，提供了极为方便的服务。

b. 人工智能助理 Facebook M。Facebook 在 2015 年，对外公布了 Facebook M 人工智能助理。该应用能够为用户提供信息咨询服务。例如，用户可以使用该功能，完成网购、酒店预订等功能。而在当时，这是其他语音助手不能实现的。

c. 聊天机器人平台。Facebook 研发了一款聊天机器人平台 Messenger。该平台可以为企业用户提供信息咨询支持，帮助企业用户用于简单回复咨询问题，这将有助于提高企业的客服效率，从而提高企业营销能力。

2）Facebook 图像处理能力。

a. 人脸识别技术。Facebook 在 2014 年即发布了面部识别技术 DeepFace。该技术能够在各种拍摄角度下，实现面部的精准识别。

b. 视频识别技术。在视频识别技术方面，Facebook 能够实现视频中物体的识别。通过该技术的应用，可以便捷地依据用户所观看的视频，进行相关视频的推荐。与此同时，随着技术的不断进步，能够在视频变换中，实现实时描述。

3）Facebook 语音识别能力。在语音研究方面，Facebook 主要侧重语音识别、机器翻译方面的研究。同时，Facebook 开发了一个 API 接口，主要用于使用语音来创建新的界面。这也为语音控制开发工具的研发，提供了基础技术支撑，为 Facebook 的语义识别提供了帮助。

5. 三星（Samsung）

作为韩国知名跨国企业，三星拥有丰富的电子产品。其在人工智能领域，布局相对较晚。但经过近几年的追赶，已呈现出后来者居上的态势。

（1）智能语音助手。语音助手是各大手机厂商角逐的战场。自 2011 年 Siri 问世以来，各大搜索引擎、移动电话生产商纷纷进入这一领域。面对这一发展趋势，三星也着手开始了语音助手的研发，并推出了 S Voice。早期的 S Voice，像其他语音助手一样，仅能实现简单的语音指令，还无法更深层次的利用人工智能，实现更为智能的操作。

在此之后，三星研发了 Bixby 语音助手，该人工智能平台，打破了传统语音助手的功能极限，实现了人机交互的新突破。目前，常见的语音助手，通常只能实现语音控制拍照等操作。而对于 Bixby 而言，则可以通过语音，直接实现“刚拍好的照片，直接发朋友圈”这样的指令，这为用户带来了更为智能的用户体验。

与此同时，Bixby 语音助手具备自学习功能，在与用户的语音交流中，该平台可以将交流过程中不能理解的对话，与用户进一步沟通，明确用户所要表达的意图，同时进行自我升级，不断提升对于用户的语言的理解能力，优化用户体验。并且，Bixby 还能够与第三方软件联动，实现智能控制。

最新升级的 Bixby 语音助手，集成了视觉整合功能。在移动电话上，用户只需长按想要识别区域，即可激活 Bixby，快速识别该区域的信息，包括文字信息、相关物体信息，甚至是购物信息。同时，Bixby 整合了增强现实技术，当选择某一地标性建筑时，能够自动向用户推荐周边超市、饭馆等。这些新技术的融入，为 Bixby 在智能语音助手领域赢得市场认可提供帮助。

（2）智能拍照。人工智能技术在拍照方面的应用相对较多。人工智能技术的应用，也为提升拍照效果提供了有力支持。例如美图秀秀、美颜等软件，借助人工智能技术，赢得了广大用户的青睐。而智能防抖、场景重现等功能，也将专业化拍照门槛逐步降低。与通常的智能拍照相比，三星的手机拍照融入了最新的 5G 技术，研发了超视觉空间变焦技术，为用户带来了更为优质的用户体验。

三星智能拍照，利用所配备的长焦镜头，融合超视觉空间变焦技术，能够在拍照过程中，帮助用户将远距离被拍对象，轻松的拉近，且能够保证有高水准的画质。同时，利用人工智能技术，三星智能拍照，能够智能预判运动物体的运动路线，并结合角度补正技术，能够将移动物体拍出静止物体一般的效果。

6. Zebra Medical Vision

相比于其他科技企业在无人驾驶、智能拍照等领域的研发布局，以色列 Zebra Medical Vision 则将目光转移到医疗领域。

在人工智能已经在许多领域初见成果的情况下，医疗领域的影像科，仍在采用几十年前的方式开展着影像工作。面对这一现状，Zebra Medical Vision 尝试将人工智能技术，引入医学图像识别与智能预测领域，解决目前看片主要依靠人的被动局面。

通过该方法，Zebra Medical Vision 在脑出血、肝脏、骨骼等疾病的研究方面，研发了全新的算法。该公司为推广其在医疗领域人工智能应用的成果，以较低成本向医院出售，也为患者提供了更为智能的检测手段。

7. Autolabs

针对汽车驾驶中的语音控制需求，德国 Autolabs 研发了 Chris 智能语音平台。该平台配置了物理装置，在使用时需安装在仪表盘上。驾驶员可以通过语音或者手势的方式，唤醒平台，实现短消息发送以及音视频播放等操作。同时，为了提升用户体验，Autolabs 计划在未来融合地图导航功能，从而为驾驶员提供智能的路线导航工作。

在人工智能技术的帮助下，驾驶员可以专心驾驶，保障了驾驶员行车安全，具备极大的应用价值和市场潜力。

8. 夏普

作为日本著名的电器与电子公司，夏普在人工智能潮流下，立足其重要产业——电视机，开展了大量人工智能技术的研发与应用。

夏普于2017年，推出了其第一款人工智能电视。与目前常见的通过语音控制电视实现简单的天气查询等功能相比，夏普对人工智能的应用，进行了创新性设计。

夏普利用所生产的电视机，嵌入视觉、按键及语音等人机交互方式，帮助用户享受智能服务体验，包括预定影院、网购等。夏普在电视机上的人工智能应用，为用户提供了良好的用户体验，也为人工智能在多领域的应用提供了良好探索。

9. Qucit

面对日益严重的环境污染与城市发展所面临的困境，法国Qucit一直以来致力于提升城市效率，通过对城市进行量化，以及对天气、环境、城市设施、车辆等数据，利用机器学习算法进行分析处理，对城市运作提供支撑，包括公共交通配置、停车管理等。

通过其提供的相关建议，城市管理者可以及时进行资源调配与优化，这将对城市的效率提升及环境保护提供有力支撑。

2.1.2 国外高校与机构人工智能技术情况

1. 斯坦福大学

早在1962年，斯坦福大学便成立了人工智能实验室，至今已经有近60年的研究历程。该中心重点研究方向是机器人教育。借助与硅谷的良好关系，该实验室在产、学、研方面拥有了得天独厚的优势。2014年，斯坦福大学对外公布了其百年人工智能研究计划，向外界传递了将长期深耕人工智能的决心。

在图像识别领域，该学校每年定期举办的ImageNet计算机视觉识别挑战赛，吸引了全球各大科技公司的参与，这为全球图像识别领域的交流与进步，搭建了一个良好的平台。

2018年，人工智能实验室利用其在2018年1月建立的一个骨骼X光片MURA数据集上，发起了一项深度学习挑战赛。在同年7月，实验室研究团队利用人工智能技术，研发了预测患者死亡时间的系统。该系统能够在预测患者剩余生命时间的基础上，帮助医院为患者做好临床关怀。在预测的准确度方面，该团队研发了Survival-CRPS预测方法，利用连续分级概率评分，提高预测的准确性，这也是生存预测首次使用最大似然法之外的方法。

2018年11月，该实验室研究团队推出了X光诊断算法CheXNeX。该算法相比于过去的专用型疾病识别算法，能够对多种疾病进行识别和诊断。所覆盖的疾病多达14种，包括肺炎、胸腔积液，到肺肿块等。经过临床试验，这些应用了人工智能技术的新型算法，能够达到人工检测的水准。与此同时，智能算法的应用，大大缩减了人工检测所需的时间周期，并且能够避免人工因疲惫导致的检查结果不准确，也能够解决医疗资源匮乏地区的医疗保障问题。

2019 年，该实验室研究团队在疾病诊断方面，又发布了关于心脏病领域新的研究成果。其研发的深度神经网络，能够利用单导程 ECG 信号，对多达 10 种的心率不齐、窦性心律及噪声进行识别。其准确度超过了 78.0% 的心脏病专科医生水准。

2. 耶路撒冷希伯来大学

作为以色列的名牌高校，耶路撒冷希伯来大学在人工智能领域取得了突出的成就。并且，为了便于成果转化，该高校成立了全球第一家技术转让公司，专门负责耶路撒冷希伯来大学的相关技术转化。

近年来，耶路撒冷希伯来大学重点关注无人驾驶领域的人工智能技术应用，并研发了名为 Mobileye 的自动驾驶系统，该系统被业界认为是其与谷歌无人驾驶竞争产品。

与此同时，耶路撒冷希伯来大学在量子物理领域，探索使用人工智能技术，帮助解决量子物理的理解。作为当代物理学研究的热点之一，量子物理世界的理解成为科学界的重点。耶路撒冷希伯来大学研发基于深度神经网络的算法，利用其识别能力，帮助人类理解自然界量子的行为。

3. Dalle Molle

作为瑞士领先的人工智能研究机构，Dalle Molle 一直以来十分关注人工智能领域的研究工作。其主要的研究方向是机器学习、运筹学和机器人。并且在深度学习、智能机器人等领域，取得了突破性成果。在人工智能领域，Dalle Molle 已进入了世界十强。

早在 20 世纪 90 年代，该机构的 J ü rgen Schmidhuber 教授，就因发明了长短期记忆网络而闻名。这种新型的网络算法，能够实现前馈网络所不能实现的任务。现如今，在智能手机上普遍拥有的语音识别功能，就是依靠这一技术而实现的。与此同时，该机构长期从事机器人的研究工作，其中 iCub 人形机器人就是其重要的研究载体。经过研究团队的长期攻关，iCub 已经可以模拟人类的认知系统，尤其是在面部表情、力量控制等方面，并且可以完成拿取食物等操作。与此同时，研发团队所开展的无人机及协同机器人研究，也取得了阶段性成果。

4. 麻省理工学院

麻省理工学院作为全球前三的知名高校，拥有完备的人工智能研究团队和研究平台，其在人工智能领域的研究，也取得了突出的研究成果。

（1）医疗领域。麻省理工学院的研究团队，利用所建立的人工智能平台，研发了抗生素预测系统。该系统具备自学习能力，能够自动学习分子的结构，分析相关特性。在此基础上，系统可以智能地分析分子功能。这样一来，在不需要化学基因标注的情况下，通过大量分子的学习样本，预测出哪些分子可以有效抑制细菌的生存。同时，基于筛选出的分子，可以依据对细菌的抑制程度，对分子进行排序，从而为医疗抗生素的研发提供支撑。

（2）无人机。目前无人机技术正处于逐步完善的阶段，在此过程中，由于自身稳定性较差，且易因操控不当带来的潜在危险和侵犯他人隐私，使得许多创业公司以如何击落无人机为课题开展相关研究工作。

麻省理工学院研究团队，将研究目标放在如何保护无人机躲过攻击上。该团队在2016年对外公布了其研究成果。在公开视频里，可以看到无人机在复杂环境下，能够自如地躲避障碍物。这得益于麻省理工学院研发了一种新的算法，能够帮助无人机将空间自动划分，识别哪些区域有障碍物和哪些区域可以畅通，从而自动规划移动路径，实现自动躲避。最新报道显示，该研究团队的无人机，能够在最高50km/h的速度，快速穿越障碍区域。图2–1所示为无人机躲避障碍物的实验场景。

图2–1　无人机躲避障碍物的实验场景

（3）隔墙动作捕捉系统。2015 年，麻省理工学院的计算机科学与人工智能实验室研究人员，对外发布了其最新研发的隔墙动作捕捉系统。该系统可以通过无线信号，实现不同空间的动作识别，如图 2-2 所示。这将推进智能家居、影视拍摄和 VR 游戏的发展。

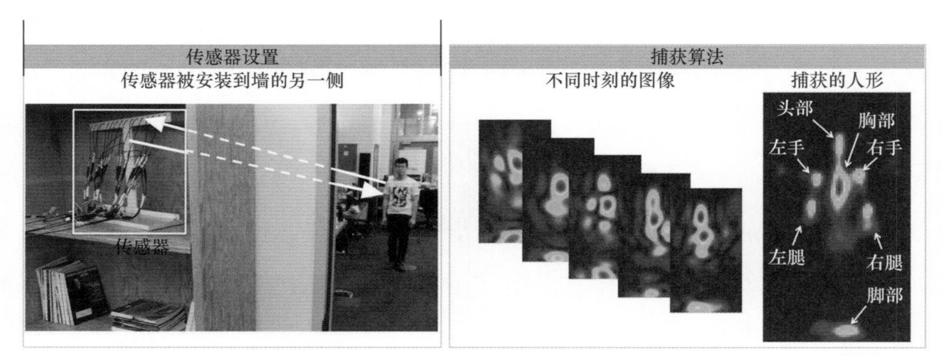

图 2-2　隔墙动作捕捉

在智能家居方面，利用该系统可以对家中的老人和小孩起到辅助保护作用。例如，家长可以在任何房间，关注到独自玩耍的小孩子正在做的事情，甚至是孩子睡觉时胸脯起伏的状态。对于家中老人，该系统的应用可以监测到家中老人是否长时间处于静止状态，结合老人是否有相关疾病，可联动实现报警，从而保护老人的安全。

在影视拍摄方面，目前电视剧、电影拍摄时，演艺人员经常要在装满摄像头的房间里进行表演。该系统的应用可以帮助演艺人员摆脱摄像头的束缚，可以在其他空间，如其他房间或户外，进行拍摄。

在 VR 游戏方面，该系统的应用也为游戏用户提高用户体验提供了帮助。

5. 德国人工智能研究中心

德国人工智能研究中心成立于 1988 年，是欧洲顶尖的人工智能研究机构，也是目前世界上最大的非营利人工智能研究机构。世界前十的科技企业，例如谷歌、Intel、微软、宝马、SAP 等，都是该机构的股东，其在人工智能、大数据分析、自然语言处理、智能机器人及人机交互等方面的研究，为人工智能的发展做出了巨大贡献。

在刚刚过去的 2019 年，该中心形成了众多突破性成果，包括人机协作 (MRK4.0)、可穿戴健康设备、太空自主机器人、建筑行业的数字化和物联网、自适应交互式教学与学习系统等。与此同时，德国人工智能研究中心建立了认证和数字主权实验室，计划为基于人工智能的“欧洲制造”进行检测认证。

6. 早稻田大学

从 1964 年开始，早稻田大学就开始了机器人制造与应用的研究工作，是日本最早开始机器人领域研究工作的高校。尤其是被业界熟知的加藤一郎教授，他的研究团队在双足机器人领域的研究成果，对全球机器人研究做出了巨大贡献。

在1973年，早稻田大学研制了名为WABOT的1号机器人。这款机器人，采用类人设计，拥有像人一样的四肢，并且配置相应的触觉传感器，能够模拟人类的简单动作，并拥有触感，为人工智能技术的研究提供了理想的载体平台。

经过多年人工智能领域的研究，早稻田大学在2009年研发了一款拥有情感感知能力的KOBIAN机器人。该机器人能够利用肢体语言和表情，与人类进行互动，为人工智能在人机交互领域的研究与应用提供了经验。

2.2 中国人工智能技术现状

2.2.1 国内人工智能市场规模

1. 与国外市场对比

在政策引领及市场推动下，国内各行业的人工智能市场逐步壮大。以电力行业为例，中国南方电网、南瑞集团以及中国电力科学研究院，结合电力市场需求，在人工智能领域，纷纷组建了技术团队，开展人工智能技术研究，包括图像识别技术、自然语言处理技术、大数据技术等。

从国内外市场规模来看，排名前三的是美国、中国和英国。其中，中国拥有1011家，占全球人工智能企业总数的21.8%，如图2-3所示。在城市分布方面，中国有8个城

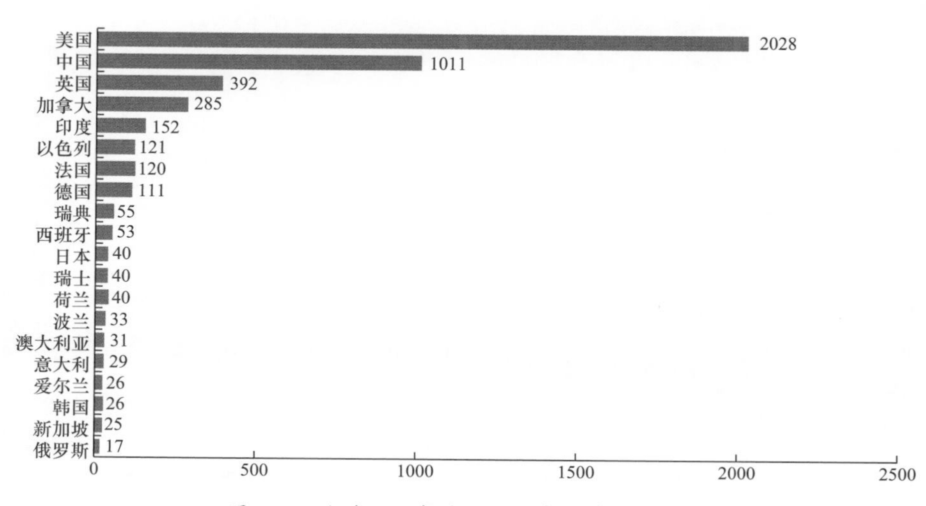

图2-3 全球人工智能企业分布（单位：家）

市进入全球前二十大城市。其中，北京的人工智能企业数量最多，处于领跑地位，紧随其后的是杭州、深圳、上海等几个经济较为发达的城市。

在学术研究方面，中国则超过了美国，处于了领跑地位，紧随其后的有英国、德国、意大利等国家，如图 2–4 所示。学术研究的数量，从另一方面体现出一个国家整体研究水平，及其在行业的重要性。因此，可以看出中国在人工智能领域的研究正处于蓬勃发展的阶段。

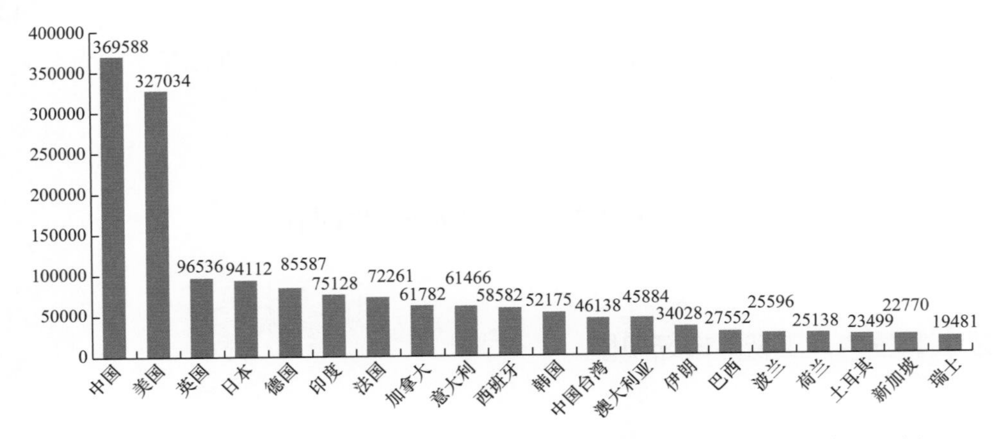

图 2–4　全球 AI 论文产出最多的 20 个国家和地区（1998—2018 年）（单位：篇）

图 2–5 所示为人工智能学术研究成果排名前八的国家在 1997—2017 年期间的成果趋势。通过对比可以看出，中国最早处于相对落后的位置，通过近些年的长足发展，已经跃居至全球第一的位置。值得注意的是，印度自 2011 年开始，一改落后状态，学术研究成果迅速增长，已经排至全球前三。

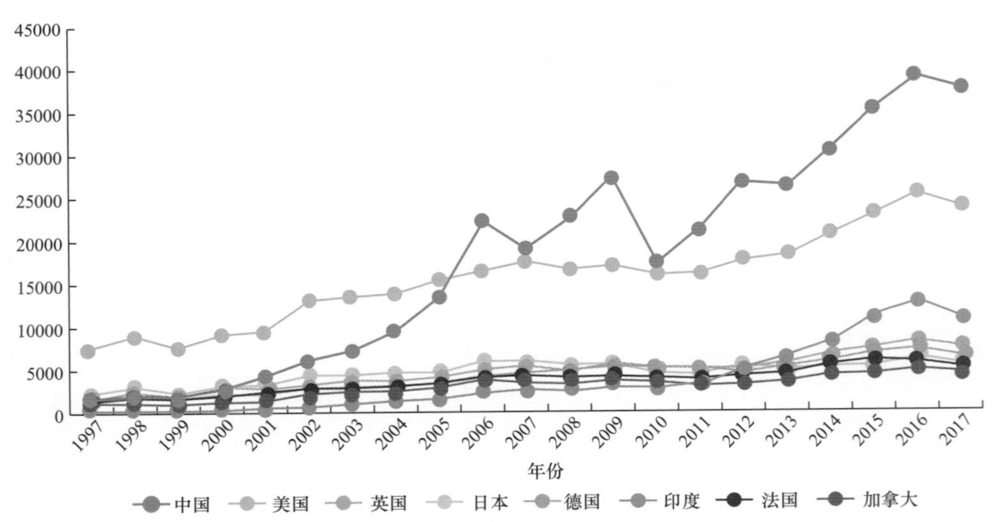

图 2–5　人工智能学术研究成果排名前八的国家在 1997—2017 年期间的成果趋势（单位：篇）

学术研究成果，不仅是高校、科研机构的成果，也是企业争相比较的领域。近年来，随着国内科技企业在人工智能领域投入的不断加大，以企业为主体的研究成果逐步增多。在全球学术成果排名前二十的企业中，中国的企业只有一家，即国家电网有限公司（简称“国家电网”），其人工智能领域的论文数量达800余篇，如图2-6所示。

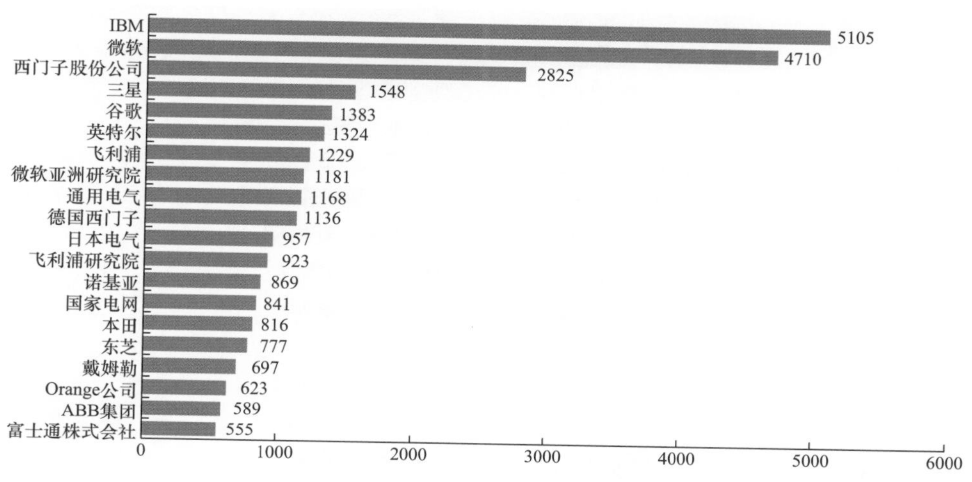

图2-6 全球AI论文产出最多的20家企业（单位：篇）

在学术研究成果中，高水平的论文可以代表一个国家的影响力，而通过国际合作研究的高水平论文，其影响力更高。在统计的全球人工智能论文中，国际合作的论文占比超过20%。而在高水平论文发表领先的国家中，中国的国际合作比例为53%。

在这些高水平论文中，有部分论文是在与企业合作的前提下完成的。从全球统计数量来看，在排名前十的国家中，中国的企业合作论文占比为2.55%，目前还处于相对落后的位置，如图2-7所示。

项目	国际合作论文占比（%）	横向合作论文占比（%）
国际论文基准值	23.42	1.83
高水平国际论文基准值	42.64	3.7
中国	53	2.55
美国	53.94	6.99
英国	76.38	6.03
澳大利亚	81.82	3.59
德国	80.65	7.83
加拿大	72.5	4.75
法国	76.9	8.17
伊朗	50.18	0.74
意大利	75.98	3.94
西班牙	71.66	5.67

图2-7 AI高水平论文产出最多的10个国家的合作论文占比

除了学术研究成果，中国在专利申请方面也处于全球领先的地位，如图 2-8 所示。通过专利索引分析可以看出，在人工智能领域，中国专利布局最多，紧随其后的分别是美国和日本。

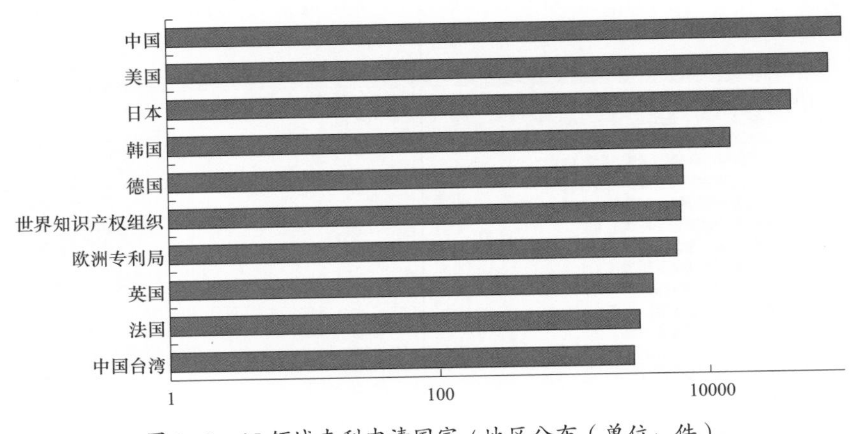

图 2-8　AI 领域专利申请国家 / 地区分布（单位：件）

在专利申请和布局方面，越来越多的企业开始重视并积极推进相关工作。在人工智能领域，公开专利数量前十的企业中，国家电网一直走在其他企业的前面，也是唯一一家进入前十的中国企业，如图 2-9 所示。

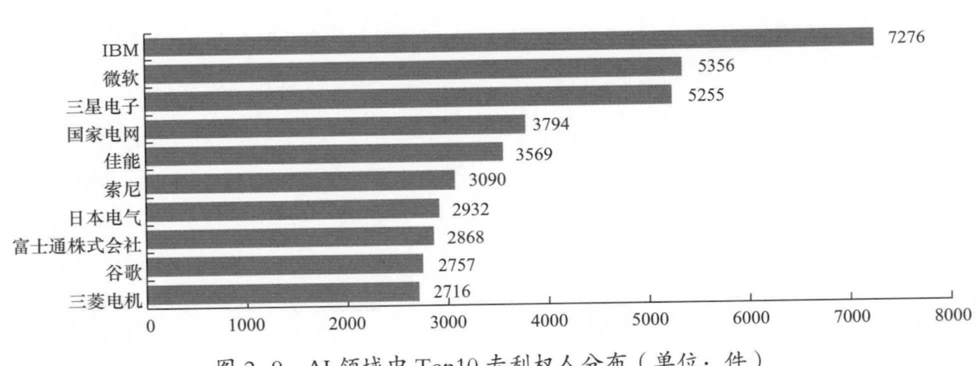

图 2-9　AI 领域中 Top10 专利权人分布（单位：件）

利用语义相似度，对目前已公开的专利进行分析，可以得出细分领域的人工智能研究分布及可视化专利布局图，如图 2-10 所示。通过分析可以看出，目前人工智能的研究热点主要集中在智能助理、图像识别、机器人、语音识别等领域。

2. 中国市场情况

自 2012 年开始，国内人工智能相关的机器人、智能手机、医疗影像、安防等领域的企业日益增多，如图 2-11 所示。尤其在 2014 年，人工智能在中国呈现了爆发式发展，

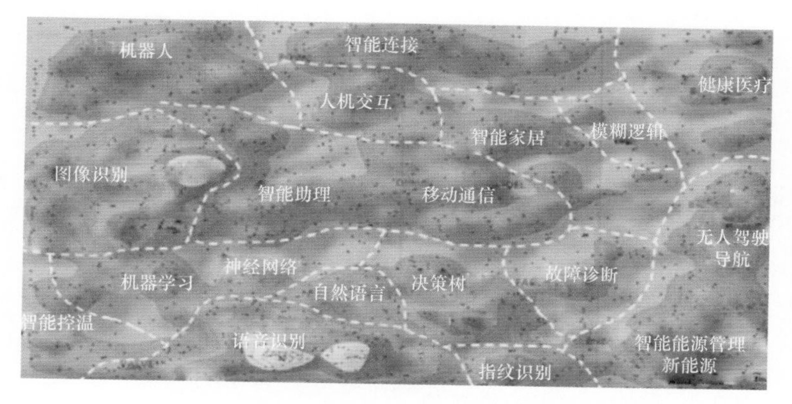

图 2-10　AI 领域专利申请领域可视化图

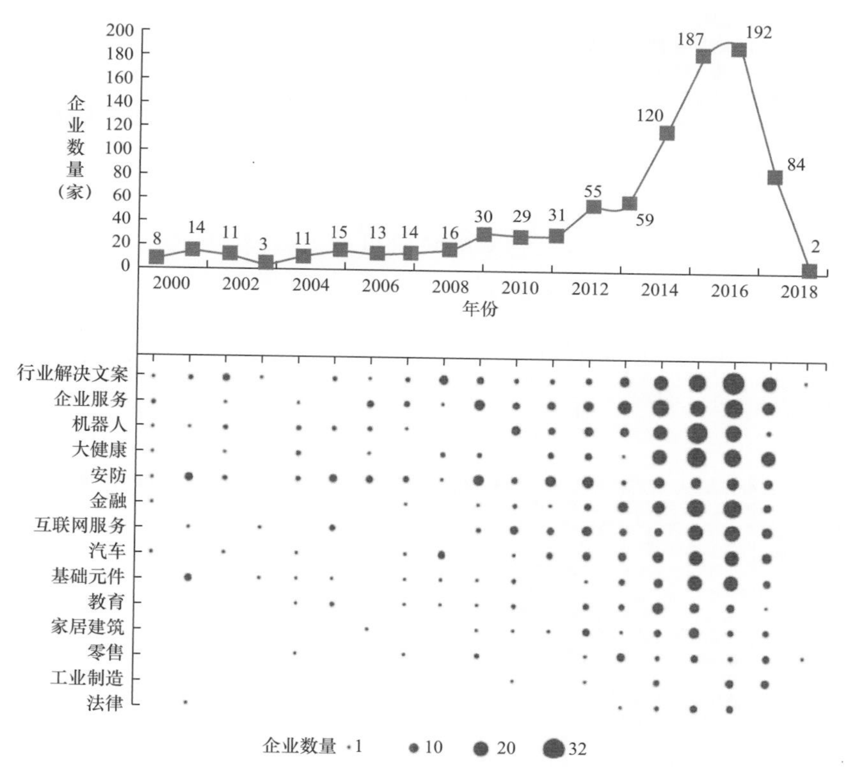

图 2-11　中国人工智能企业诞生历程与行业分布

涌现出了许多成功的创业公司，国内人工智能研究热度就此登上高峰。

统计全国各省份人工智能企业数量的基础商，人工智能企业主要分布于 22 个省（市）的 43 个城市，从图 2-12 可以看出，人工智能企业数量排名前十的城市分别为北京（368）、深圳（141）、上海（131）、杭州（91）、广州（34）、成都（24）、苏州（16）、南京（16）、厦门（15）、武汉（12）。在这些省份中，广东、上海、北京三省（市）人工智能企业数量占比达 74%，珠三角、北京、长三角呈现出三足鼎立的现象。

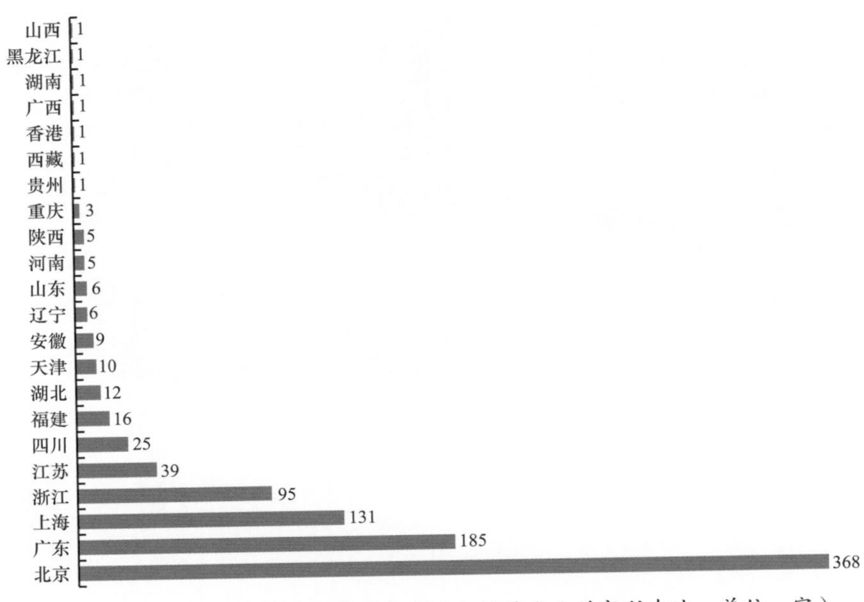

图 2-12　中国人工智能企业地域分布（仅统计企业总部所在地，单位：家）

在过去的二十年中，国内越来越多的科研机构、高校参与到人工智能领域的研究。图 2-13 列出了中国 AI 论文产出数量前二十的机构，中国科学院以两万六千余篇论文位居第一，也是榜单中唯一的科研机构。其余的上榜者均来自高校，其中清华大学、哈尔滨工业大学、上海交通大学、浙江大学的论文产出均超过 1 万篇。

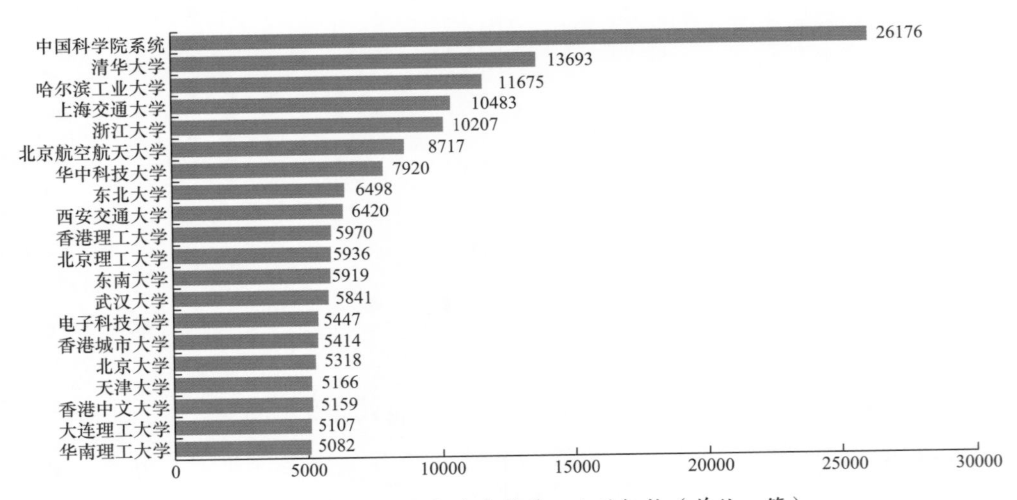

图 2-13　中国 AI 论文产出量前二十的机构（单位：篇）

技术专利产出方面，对近五年中国人工智能领域的专利产出进行了统计。图 2-14 展示了国内人工智能领域科研院所与高校以及企业持有发明数量最高的 15 位专利权人分布。在高校排名中，中国科学院、浙江大学、西安电子科技大学名列前茅。在企业排名中，国家电网、百度、长虹电器三家企业占据前三。从前30位专利权人整体分布情况来看，48%发明来自企业专利权人，略低于科研院所与高校。

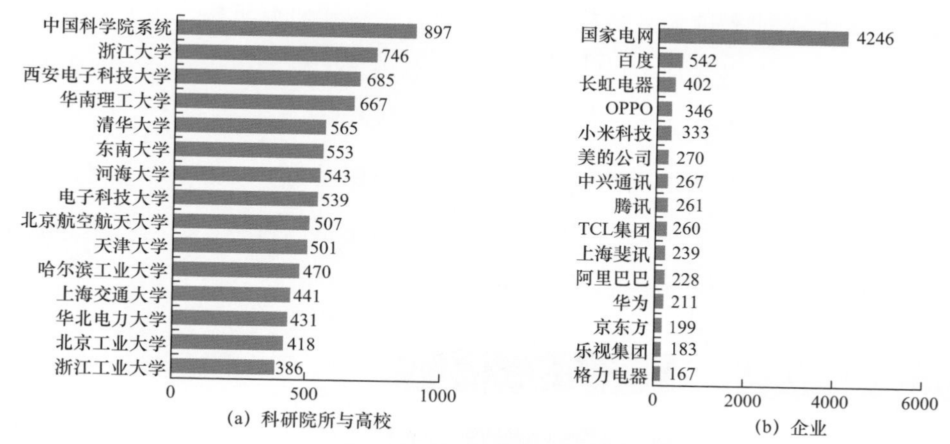

图2-14　国内人工智能领域科研院所与高校以及企业持有发明数量最高的15位专利权人分布（单位：件）

近年来，国内各大高校在人工智能领域的投入逐年增大。在人才投入方面，浙江大学排名第一，总的人才投入约2273人。其余排名前五的，依次是哈尔滨工业大学、上海交通大学、西北工业大学、清华大学，如图2-15所示。

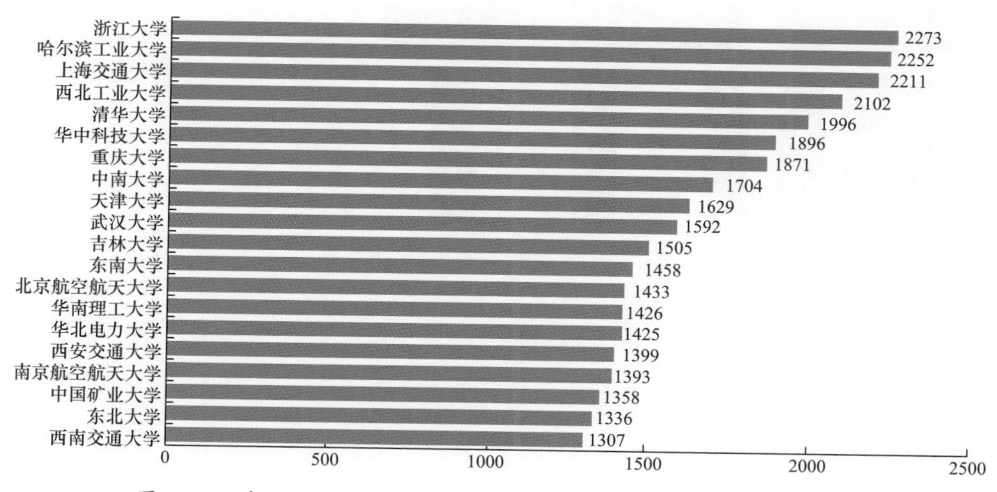

图2-15　中国人工智能人才投入量排名前二十科研院所（单位：个）

2.2.2 国内人工智能企业技术情况

1. 阿里巴巴

阿里巴巴作为国内最大的电商与服务公司，借助其在电商、网上支付、云资源等方面的优势，在所涉及的购物网站、家具、出行、金融、工业智能化等多个领域，开展了大量的人工智能研究与应用探索，为其产业的发展提供了极为重要的支撑。在2019年中国上市前五百强中，名列第一。

（1）阿里巴巴人工智能研究机构。阿里巴巴人工智能研究机构。主要有阿里人工智能实验室、数据科学与技术研究院、工业大数据应用技术国家工程实验室、大数据系统软件国家工程实验室及达摩院等。

达摩院是阿里巴巴牵头组建的一家以人类愿景为驱动力、致力于探索科技未知的研究机构。达摩院在全球多个地区设立了分支，主要从事基础科学、创新技术和应用技术的研究。阿里巴巴达摩院组织架构如图2–16所示。

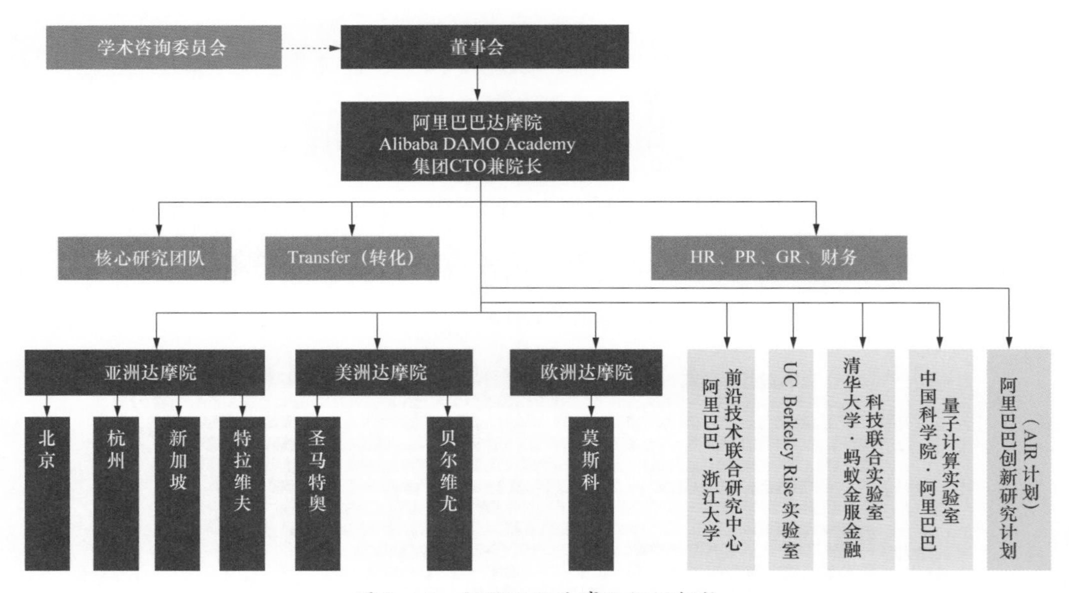

图2–16 阿里巴巴达摩院组织架构

在医疗领域，武汉金银潭医院于2020年3月13日，部署使用了阿里巴巴达摩院最新研发的病原宏基因组检测平台，利用该机构研发的医疗人工智能技术，实现了包括新型冠状病毒在内的16800多种病原微生物的全基因组序列检测。经评估，该技术的应用，能够提供准确的诊断，这为提高患者的救治效率，减少重症患者的死亡率提供了帮助。

在无人驾驶领域，达摩院于2020年3月19日发布其最新研究报告。该报告中描述了达摩院在无人驾驶领域关于通用型，且具备较高水准的自动驾驶检测器。该装置在业内首次实现物体三维识别精度和识别速度的兼顾，这为无人驾驶的安全性提供了帮助。这也使得该装置的性能，在KITTIBEV排行榜上名列第一。

（2）阿里云。

1）量子计算云平台。作为阿里巴巴云计算及人工智能科技公司，阿里云一直以来致力于将大数据、人工智能等技术应用于行业解决方案。2017年，阿里云与中国科学院达成合作意向，共同开展量子计算云平台研发工作。

量子力学是近年来人工智能基础研究的热点。阿里云所参与的量子计算云平台，就是利用量子力学在计算、存储和处理的高效性，提升硬件的处理性能。据预测，量子计算的处理速度，超乎人的想象。如果在城市安防领域应用，由于量子计算的使用，可以在身份识别上实现10亿倍的提升。这也就意味着，将在瞬间完成全球人脸的扫描与辨识。这是目前技术所不能实现的。

阿里云与中国科学院联合共建的实验室，计划到2025年，将量子计算的处理能力提升到世界超级计算机的水平，并在特定领域开展相关科技攻关工作。到2030年，完成通用量子计算原型机的研发，使其达到50～100个量子比特的规格。与此同时，在硬件方面，开展关键芯片工艺的研究，全面实现通用量子计算功能，并将研究成果应用于重大科技研究领域，为人类科技进步提供帮助。

2）阿里云ET工业大脑。在工业应用领域，阿里云推出了阿里云ET工业大脑，主要是利用人脸识别、图像识别、自然语言处理、智能语音交互等功能，在新能源、化工、环保、汽车、轻工业、重工业等不同制造领域，解决生产、维护、管理等领域的需求。

在2017年3月举办的云栖大会深圳峰会上，阿里云正式推出ET工业大脑，旨在通过人工智能技术的研究，提升中国制造业的良品率。虽然仅是1%的提升，但这代表着可为国家增加上万亿元的利润。截止到目前，阿里云联合了搬运科技、哈曼视听、云徒科技、袋鼠云、数空科技、InData、Pactera、卓见云等多家科技企业，共同围绕1%的目标，开展着相关工作。

3）阿里云ET城市大脑。在城市智能化领域，阿里云推出了ET城市大脑理念与产品。该理念的实现，主要是利用城市中每时每刻产生的实时数据，通过数据分析与计算，实现城市公共资源的全局优化。通过这种优化，可以识别城市缺陷，并为城市管理者提供治理的依据，从而为城市治理模式、服务模式，以及各个产业的发展，提供重要支撑：

a. 城市治理模式突破：主要针对城市治理中突出问题，着手实现智能化、集约化、人性化的城市治理。

b. 城市服务模式突破：服务对象为城市中的各类企业以及个人，在节约资源的前提下，提高城市的公共服务。

c. 城市产业发展突破：利用共享的数据资源，为各个产业的发展提供支撑，进而促进传统产业的转型发展。

在这种突破下，城市将会发生质的提升。以城市安全为例，通过实时的交通情况监测，结合共享开放的城市资源，能够及时应对城市突发情况。在触发城市应急系统的同时，将会联动公安、消防、医院等资源，做到联合调度，从而提高城市突发情况的应急能力。

（3）情感机器人 Pepper。在智能机器人领域，阿里巴巴与日本电信公司进行合作，不仅承担所研发的 Pepper 机器人的销售，还将其研发的 YunOS 操作系统融入该机器人中。目前，融合该操作系统的机器人正处于研发中，相信在不久的将来，该机器人会为用户带来全新的体验。

2. 华为

（1）华为 IoT Open Lab。华为作为国内排名领先的电子产品与科技公司，为推进人工智能在智慧城市、能源电力和车联网等领域的应用，组建了 IoT 集成认证实验室。该实验室作为华为的业务创新与孵化基地，以开放、合作、共赢为发展原则，为各类物联网企业或个人，提供开放式的实验室服务。借助这一实验室的研究工作，华为建立了涵盖城市公用设施、产业、智慧家庭、个人等领域的物联网生态。

（2）华为云 EI。企业智能化服务方面，华为推出了华为云 EI，如图 2-17 所示，为互联网在企业的智能化应用提供支撑，促进企业的智能化发展。

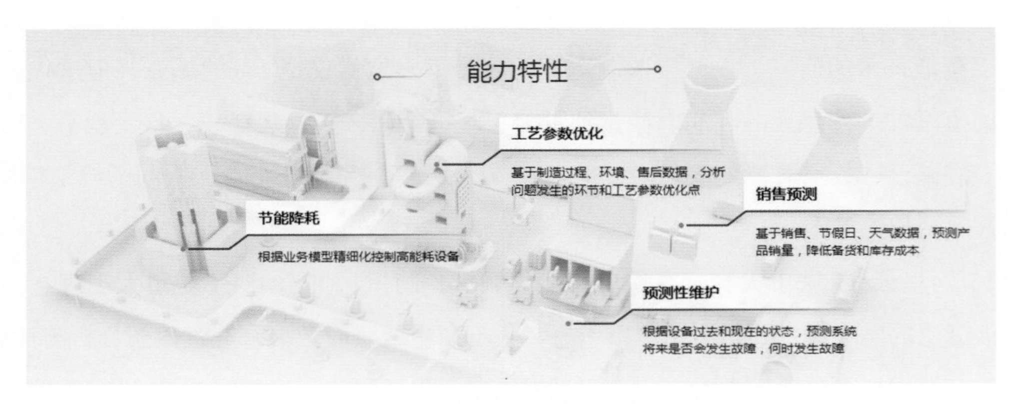

图 2-17　华为云 EI 工业智能体解决方案

（3）智能电力。城市保障方面，华为将目光转移到电力供应上。通过大数据和人工智能的应用，为电力企业打造了智能化平台。通过智能化平台的应用，可以帮助企业解决在发电、售电、输电、用电等环节的各类应用需求。

3. 腾讯

腾讯组建了包括 AI LAB、优图实验室、微信 AI 3 个人工智能实验室开放平台。

（1）AI LAB。为了推进机器学习、自然语言处理、计算机视觉，以及语音识别等领域的研究，腾讯 AI LAB 组建了一支拥有数十位科学家和博士的团队，先后在社交、平台、游戏等领域开发智能平台与应用。

（2）优图实验室。为了推进人脸识别与检测、图像理解领域的研究，腾讯组建了优图实验室，重点关注图像处理方向，提供解决方案。目前，已先后推出天眼交通、视频直播、天眼不空、Faceln 人脸核身、安全审核等。

（3）微信 AI。为了提升交互平台的智能化水平，腾讯将计算机视觉、机器学习、自然语言处理和语音识别等最新研究成果，应用到其开发的微信中，以提升用户体验。

4. 百度

在人工智能领域，百度成立了百度研究院，并先后推出了数字营销云、智能多媒体、物联网服务、人工智能与大数据分析等产品与服务，并在此基础上，打造了天工、天智、天链、天像、天算五大平台。

（1）百度研究院。百度为了推进深度学习、数据挖掘、高性能计算、机器人、自然语言处理、高性能计算、无人驾驶等方面的研究工作，成立了百度研究院。该研究院针对人工智能领域的前沿技术，建立了一支专业的科研团队，并在北京和硅谷设立了分支，开展相关研究工作。

截至目前，百度研究院共设立了五大实验室，分别是大数据实验室、深度学习实验室、机器人与自动驾驶实验室、硅谷人工智能实验室、商业智能实验室，分别在数据挖掘和知识发现、机器学习和人工智能、无人驾驶技术、自然语言处理和高性能计算、数据分析技术方面，开展相关研究工作，取得了相对突出的研究成果。

在语音助手领域，百度研究院的 DEEP VOICE 产品，能够在获取 3s 声音样本的前提下，即可完成人类声音的模拟。这一产品的研发，能够在对声源适配与编码进行优化的基础上，实现样本数据的识别，以及声音智能合成与优化，不仅大大缩短了声音合成周期，还能够减少对于样本数量的依赖，从而有效解决智能手机、医疗领域的应用需求。

无人驾驶方面，百度研究院研发了 Apollo2.0 无人车，其主要组成包括感知模块、仿真模块、高精度地图与定位、End-To-End 训练、DuerOS 系统五大组件。其中，通过在无人车辆上安装的传感器，利用深度学习技术训练的感知模块，可以智能识别障碍和交通信号；利用大量实际路况和无人驾驶场景数据所开发的仿真模块，能够高效地完成无人车辆的测试与优化；基于高精度地图与定位，百度研究院研发了高精度定位解决方案；在 End-To-End 方面，利用深度学习技术，对驾驶模型进行研发，帮助无人车快速投入测试；DuerOS 系统则为百度研究院所研发的无人车，提供了智能安全、车载互联、人车对话等良好用户体验。

（2）百度天工。百度融合云计算、大数据和人工智能，开发了百度天工平台，为用户提供了一站式、全托管的智能物联网平台。该平台能够为用户提供个性化、智能化的物联网平台。

以设备的可视化为例，百度天工平台能够在实现设备数据集成与整合的基础上，通过构建与实物相仿的物模型“物影子”，利用所建立的处理与计算引擎，实现设备可视化，即“物可视”，如图 2-18 所示。

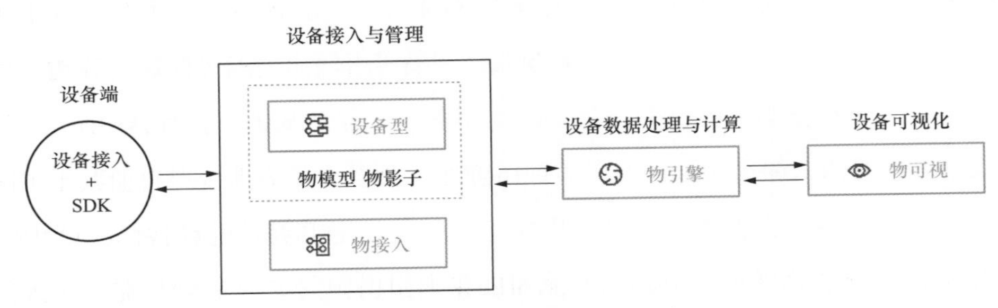

图 2-18　百度天工物联应用框架

（3）百度天智。百度天智平台主要包括感知、机器学习和深度学习三个部分。

1）感知平台。百度天智的感知平台，主要利用图像技术、语音技术和自然语言处理技术，用于客服、身份验证等领域的智能化应用。

2）机器学习平台。百度天智的机器学习平台，主要利用机器学习，通过开放的 Spark MLlib，为用户提供预测服务。

3）深度学习平台。百度天智的深度学习平台，能够利用神经网络、优化算法，以及个性化的网络配置，对平台的架构、运算、通信，以及存储方面进行优化，为用户提供高水平的服务平台。

此外，百度天链侧重于新型企业协作模式的打造，能够为金融、政务、医疗、互联网等行业，提供多种一站式的“区块链 +ABC”解决方案。百度天像全面整合百度在图像、语音、文字领域的人工智能优势，为企业提供一站式音视频、图像、文档等智能多媒体解决方案。百度天算能够实现端到端、开源开放、高性价比、安全可靠的大数据产品和服务，助力企业数字化、智能化经营。

5. 科大讯飞

科大讯飞作为亚洲知名智能语音科技公司，开发了全球首个开放的智能交互技术服务平台——讯飞开放平台。该平台能够为用户提供一站式人机交互方案。无论用户采用什么网络，使用何种设备，都可以不受时间、地域的限制，享受到全方位的人工智能服务。目前，讯飞开放平台，能够结合“云 + 端”的部署方式，为用户提供服务，包括语音识别、语音合成、人脸识别、语音理解等。科大讯飞开放平台技术服务如图 2–19 所示。

图 2–19 科大讯飞开放平台技术服务

科大讯飞为了实现无障碍人机交互，研发了 AIUI 智能人机交互方案。该方案能够帮助用户采用肢体动作、语音、图像等途径，与智能设备进行连续自然的交流。与此同时，科大讯飞开放平台为开发者提供了软硬件一体的方案，并且在智能家居、机器人等领域取得成功应用。其中，阿尔法蛋就是该平台应用的一个成功成果，赢得了市场的青睐。

2.2.3 国内高校与机构人工智能技术情况

1. 清华大学：智能技术与系统国家重点实验室

清华大学依托其计算机科学与技术系，组建了智能技术与系统国家重点实验室。该实验室主要面向人工智能的基础研究、前沿性技术研究、智能机器人、智能信息处理，以及与心理学、认知神经等交叉学科的研究，同时在技术的融合应用等方面开展了大量研究工作。

截至目前，该实验室在其主要研究领域，先后承担了多项国家级重点研究任务。在这些研究任务中，部分研究成果已经达到全球领先水平，其中“具有交互和自学习功能的脱机手写汉字识别系统和方法”“人工智能问题分层求解理论及应用”两项成果分别获得了国家科技进步奖、国家自然科学奖。

2. 北京大学：智能科学系

2002年7月，北京大学围绕机器学习、智能机器人、数据智能感知、分析与计算等研究方向，成立了智能科学系，在理论、方法和特定研究任务方面，依托视觉听觉信息处理国家重点实验室，开展理论基础和应用基础研究。

目前，在生物特征识别研究方面，研发了机器感知系统，为机器视觉与听觉、智能生理与心理等方面的研究提供了技术支持。所研发的指纹自动识别系统处于国际领先的水平，并成为公安使用的产品，也是能够与国外相仿系统对标的唯一一款软件，国内市场占有率长年排名第一。

3. 复旦大学：类脑智能科学与技术研究院

复旦大学依托2008年建立的计算系统生物学研究中心，在2015年建立了类脑智能科学与技术研究院。目前，该研究院拥有五大平台与一个国际合作研发中心。

其中，神经形态计算仿真平台主要研究多信息反馈处理机制。智能诊治数据示范平台主要研究多尺度、多中心的重大脑疾病数据库和算法。综合生物医学影像平台主要为生物医学转化研究、信息产业智能化等提供技术支撑。类脑智能开发平台依托软硬件平台，开展机器学习算法、类脑芯片、健康服务机器人、可穿戴设备等方面研究。类脑智能产业化平台能够为创新项目和企业提供包含投资基金、孵化加速、产业联盟等方面的技术资源和服务。此外，积极开展国际合作研发中心建设，为美国、欧洲脑计划，提供相关数据和学术资源。

4. 浙江大学：人工智能研究所

自20世纪80年代开始，浙江大学即开始人工智能领域的研究。从早期以规则、符号、逻辑为主的传统阶段，到计算机辅助设计与图形学的融合，到现在的大数据时代，开展人工智能在计算机视觉领域的研究。浙江大学在人工智能领域的研究已经长达40余年的时间。

浙江大学作为国内知名高校，除了在人工智能领域的学术研究外，还为众多科技企业培养了大量优秀的人工智能专业人才，如阿里巴巴、海康威视、浙江大华等公司，也从另一角度推动了人工智能的进步。

5. 上海交通大学：智能人机交互研究所

上海交通大学探索类人智能信息处理的机理，以及认知的过程，依托计算机科学与工程系，组建了智能人机交互研究所。该机构主要从事新型计算结构和算法的研究工作，并在此基础上开展人机交互系统的研发。

2005 年，上海交通大学与微软开展合作，成立了智能计算与智能系统重点实验室。该实验室以推动机器人领域的研究发展为目标，在人工智能领域深入研究，形成了多项突出的研究成果，包括“脑机交互的多模态疲劳驾驶检测系统”“基于脑电的脑功能康复训练平台和认知型智能人机口语对话系统”等。

6. 西安交通大学：人工智能与机器人研究所

西安交通大学依托原有的自动控制专业计算机控制教研室，于 1986 年成立了人工智能与机器人研究所。该研究所作为“模式识别与智能系统”国家重点学科，是“视觉信息处理与应用国家工程实验室”的重要支撑单位之一。受教育部、国家外国专家局“高等学校学科创新引智计划”支持，与知名学者共同组建成立了“认知科学与工程国际研究中心”。

该研究所主要围绕智能信息处理的发展方向，结合学科发展前沿，开展机器视觉、计算机图形学等方面的研究工作。

7. 华中科技大学：人工智能与自动化学院

2019 年，华中科技大学在原自动化学院的基础上，整合学校人工智能领域的技术与人才资源，成立了人工智能与自动化学院。结合“图像识别与人工智能研究所”和“控制科学与工程系”两个学科，先后承担了数百项国家、国防与行业项目。学院在计算机视觉、类脑智能、智能制造、自主智能、无人系统、智慧农业等方面取得了较为突出的研究成果。

8. 中国科学院：人工智能技术学院

2017 年 5 月，中国科学院大学成立了人工智能技术学院，是国内第一个人工智能领域的教育科研学院。

中国科学院大学拥有多个国家级、省级研究机构，包括模式识别国家重点实验室、国家专用集成电路设计工程技术研究中心、复杂系统管理与控制国家重点实验室、中国科学院分子影像重点实验室等研究机构。设立了 6 个教研室，分别是模式识别、智能人机交互、智能机器人、人工智能基础、脑认知与智能医学、智能控制，为人工智能领域的技术研究与人才培养，提供了有力的帮助。

2.2.4 国内人工智能应用现状

随着技术研究的不断深入及应用场景的不断拓展，人工智能的理论以及技术成熟度不断提升。各产业在人工智能的推动下，呈现出新的商业模式，并且日益完善和成熟，按照所面向的领域不同，逐步形成基础层、技术层和应用层的类别划分，如图 2–20 所示。

图 2–20 人工智能产业示意图

人工智能技术目前主要分为语言类、视觉类、自然语言类技术。其中，语言类技术主要包括语音识别、语音合成等；视觉类技术主要包括图像识别、视频识别、生物识别等；自然语言处理类技术主要包括情感分析、文本挖掘、机器翻译等。与此同时，人工智能相关硬件也在同步发展，但相对较少。

1. 计算机视觉市场

据 2018 年国内计算机视觉应用市场规模统计，中国市场已经超过 7.5 亿美元，其中最大的应用场景是城市安防，其次是金融领域所使用的身份认证，这里包括了人脸识别、票据识别等。同时，在医疗领域，图像识别在医疗影像诊断方面的应用，为疾病的智能诊断提供了支撑。在创新性、专业化应用领域，如遥感影像重构分析、核电站设备状态检测等方面，也都有了人工智能技术的应用。

图 2–21 所示为目前国内主要的计算机视觉科技公司市场分布。可以看出，在计算机视觉领域，旷视科技、商汤科技、依图科技占据着主要市场份额。同时，近年来持续加大计算机视觉研发投入的海康威视、大华股份等科技企业，其份额正在逐步提升，计算机视觉市场呈现出百花齐放的趋势。

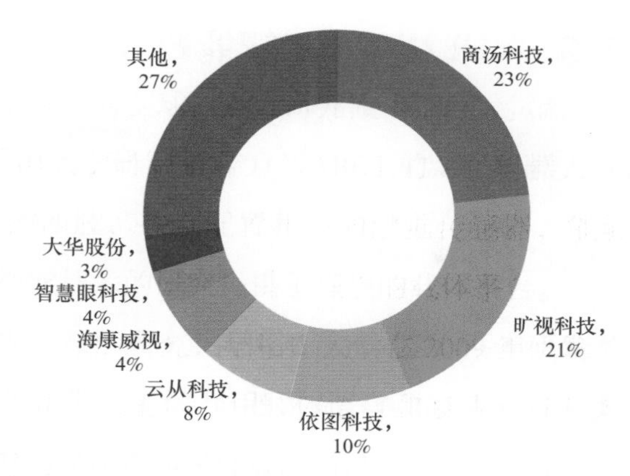

图 2-21 目前国内主要的计算机视觉科技公司市场分布

2. 语音分析市场

在国内语音分析市场上，越来越多的科技企业加入消费级语音语义市场的竞争中，如图 2-22 所示。目前，科大讯飞处于领跑状态，在市场份额中占比超过 10%。其他的科技公司，如拓尔思、小爱机器人、百度网讯等，虽然暂时在市场份额上处于劣势，但各企业利用自己的差异化优势，积极拓展市场规模。

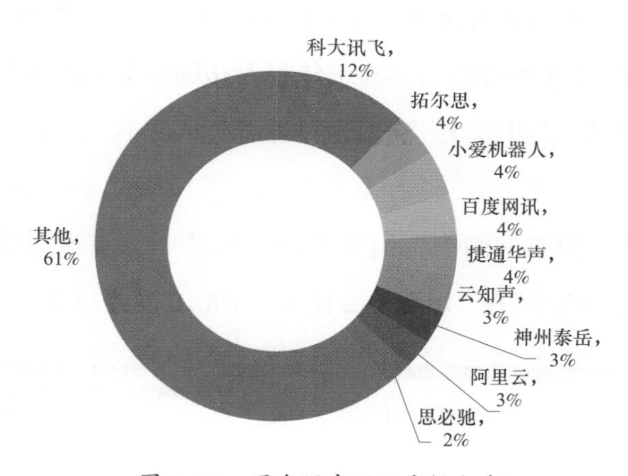

图 2-22 国内语音语义市场分布

目前，语音语义市场所应用的技术，仍以简单的对话为主。待自然语言处理、语音识别等技术不断成熟后，将会有更加智能的人机交互系统投入到各类产品中，并推动市场规模的不断拓展。

当前，中国新一代人工智能总体产业规模增速平稳。在加快推动新一代人工智能应用场景落地的政策和市场推动下，预计到 2022 年，我国人工智能产业规模将逼近 300 亿美元。

2.3 全球主要人工智能政策分析

本节主要从世界各国（美国、欧盟、德国、日本）的人工智能政策层面展开研究。

2.3.1 美国人工智能政策环境分析

美国是世界上第一个以行政手段将人工智能纳入重点研发中的发达国家，从美国政府2017年发布的《美国优先：一份让美国再次伟大的预算蓝图》可以看出，美国未来将重点支持国家安全、国防、医疗卫生等领域，目前已在布局的具体项目包括涉及国家安全的人脸识别技术——FLOOD APEX PROGRAM项目、*Artificial Intelligence White paper*中的可穿戴预警系统、*Roadmap for Medical Imaging Research and Development*中的医疗影像等。

由于美国政府更加注重人工智能对社会稳定及国家安全可能产生的影响，因此，美国人工智能方面的政策都是围绕着国家安全制定的。同时，为确保其在该领域的领先对位，美国尤其注重对操作系统、互联网、芯片等核心技术领域的投入。这些说法在《国家人工智能研究和发展战略计划》（*The National Artificial Intelligence Research and Development Strategic Plan*）、《人工智能、自动化与经济》（*Artificial Intelligence Automation, and the Economy*）、《人工智能白皮书》（*Artificial Intelligence White Paper*）等著作中也得到了印证。

此外，美国于2018年成立了一个由联邦政府官员组成的专家组——人工智能特别委员会，专门研究人工智能领域相关问题，同时，政府加大了对于人工智能领域的预算支持力度。

总体上看，无论是美国政府，还是美国社会，都在积极推动人工智能产品的落地及商业化进程，人工智能在美国有着蓬勃的生命力。

2.3.2 欧盟人工智能政策环境分析

欧盟一直十分注重人工智能技术的发展，从很早就开始对人工智能进行布局，各成员国对该技术的态度也十分积极，绝大多数成员国家希望通过人工智能相关技术领域的合作研究提高整体竞争力，以期能够在世界人工智能领域占有一席之地。

不过，相较于美国将更多的关注点放在人工智能对社会稳定及国家安全可能产生的影响，欧盟国家对人工智能的关注点则更多地放在了人工智能可能产生的伦理及道德风险上。欧盟制定的一系列政策文件也恰巧说明了这一点，包括《对欧洲机器人民事法律规则委员会的建议草案》(*Draft Report with Recommendations to the Commission on Civil Law Rules on Robotics*),《欧盟机器人民事法律规则》(*Civil law Rules on Robotics*)等。除此之外，英国、德国、法国等国家也制定出台了一系列防范人工智能可能产生伦理风险的相关政策。

在政府投入及行政引导方面，欧盟对于人工智能的研发重点在于人工智能伦理、数据保护、电子政务、网络安全等方面。欧盟通过设立机器人比赛（The Pan–African Robotic Competition）和地平线 2020 计划，积极组织并加强各成员国之间的合作，特别是在对人工智能可能产生的道德及伦理风险方面的研究。

2.3.3 德国人工智能政策环境分析

作为欧盟成员国和老牌的工业强国，人工智能技术的兴起给德国带来了机遇，其雄厚的工业基础，为人工智能与“工业 4.0”的结合提供了土壤。

德国联邦政府也抓住了这一机遇，从多个方面加大了对人工智能的投入力度。在资金方面，计划在 2022 年之前投入比原计划翻一番的预算支持人工智能研究机构的建设，涉及的技术领域包括智能交互、网络安全、微电子技术、大数据、计算机识别、云计算等。在布局上，德国通过在不同城市设立人工智能研究机构，构建覆盖全国的人工智能研究网络。值得一提的是，德国人工智能研究中心已成为全球最大的人工智能领域的非营利性研究机构。在政策方面，德国政府不仅关注人工智能可能产生的伦理及道德风险，还聚焦在人类社会上，目前已出台一系列政策，如《新高科技战略》《创新政策》等，以及与法国共同出台的《关于人工智能战略的讨论》，这些政策都在推动人工智能能够为人类社会带来最大的收益。

显然，从各方面来说，德国已经将人工智能作为未来经济至关重要的增长点。

2.3.4 日本人工智能政策环境分析

与欧美国家相比，日本政府的人工智能政策发布相对较晚，目前相关政策有《人工智能科技战略》(*Artificial Intelligence Technology Strategy*)和《日本复兴战略 2016》(*Japan Revitalization Strategy 2016*)。日本政府在制定政策时，综合考虑了本国的社会发展实际情况及目前亟待解决的问题，其目的是通过人工智能技术支撑其国内的相关产业发展，尤其是清洁能源、能源高效利用等方面，以此解决其国内能源资源相对匮乏的现状。当然，因日本社会的老龄化问题日益突出，其人工智能政策也鼓励利用该技术解决医疗卫生问题及老年人出行问题。

日本政府将大量的人力物力等资源投入到人工智能相关领域，包括智能翻译、新型网络、大数据、语音识别等，这些技术主要应用在汽车自动驾驶、物联网、医疗卫生和自动配送等方面，以上更加可以看出，日本的人工智能政策制定宗旨是解决当下面临的重要社会问题，提高社会智能化水平。

日本政府通过不同政府部门负责不同领域的方式发展本国人工智能技术，比如，文部科学省负责基础研究和人才培养等；总务省负责语音识别和建设新型网络等，以此加强政府对人工智能发展的管理。

2.4 中国人工智能政策分析

2017 年 7 月，国务院印发了《新一代人工智能发展规划》(国发〔2017〕35 号)，宣布我国人工智能进入国家战略规划，相关政策进入爆发期。

2.4.1 智能制造开启人工智能道路

2015 年 5 月，国务院印发《中国制造 2025》，作为我国实施“制造强国战略”第一个十年的行动纲领，其中首次提到了智能制造，并将推动智能制造作为主攻方向，提出加快推动新一代信息技术与制造技术融合发展，着力发展智能装备和智能产品，推动生产过程的智能化水平。

2015 年 7 月，国务院印发《关于积极推进“互联网 +”行动的指导意见》，将人工智能列入十一个重点行动中，并明确指出，以互联网为平台，提供人工智能公共创新服务，加快突破人工智能核心技术，促进人工智能在智能家居、智能终端、智能汽车、机器人等领域的应用，积极培育发展人工智能新兴产业，推进重点领域智能产品创新和提升终端产品智能化水平。

2016 年 1 月，国务院发布《“十三五”国家科技创新规划》，在总体部署中，将“智能制造和机器人”列为“科技创新 2030 项目——重大项目”，并按照“成熟一项、启动一项”的原则，大力推动智能制造和机器人技术的发展。

2.4.2 “互联网 +”提速

2016 年 3 月，国务院发布《国民经济和社会发展第十三个五年规划纲要》，首次将人工智能引入到五年规划中。

2016年5月，国家发展改革委、科技部、工信部、中央网信办四部门联合印发《“互联网+”人工智能三年行动实施方案》，明确指出，到2018年，国内要形成千亿级的人工智能市场应用规模。规划确定了在六个方面支持人工智能的发展，包括资金、系统标准化、知识产权保护、人力资源发展、国际合作和实施安排。规划确立了在2018年前建立基础设施、创新平台、工业系统、创新服务系统和AI基础工业标准化的目标。

2016年7月，国务院在《“十三五”国家科技创新规划》中提出，要大力发展泛在融合、绿色宽带、安全智能的新一代信息技术，研发新一代互联网技术，保障网络空间安全，促进信息技术向各行业广泛渗透与深度融合。重点发展先进计算技术、网络与通信技术、自然人机交互技术、微电子和光电子技术。

2016年9月，国家发展改革委在《国家发展改革委办公厅关于请组织申报“互联网+”领域创新能力建设专项的通知》中，将促进人工智能技术发展作为建设内容和重点，并提到将人工智能应用到互联网医疗救治领域。

2.4.3 人工智能加入国家战略规划

2017年3月召开的第十二届全国人大五次会议上，国务院总理李克强发表2017年政府工作报告，其中首次提到了“人工智能”，这对于我国的人工智能发展具有重要意义。报告指出，要加快培育壮大包括人工智能在内的新兴产业，全面实施战略性新兴产业发展规划，加快人工智能等技术研发和转化，做大做强产业集群。值得一提的是，在政府报告网络直播中，首次使用了基于人工智能的实时语音转写技术，实现了视频与文字的同步直播。

2017年7月，国务院印发了《新一代人工智能发展规划》(国发〔2017〕35号)，其中明确指出，要实现新一代人工智能发展战略目标，需分三步走。到2030年，中国的人工智能理论、技术与应用总体要达到世界领先水平，并成为世界主要人工智能创新中心。

2017年10月，人工智能被写入了十九大报告，报告指出：应推动互联网、大数据、人工智能和实体经济深度融合，培育新增长点，形成新动能。

2017年12月，工信部印发《促进新一代人工智能产业发展三年行动计划(2018—2020年)》，可以说，这是对《新一代人工智能发展规划》(国发〔2017〕35号)“三步走”中第一步的具体规划，计划中详细地规划了我国人工智能在2018—2020年的重点发展方向和目标。

2018 年 1 月，国家标准化管理委员会宣布成立国家人工智能标准化总体组、专家咨询组，负责全面统筹规划和协调管理我国人工智能标准化工作，会上发布了《人工智能标准化白皮书（2018 版）》，这标志着我国人工智能产业已开始进入标准化时代。

从 2015 年至今，我国正在逐步加大对人工智能的重视程度，从国家出台的一系列政策可以看出，我国已将人工智能作为一项基础技术，推动人工智能与其他技术的交叉融合，通过人工智能促进传统行业实现跨越式升级，提升行业效率，人工智能正在逐步成为掀起互联网颠覆性浪潮的新引擎。

2.4.4 人工智能 21 条

新一代人工智能是当前引领性的战略性技术和新一轮产业变革的核心驱动力。上海市利用自身在人工智能发展上的优势，努力打造国家人工智能发展新高地。上海的学科基础和领军人才拥有较强的实力，神经生物学、神经外科学、微电子学、计算机软件等十余个相关学科均为国家重点学科；在神经基础研究、智能算法、脑功能、脑疾病诊疗、智能制造、人机交互等很多领域都形成了多个具有扎实基础的优势团队，集聚和积累了一大批领军人才，拥有多个国家级及省部级研究机构。2017 年 11 月，上海市发布了《关于本市推动新一代人工智能发展的实施意见》（简称《实施意见》），将把加快发展新一代人工智能，作为服务国家创新驱动发展战略、建设具有全球影响力科创中心的优先布局方向。

《实施意见》共包括 21 条措施，因此又称人工智能 21 条。包括针对拓展人工智能融合应用场景提出的 6 项措施、要求加强科研前瞻布局而提出的 3 项措施、针对推动产业集聚发展提出的 6 项措施、从营造多元创新生态方面提出的 6 项措施。

《实施意见》中明确了发展目标，即到 2020 年，基本建成国家人工智能发展高地，成为全国领先的人工智能创新策源地、应用示范地、产业集聚地和人才高地，局部领域达到全球先进水平；到 2030 年，人工智能总体发展水平进入国际先进行列，初步建成具有全球影响力的人工智能发展高地，为迈向卓越的全球城市奠定坚实基础。

经过数年的前瞻布局与潜心发展，上海的人工智能在多个领域已经取得了阶段性成果。在基础研究方面，动态脑图谱、大规模记录神经元活动、新型深度学习理论等方向都进行了布局，目前已取得了一批理论成果；在技术开发方面，重点攻关类脑芯片开发、片上系统集成、运动感知一体化设计等方向，掌握了一些关键技术；在应用方面，大力探索脑疾病诊治、智能机器头脑、智能网联汽车、智能工厂等领域，形成了具有一定影响力的成果应用。

本章小结

人工智能自诞生以来，理论和技术日益成熟，吸引了许多国内外行业巨头、科技公司，纷纷加入人工智能的研发大军，应用领域不断扩大，从军用和民用市场逐步拓展到工业领域，并迅速融入经济、社会、生活等各行各业。在新一代人工智能发展政策和市场的双重推动下，国内人工智能市场呈现出井喷状态。以阿里巴巴、腾讯、百度、科大讯飞、海康威视等行业领先企业，以及清华大学、北京大学、浙江大学、哈尔滨工业大学、东北大学等高校为代表的研发与应用机构，有力推动了人工智能技术在用户端的快速普及，让用户切实感受到了人工智能的魅力。展望未来，随着人工智能技术呈现爆发式进步，必将为各领域的智能化发展与升级，也为发电行业的转型升级提供了新的机遇与动能。

第3章 人工智能算法

3.1 算法概述

人工智能研究范畴及应用领域很广泛，如计算机视觉、自然语言处理、智能搜索、模式识别、数据挖掘、智能控制、专家系统、机器人学等。当前人工智能的发展依托三大基石：持续完善的算法、海量的数据资源和不断提升的计算能力，算法是其中重要的内容。

人工智能的算法非常多，本章仅对电力行业中涉及的典型算法进行介绍，包括主要的机器学习算法、知识表示与推理、群体智能算法等。人工智能算法如图 3-1 所示。

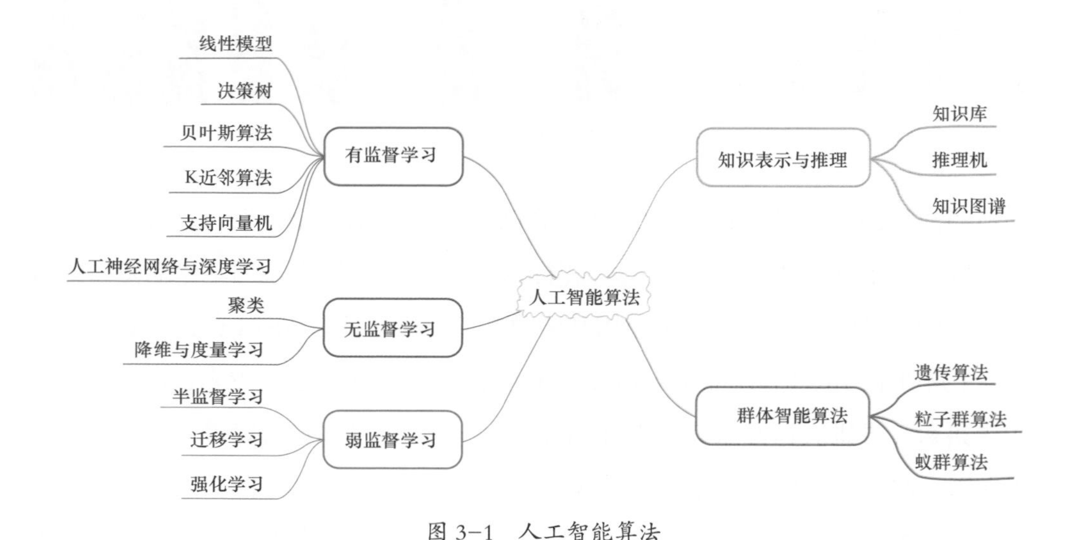

图 3-1　人工智能算法

3.2 有监督学习

3.2.1 线性模型

19 世纪 80 年代，达尔文的表弟高尔顿（F. Galton，生物学家、统计学家）在研究父代与子代身高关系时，搜集了 1074 对父代身高（父母平均身高）及其子女的身高数据并画出了相应的散点图。发现散点都分布于某条直线附近，如图 3–2 所示，故受到启发，便使用一条直线拟合了这些样本点，基础线性模型自此诞生。

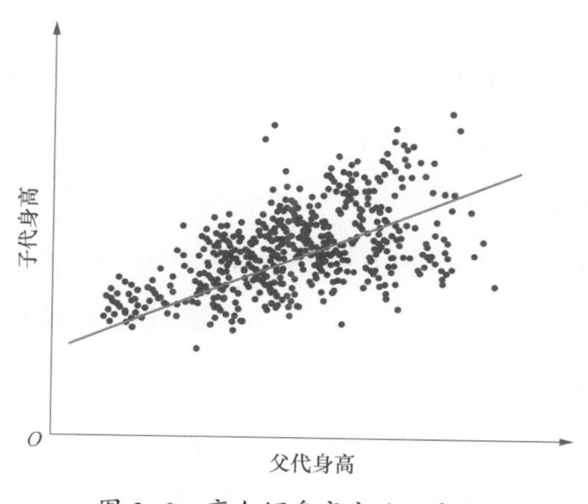

图 3–2　高尔顿身高实验示意图

经分析，高尔顿发现了更有趣的事实：若父代身高低于均值，其子代身高往往高于父代身高；若父代身高高于均值，其子代身高一般低于父代身高。高尔顿将这一现象定义为“回归效应”，引发了学者们的研究兴趣，产生了众多衍生算法。线性回归也成为统计学和机器学习领域中最广为人知、最易理解的算法之一。

1. 线性模型的基本模型

线性模型（Linear Model）是一种通过属性的线性组合来实现对数据的拟合、预测及学习的模型，形式简单且易于建模，是一种可解释性较强的数学模型。其基本形式为

$$f(\boldsymbol{x})=w_1x_1+w_2x_2+\cdots+w_dx_i+b \tag{3-1}$$

式中：x_i 为目标对象 $\boldsymbol{x}$ 的第 i 个属性；d 为属性个数；b 为截距。

向量形式可写作式（3–2），即

$$f(\boldsymbol{x})=\boldsymbol{w}^{\mathrm{T}}\boldsymbol{x}+b \tag{3-2}$$

式中：$\boldsymbol{w}=(w_1;w_2;\cdots;w_d)$，$w_d$ 为模型参数，通过对参数进行学习，即可完成模型的近似

计算。

线性模型的基本模型具有两个优势：

1）形式简单易于建模，简单的拟合、预测都可以采用线性模型进行建模；

2）易于理解，相较许多功能更为强大的非线性模型而言，线性模型的权重矩阵 $\boldsymbol{w}$ 能够直观表达各属性在数据拟合和预测中的重要性，可解释性强，有利于在工程应用中的理解。

2. 线性回归模型

线性回归本质上是用一条直线较为精确地描述变量之间的关系，当一个变量增加新数据时，能够预测另一变量。

采用线性模型进行线性回归的过程中，设目标对象数据集为 $D=\{(\boldsymbol{x}_1, y_1),(\boldsymbol{x}_2, y_2),\cdots,(\boldsymbol{x}_m, y_m)\}$，其中 $\boldsymbol{x}_i=(x_1;x_2;\cdots;x_d)$，$y_i\in R$，$\boldsymbol{x}$ 为目标对象的属性变量。

以单一属性线性回归问题为例，假设$D=\{(x_i,y_i)\}_{i=1}^m$，$\boldsymbol{x}_i\in \boldsymbol{R}$，线性回归模型可表达为

$$f(x_i)=wx_i+b \tag{3-3}$$

其希望学得 $f(x_i)$，使得 $f(x_i)\approx y_i$，即通过为输入变量找到特定的权重（即系数 w 与 b），进而获得一条能够描述最佳拟合输入变量和输出变量之间关系的直线，如图 3–3 所示。

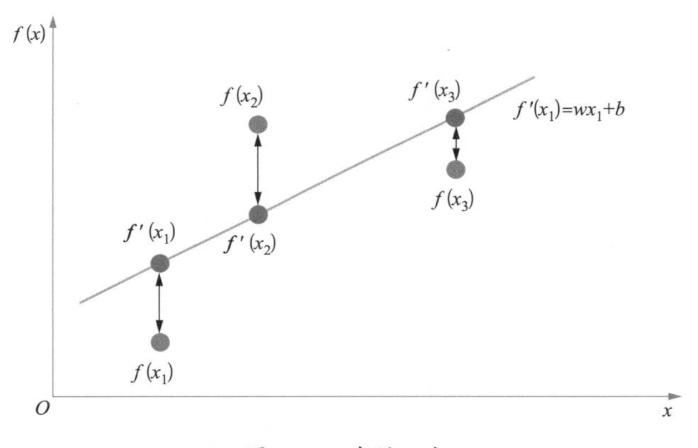

图 3–3　线性回归

确定 w 与 b 的关键在于衡量 $f(x)$ 与 y 之间的差异，即预测值与期望值之间的误差。线性回归任务就是要最小化两者之间的误差，以提升模型性能。均方误差是回归任务中最常用的度量函数，可用来衡量两个分布之间的差异。因此，线性回归的目标就是求出使得均方误差值最小化的 w 与 b，即

$$\begin{aligned}(w^*,b^*) &= \underset{(w,b)}{\arg\min}\sum_{i=1}^{m}\left[y_i - f(x_i)\right]^2 \\ &= \underset{(w,b)}{\arg\min}\sum_{i=1}^{m}(y_i - wx_i - b)^2\end{aligned} \tag{3-4}$$

基于均方误差最小化来进行模型求解的算法称为“最小二乘法”，即找到一条直线，使所有样本到直线的欧氏距离之和最小。令

$$E_{(w,b)} = \sum_{i=1}^{m}(y_i - wx_i - b)^2 \tag{3-5}$$

此时，问题转化为求解 w 与 b 以最小化 $E_{(w,b)}$，将 $E_{(w,b)}$ 分别对 w 与 b 求导，则

$$\frac{\partial E_{(w,b)}}{\partial w} = 2\left[w\sum_{i=1}^{m}x_i^2 - \sum_{i=1}^{m}(y_i - b)x_i\right] \tag{3-6}$$

$$\frac{\partial E_{(w,b)}}{\partial b} = 2\left[mb - \sum_{i=1}^{m}(y_i - wx_i)\right] \tag{3-7}$$

分别令 w 与 b 的求导公式为零，求得 w 与 b 以最小化 $E_{(w,b)}$ 的最优解为

$$w = \frac{\sum_{i=1}^{m}y_i(x_i - \bar{x})}{\sum_{i=1}^{m}x_i^2 - \frac{1}{m}\left(\sum_{i=1}^{m}x_i\right)^2} \tag{3-8}$$

$$b = \frac{1}{m}\sum_{i=1}^{m}(y_i - wx_i) \tag{3-9}$$

其中，$\bar{x} = \frac{1}{m}\sum_{i=1}^{m}x_i$为 x 的均值。以上过程就是求解单一属性的线性回归问题。

在实际应用中，影响某一数值的属性往往是多个的，对于这样的回归问题，希望学得 $f(\boldsymbol{x}_i)$ 并使 $f(\boldsymbol{x}_i) = y_i$，问题就转变为求解“多元线性回归”问题，即

$$f(\boldsymbol{x}_i) = \boldsymbol{w}^{\mathrm{T}}\boldsymbol{x}_i + b \tag{3-10}$$

此时可参照最小二乘算法来对 $\boldsymbol{w}$ 和 b 进行估计，涉及数据集矩阵的计算问题时，需分别考虑 $\boldsymbol{X}^{\mathrm{T}}\boldsymbol{X}$ 是否满秩的情况。

3. 非线性回归模型

线性模型在实际应用中有丰富的变化和拓展。如式（3–2），若用于拟合 $\boldsymbol{y}$ 的衍生物，就能将线性模型“非线性化”。例如，$\boldsymbol{y}$ 在指数尺度上变化，就可将其对数形式作为线性模型逼近的目标，即

$$\ln y = \boldsymbol{w}^{\mathrm{T}}\boldsymbol{x} + b \tag{3-11}$$

这就是所谓的“对数线性回归模型”，虽然形式上仍为线性模型，但实质上已经是在

求取非线性函数映射。

将上述形式一般化，设单调可微函数 $g(\cdot)$，令

$$y=g^{-1}(\boldsymbol{w}^{\mathrm{T}}\boldsymbol{x}+b) \tag{3-12}$$

即得到“广义线性模型”，其中 $g(\cdot)$ 用于联系预测值和真实值，称为“联系函数”。在这种形式下，线性回归模型则可衍生出多种形式的非线性模型，用于拟合和预测一些非线性回归任务。

在非线性回归模型中，较为典型的是 Logistic 回归，Logistic 回归是机器学习从统计学领域借鉴而来。Logistic 回归和线性回归的相同点在于其目的同样是找到每个输入变量的权重系数，不同点则在于 Logistic 回归输出预测结果由变换函数 $f(x)=1/(1+e^{-x})$ 获取。图 3-4 所示为 Logistic 回归函数示意，Logistic 函数曲线为 S 形，因此又称 Sigmoid 函数。Logistic 函数可将输入值转换到 0 ~ 1 区间内输出，因此多用于分类任务，其预测结果可表征数据样本属于某一类别的概率值，这对于需要为预测结果提供更多理论依据的问题非常有用。Logistic 回归模型学习速度快，回归效果好，是二分类任务的首选方法。

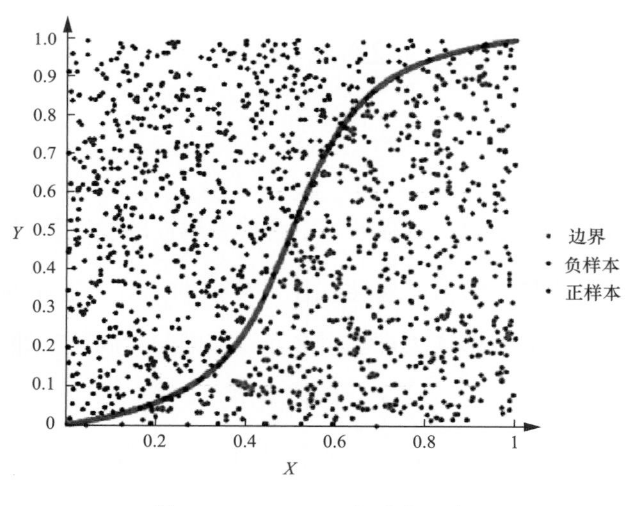

图 3-4　Logistic 回归函数示意

4. 线性判别分析

线性判别分析（Linear Discriminant Analysis，LDA）是一种经典线性学习方法，其思想非常朴素：给定训练样本集，将高维的模式样本投影到最佳鉴别空间，根据其投影位置确定样本类别，达到抽取分类信息和压缩特征空间维数的效果，使数据在该空间中有最佳的可分离性。

LDA 的关键步骤是选择合适的投影方向，以建立合适的线性判别函数。故障二分类示意如图 3–5 所示。A、B 两组二维数据代表某设备两组故障源数据，该分类任务试图正确划分故障源。若单纯将两组数据进行两属性特征坐标投影，存在重叠，难以分界；若投影到直线 L 上时，两组数据分离，易于划分类别，LDA 的目的即是找到类似这条直线的投影空间，使数据投影后具有最佳可分离性。

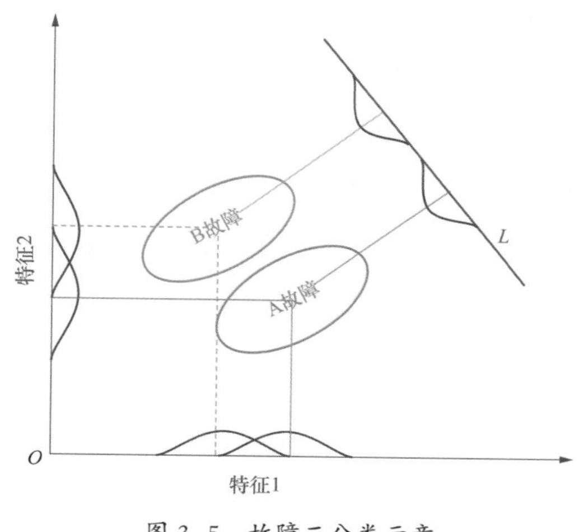

图 3–5 故障二分类示意

线性模型约有 200 多年的历史，已被广泛研究。由线性回归到线性判别，再到非线性模型的延伸和拓展，线性模型始终以其最为简单易懂的学习形式向我们表达机器学习的基础内容，是一种运算速度很快的简单技术，也是一种适合初学者尝试的经典算法。

3.2.2 决策树

决策树（Decision Tree）是一类树模型的统称，其最早可以追溯到 1948 年，当时香农介绍的信息论是决策树学习的理论基础之一。如今决策树已经完善并成为一类重要的机器学习预测建模算法，它给预测模型赋予了准确性、稳定性以及易解释性，对线性和非线性关系都能进行很好的映射。

1. 基本原理

一棵决策树一般包含一个根结点、若干个内部结点和若干个叶结点。根结点包含样本集合整体；每个内部结点都代表一个输入变量和一个基于该变量的分叉点，分叉点可以看作是特征选择的结果，即在当前结点包含的特征样本集合中选取恰当结果，并划分到子结点，也就是将当前需要判断的问题的答案传递给子结点，每个子结点的特征选择结果都被限制在当前结点的特征选择结果范围之内；叶结点代表决策结果，是用于做出预测的输出变量。

利用一种树型结构或决策模型来创建规划以达到目标，这与人类在面临选择性问题时进行决策的思考方式很相近。以油浸式电力变压器故障诊断任务为例，我们希望从给定的故障训练样本集中学得一个决策树，用以对故障样本进行分类。这个把样本分类的任务，可看作是对“当前故障属于哪个类型？”的问题进行决策或判定的过程。在这个过程中，通常会进行一系列的子决策：首先需要判断“变压器故障属于哪个类型”；如果是“放电性故障”，则再判断“是否与固体绝缘有关”；如果是“有关”，则故障可能为“围屏放电”“匝间绝缘（包括绕组匝间击穿或绕组变形）”“引线对地放电或闪络”；如果是“过热性故障”，则再判断“是电路故障还是磁路故障”；如果是“磁路故障”，则故障可能为“进水受潮”“悬浮电位（磁屏蔽、夹件及分接拨叉等）引起放电”。以此类推将得出最终决策：变压器故障为某某故障。变压器故障问题的一棵决策树如图 3–6 所示。

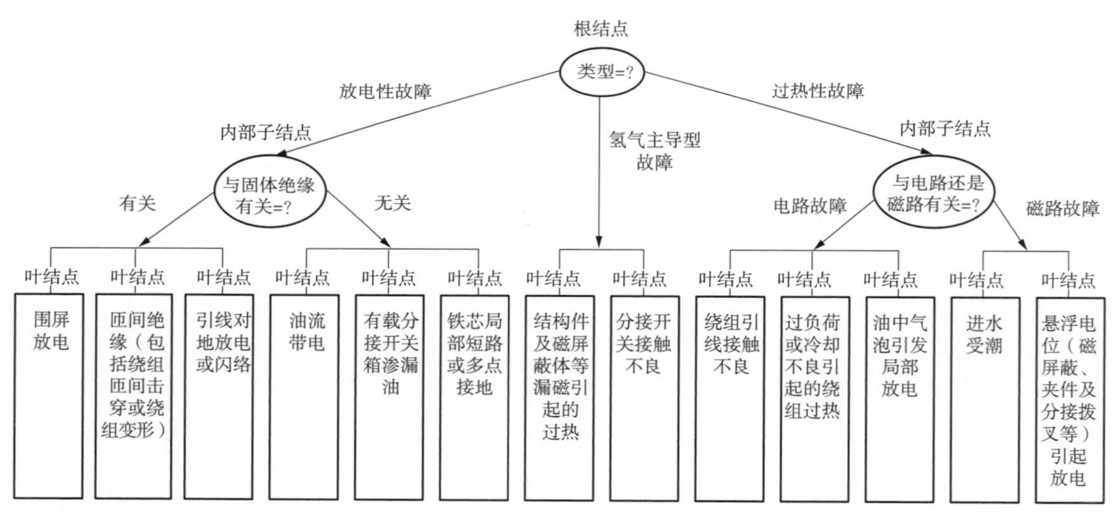

图 3–6　变压器故障问题的一棵决策树

2. 决策树算法

具有代表性的决策树算法有 ID3、C4.5、CART、CHAID 和 QUEST 等。设置输入为训练集 $D=\{(\boldsymbol{x}_1, y_1),(\boldsymbol{x}_2, y_2),\cdots,(\boldsymbol{x}_m, y_m)\}$，特征集 $A=\{a_1; a_2;\cdots; a_d\}$，决策树的基本算法流程如图 3–7 所示。

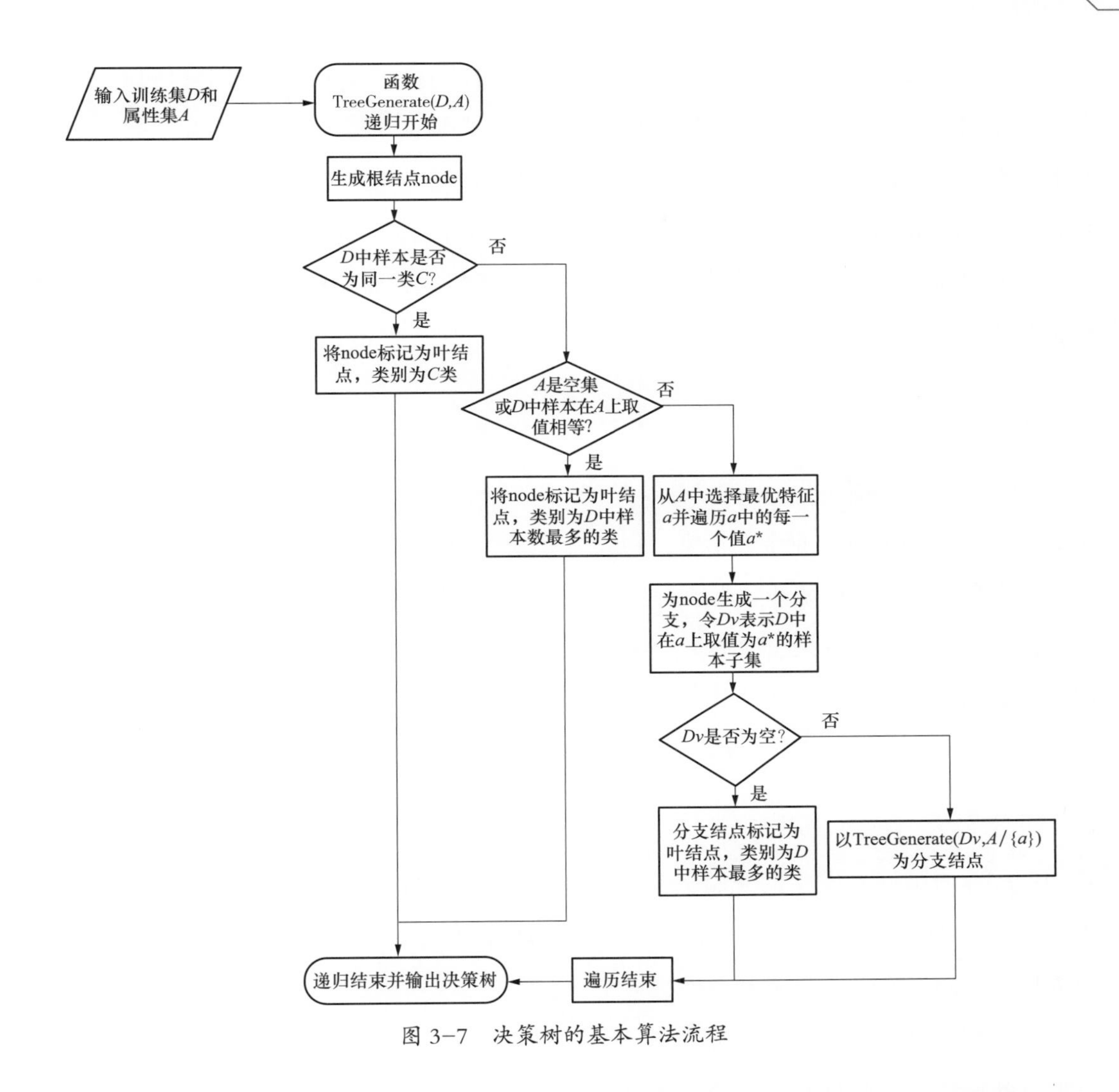

图 3–7　决策树的基本算法流程

显然，生成一棵决策树的过程称为学习或训练，是一个递归流程。在决策树基本算法中，有 3 种结束递归流程的情况：

（1）当前结点包含的样本全部属于同一类别，无需再进行特征选择，对应于图 3–7 中第一个判断语句。

（2）当前特征样本集合为空，或者全体样本在所有特征上取值相同，无法进行特征选择。则把当前结点标记为叶结点，再利用当前结点的后验分布，将其类别设定为当前结点所含样本最多的类别，对应于图 3–7 中第二个判断语句。

（3）当前结点包含的样本集合为空，无法进行特征选择。则把当前结点标记为叶结点，把当前结点的父结点的样本分布作为先验分布，将当前结点的类别设定为其父结点所含样本最多的类别，对应于图 3–7 中第三个判断语句。

如何选择最优特征也是决策树生成的关键。通常情况下，随着特征选择过程不断进行，决策树的分支结点所包含的样本越接近于同一类别，则特征选择的结果越接近最优。因此，有一些指标来衡量决策树的选择是否达到了最优，如信息增益（Information Gain）、增益率（Gain Ratio）、基尼指数（Gini Index）等。ID3 决策树学习算法是以信息增益为准则来选择特征，C4.5 决策树算法使用增益率来选择特征，而 CART 决策树算法则使用基尼指数来选择特征。

3.2.3 贝叶斯算法

托马斯·贝叶斯（Thomas Bayes，1702—1761 年）是 18 世纪英国坦布里奇韦尔斯市地方教堂的神职人员，业余数学家，1742 年当选为英国皇家学会会士。其遗作中给出的贝叶斯定理，成为概率统计经典的内容之一，在机器学习与模式识别领域中被广泛应用。

假定事件 $c_1, c_2, \cdots, c_n$ 为完备事件组，$\boldsymbol{x}$ 为与之独立的事件，在已知事件 $\boldsymbol{x}$ 发生的前提下，利用贝叶斯公式计算得事件 c_j 发生的概率可表示为

$$P\left(c_j \mid \boldsymbol{x}\right)=\frac{P\left(\boldsymbol{x} \mid c_j\right)P\left(c_j\right)}{\sum_{i=1}^{n}P\left(\boldsymbol{x} \mid c_i\right)P\left(c_i\right)} \tag{3-13}$$

式中：$P(c_j)$ 为事件 c_j 发生的先验概率；$P(\boldsymbol{x}|c_j)$ 为已知事件 c_j 发生后事件 $\boldsymbol{x}$ 发生的条件概率，$P(c_j|\boldsymbol{x})$ 为事件 c_j 发生的后验概率。因此，估计 $P(c_j|\boldsymbol{x})$ 的问题就转化为如何基于训练数据集来估计先验概率 $P(c_j)$ 和条件概率 $P(\boldsymbol{x}|c_j)$。

1. 贝叶斯决策论

贝叶斯决策论是贝叶斯理论的重要应用，是指在不完全情报条件下，用主观概率估计部分未知的状态，再用贝叶斯公式修正事件发生的概率，最后利用期望值和修正概率做出最优决策。贝叶斯决策论是概率框架下实施决策的基本方法，在所有相关概率已知的理想条件下，贝叶斯决策论考虑如何基于已知概率和误判损失来选择最优的类别标记。下面以多分类任务为例解释其基本原理。

假设有 n 种可能的类别 $y=\{c_1; c_2;\cdots; c_n\}$，$\lambda_{ij}$ 是将原本为 c_j 类的样本误分类为 c_i 所产生的损失，与后验概率 $P(c_j|\boldsymbol{x})$ 做乘积后，得到将样本 $\boldsymbol{x}$ 分类为 c_i 的期望损失（或称为条件风险），见式（3-14）。

$$R\left(c_i \mid \boldsymbol{x}\right)=\sum_{j=1}^{N}\lambda_{ij}P\left(c_j \mid \boldsymbol{x}\right) \tag{3-14}$$

为了能最小化期望损失，只需调整每个样本的类别标记，即当 $i=j$ 时，$\lambda=0$；$i\neq j$ 时，$\lambda=1$。

$$h^*(\boldsymbol{x})=\underset{c\in y}{\arg\min}\,R(c\mid\boldsymbol{x}) \tag{3-15}$$

式中：$h^*(x)$ 为贝叶斯最优分类器，对应的总体风险 $R(h^*)$ 称为贝叶斯风险。

利用贝叶斯准则最小化决策风险，首先要获得后验概率 $P(c|\boldsymbol{x})$。在机器学习领域中，这个过程是基于有限样本的概率统计结果，主要有两种策略：

（1）判别式模型。通过直接对后验概率建模来进行预测。

（2）生成式模型。通过对联合概率模型 $P(\boldsymbol{x}, c)$ 进行建模，然后通过式（3–16）得到后验概率，再进行预测，即

$$P(c\mid\boldsymbol{x})=\frac{P(\boldsymbol{x},c)}{P(\boldsymbol{x})}=\frac{P(c)P(\boldsymbol{x}\mid c)}{P(\boldsymbol{x})} \tag{3-16}$$

式中：$P(c)$ 是某一类的先验概率，即样本空间中该类样本所占的比例。根据大数定理，当训练集包含充足的独立同分布样本时，可通过各类样本出现的频率对概率进行估计。$P(x, c)$ 是样本相对于类别标记的条件概率，简称为类条件概率，也称为似然，其涉及所有属性的联合概率，无法根据样本出现的频率进行估计，因此，要以极大似然估计方法计算。

2. 朴素贝叶斯分类器

为避开从有限样本中直接估计潜在的概率分布的障碍，朴素贝叶斯分类器采用“属性条件独立性假设”，即对已知类别假设所有属性相互独立，故称为“朴素”。虽然这是一种很强的、理想化的假设，不过在大量的复杂问题中十分有效。

基于属性条件独立性假设，贝叶斯公式可写为

$$P(c\mid\boldsymbol{x})=\frac{P(c)P(\boldsymbol{x}\mid c)}{P(\boldsymbol{x})}=\frac{P(c)}{P(\boldsymbol{x})}\prod_{i=1}^{d}P\left(x_i\mid c\right) \tag{3-17}$$

式中：d 为属性数目，x_i 为 $\boldsymbol{x}$ 在第 i 个属性上的取值。由此可得到朴素贝叶斯分类器为

$$h_{nb}(\boldsymbol{x})=\underset{c\in y}{\arg\max}\,P(c)\prod_{i=1}^{d}P\left(x_i\mid c\right) \tag{3-18}$$

若在训练集中存在某个属性值没有与某个类同时出现的情况，则会存在某一属性概率为 0，导致无论其他属性如何，统计结果都将为零，此时直接利用上述朴素贝叶斯分类器将会出现错误。为应对上述情况，常用拉普拉斯修正进行解决，其公式为

$$P(c)=\frac{|D_c|}{|D|}\rightarrow\hat{P}(c)=\frac{|D_c|+1}{|D|+N} \tag{3-19}$$

$$P(x_i \mid c)=\frac{\left|D_{c,x_i}\right|}{\left|D_c\right|} \rightarrow \hat{P}(x_i \mid c)=\frac{\left|D_{c,x_i}\right|+1}{\left|D_c\right|+N_i} \tag{3-20}$$

先验概率 $P(c)$ 中 D_c 表示训练集 D 中 c 类样本组成的集合。条件概率 $P(x_i|c)$ 中 D_{c,x_i} 表示 D_c 在第 i 个属性上取值为 x_i 的样本集合。拉普拉斯修正方法中令 N 表示训练集 D 中可能的类别数，N_i 表示第 i 个属性可能的取值。这种方法避免了因训练集样本不全而导致的概率估值为零的问题，且在训练集变大时，修正过程所引入的先验影响也会逐渐变小甚至可忽略，使得估值逐渐趋于实际的概率值。

3. 贝叶斯网络

贝叶斯网络又称为信念网络，用 B 表示，由有向无环图 G 与条件概率表 Θ 组成，有向无环图用来模拟推理过程中因果关系的不确定性，描述属性之间的依赖关系，条件概率的作用是描述属性的联合概率分布，用公式表示为 $B=\langle G, \Theta \rangle$。

贝叶斯网络有向无环图中的结点表示随机变量，可以是已知变量、隐变量或未知变量等，将有相关关系的变量结点用箭头连接，方向为由父结点 π_i 到子结点 x_i，并产生一个条件概率值 θ，用公式表示为 $\theta_{x_i|\pi_i}=P_B(x_i \mid \pi_i)$。贝叶斯网概率值 θ 的集合便是条件概率表。

构造与训练贝叶斯网络分为以下两步：

（1）确定随机变量间的拓扑关系，形成有向无环图。这一步通常需要领域专家完成，而想要建立一个好的拓扑结构，通常需要不断迭代和改进。

（2）训练贝叶斯网络。这一步要完成条件概率表的构造，如果每个随机变量的值都是可以直接观察的，那么这一步的训练是直观的，方法类似于朴素贝叶斯分类。

图 3–8 所示为电力变压器状态评估分层模型。其中色谱、电气、绝缘油特性试验项为本体状态的 3 个并列子层，而 H_2、C_2H_2、总烃又是色谱试验的 3 个并列子层。图 3–8 中每一层的得分都是由其子层得分综合得出的，计算的原则是若子层各项得分在得分归一后均大于或等于 0.7，则取各项得分的算术平均值为父层的得分；反之，父层得分为子层各项得分的最小值。可见本体、套管和铁芯的状态最终都是由其层次关系中最底层的试验项得分来确定的，只要利用这些得分逐层计算，即可得到变压器各部件的状态。

图 3–9 所示是依据图 3–8 建立起来的变压器状态评估有向无环图，采用基于贝叶斯统计学习的方法计算贝叶斯网络模型条件概率，用于电力变压器故障诊断。令 $\theta_{ijk}=P\left(X_i=X_i^k \mid Pa_i^j\right)$，其中 Pa_i^j 为随机变量 X_i 的父结点取值中第 j 个取值组合，则根据概率的归一性可知，θ_{ijk} 的和为 1。由条件期望估计法计算贝叶斯条件概率表的学习公式为

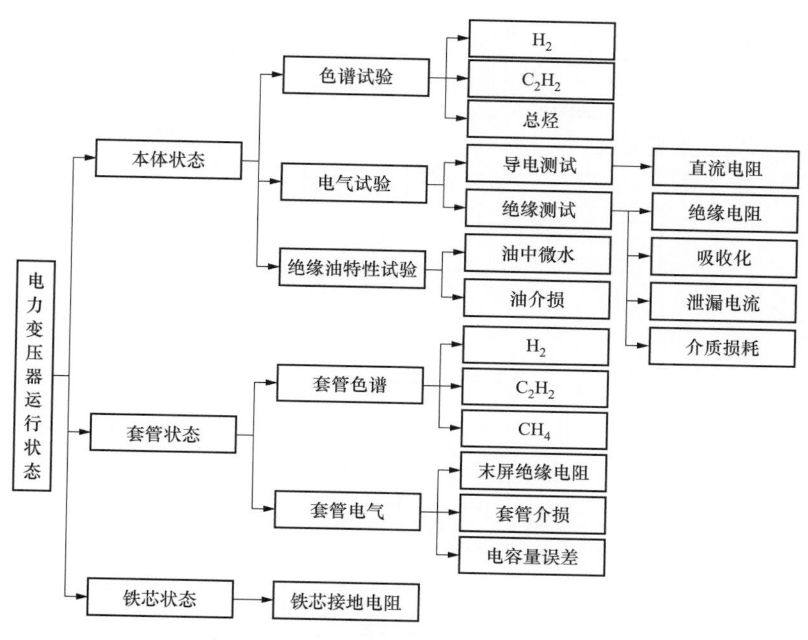

图 3-8 电力变压器状态评估分层模型

$$\hat{\theta}_{ijk}=E_{P\left(\overline{\theta}_{ij}|C\right)}\left(\theta_{ijk}\right)=\frac{\alpha_k+N_{ijk}}{\sum_{k=1}^{r}\left(\alpha_k+N_{ijk}\right)} \tag{3-21}$$

式中：N_{ijk} 指 X_i 的父结点取值中第 j 个取值组合，且 X_i 为第 k 种状态时的样本数；r 为结点 X_i 的状态数目，基于五态划分的变压器状态模型中 r=5；α_k 代表专家知识，在实际计算中由领域专家给定，特殊情况下也可采用贝叶斯假设，即假设变量取各个值的概率都相等，则 α_k=1。

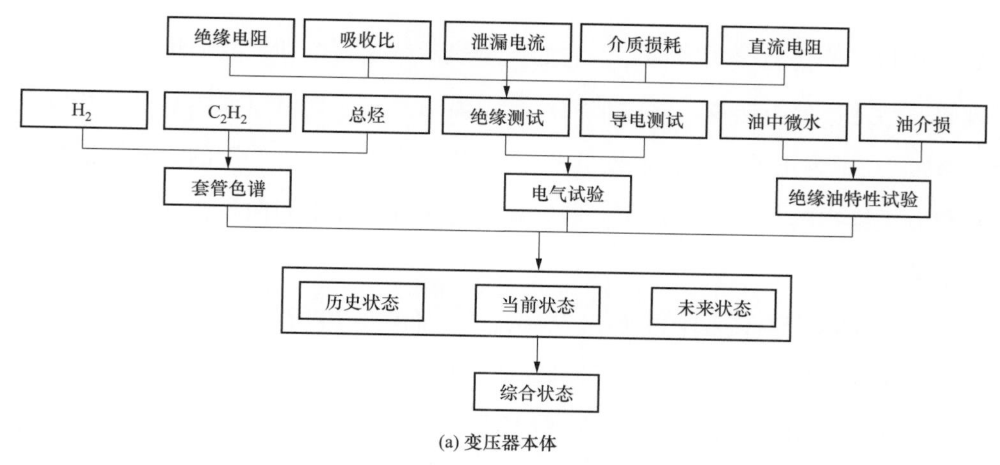

(a) 变压器本体

图 3-9 变压器状态评估有向无环图（一）

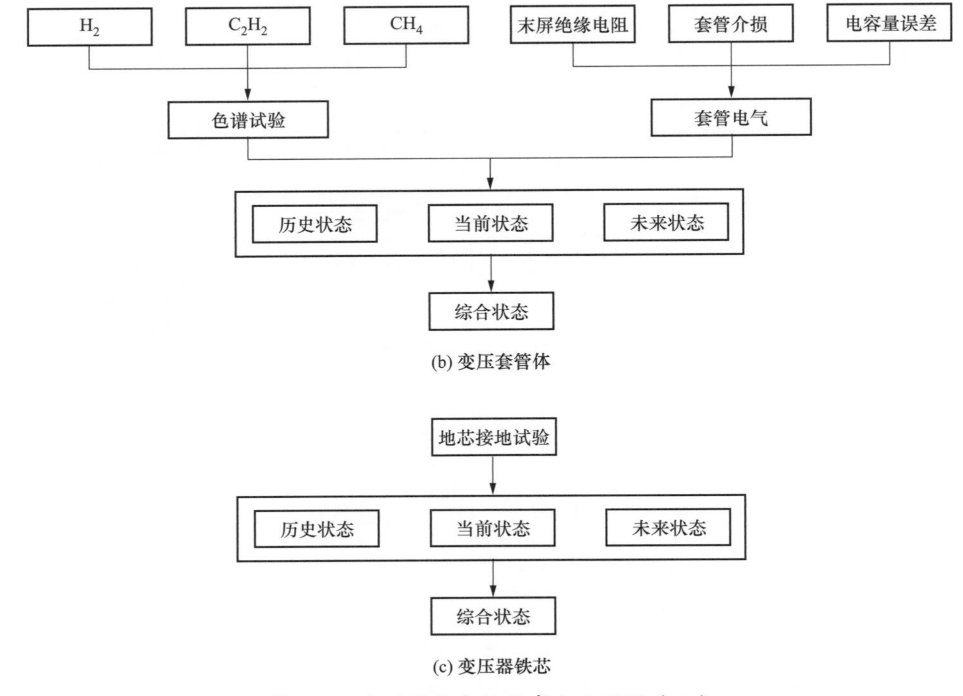

(b) 变压套管体

(c) 变压器铁芯

图 3-9　变压器状态评估有向无环图（二）

3.2.4 *K* 近邻算法

K 近邻（*K*–Nearest Neighbor，*K*NN）算法是一种常用的有监督学习方法，最初由托马斯·科沃（Thomas M. Cover）和彼得·哈特（Peter E. Hart）在 1968 年提出，用于解决分类问题，是机器学习中最简单易懂却很有效的算法，多年来得到了很多的关注和研究。

1. 基本原理

*K*NN 可以用来进行分类或回归，它的模型表示就是整个训练数据集。其工作机制很容易理解：给定待分类样本，通过某种计算距离的方法，找出训练样本中与其最靠近的 *K* 个“邻居”（ *K* 为正整数，通常较小），然后基于这 *K* 个“邻居”的真实标记的类别信息来对待分类样本的类别进行预测。训练样本是多维特征空间向量，其中每个训练样本带有一个类别标签。

通常，在 *K*NN 分类任务中可使用“投票法”。如图 3–10 所示，以 *K*NN 分类任务为例，方形待分类样本的类别有两种情况，即训练样本的情况：第一类的圆形或者第二类的菱形。当 *K*=3 时，由图 3–10 可见，其邻域在实线圆圈的范围之内，则有 2 个菱形和 1 个圆形，菱形数量最多，因此方形归为第二类菱形；当 *K*=7 时，由图 3–10 可见，其邻域在虚线圆圈的范围之内，则有 3 个菱形和 4 个圆形，圆形数量最多，因此方形归为第一类圆形。

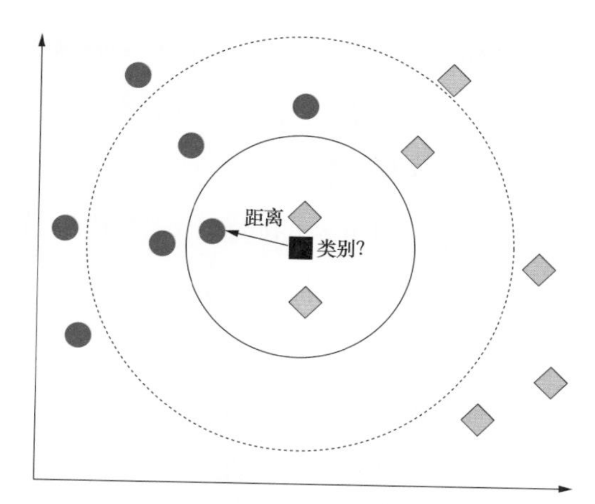

图 3-10 *K* 近邻分类算法示意图

在 *K*NN 回归任务中可使用“平均法”，输出的预测结果是该待分类样本的属性值，即将这 *K* 个最近邻居的输出类别标记的平均值作为预测结果。除此之外，还可基于距离远近进行加权平均或加权投票，距离越近的样本权重越大。

2. 参数选取与性能

在 *K*NN 中，显然 *K* 是一个重要参数，当 *K* 取不同值时，分类结果差异显著。*K* 值选取太小，模型很容易受到噪声数据的干扰，例如：当 *K*=1 时，待分类样本的类别直接由最近的一个训练样本决定，因此称之为“最近邻”，此时若待分类样本正好与一个噪声数据距离最近，就会导致分类错误；而如果 *K* 值太大，会使类别之间的界限变得模糊，模型的预测能力会大大减弱，例如。极端取 *K* 为训练样本数，则任意待分类样本的预测结果都是全部训练样本中数量最多的那一类。

判定数据实例之间的相似程度，也是决定分类结果的重要因素。一般情况下使用欧氏距离作为距离度量，同时为了消除大量纲属性的影响，也需要提前对数据进行去量纲或归一化处理。

*K*NN 学习没有显式的训练过程，算法的训练阶段只包含存储的特征向量和训练样本的标签。比如，从图 3-10 的例子中就可以看出，它的过程是一种“惰性学习”，顾名思义就是不学习，当收到分类任务时，才根据待分类样本对训练样本进行处理。

*K*NN 工作机制虽然简单，但它的泛化错误率却不超过贝叶斯最优分类器错误率的两倍，由此可以看出，*K*NN 是简单有效的算法。

3.2.5 支持向量机

1992—1995 年，在统计学习理论的基础上发展出了一种新的学习算法——支持向量机，是弗拉基米尔·万普尼克（Vladimir N. Vapnik）等根据统计学习理论中的结构风险最小化原则提出的。万普尼克等对有限样本情况下机器学习中的一些根本性问题进行了系统的理论研究。以往困扰很多机器学习方法的问题，比如模型选择与过度学习问题、非线性和维数灾难问题、局部极小点问题等，都得到了很大程度上的解决。

1. 最优超平面的构造

支持向量机方法最初来自对数据分类问题的处理。对于数据分类问题，如果采用通用的神经网络方法来实现，其机理可以简单地描述为系统随机产生一个超平面并移动它，直到训练集中属于不同分类的点正好位于平面的不同侧面。这种处理机制决定了用神经网络方法进行数据分类最终获得的分类平面将十分靠近训练集中的点，而在绝大多数情况下，并不是一个最优解。为此，支持向量机方法考虑寻找一个满足分类条件的分类平面，并使训练集中的点距离该分类平面尽可能远。

最优超平面的构造又分为线性可分和线性不可分两种情况，支持向量机方法最初是在线性可分情况下提出的。设两类样本集 $(\boldsymbol{x}_i, y_i)$，$\boldsymbol{x}_i \in R^n$，$y_i \in \{-1, +1\}$，$i=1, 2, \cdots, N$。其中 N 为训练样本总数，n 为样本空间的维数，y 为样本的类别标志。

考虑图 3-11 所示的二维两类线性可分情况，图 3-11 中实心点和空心点分别代表两类，为统一起见，对于一维空间中的点，二维空间中的直线，三维空间中的平面，以及高维空间中的超平面，一律称为超平面。

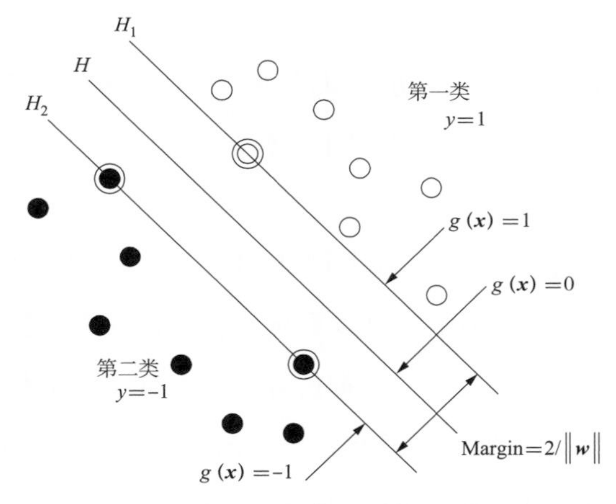

图 3-11 线性可分情况下的分类超平面

H 为超平面，其方向用法向量表示，H_1、H_2 与超平面平行且过两类样本中离超平面最近的直线，它们之间的距离 $\varDelta$ 称为分类间隔（Margin）。为了研究学习过程一致收敛的速度和推广性，定义有关函数集学习性能的 VC 维（Vapnik–Chervonenkis Dimension）概念，反映了模型的学习能力，VC 维越大，则模型的容量越大。

当超平面发生变化时，分类间隔 $\varDelta$ 也会随之发生变化；反之，给定的 $\varDelta$ 对应着一个或一组超平面，其 VC 维 h 与 $\varDelta$ 满足式（3–22）的函数关系，即

$$h=f(1/\varDelta^2) \tag{3-22}$$

式中：$f(\cdot)$ 是单调递增函数，即 h 与 $\varDelta^2$ 成反比关系。

因此，当训练样本给定时，分类间隔越大，则所对应的超平面集合的 VC 维越小。如果将超平面的集合按照它们对应的间隔大小进行排序，即

$$\varDelta_1 \geqslant \varDelta_2 \geqslant \varDelta_3 \geqslant \cdots \tag{3-23}$$

其中，最大的分类间隔为 $\varDelta_1$。

由式（3–22），按照式（3–23）排序的分类间隔排序所对应的超平面集合的 VC 维恰好是从小到大排序的，因此，基于结构风险最小化原则，线性可分情况下，最小化期望风险的上界，实际上就是最小化置信范围，即最小化 VC 维，而在这里，最小化 VC 维的问题转化为最大化分类间隔问题，最优超平面即最大间隔超平面。

进一步，超平面 H 可以表示为

$$g(\boldsymbol{x})=\boldsymbol{w}^{\mathrm{T}}\boldsymbol{x}+b=0 \tag{3-24}$$

在线性可分情况下，对判别函数 $g(\boldsymbol{x})$ 进行归一化，使所有训练样本都满足 $|g(\boldsymbol{x})| \geqslant 1$。用 $g(\boldsymbol{x}_i)$ 表示判别函数对输入 $\boldsymbol{x}_i$ 的输出，则在分类完全正确的情况下，分类输出与实际类别 y_i 一致，$y_i \in \{-1,+1\}$，则 $|g(\boldsymbol{x})| \geqslant 1$ 可以写为

$$y_i[\boldsymbol{w}^{\mathrm{T}}\boldsymbol{x}_i+b] \geqslant 1, i=1, 2, \cdots, N \tag{3-25}$$

其中，离超平面最近的样本点满足 $|g(\boldsymbol{x})| = 1$。

判别函数 $|g(\boldsymbol{x})|$ 可以看成是特征空间某点 $\boldsymbol{x}$ 到超平面的距离的一种代数度量，即

$$r=g(\boldsymbol{x})/\|\boldsymbol{w}\| \tag{3-26}$$

式中：$\boldsymbol{r}$ 是 $\boldsymbol{x}$ 到超平面 H 的代数垂直距离。

则分类间隔为

$$\varDelta=2\times|r_0|=2\times|g(\boldsymbol{x})|/\|\boldsymbol{w}\|=2/\|\boldsymbol{w}\| \tag{3-27}$$

式中：r_0 为离超平面最近的点到超平面的垂直距离。

由此可见，最大化分类间隔又转化为最小化 $\|\boldsymbol{w}\|$ 的问题。即在线性可分情况下，在结构风险最小化原则下的最优超平面可以通过最小化泛函得到，即

$$\phi(\boldsymbol{w})=\|\boldsymbol{w}\|^2=(\boldsymbol{w}\cdot\boldsymbol{w}) \tag{3-28}$$

由于要求超平面能够对所有数据进行正确划分，所以上面的泛函存在约束条件，即

$$y_i[\boldsymbol{w}^{\mathrm{T}}\boldsymbol{x}_i+b]\geqslant 1,\ i=1,2,\cdots,N \tag{3-29}$$

使分类间隔最大实际上就是对推广能力的控制，这是SVM核心思想之一。因此，最小化 $\|\boldsymbol{w}\|$ 使推广性的界中的置信范围最小。

推广一：对于非线性可分情况，可将样本通过非线性函数 φ 映射到高维特征空间中，使其线性可分，然后在该特征空间建立优化超平面，则

$$\boldsymbol{w}^{\mathrm{T}}\phi(\boldsymbol{x})+b=0 \tag{3-30}$$

于是，原样本空间的二元模式分类问题可以表示为

$$y_i[\boldsymbol{w}^{\mathrm{T}}\phi(\boldsymbol{x})+b]\geqslant 1,\ i=1,2,\cdots,N \tag{3-31}$$

推广二：最优超平面是在线性可分的前提下讨论的，在线性不可分的情况下，即考虑到有些样本不能被式（3–31）正确分开，引入松弛变量 $\xi_i\geqslant 0,\ i=1,2,\cdots,N$，使决策面约束为

$$y_i[\boldsymbol{w}^{\mathrm{T}}\phi(\boldsymbol{x})+b]\geqslant 1-\xi_i,\ i=1,2,\cdots,N \tag{3-32}$$

在线性不可分情况下得到的最优超平面，称作广义最优超平面。

2. 支持向量机分类算法推导

根据结构风险原则，分类问题的最小风险界可由式（3–33）的优化问题得到，即

$$\min R(\boldsymbol{w},\xi)=\frac{1}{2}\boldsymbol{w}^{\mathrm{T}}\boldsymbol{w}+c\sum_{i=1}^{N}\xi_i \tag{3-33}$$

通过引入拉格朗日函数等一系列优化手段，将其转化成在条件 $0\leqslant\alpha_i\leqslant c$（$c$ 为常数）和 $\sum_{i=1}^{n}\alpha_i y_i=0$ 约束下，对拉格朗日乘子 α_i 求解式（3–34）中函数的最大值，即

$$Q(\alpha,\phi(\boldsymbol{x}_i))=-\frac{1}{2}\sum_{i,j=1}^{N}y_i y_j\phi(\boldsymbol{x}_i)^{\mathrm{T}}\phi(\boldsymbol{x}_j)\alpha_i\alpha_j+\sum_{i=1}^{N}\alpha_i \tag{3-34}$$

此为在不等式约束下的一个二次规划问题，有唯一解。根据泛函理论，存在一内积函数 $K(\boldsymbol{x}_i,\boldsymbol{x}_j)$ 满足Mercer条件，即

$$\phi(\boldsymbol{x}_i)^{\mathrm{T}}\phi(\boldsymbol{x}_j)=K(\boldsymbol{x}_i,\boldsymbol{x}_j) \tag{3-35}$$

式中：$K(\boldsymbol{x}_i,\boldsymbol{x}_j)$ 称为核函数。

因此，α_i 即为二次规划问题的解，则

$$\max Q_1(\alpha, K(\boldsymbol{x}_i, \boldsymbol{x}_j)) = -\frac{1}{2}\sum_{i,j=1}^{N} y_i y_j K(\boldsymbol{x}_i, \boldsymbol{x}_j)\alpha_i\alpha_j + \sum_{i=1}^{N}\alpha_i \quad (3\text{–}36)$$

可以证明，式（3–36）中只有少部分 α_i 不为零，与之对应的样本即为支持向量（Support Vector）。

由此可得最优分类决策函数为

$$f(\boldsymbol{x}) = sign\left[\sum_{i=1}^{l}\alpha_i y_i K(\boldsymbol{x}_i, \boldsymbol{x}_j) + b^*\right] \quad (3\text{–}37)$$

式中：$sign$ 为符号函数；l 为支持向量数目；b^* 为分类阈值。

支持向量机决策的依据是从训练数据中得到的支持向量，这些支持向量是那些与训练样本的最大间隔分类面最近的样本点。

3. 核函数

在最优超平面的构造中，采用适当的核函数 $K(\boldsymbol{x}_i, \boldsymbol{x}_j)$ 就可以实现某一非线性变换后的线性分类，而计算的复杂度却没有增加。这一特点为算法可能导致的“维数灾难”问题提供了解决方法：在构造判别函数时，不是对输入空间的样本作非线性变换，然后在特征空间中求解；而是先在输入空间比较向量，然后再对结果作非线性变换，这样大的工作量将在输入空间而不是在高维特征空间中完成。

SVM 核函数方法给了我们一个非常重要的启示：用内积运算实现某种非线性运算。选用不同的核函数会产生不同的支持向量机算法，应用较多的核函数有 3 种：

（1）阶次为 q 的多项式核函数，即

$$K(\boldsymbol{x}_i, \boldsymbol{x}_j)=(\boldsymbol{x}_i \cdot \boldsymbol{x}_j+1)^q \quad (3\text{–}38)$$

（2）高斯核函数，即

$$K(\boldsymbol{x}_i, \boldsymbol{x}_j) = \exp\left[-\frac{\left\|\boldsymbol{x}_i - \boldsymbol{x}_j\right\|^2}{2\sigma^2}\right] \quad (3\text{–}39)$$

（3）神经网络核函数，即

$$K(\boldsymbol{x}_i, \boldsymbol{x}_j)=\tanh[c_1(\boldsymbol{x}_i \cdot \boldsymbol{x}_j)+c_2] \quad (3\text{–}40)$$

核函数的种类还有很多，如样条函数核、Fourier 核、小波函数等。

支持向量机在解决小样本、非线性及高维模式识别问题中表现出许多特有的优势，并能够推广应用到函数拟合等其他机器学习问题中。支持向量机很好地执行了统计学习理论中的结构风险最小化原则，在小样本情况下具有良好的推广性能，并解决了高维

问题与条件极值问题，这些特点使之尤其适用于故障诊断等有限样本情况的工程实践领域。

3.2.6 人工神经网络与深度学习

1. 人工神经网络

人工神经网络，简称神经网络（Neural Network，NN）或类神经网络，是一种模仿生物神经网络（动物的中枢神经系统特别是大脑）的结构和功能的数学模型或计算模型，用于对函数进行估计或近似。

人工神经网络中最基本的模型是神经元（Neuron）模型，即简单单元。在生物神经网络中，每个神经元都与其他神经元相连，当它“兴奋”时，就会向相连的神经元发送化学物质，从而改变这些神经元内的电位。如果某神经元的电位因此超过了一个阈值（Threshold），那么它就会相应地被激活，即“兴奋”起来，再向其他神经元发送化学物质。

M–P（McCulloch–Pitts）模型是首个通过模仿神经元而构建的模型，如图 3–12 所示。在这个模型中，神经元接收到来自 n 个其他神经元传递过来的输入信号，这些输入信号通过带权重的连接进行传递，神经元接收到的总输入值将与神经元的阈值进行比较，然后通过激活函数（Activation Function）的处理以产生神经元的输出，数学表达形式如式（3–41）所示。最后，将单个神经元以一定的层次结构连接起来就得到了神经网络，则

$$y = f\left(\sum_{i=1}^{n} w_i x_i - \theta\right) \tag{3–41}$$

式中：$\boldsymbol{x}$ 为输入；$\boldsymbol{w}$ 为权重；θ 为神经元的阈值；f 为激活函数；输出为 y。

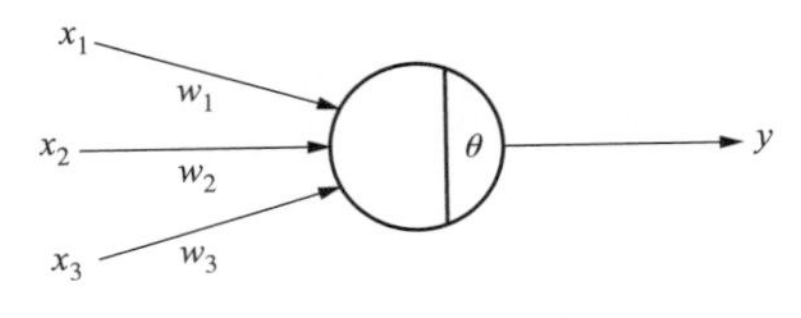

图 3–12　M–P 模型

感知机是一个非常简单的二层神经网络结构。如图 3–13 所示，输入层接收外界输入信号后传递给输出层，输出层是 M–P 神经元，也称阈值逻辑单元。

感知机是最简单的神经网络，只是用激活函数对输出层神经元进行了激活，但是当遇到非线性可分的问题，例如异或问题时，感知机的学习过程就会发生振荡，权重 $\boldsymbol{w}$ 难

以稳定，不能求得一个合适解。

要解决非线性问题，就需要增加功能神经元的层数。常用的神经网络是如图 3-14 所示的层级结构，每层神经元与下一层神经元互连，神经元之间不存在同层连接，也不存在跨层连接。这样的神经网络结构通常称为多层前馈神经网络。各层的功能分别是输入层接收外界输入，隐层与输出层神经元对信号进行加工，最终结果由输出层神经元输出。

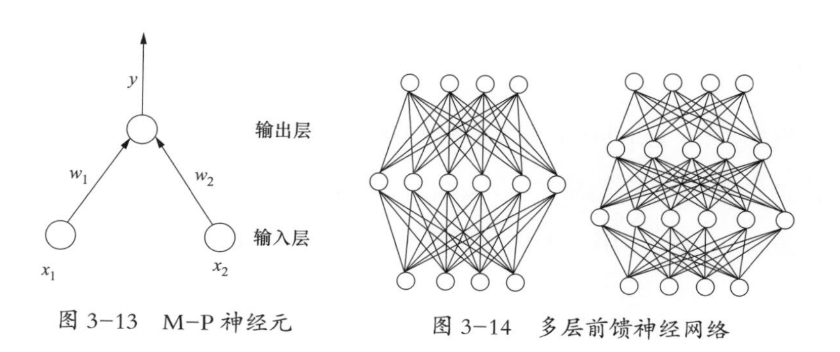

图 3-13 M-P 神经元

图 3-14 多层前馈神经网络

2. 深度学习

深度学习（Deep Learning，DL）是机器学习领域中一个新的研究方向，它被引入机器学习使人工智能的到来更近了一步。深度学习拥有悠久而丰富的历史，但随着许多不同哲学观点的消逝，与之对应的名称也渐渐尘封。而在近些年，随着可用的训练数据量的不断增加和计算机软硬件基础设施的改善，深度学习模型的规模也随之增长，如今的深度学习已经解决了许多复杂的应用问题，并且精度不断提高。

深度学习之所以被称为“深度”，是相对机器学习中的“浅层学习”方法而言的，深度学习所学得的模型中操作的层级数更多、网络更深或者更广，所得到的深度网络结构中包含大量的神经元，神经元间的连接强度（权值）在学习过程中不断修改并决定网络的功能。因此，通过深度学习得到的深度网络结构就是深层次的神经网络，即深度神经网络（Deep Neural Networks，DNN）。深度学习涉及的数学基础主要包括线性代数、概率与信息论、数值计算和机器学习基础等。

典型的深度学习模型主要有卷积神经网络模型、自编码网络模型（包括自编码和稀疏编码）和深度置信网络模型。卷积神经网络模型是一个多层的神经网络，上一层中的一组局部单元作为下一层邻近单元的输入。由于能够按其阶层结构对输入信息进行平移不变分类，所以也被称为平移不变人工神经网络。自编码网络模型有两层，第一层称为编码层，第二层称为解码层。自编码的目的是对一组数据学习出一种表示，广泛地用于数据的生成模型。深度置信网络模型可以解释为贝叶斯概率生成模型，由多层随机隐变量组成，上面的两层具有无向对称连接，下面的层得到来自上一层的自顶向下的有向连接，最底层单元的状态为可见输入数据向量。

深度学习的重点原理是学习样本数据的内在规律和表示层次，通过多个变换阶段分层对数据特征进行描述，再通过组合低层特征形成更加抽象的高层表示、属性类别或特征，给出数据的分层特征表示，对诸如文字、图像、声音等数据的解释有很大的帮助。

3. 卷积神经网络

卷积神经网络（Convolutional Neural Networks，CNN）是一类包含卷积计算且具有深度结构的前馈神经网络，是深度学习算法中最具代表的算法之一。卷积神经网络在深度学习的历史中发挥了重要作用，不仅是将研究大脑获得的深刻理解成功用于机器学习应用的关键例子，也是首批表现良好的深度模型之一。

卷积神经网络由输入层、卷积层、采样层（池化层）、连接层和输出层组成。卷积神经网络中的卷积操作可以看作是输入样本和卷积核的内积运算，池化层的作用是减小卷积层产生的特征图的尺寸。例如，图 3–15 中，输入的图像大小为 5×5，卷积核大小为 3×3，卷积核在输入的数据矩阵上滑动完成内积运算。横向和竖向滑动的距离称为滑动步长，滑动步长越大，卷积后得到的特征图越小。图 3–15 中卷积过程的步长为 1，得到的特征图大小为 3×3。卷积结果不能直接作为特征图，需通过激活函数计算后，输出的结果才是特征图。激活函数包括 Sigmoid、tanh、ReLU 等。卷积操作会增加特征图的深度，即层数。

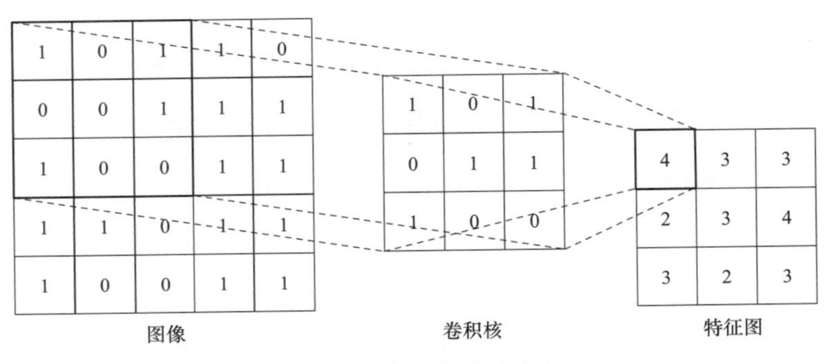

图 3–15　卷积操作的过程

池化层又称采样层，其过程是选择一个区域，通过对该区域的特征图进行一定的操作得到新的特征图。池化操作会降低特征图的维度，使得特征表示对输入数据的位置变化具有稳健性。最常使用的池化操作是最大池化，最大池化是取所选择的图像区域内的最大值作为结果值。如图 3–16 所示，对大小为 3×3 的特征图选择大小为 2×2 的区域，在这个区域内进行最大值选择，得到大小为 2×2 的输出结果。

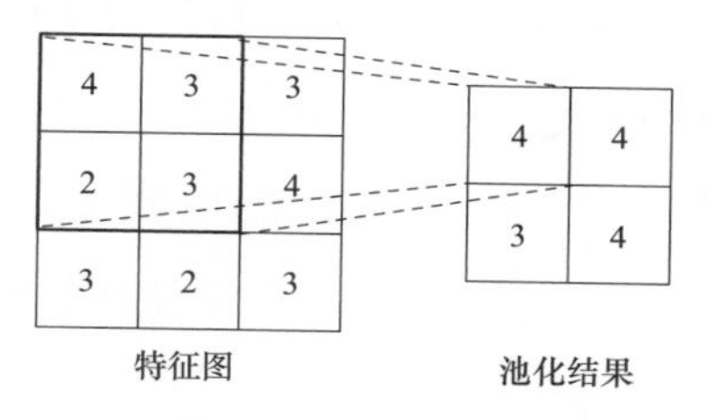

图 3–16 池化过程

如图 3–17 所示，网络输入的是一个大小为 32×32 的手写数字图像，输出的是识别结果，CNN 复合多个卷积层和采样层对输入信号进行加工，然后在连接层实现与输出目标之间的映射。第一个卷积层由 6 个特征映射构成，每个特征映射是一个大小为 28×28 的神经元阵列，其中每个神经元负责利用卷积滤波器从 5×5 的区域提取局部特征。第一个采样层有 6 个大小为 14×14 的特征映射，其中每个神经元与上一层中对应特征映射的 2×2 领域相连，并据此计算输出。通过复合卷积层和采样层，图 3–17 中的 CNN 将原始图像映射成 120 维的特征向量，最后通过一个由 84 个神经元构成的连接层和输出层，至此完成识别任务。CNN 可用 BP 算法进行训练，但在训练中，无论是卷积层还是采样层，其每一组神经元（即图 3–17 中的每个“平面”）都是用相同的权值，相比人工神经网络大幅减少了需要训练的参数数目。

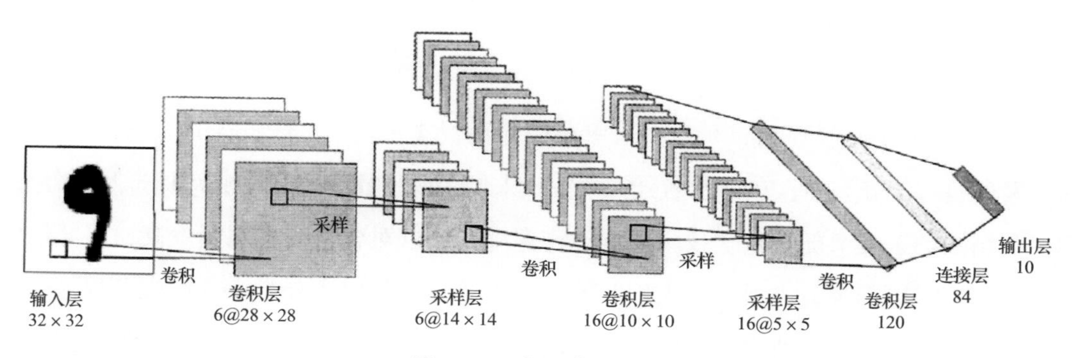

图 3–17 卷积神经网络

卷积神经网络是一种多层的监督学习神经网络，是深度学习中非常重要的特征提取网络结构，卷积层和池化层是实现卷积神经网络特征提取功能的核心模块。基于卷积神经网络，开发出了很多变体，这些变体在目标检测、语音识别和图像分类等领域取得了较高的准确率，表现出优异的性能。

与多层感知器一样，全连接层也是首先计算激活值，然后通过激活函数计算各单元的输出值。由于全连接层的输入就是卷积层或采样层的输出，是二维的特征图，所以需要对二维特征图进行降维处理。以图 3–17 为例，最后一个采样层的尺寸为 5×5×16，降维成了一个包含 120 个神经元的卷积层。

卷积神经网络最先被应用于手写字符识别上，用到的是 0～9 这 10 个数字，所以共有 10 个输出单元，每个单元对应一个类别。卷积神经网络的输出层通常使用似然函数计算各类别的似然概率，例如，手写数字的例子中，可以使用 softmax 函数计算输出单元的似然概率，然后把概率最大的数字作为结果输出，即

$$P(k)=\frac{e^{z_k}}{\sum_{i=1}^{K}e^{z_i}} \tag{3–42}$$

式中：Z_k 为第 k 个输出；$P(k)$ 为第 k 个输出的似然概率。

在递归问题中，一般使用线性输出函数（3–43）计算各单元的输出值，即

$$P(k)=\sum_{i=1}^{K}w_i x_i \tag{3–43}$$

式中：$\boldsymbol{w}$ 为权值。

卷积神经网络的网络结构更接近实际的生物神经网络，在语音识别和图像处理方面具有独特的优越性，尤其是在视觉图像处理领域进行的实验具有很好的结果。

3.3 无监督学习

3.3.1 聚类

聚类起源于分类学，在古老的分类学中，人们主要依靠经验和专业知识来实现分类，很少利用数学工具。随着科学技术发展，许多应用场景对分类要求逐渐变高，仅凭经验和专业知识难以满足分类要求。人们开始尝试将数学工具引入分类学，形成了数值分类学。随着机器学习中无监督学习的研究逐渐增多，又将多元分析的技术引入到数值分类学，聚类分析由此产生。

1. 聚类任务

无监督学习，即在训练样本无标记的情况下，通过对样本进行学习以获取其内在性质与规律。聚类为进一步的数据分析提供了重要基础。

聚类的任务就是将数据样本划分为若干个通常不相交的子集，这个子集称为一个簇。一个簇可对应一个人为定义的类别或特征概念。如图 3–18 所示，聚类分析的主要目标就是在不知道这些散点类别信息的情况下，通过对样本的学习，将样本划分为多个簇并明确簇的定义或类别。这一过程，就是聚类过程。

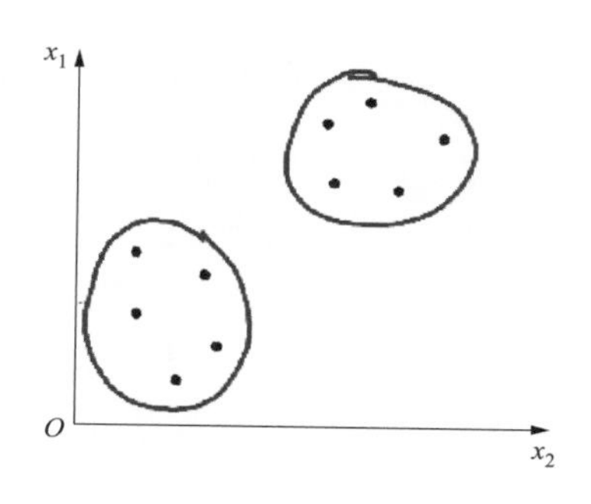

图 3–18　聚类示意图

以集合形式表述：设样本集 $D=\{\boldsymbol{x}_1, \boldsymbol{x}_2, \cdots, \boldsymbol{x}_m\}$，包含 m 个无标记样本，每个样本 $\boldsymbol{x}=\{\boldsymbol{x}_{i1}; \boldsymbol{x}_{i2}; \cdots; \boldsymbol{x}_{in}\}$ 是一个 n 维特征向量，聚类就是将样本集划分为 k 个不相交的集合，表示为 $\{\boldsymbol{C}_l|l=1, 2, \cdots, k\}$，其中 $\boldsymbol{C}_{l'}\bigcap_{l'\neq l}\boldsymbol{C}_l=\varnothing$ 且 $\boldsymbol{D}=\bigcup_{l=1}^{k}\boldsymbol{C}_l$。采用 $\lambda_j\in\{1, 2, \cdots, k\}$ 表示样本 x_j 的簇标记，因此 $x_j\in C_{\lambda j}$。聚类结果可用包含 m 个元素的簇标记向量 $\boldsymbol{\lambda}=(\lambda_1, \lambda_2, \cdots, \lambda_m)$ 表示。在实际应用中，聚类往往可通过对数据的学习，最终实现指定簇数目的数据聚类。

总体来说，聚类的主要任务就是通过对数据进行学习，寻找数据内在的分布结构。可作为一个单独过程，也可作为分类等其他学习任务的数据预处理过程。

2. *K* 均值聚类算法

基于不同的学习策略，有多种聚类算法，包括 *K* 均值聚类、核 *K* 均值聚类、谱聚类、层次聚类等，下面对 *K* 均值聚类进行介绍。

K 均值聚类算法流程如图 3–19 所示。

利用 *K* 均值算法可以最小化簇划分 $\boldsymbol{C}=\{\boldsymbol{C}_1, \boldsymbol{C}_2, \cdots, \boldsymbol{C}_k\}$ 的平方误差，即

$$E=\sum_{i=1}^{k}\sum_{\boldsymbol{x}\in C_i}\|\boldsymbol{x}-\boldsymbol{\mu}_i\|_2^2 \tag{3–44}$$

式中：$\boldsymbol{\mu}_i$ 是簇 $\boldsymbol{C}_i$ 的均值向量；平方误差 E 的值一定程度上表示簇内样本围绕均值样本的紧密程度，值越小，表征簇内样本越紧密或者越相似。

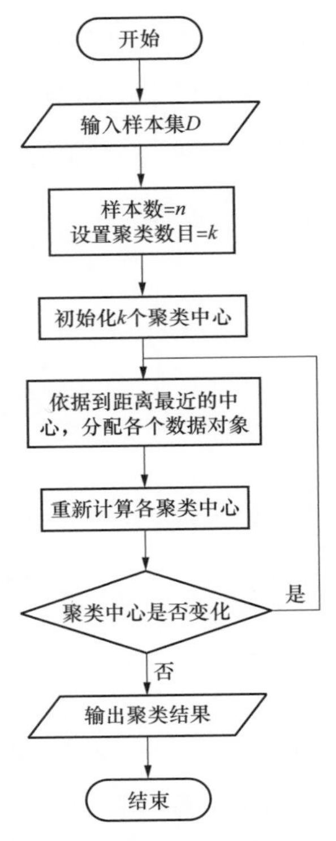

图 3-19　*K* 均值聚类算法流程

3.3.2 降维与度量学习

维数灾难是指机器学习运算过程中，随着数据维度增高，数据量易出现爆炸式增长的情况。例如，在一维空间的某一特定区间有 5 个训练样本，若以相同的密度在 d 维空间配置相同类别的训练样本，那么算法最终输入的数据量就会达到 5^d。维数较高的数据量以指数增长，用 K 近邻算法处理会变得十分困难。

1. 降维任务

降维是在保证输入数据中包含主要信息的前提下，对其维数进行削减，可用于缓解维数灾难问题。主要任务是通过某种数学变换将高维属性空间转换为一个低维“子空间”，确保原数据中主要内容被保留，且原始空间中样本间距离在低维空间中也得以保持，进而有效缓解维数灾难，提升机器学习性能。

对于降维效果的评估通常是比较降维前后学习模型的性能，若性能有所提升，则认为降维有效，而若是将维数降至二维或三维时，则可考虑通过可视化技术直观判断和评估降维效果。

2. 主成分分析

主成分分析（Principal Component Analysis，PCA），又称 PCA 降维，是最常用的一种降维方法，能够尽可能忠实地再现原始数据所有信息。PCA 降维是一种线性降维方法，对于非线性问题，则采用非线性降维，典型算法是核主成分分析（Kernelized PCA，KPCA）。

一般的，要获得低维子空间，最简单的方式就是对原始空间进行线性变换。首先，设 d 维空间样本 $\boldsymbol{X}=(\boldsymbol{x}_1, \boldsymbol{x}_2, \cdots, \boldsymbol{x}_m)\in\boldsymbol{R}^{d\times m}$，对其进行线性变换得到 $d'(d'\leqslant d)$ 维空间中的样本 $\boldsymbol{Z}$，此时，$\boldsymbol{Z}$ 和 $\boldsymbol{X}$ 间变换关系为

$$\boldsymbol{Z}=\boldsymbol{W}^{\mathrm{T}}\boldsymbol{X} \tag{3-45}$$

式中：$\boldsymbol{W}\in\boldsymbol{R}^{d\times d'}$ 是变换阵；$\boldsymbol{Z}\in\boldsymbol{R}^{d'\times m}$ 则是样本在低维空间中的表达。

主成分分析是将样本属性变换至正交属性空间中进行降维的算法。样本点 $\boldsymbol{x}_i$ 在新空间中超平面上的投影是 $\boldsymbol{W}^{\mathrm{T}}\boldsymbol{x}_i$，若要保证样本的可分性，所有样本的投影需要尽可能地分开，即使得投影后的样本点方差尽可能大，如图 3–20 所示。

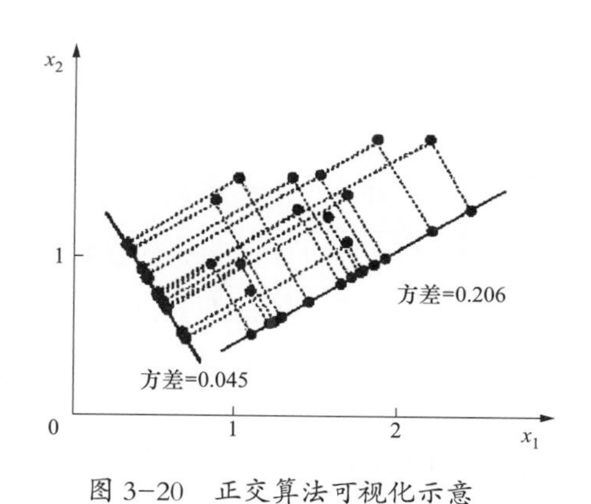

图 3–20　正交算法可视化示意

确定要优化的目标，是使得投影后的样本点的方差最大化，即需最大化 $\sum_i \boldsymbol{W}^{\mathrm{T}}\boldsymbol{x}_i\boldsymbol{x}_i^{\mathrm{T}}\boldsymbol{W}$，又知 $\boldsymbol{W}$ 为正交阵，因此，优化目标函数可写为

$$\begin{aligned}&\max_{\boldsymbol{W}} \quad \mathrm{tr}\left(\boldsymbol{W}^{\mathrm{T}}\boldsymbol{X}\boldsymbol{X}^{\mathrm{T}}\boldsymbol{W}\right)\\&\text{s.t.} \quad \boldsymbol{W}^{\mathrm{T}}\boldsymbol{W}=\boldsymbol{I}\end{aligned} \tag{3-46}$$

式中：$\boldsymbol{I}$ 为 $d\times d$ 单位矩阵。

对式（3–46）使用拉格朗日乘子法可得

$$\boldsymbol{X}\boldsymbol{X}^{\mathrm{T}}\boldsymbol{W}=\lambda\boldsymbol{W} \tag{3-47}$$

此时，仅需对协方差矩阵 $\boldsymbol{XX}^{\mathrm{T}}$ 进行特征值分解，将求得的特征值由大到小排序为 $\lambda_1 \geqslant \lambda_2 \geqslant \cdots \geqslant \lambda_d$，提取前 d' 个特征值对应的特征向量构成的矩阵，就是主成分分析中 $\boldsymbol{W}$ 的解，具体算法流程如图 3–21 所示，其中 n 即为 d'。

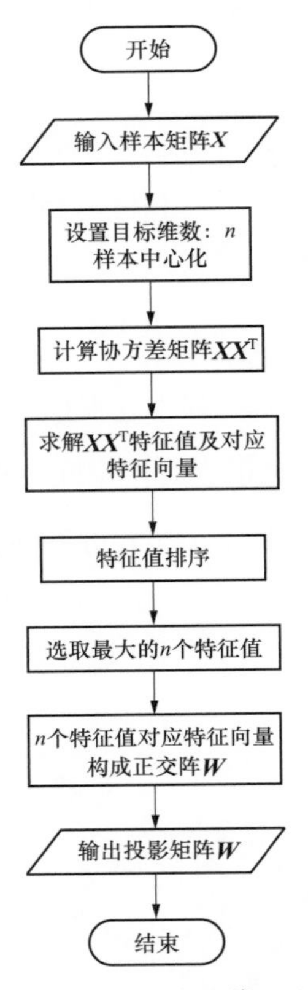

图 3–21　PCA 降维算法流程

在 PCA 降维算法的应用中，降维的目标维数通常人为设定，或者通过对不同 d' 值用简易的机器学习算法进行交叉验证，以确定较好的降维目标。对于 PCA，也可从重构角度设定重构阈值条件为

$$\frac{\sum_{i=1}^{d'}\lambda_i}{\sum_{i=1}^{d}\lambda_i} \geqslant t \tag{3-48}$$

式中：t 为重构阈值。由重构阈值条件即可得到在满足应用条件的前提下所能取得的最小 d' 值，进而对目标维数进行选取。

由 PCA 算法流程可看出，降维后的低维空间样本舍弃了 $d-d'$ 个特征值所对应的特征向量。在很多应用中，适当地舍弃这部分信息能有效增大样本的采样密度，一定程度上还可以起到抗噪声干扰的作用。

3. 度量学习

对数据进行降维的实质，就是找到一个合适的低维空间，使得数据样本的可学习性更强。每个空间都对应了一个在样本属性上定义的距离度量，寻找合适的低维空间，可等价为寻找一个合适的距离度量，这也正是度量学习的主要目的。

距离度量首先涉及的就是距离度量表达形式。对两个 d 维样本 $\boldsymbol{x}_i$ 和 $\boldsymbol{x}_j$ 进行讨论，两者间平方欧式距离可写为

$$dist_{ed}^2\left(\boldsymbol{x}_i,\boldsymbol{x}_j\right)=\left\|\boldsymbol{x}_i-\boldsymbol{x}_j\right\|_2^2=dist_{ij,1}^2+dist_{ij,2}^2+\cdots+dist_{ij,d}^2 \tag{3-49}$$

式中：$dist_{ij,k}$ 表示 $\boldsymbol{x}_i$ 和 $\boldsymbol{x}_j$ 在第 k 维上的距离，当属性重要性不同时，可考虑添加权重 $\boldsymbol{w}$，此时表达式为

$$dist_{wed}^2\left(\boldsymbol{x}_i,\boldsymbol{x}_j\right)=\left\|\boldsymbol{x}_i-\boldsymbol{x}_j\right\|_2^2=w_1\cdot dist_{ij,1}^2+w_2\cdot dist_{ij,2}^2+\cdots+w_d\cdot dist_{ij,d}^2 \tag{3-50}$$

也可以将权重信息写成矩阵形式，即

$$\boldsymbol{W}=\begin{bmatrix} w_{11} & \cdots & \cdots & 0 \\ \vdots & w_{22} & & \vdots \\ \vdots & & \ddots & \vdots \\ 0 & \cdots & \cdots & w_{ii} \end{bmatrix}, w_i\geqslant 0, \boldsymbol{W}_{ii}=w_i \tag{3-51}$$

则式（3-50）可写为

$$dist_{wed}^2\left(\boldsymbol{x}_i,\boldsymbol{x}_j\right)=\left(\boldsymbol{x}_i-\boldsymbol{x}_j\right)^{\mathrm{T}}\boldsymbol{W}\left(\boldsymbol{x}_i-\boldsymbol{x}_j\right) \tag{3-52}$$

其中，权重 $\boldsymbol{W}$ 可通过学习确定，若 $\boldsymbol{W}$ 的非对角线的元素均为零，认为属性之间无关，在实际应用中，不同属性间往往存在联系，因此，可以考虑将 $\boldsymbol{W}$ 替换成一个普通的半正定对称矩阵 $\boldsymbol{M}$，得到“马氏距离”，即

$$dist_{mah}^2\left(\boldsymbol{x}_i,\boldsymbol{x}_j\right)=\left(\boldsymbol{x}_i-\boldsymbol{x}_j\right)^{\mathrm{T}}\boldsymbol{M}\left(\boldsymbol{x}_i-\boldsymbol{x}_j\right)=\left\|\boldsymbol{x}_i-\boldsymbol{x}_j\right\|_{\boldsymbol{M}}^2 \tag{3-53}$$

式中：$\boldsymbol{M}$ 是“度量矩阵”，也是度量学习的学习目标。前面提到 $\boldsymbol{M}$ 必须是（半）正定对称阵，主要是为了保持距离非负且对称。

对 $\boldsymbol{M}$ 的学习往往是设置目标后通过优化目标学习到度量矩阵，因此若希望提高分类器性能，可将 $\boldsymbol{M}$ 直接嵌入分类器评价指标，通过优化性能指标求得 $\boldsymbol{M}$。

度量学习对于分类、聚类、识别等机器学习算法具有很重要的意义，这是由于机器学习和模式识别中的许多基本任务都是在数据距离度量基础上展开的；对于当前的深度学习领域，特别是对于计算机视觉领域的实践应用也具有重要研究与应用价值。

3.4 弱监督学习

3.4.1 半监督学习

在目前发展最为火热的监督学习中，大量样本与人工标注必不可少。在实际应用过程中，大量样本的获取相较容易，而人工标注所花费的成本与标注质量却往往令人担忧。因此，实际的数据状况是少量有标签数据与大量无标签数据混合，无标签数据量远大于有标签数据量。半监督学习是介于监督学习和无监督学习之间的一种学习方法，20 世纪 70 年代出现了自训练、直推学习与生成式模型；20 世纪 90 年代，陆续出现了协同训练、半监督支持向量机，而后又出现了图半监督学习以及半监督聚类等，直至目前这一分支仍在扩展。

基本模型如下：

在半监督学习算法中，训练数据一般有 3 种先验条件：有标签数据的标注完全准确，无标签数据类别平衡，无标签与有标签数据的数据分布相同或类似。要利用无标签样本，需要将未标记样本所揭示的数据分布信息与类别标记相联系，一般采用聚类假设和流形假设。

（1）聚类假设：当两个样本位于同一聚类簇时，在很大的概率下有相同的类标签。

（2）流形假设：将高维数据嵌入到低维流形中，当两个样本位于低维流形中某局部邻域内时，两者具有相似的类别标签。

按照统计学角度区分，半监督学习包括直推学习和归纳学习两种模式。直推式学习只处理样本空间内给定的训练数据，利用训练数据中有类别标签和无类别标签的样本进行训练，试图对学习过程中观察到的未标记数据进行预测。归纳式学习处理整个样本空间中给定的和未知的样本数据，同时利用数据中有类别标签和无类别标签的样本训练模型，使其能适用于训练中未观察到的样本。

半监督学习是一种灵活的学习方式，使得拘泥于数据标注的监督学习能够有机会进行“主动”学习，从而设计出更智能的模式识别算法。半监督学习方法大概分为 4 种，包括半监督分类法、半监督回归法、半监督聚类法和半监督降维法，如图 3–22 所示，每一种半监督学习又分为很多种方法。

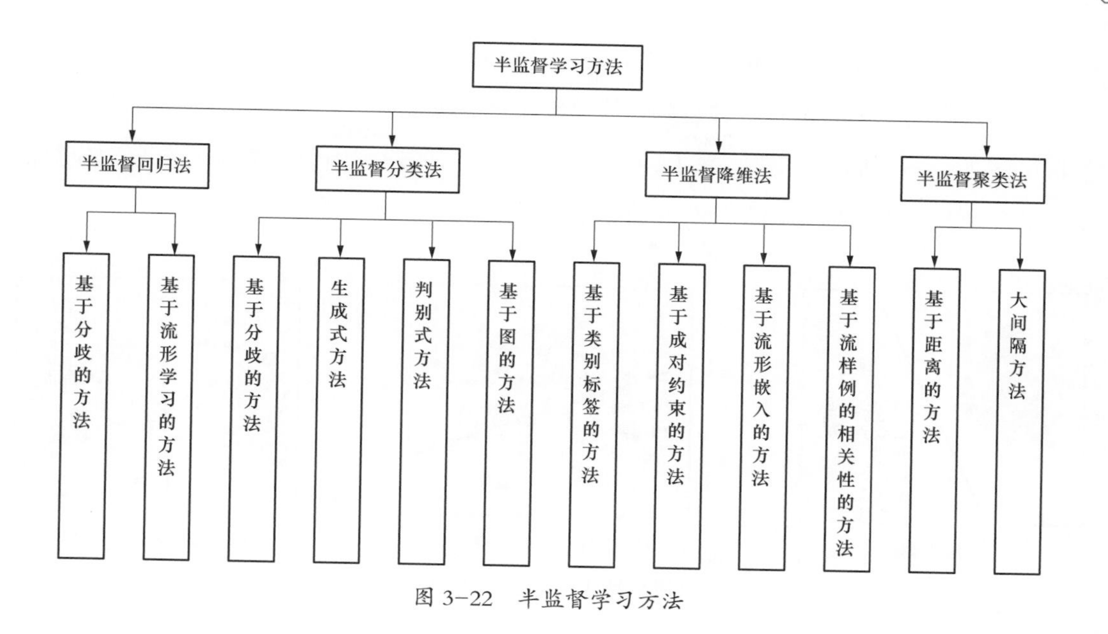

图 3-22 半监督学习方法

3.4.2 迁移学习

1. 迁移学习的概念

迁移学习是指利用数据、任务或模型之间的相似性，将在旧领域学习过的模型，应用于新领域的一种学习过程。作为机器学习的一个重要的分支，迁移学习侧重于将已经学习过的知识迁移应用于新的问题中。比如，如果我们已经学会了打乒乓球，那么我们就可以类比学习打网球，这种举一反三的能力就是迁移学习思想的体现。

迁移学习的约束条件是新问题和旧问题之间具有相似性才可以顺利地实现知识的迁移。需要注意的是，如果我们的领域数据本身就不存在相似性，或者相似性极小，这时候很容易出现负迁移。负迁移是迁移学习研究中需要极力避免的。

2. 迁移学习的方法

目前，多数机器学习方法只有在训练数据和测试数据来自同一特征空间或者相同的数据分布时才会取得较好的表现，一旦数据分布改变，大多数统计学习模型都需要依靠新的数据分布重新开始构建。在现实应用中，不仅很难保证测试数据和训练数据来自同一分布，并且重新开始构建模型通常会耗费大量人力和物力。此时，迁移学习就显得尤为重要。

（1）数据分布自适应。数据分布自适应（Distribution Adaptation）是一类最常用的迁移学习方法。这种方法主要针对源域数据和目标域数据分布的不同，采用一定的变换方法，缩小不同数据分布间的距离。

数据分布的不同有两种：数据的边缘分布不同，如图 3–23（a）和图 3–23（b）所示；数据的条件分布不同，如图 3–23（a）和图 3–23（c）所示。因此，数据分布自适应算法又细分为边缘分布自适应和条件分布自适应。

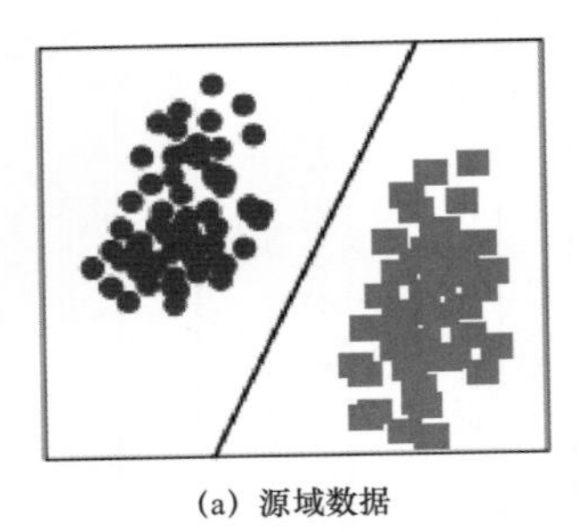

(a) 源域数据

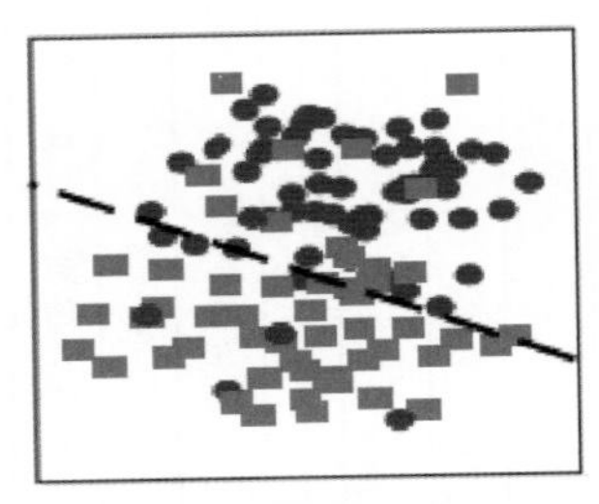

(b) 目标域数据：类型 I

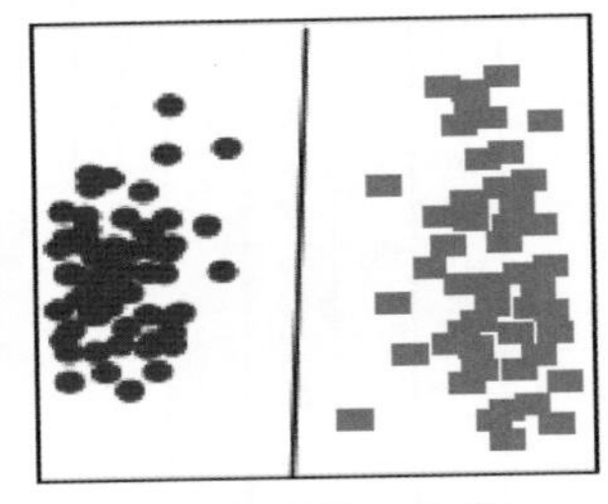

(c) 目标域数据：类型 II

图 3–23　不同数据分布的源域数据和目标域数据

（2）特征选择。此类方法假设源域数据和目标域数据之间有一些共有的特征，在这些特征上，源域数据和目标域数据的分布是一致或近似一致的。因此，此类方法的目标是找出这些共有的特征，然后在特征上构建机器学习模型，特征选择常常与数据分布自适应方法相结合来实现迁移学习。比较经典的基于特征选择的迁移学习方法有 SCL（Structural Correspondence Learning）方法。

（3）子空间学习。子空间学习法通常假设通过一定变换后的源域数据和目标域数据具有相似的分布。按照变换方法类型的不同，子空间学习法又可细分为基于统计特征变换的统计特征对齐方法和基于流形变换的流形学习方法。

（4）深度迁移学习。随着深度学习的迅猛发展，越来越多的研究人员都开始利用深度神经网络进行迁移学习，并且在深度学习领域著名的 ImageNet 数据集上取得突出表现的深度学习方法，大多应用了预训练模型（Pre-trained Model），而预训练模型的使用正是一种迁移学习的思想。

以图像分类任务中的卷积神经网络为例，通过可视化技术，可以看到深度神经网络的前几层网络学习到的特征图几乎都是通用特征，例如线条、轮廓等，如图 3–24 所示，可对这些通用特征进行迁移，从而加快深度神经网络的训练过程。

最常用的深度神经网络迁移方法就是 Finetune，也称为微调。在实际任务中，训练一个深度神经网络，一方面需要耗费大量的时间和计算资源；另一方面训练数据可能不够，不足以训练出泛化能力足够强的深度神经网络。Finetune 可以在一定程度上缓解上述问题。

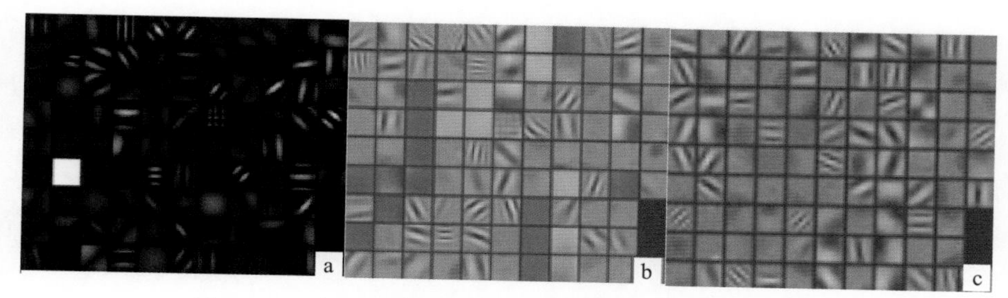

图 3-24 对深度神经网络中的浅层进行可视化后的结果

常用的 Finetune 方法流程是，首先下载已经在大规模数据集（如 ImageNet 等）上训练好的深度神经网络模型参数，对神经网络模型进行初始化；然后微调后面若干层的结构（例如，在 ImageNet 上预训练过的模型的输出有 1000 个类别，而当前的任务可能只有 3 个类别，那么就需要手动的修改神经网络模型相关层的结构）；最后使用当前任务的目标域数据对以上修改过的神经网络模型进行迭代微调。这样可以很大程度上加快神经网络模型的训练速度，而且在一定程度上也会使神经网络模型的性能表现有所提升。

3.4.3 强化学习

强化学习是一种类人算法，相较于其他算法更加符合人类学习的习惯。传统的有监督学习方法有确定的输入数据和输出标签，强化学习中没有监督者，只有一个奖励信号，其反馈是延时的。同时强化学习具有交互式的环境，其中的每一步与时间顺序紧密联系。强化学习只关心当前输入的条件下应该采用什么动作可以使得整个任务实现达到最优，因此，其符合弱监督学习的定义，是一种不确切的监督学习的情况。

1. 强化学习的基本框架

如图 3-25 所示，解释了强化学习的基本原理。智能体在完成某项任务时，首先通过动作与周围环境进行交互，在动作和环境的作用下，智能体状态会进行迭代更新，同时环境会给出一个即时反馈。在初始状态的基础上交替循环更新，智能体与环境不断地交互产生很多数据。强化学习算法利用即使产生的数据修改自身的动作策略，再与环境交互产生新的数据，并利用新的数据进一步改善自身的行为，经过数次迭代学习后，智能体最终学习到完成相应任务的最优动作（最优策略）。从控制论的角度来说，图 3-25 中展示了一个反馈控制系统，因此强化学习与系统控制密切相关。

在强化学习中，智能体在环境中观察并且做出决策或者采取相应策略，随后它会得到奖励，再利用值函数，又称效用函数来评估奖励，其目标是去学习如何行动能最大化期望奖励。

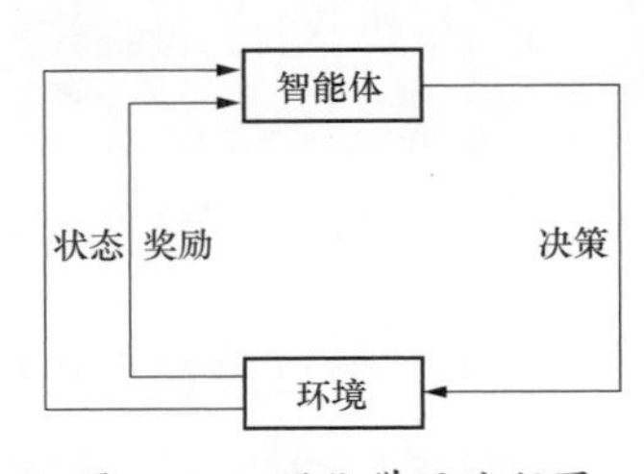

图 3-25　强化学习流程图

2. 强化学习中的基本概念

（1）奖励。具体来说，强化学习没有标签，其奖励是由实际任务设定的。如果智能体是一个智能车，可以设定为到达预期目的地即为得到正奖励，如果发现走错了位置就会得到负奖励；如果智能体不是一个实体，比如预测股票，则奖励的标准就相应地变成挣钱或者赔钱；有时也可以不设定正奖励，例如智能体在迷宫里，每分每秒都会得到负奖励，因此，需要尽快找到出口。

（2）策略。怎样获得更大化的奖励呢？答案是利用策略，智能体用来改变其行为的算法称为策略。策略可以是一个把观察当作输入，行为当作输出的神经网络，也可以是涉及的任意算法，甚至可以是不确定的概率。例如，设定真空吸尘机器人每秒以概率 p 向前移动，或者以 $1-p$ 的概率向左或者向右转，这就是一个概率的策略，可以称为随机策略，调整策略参数 p 的方法，简单来说就是尝试不同的值，执行最佳的结果，但是当参数很多，范围很大时，就很难找到合适的参数。

（3）行为评估。行为评估即针对所使用的策略，评估行为的好坏。强化学习中的奖励是延迟的，而且在游戏中，往往会牺牲当前的奖励来获取将来更大的奖励。当智能体得到奖励时，也很难确定哪些行为是良好的，或者说对获得奖励有正影响。这个问题就是信用分配问题，即当前的动作要为将来获得更多的奖励负责。

强化学习是机器学习的重要领域和人工智能发展的新兴方向，其强调在一定环境下采取相应的行动以达到最大化的收益，这从某种程度上来说更像是人类的学习过程。当前强化学习方法已经应用于各行各业，尤其是在仿真优化、多主体系统学习、群体智能等方面，用于研究最优解的存在和特性。

3.5 知识表示与推理

3.5.1 知识库

专家系统模拟人类专家的两个主要特征：

（1）具有大量的某个领域的知识和经验。

（2）具有依据知识进行推理、判断的思路和能力。

专家系统的核心组成部分与知识库和推理机这两个特征相对应。知识库用来存储专家水平的知识和经验，推理机用来模拟专家进行推理和判断。知识库和推理机是专家系统中两个最主要的组成要素。

1. 知识的表示

专家系统的一个关键环节是对知识的存储，因此，如何进行知识的表达，是建立专家系统的基础。知识的表达一般可以分为以下几种方式：

（1）产生式规则。产生式规则主要用于描述有关问题的状态转移、性质变化以及因果关系等过程性知识。它依据人类大脑记忆模式中的各种知识块之间的大量存在的因果关系，用产生式规则表示出来。产生式表示每一条规则都存在因果关系，如条件“A”会产生行动“B”，或证据“A”产生结论“B”。相应的规则表达形式为

如果（IF）A；则（THEN）B

产生式的规则可以使用（AND）（OR）语句或多个两者的结合来进行连接，以表示多个条件或多个结论。下面是4个不同领域知识的产生式规则具体例子：

1）IF 水箱里的水位过高 THEN 关小进水阀门。

2）IF 天气晴朗 AND 无风 THEN 做登山运动。

3）IF 鼻塞流涕 THEN 外感风热。

4）IF 该动物有犬齿 AND 有爪 AND 眼盯前方 THEN 该动物是食肉动物。

上述4个例子中，1）2）的结论是动作，3）4）的结论是事实，2）4）的前提是复合条件。

（2）框架。框架是表示概念或对象的一成不变的知识的数据结构。框架实际上是一组槽和槽值，用于定义典型对象，最常用的表示方法是形成一个层与层之间相互嵌套的连接，每一个槽有一个槽值或若干个侧面。

该框架各层具有相同的结构，并以框架名、槽名、侧面名、值等形成嵌套连接，每

一个框架可以包括用户提供的问题、解决的方案等。框架类似于 C 语言等高级语言的记录结构以及 LISP 中带有特性表的原子。

（3）语义网络。语义网络是对知识的一种图表式表示。它主要包括两种结构，一个是节点，用于表示实体、概念和情况等；另一个是弧线（链），用于表现各节点间的关系。

例如，有以下事实：

学生甲身高为 178cm，学生乙身高为 173cm，学生甲比学生乙高。语义网络表示法如图 3–26 所示。

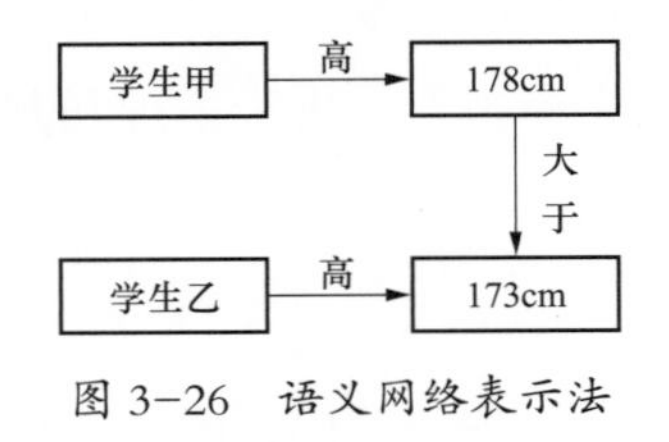

图 3–26 语义网络表示法

由于语义网络表示知识简洁、直观，且求解问题时可以通过网络的连接关系推导有关对象和概念，而不必遍历整个庞大的知识库，从而在专家系统、自然语言理解等领域获得了广泛应用。

（4）谓词逻辑。谓词逻辑是在命题逻辑的基础之上发展起来的一种知识表示方法。它将一个原子公式分为若干个谓词符号和项。

例如“所有的有理数都是实数”的形式描述。

所有的有理数都是实数，其意思是说，对任一事物而言，如果它是有理数，那么它是实数。即对任一 x 而言，如果 x 是有理数，那么 x 是实数。若以 $P(x)$ 表示 x 是有理数，以 $Q(x)$ 表示 x 是实数，则这句话的形式描述应为$(\forall x)[P(x) \rightarrow Q(x)]$。因为 x 的论域是一切事物的集合，所以 x 是有理数是一个条件。

谓词逻辑演算就好比是知识表达的汇编语言，它形成了大多数人工智能编程语言和外壳的基础。

2. 不同方法的优缺点

专家系统常用的 4 种知识表达方式各有特点，对他们进行比较分析，以便选择适合的方式来表达相关的知识，分析如下。

（1）产生式规则的优点是能够很自然地表达知识，该表达方法和人类的思维逻辑很贴切，可以很方便地表达专家的简单的、浅层的经验知识；但是它的缺点是表达方式比较单一，对于复杂的、深层的结构化知识表达解释能力不够，原因是现实中的领域专家知识并非仅仅是简单的因果关系。

（2）框架的优点是它所表达的知识结构化、层次化很强，适合于描述结构化原理知识，或者说专家的深层次知识。

（3）语义网络的优点是能够较全面详细地反映客观事物；但是它的缺点也很明显，它的结构非层次化，对表达对象之间的界限难以表示，且语义网络实际上是一种有向图，存储需要大量空间，且进行推理搜索效率低；同时，知识的组合爆炸在对语义网络进行推理搜索时很容易发生。

（4）谓词逻辑表示法的优点是精确程度高、逻辑性强，可以很精确地表示知识的逻辑关系；但是它用逻辑函数来描述客观事物知识的各种状态，在状态空间较大的问题推理过程中，动态数据库同推理机规则的匹配以及对知识库知识的操作有可能会导致知识的组合爆炸。

3.5.2 推理机

推理机是用来控制、协调整个专家系统进行推理的一组程序，负责完成推理的整个过程。主要解决的问题是在推理求解的每一状态下，如何对知识库中的知识进行选择和运用。为解决这个问题，推理机运用一定的推理方法和推理策略，以动态数据库为工作存储器，根据动态数据库的当前内容，采取相应的推理控制策略，决定如何使用知识库中的知识；同时，可以控制规则库中的规则不断与动态数据库中的数据、事实相匹配，匹配成功则触发相应的规则，通过执行该规则来修改动态数据库的内容，经过不断的推理推导出结果。

推理方法按照方向来分，主要分为正向推理、反向推理和正反向混合推理 3 种。正向推理（或数据驱动策略）是从原始数据和已知条件推断出结论的方法；而反向推理（或目标驱动策略）则是先提出结论或假设，然后寻找支持这个结论或假设的条件或证据，如果成功则结论成立，推理成功；正反向混合推理为首先运用正向推理帮助系统提出假设，然后运用反向推理寻找支持该假设的证据。

（1）正向推理是一种从证据到结论的推理方法。正向推理链接过程如图 3–27 所示。根据综合数据库中给出的已知事实，正向使用规则，即通过把规则的前件同当前数据库的内容进行匹配来选取可用规则。若有多条规则可用，则按冲突消解策略从中选择一条规则执行，将该规则的结论添加到综合数据库中，直至问题求解或没有可用规则。

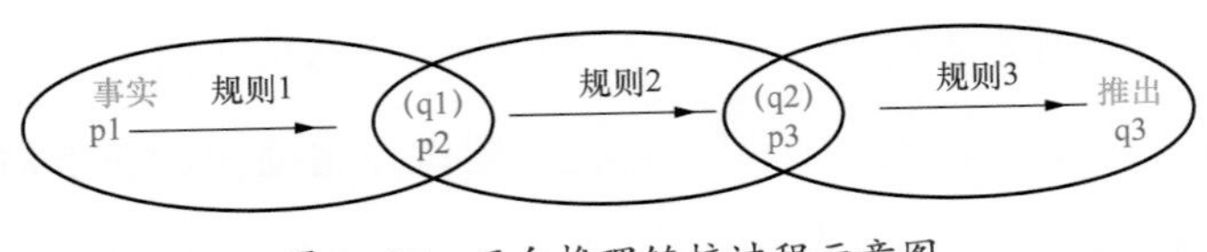

图 3-27 正向推理链接过程示意图

（2）反向推理是一种从结论到证据的推理方法。反向推理链接过程如图 3-28 所示。反向推理过程根据综合数据库中给出的假设，反向使用规则，即把规则后件同当前数据库的内容进行匹配来选取可用规则。若有多条规则可用，则按冲突消解策略从中选择一条规则，将该规则的前件添加到综合数据库中，直至问题求解（假设成立所需要的全部证据和事实在数据库中）或没有可用规则。

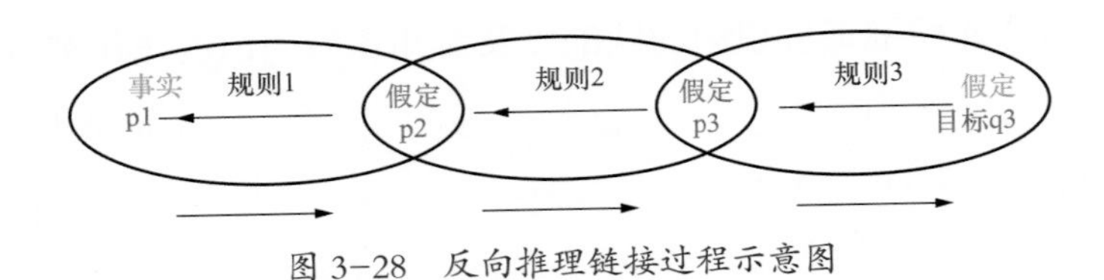

图 3-28 反向推理链接过程示意图

（3）正反向混合推理结合了正向推理和反向推理，是一种从证据到结论，再由结论到证据的综合推理方法。

正向推理可能会推出许多与问题求解无关的子目标；反向推理中，若提出的假设目标不符合实际，也会降低系统的效率。混合推理把正向推理与反向推理结合起来，使其发挥各自的优势，取长补短。

混合推理分为两种情况：一种是先进行正向推理，帮助选择某个目标，即从已知事实演绎出部分结果，然后再用反向推理证实该目标或提高其可信度；另一种是先假设一个目标进行反向推理，然后再利用反向推理中得到的信息进行正向推理，以推出更多的结论。

3.5.3 知识图谱

1. 知识图谱的概念

机器理解数据的本质是建立数据到知识库中实体、概念、关系的映射，而机器解释现象的本质是利用知识库中实体、概念、关系解释现象的过程。知识图谱本质上就是一个大规模语义网络。作为一种语义网络，它是实体、概念及其之间各种语义关系的一种知识表示；作为一种技术体系，它是大数据时代知识工程的代表性进展。

2. 知识图谱的构建

知识图谱的构建分为两类：一是事实性知识（Fact Knowledge），这类知识包括实体与实体之间的关系等；另一类是更抽象的知识，称作模式知识（Schema Knowledge），这种更抽象的知识的表示方式也更复杂，它可以帮助我们更好地对知识进行组织和推理。构建知识图谱的步骤如下：

（1）知识获取。即从非结构化、半结构化和结构化数据中获取知识，进行词汇、实体的挖掘和关系抽取。

在处理非结构化数据方面，首先要对用户的非结构化数据提取正文，然后通过有监督的、无监督的、弱监督的、远程的相关技术挖掘文章中的实体和词汇。实体识别通常有两种方法，一种是实体链接，当用户本身有一个知识库，则可以将文章中可能的候选实体链接到用户的知识库上；另一种是当用户没有知识库时，则需要使用命名实体识别技术，结合上下文以及短语描述去推断文章中的实体。

当用户获得实体后，则需要关注实体间的关系，称为实体关系抽取，包括语义解析，也需要根据触发词获取事件相应描述的句子和事件与实体的关系等。在处理半结构化数据方面，主要的工作是通过包装器学习半结构化数据的抽取规则。可用机器学出一定的规则，进而在整个站点下使用规则对同类型或者符合某种关系的数据进行抽取。

而对于结构化数据，如果可以很好地利用已有的结构化数据库资源，例如百科或者领域知识库，在此基础上加以人工干预，是有可能产生重要影响的。

（2）数据融合。即将不同数据源获取的知识进行融合构建数据之间的关联。

提供统一术语的结构或者数据被称为本体，通过数据映射技术建立本体中术语和不同数据源抽取的知识中词汇的映射关系，将不同数据源的数据融合在一起。同时不同数据源的实体可能会指向现实世界的同一个客体，这时需要使用实体匹配将不同数据源相同客体的数据进行融合。不同本体间也会存在某些术语描述同一类数据，需要本体融合技术把不同的本体融合。

（3）融合而成的知识库需要一个存储、管理的解决方案。知识存储和管理的解决方案会根据查询场景的不同采用不同的存储架构，如 NoSQL 或者关系数据库。同时大规模的知识库也符合大数据的特征，因此需要传统的大数据平台，如 Spark 或 Hadoop 提供高性能计算能力，支持快速运算。知识图谱由于自动化构建而成为大规模的工程，因此一定存在质量问题，所以质量控制和合理布局也非常重要。

3. 知识图谱的应用

如果要让机器理解行业知识，首先要将行业知识的知识图谱建立好，放在机器背后，才能让机器理解、认知行业。目前，知识图谱在辅助精准分析、智慧搜索和推荐、智能问答和解释、自然人机交互、深层关系推理中都有出色的表现。知识图谱对于解决大数据中文本分析和图像理解问题发挥重要作用，将对自然语言处理、信息检索和人工智能等领域产生深远影响。

3.6 群体智能算法

3.6.1 遗传算法

遗传算法（Genetic Algorithm，GA）最初由美国密歇根大学的霍兰德（J. Holland）教授于1975年提出，它是模拟达尔文生物进化论中自然选择和遗传学机理的生物进化过程的计算模型，是一种通过模拟自然进化过程搜索最优解的方法。遗传算法在模式识别、神经网络、图像处理、机器学习、工业优化控制、自适应控制等方面都有广泛应用。

1. 遗传算法的基本原理

（1）遗传算法的基本概念。遗传算法中用到了进化和遗传学的一些基本概念，以下对这些概念进行简单阐述：

1）串：它是个体的形式，在算法中为二进制串，对应于遗传学中的染色体。

2）群体：个体的集合称为群体，串是群体的元素。

3）群体大小：群体中个体的数量称为群体的大小。

4）基因：基因是串中的元素，用于表达个体的特征。例如：某串 S=1011，其中的1、0、1、1这4个元素分别称为基因。它们的值称为等位基因。

5）基因位置：一个基因在串中的位置称为基因位置或基因位，对应于遗传学中的地点，在串中由左向右计算，例如：某串 S=1101 中，0的基因位置是3。

6）基因特征值：在用串表示整数时，基因的特征值与二进制数的权值一致。例如：某串 S=1011 中，基因位置3中的1，它的基因特征值为2；基因位置1中的1，它的基因特征值为8。

7）串结构空间SS：在串中，基因任意组合所构成的串的集合称为串结构空间，对应于遗传学中的基因型的集合。基因操作是在结构空间中进行的。

8）参数空间 SP：参数空间是串空间在物理系统中的映射，它对应于遗传学中的表现型的集合。

9）非线性：非线性对应遗传学中的异位显性。

10）适应度：适应度表示某一个体对于环境的适应程度。适应度函数是对问题中的每一个染色体都能进行度量的函数，用于计算个体在群体中被使用的概率。

（2）遗传算法的数学基础。指导遗传算法的基本数学理论主要有两个方面，一是保证搜索有效性的数学理论，包括模式定理和积木块假设；另一个是保证搜索收敛性的数学理论。

对于基本遗传算法，还有以下两个定理。

定理 1.1　基本遗传算法收敛于最优解的概率小于 1。

由定理 1.1 可知，这种收敛于最优解的概率小于 1 的基本遗传算法，其应用可靠性就值得怀疑。从理论上来说，仍希望基本遗传算法能够保证收敛于最优解，这就需要对基本遗传算法进行改进，如使用保留最佳个体策略可达到要求。

定理 1.2　使用保留最佳个体策略的遗传算法能收敛于最优解的概率为 1。

定理 1.2 说明了这种使用保留最佳个体策略的遗传算法总能够以概率 1 搜索到最优解。该结论不仅在理论上具有重要意义，在实际应用中也为最优解的搜索过程提供了保证。

2. 遗传算法的执行过程

在遗传算法中，通过随机方式产生若干个所求问题的数字编号，即染色体，形成初始种群。每个个体均通过适应度函数得到一个数值评价，低适应度的个体被淘汰掉，高适应度的个体留下继续参加遗传操作，然后经过遗传操作后的个体集合成下一代新的种群，按上述过程再对这个新种群进行下一轮进化。

虽然遗传算法在整个进化过程中的遗传操作是随机性的，但呈现出的特性却不是完全随机搜索的，它能有效地利用历史信息来推测下一代期望性能有所提高的寻优点集。通过一代代地不断进化收敛到一个最适应环境的个体上，求得问题的最优解。遗传算法的主要流程如图 3–29 所示，其中 GEN 是当前代数，M 是每代种群中最大个体数。

（1）随机产生一个由确定长度的特征字符串组成的初始种群。

（2）对该字符串种群迭代地执行以下步骤 1）和 2），直到满足停止准则为止：

1）计算种群中每个个体字符串的适应度值。

2）应用复制、交叉和变异等遗传算子产生下一代种群。

（3）把在后代中出现的最好的个体字符串指定为遗传算法的执行结果，这个结果可以表示问题的一个解。

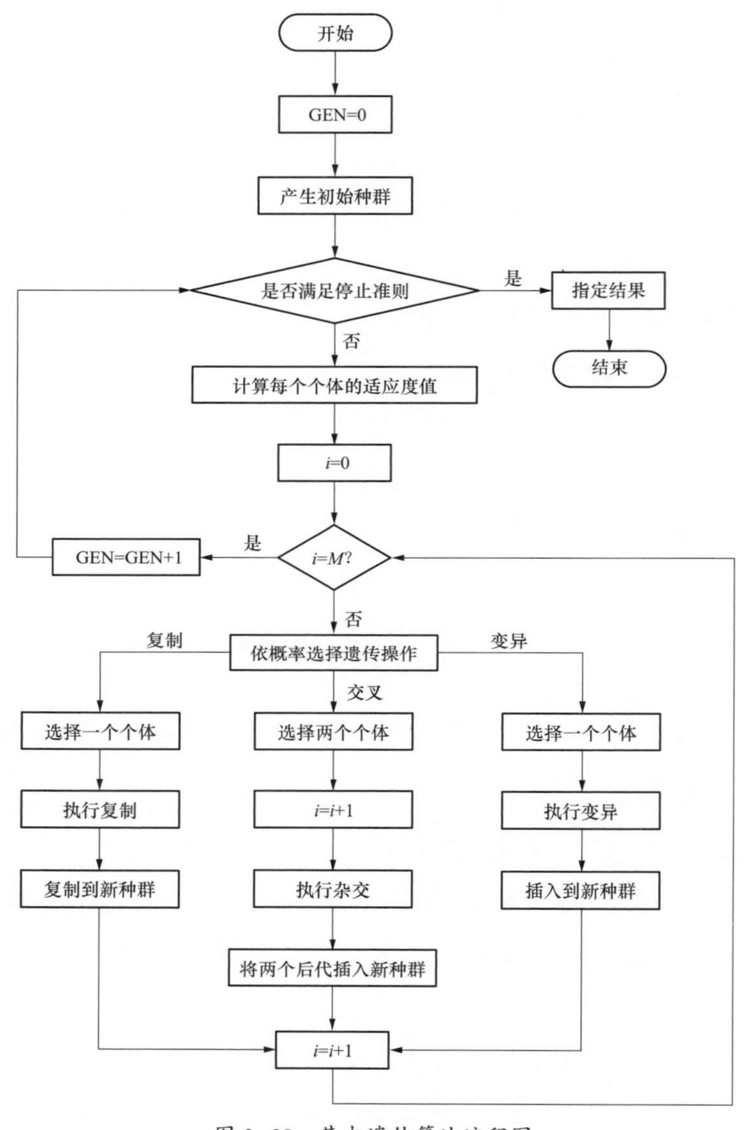

图 3-29　基本遗传算法流程图

3. 遗传算法的实现技术

基本遗传算法由编码、适应度函数、遗传算子（选择、交叉和变异）及运行参数组成。

（1）编码。编码是应用遗传算法时要解决的首要问题和关键步骤，它在很大程度上决定了如何进行群体的遗传进化运算及其效率。其中最常用的编码方法为二进制编码方法。

（2）适应度函数。遗传算法将问题空间表示为染色体位串空间，为了执行适者生存的原则，必须对个体位串的适应性进行评价。适应度函数值越高，生存能力越强。

适应度函数要有效反映每一个染色体与问题的最优解染色体之间的差距，若差距较小，则对应的适应度函数值之差也较小。

（3）遗传算子。遗传算子包括选择算子、交叉算子和变异算子。

1）选择算子又称再生算子，其目的是把优化的个体直接遗传到下一代或通过配对交叉产生新的个体再遗传到下一代。选择操作是建立在群体中个体的适应度评估基础上，目前常用的选择算子有适应度比例方法、随机遍历抽样法和局部选择法等。

2）交叉算子在遗传算法中起核心作用，交叉是指把两个父代个体的部分结构加以替换重组而生成新个体的操作。遗传算法的搜索能力通过交叉得到大幅度提高。最常用的交叉算子为单点交叉：在个体串中随机设定一个交叉点，实行交叉时，该点前或后的两个个体的部分结构进行互换，并生成两个新个体。具体例子如下：

个体A：1001 ↑ 111→1001000 新个体

个体B：0011 ↑ 000→0011111 新个体

3）变异算子的基本内容是对群体中的个体串的某些基因座上的基因值进行变动。依据个体编码表示方法的不同，有实值变异和二进制变异两种算法。

（4）运行参数。遗传算法的运行依赖各种各样的参数，主要包括编码长度、种群规模、交叉概率、变异概率和终止进化代数，这些参数对遗传的运行性能有重要的影响。

编码长度的选择取决于特定问题解的精度，要求的精度越高，编码长度越长。种群规模表示每一代种群中所含个体数目。交叉概率控制着交叉算子的应用频率。变异操作是保持群体多样性的有效手段。终止代数是遗传算法运行结束条件的一个参数，它表示遗传算法运行到指定的进化代数之后就停止运行，并将当前群体中的最佳个体作为所求问题的最优解输出。这些参数值对遗传算法的运算速度、收敛速度和产生新个体的能力等会产生种种影响。到目前为止，对于遗传算法进化参数的设置还没有成熟的原则和方法，基本上依赖经验和对所求问题的了解。

3.6.2 粒子群算法

1995年，粒子群优化算法（Particle Swarm Optimization，PSO）在电气和电子工程师协会（Institute of Electrical and Electronics Engineers, IEEE）国际神经网络大会上被提出。该算法的提出受到了两个方面的启发和影响：一是人工生命，特别是鸟群、鱼群以及群理论的影响；二是进化计算，特别是遗传算法和进化规划的影响。

1. 粒子群算法的基本原理

粒子群优化算法的提出可视为一个对鸟群运动行为的模拟过程，只是在此过程中加入了“食物”的概念。鸟群中的每一只鸟都相当于优化问题的一个候选解，而食物的位置就是该优化问题最优解的位置，整个鸟群的觅食过程则对应于该优化问题的求解过程。

在粒子群优化算法中，鸟群中的每只鸟抽象成 d 维搜索空间中的一个没有体积和质量，只有速度和位置的粒子，在搜索空间中以一定速度飞行，并根据对个体和集体的飞行经验的综合分析来动态调整这个速度。

设群体中第 i 个粒子表示为 $\boldsymbol{X}_i(x_{i1}, x_{i2}, \cdots, x_{id})$，则它经历过的位置表示为 $\boldsymbol{P}_i(p_{i1}, p_{i2}, \cdots, p_{id})$，其中最佳位置为向量 $pbest$。当前组成群体的所有粒子经历过的最佳位置为向量 $gbest$。粒子 i 的速度用 $\boldsymbol{V}_i=(v_{i1}, v_{i2}, \cdots, v_{id})$ 表示。对每一次迭代，粒子 i 在 d 维（$1 \leqslant d \leqslant D$）空间的运动遵循如下方程，即

$$v_{id}^{k+1}=v_{id}^{k}+c_1 \cdot \mathrm{Rand}(\ ) \cdot (pbest_i^k - x_{id}^k)+c_2 \cdot \mathrm{Rand}(\ ) \cdot (gbest^k - x_{id}^k) \tag{3-54}$$

$$x_{id}^{k+1}=x_{id}^{k}+v_{id}^{k} \tag{3-55}$$

式中：c_1 和 c_2 为加速常数，它们使每个粒子向 $pbest$ 和 $gbest$ 位置加速运动；Rand( )为[0,1]范围里变化的随机数。

粒子的速度 $\boldsymbol{v}_i$ 被限制为该维的最大速度 $\boldsymbol{v}_{\max}$，它决定了粒子在解空间的搜索精度，$\boldsymbol{v}_{\max}$ 太高，粒子可能会飞过最优解；反之，则粒子容易陷入局部搜索空间而无法进行全局搜索。

式（3–54）中加和的第一部分为粒子之前的速度，表示粒子对当前自身运动状态的信任，依据自身的速度进行惯性运动；第二部分为“认知”部分，表示粒子本身的思考，即一个得到加强的随机行为在将来出现的概率增大；第三部分为“社会”部分，表示粒子的信息共享与相互合作。

以式（3–54）和式（3–55）为基础，形成了后来 PSO 的标准形式。1998 年有学者对式（3–54）进行了修正，引入了惯性权重因子 $\boldsymbol{w}$，即

$$v_{id}^{k+1}=w \cdot v_{id}^{k}+c_1 \cdot \mathrm{Rand}(\ ) \cdot (pbest_i^k - x_{id}^k)+c_2 \cdot \mathrm{Rand}(\ ) \cdot (gbest^k - x_{id}^k) \tag{3-56}$$

式中：$\boldsymbol{w}$ 值为非负数，$\boldsymbol{w}$ 值越大，全局寻优能力越强，局部寻优能力越弱。

初始时，$\boldsymbol{w}$ 值取为常数，经过实验，动态 $\boldsymbol{w}$ 值能获得比固定值更好的寻优结果。动

态 **w** 值可以在 PSO 搜索过程中线性变化，也可以根据 PSO 性能的某个测度函数动态改变。目前，采用较多的是线性递减权值策略，则

$$w^t = (w_{ini} - w_{end})(G_k - g)/G_k + w_{end} \tag{3-57}$$

式中：G_k 为最大优化代数；w_{ini} 为初始惯性权值；w_{end} 为迭代至最大代数时的惯性权值。

式（3–54）和式（3–56）中 *pbest* 和 *gbest* 分别表示微粒群的局部和全局最优位置，当 c_1=0 时，则粒子没有了认知能力，变为只有社会的模型，称为全局 PSO，则

$$v_{id}^{k+1} = w \cdot v_{id}^k + c_2 \cdot \mathrm{Rand}(\ ) \cdot \left(gbest^k - x_{id}^k\right) \tag{3-58}$$

如果粒子有扩展搜索空间的能力，具有较快的收敛速度，但由于缺少局部搜索，对于复杂问题比标准 PSO 更易陷入局部最优。当 c_1=0 时，则粒子之间没有社会信息，模型变为只有认知的模型，称为局部 PSO，则

$$v_{id}^{k+1} = w \cdot v_{id}^k + c_1 \cdot \mathrm{Rand}(\ ) \cdot \left(pbest_i^k - x_{id}^k\right) \tag{3-59}$$

由于个体之间没有信息交流，整个群体相当于多个粒子进行盲目的随机搜索，收敛速度慢，因而得到最优解的可能性小。

2. 粒子群算法的执行过程

根据 PSO 的基本原理，粒子群优化算法的流程如图 3–30 所示。

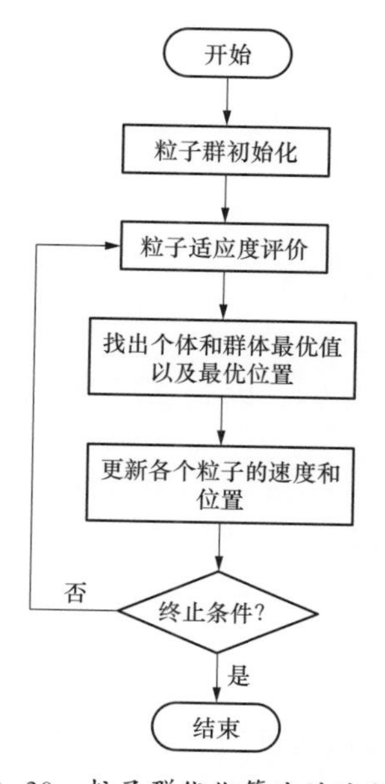

图 3–30 粒子群优化算法的流程图

（1）初始化：初始搜索点的位置X_i^0及其速度v_i^0通常是在允许范围内随机生成的，每个粒子的 *pbest* 的坐标设置为其当前位置，且计算出其相应的个体极值（即个体极值点的适应度值），而全局极值（即全局极值点的适应度值）就是个体极值中最优的，记录该最优值的粒子序号，并将 *gbest* 设置为该最优粒子的当前位置。

（2）评价每个粒子：计算粒子的适应度值，如果优于粒子当前个体极值，则将 *pbest* 设置为该粒子的位置，且更新个体极值；如果所有粒子的个体极值中最优的优于当前全局极值，则将 *gbest* 设置为该粒子的位置，记录该例子的序号，且更新全局极值。

（3）更新粒子：用式（3–55）和式（3–56）对每个粒子的速度和位置进行更新。

（4）检验是否符合终止条件：如果当前迭代次数达到了预先设定的最大次数（或达到最小错误要求），则停止迭代并输出最优解；否则，转至步骤（2）。

粒子群优化算法与其他优化算法类似，也是通过计算个体的适应度和个体的不断迭代来完成整个群体的进化。只是，粒子群优化算法在更新每个粒子时，除了利用其自身经验外，还利用群体的历史最优位置信息。

3. 遗传算法和粒子群算法的比较

作为一种全局随机优化算法，粒子群优化算法与以遗传算法为代表的进化优化算法有很大的关联性，下面对它们的异同进行比较。

（1）GA 和 PSO 的共性。

1）都属于仿生算法。

2）都属于全局优化算法。

3）都属于随机搜索算法。

4）都隐含并行性。

5）根据个体的适配信息进行搜索，因此都不受函数约束条件的限制，如连续性和可导性等。

6）对高维复杂的情况，往往都会遇到早熟收敛和收敛性能差的问题，无法保证收敛到最优点。

（2）GA 和 PSO 的差异。

1）PSO 有记忆，好的解的知识将被所有粒子都保存；而 GA 没有记忆，以前的知识会随着种群的改变而改变。

2）PSO 中的粒子仅仅通过当前搜索到的最优点进行信息共享，所以很大程度上这是一种单共享项信息机制；而在 GA 中，染色体之间的信息共享，使得整个种群都向最优区域移动。

3）PSO 相对于 GA，没有交叉和变异操作，粒子只是通过内部速度进行更新，因此原理与操作更简单。

粒子群算法自提出以后，由于其概念简明、实现方便，迅速得到了国际进化计算研究领域的认可，并且由于其在解决复杂的组合优化类问题方面所具有的优越性能，被广泛应用于各种优化问题，比如：用粒子群优化算法求解 TSP 问题、用粒子群优化算法求解噪声和动态环境下的优化问题等。此外，粒子群算法在神经网络训练、数据挖掘和工业系统优化与控制等领域也有广泛应用。

3.6.3 蚁群算法

蚁群算法（Ant Colony Algorithm，ACA）是意大利学者多里戈（Marco Dorigo）在 1991 年提出的，是一种通过模拟蚂蚁觅食行为的启发式仿生进化算法。由于旅行商问题（Travelling Salesman Problem，TSP）与自然界中蚁群觅食过程十分相似。所以模拟蚁群觅食过程的蚁群算法成功解决了 TSP 问题。蚁群算法采用分布式并行计算机制，即将计算资源分配给一群相对简单的人工蚂蚁，可以与遗传、免疫和粒子群等算法结合。

生物学家通过大量的研究发现，大多数蚂蚁的视觉感知系统都是发育不全的，甚至有一些蚂蚁是没有视觉的。蚂蚁群体中的个体之间以及个体与环境之间的信息传递，大部分是依赖自身产生的信息素进行的。蚂蚁通过感知其他蚂蚁释放在路径上的信息素浓度进行路径选择来寻找食物所在地，同时在自己所走过的路径上释放信息素。由于信息素的浓度随着时间逐渐挥发而减少，所以，从蚁穴到食物所在地，蚂蚁所走的路径越短，则信息素残留的浓度就越高，被蚂蚁再次选中的概率就越大。

因此蚁群的集体行为构成了一种正反馈机制，通过该机制找最短路径。在这个过程中，蚂蚁之间的信息交流和相互协作可以分为适应阶段和协作阶段。在适应阶段，每个候选解根据积累的信息不断调整自身结构；在协作阶段，候选解之间通过信息交流，期望得到性能更好的解。

在蚁群算法中，人工蚂蚁通过在构建图 $G_C=(C, L)$ 上随机游走来建立解的随机构建，构建图如图 3-31 所示。其中 C 表示图 3-31 上所有点的集合，集合 L 中的元素 l_{ik} 表示连接 C 中点 c_i 到 c_k 的边。问题的约束 $\Omega(t)$ 建立在蚂蚁的构建性启发式信息上，蚂蚁一般构建可行解，但是有时会构建非可行解。成分 $c_i \in C$ 和连接边 $l_{ij} \in L$ 可以关联到信息素浓度

τ 和启发式信息 η。信息素由蚂蚁进行更新，主要记录蚁群完整搜索路径过程，启发式信息 η 表示的是基于问题的先前信息或者运行时的信息，蚂蚁的概率规则是根据 τ 和 η 来决定蚂蚁随机地在图上游走。

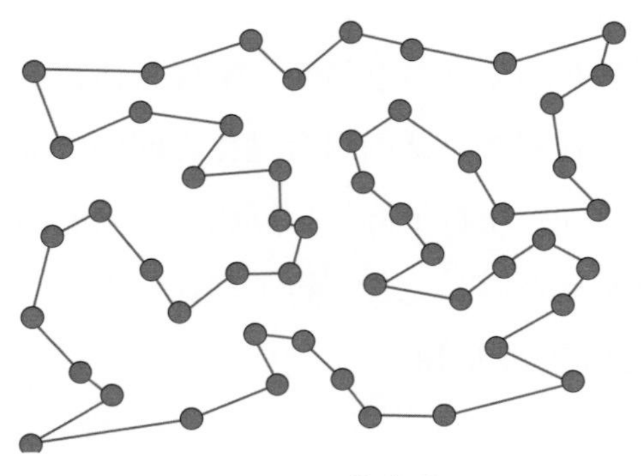

图 3-31　构建图

蚂蚁从构建图上的任意一座城市出发，然后随机地游走于构建图上的其他城市，但是每座城市只能访问一次，使用禁忌表来记录蚂蚁已经走过的城市，防止重复访问一座城市。当时刻为 t 时，位于城市的蚂蚁选择下个城市的概率为

$$p_{ij}^{k}=\begin{cases}\dfrac{\tau_{ij}^{k}(t)\eta_{ij}^{\beta}}{\sum\limits_{s\in N_i^k}\tau_{is}^{\alpha}(t)\eta_{is}^{\beta}(t)}, 若 s\in N_i^k \\ 0, \qquad\qquad\qquad\qquad , 若 s\notin N_i^k\end{cases} \tag{3-60}$$

式中：N_i^k 表示蚂蚁 k 下一个允许访问的城市集合；$\tau_{ij}^{k}(t)$ 表示每个路径上的信息素浓度，信息素浓度初始值 $\tau_{ij}(0)$ 是一个较小的常数；α 表示信息素残留浓度来指导蚁群搜索路径的相对重要性；β 表示路径可见度的相对重要性；启发式信息 $\eta_{is}^{\beta}(t)$ 表示蚂蚁 k 从城市 i 到城市 j 的期望程度，即 $\eta_{ij}=1/d_{ij}$，d_{ij} 为城市 i 到城市 j 的距离。

当蚁群在路径上释放信息素的浓度过多时，启发式信息会被其淹没，导致算法停滞，陷入局部最优解。因此，当算法完成一次迭代后，需要对每个路径上的信息素浓度进行更新，即

$$\tau_{ij}(t+n)=(1-\rho)\times\tau_{ij}+\Delta\tau_{ij} \tag{3-61}$$

$$\Delta\tau_{ij}=\sum_{k=1}^{m}\Delta\tau_{ij}^{k} \tag{3-62}$$

式中：$\rho\in(0,1)$ 表示路径上信息素的持久因子，信息素通过蒸发因子 ρ 不断蒸发；$\Delta\tau_{ij}$ 表示所有蚂蚁在城市 i 与城市 j 连接路径上释放的信息素浓度之和；$\Delta\tau_{ij}^{k}$ 表示蚂蚁 k 在此次迭代中在路径 ij 上残留的信息素浓度。

$$\Delta\tau_{ij}^{k}=\begin{cases}Q/L_k, & \text{若蚂蚁}k\text{经过路径}ij\\0, & \text{若蚂蚁}k\text{未经过路径}ij\end{cases} \tag{3-63}$$

式中：Q 是大于零的常数；L_k 表示蚂蚁 k 在本次随机游走中所走过的路径长度；$\Delta\tau_{ij}^{k}$ 的值为 0 表示蚂蚁 k 未经过路径 ij。

蚁群算法是一种利用正反馈原理寻找最优路径的元启发式算法，与信息素浓度和启发式信息相关联。蚁群算法的鲁棒性好，路径搜索能力较强，在一个完全未知的领域中进行探索时，能够通过蚂蚁之间的信息交流和相互协作来寻找最优路径。使用蚁群算法解决 TSP 问题的主要流程如图 3-32 所示。

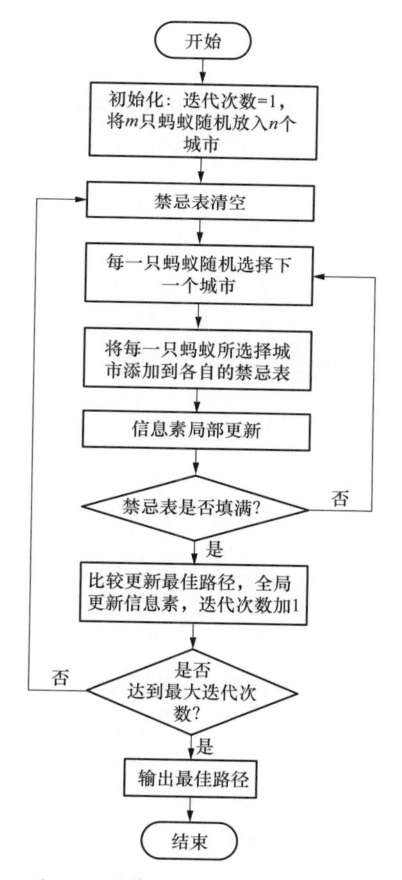

图 3-32　使用蚁群算法解决 TSP 问题的主要流程图

蚂蚁 k 随机选择一个出发城市，利用信息素浓度 τ 和启发式信息 η，根据概率规则来迭代地向蚂蚁构建的部分路径中添加还没有被访问过的城市，直到所有城市均被访问过；最后返回到起点城市。当所有蚂蚁均完成了一次迭代后，在经过的路径上释放了信息素。

在某些情况下，在增加信息素之前，蚂蚁所构建的路径通过一个局部迭代来进行改进。

蚂蚁之间并行独立地建立路径，互不干扰。虽然每只蚂蚁都可以找到问题的一个解，但是最优路径就必须通过蚂蚁之间的交互协作来产生。这种交互协作是通过蚂蚁读写用于存储信息素的变量中的信息来进行间接沟通而实现的，即在某种程度上交互协作是一个分布学习的过程，每一只蚂蚁不是基于自身信息进行自我调整，而是自适应地调整问题的表现形式，以及其他蚂蚁对问题的感知。

蚁群算法正不断被许多学者改进，既可以在蚁群算法的基础上加入新的参数或者概念，例如蚁群系统算法，也可以将蚁群算法与其他先进算法相结合，甚至根据蚁群算法的原理重新创造一个算法。

蚁群算法已经在旅行商、顺序排列、广义分配、多重背包和网络路由等离散型组合优化问题上得到了成功应用，并扩展到了组合优化问题领域的各个方面。蚁群算法的自组织性、正反馈性和较强的鲁棒性，使它成为组合优化领域最具潜力的算法之一，正在被广泛应用于解决组合优化问题。

本章小结

随着各行各业的智能化升级与转型，“AI+”成为AI赋能传统行业的基本模式，人工智能算法的开发与应用越来越广泛，发电行业也不例外。为了更好地理解和支撑人工智能在发电行业中的应用及研究，本章从历史起源、基本原理、流程框架、优势特点和应用举例等方面介绍了应用于发电行业的人工智能算法。

人工智能算法包括多种基础算法，这些基础算法都是在不同的情景和需求中应运而生，经过实践的检验，在不同的问题上表现出独有的优势和特性，比如准确性、稳定性、灵活性或简单方便等，这些特点的发掘和融合使之尤其适用于发电行业在工程实践方面的理解和应用，而且人工智能算法依然在不断地发展和更新。本章中不仅介绍了经典的机器学习算法和群体智能算法，还纳入了近年来被广泛重点研究的深度学习和知识表示与推理方面的算法，这些新兴人工智能算法不仅在一定程度上解决了很多以往困扰机器学习方法的问题，赋予了计算机和机器更多的智能，还有助于拓宽人工智能算法在发电行业应用的范围。

目前，人工智能算法已经能够将海量、高频、分散的电力数据转化为有价值的知识，辅助发电行业进行数据分析和决策制定，因此在控制及运行优化、决策优化、故障预测与诊断、设备健康管理等方面体现出很大的应用价值。

人工智能算法在发电行业中的应用研究，其意义不仅在于使用更加智能的算法来提高发电行业的生产效率和质量，更重要的是通过不断探索智能的新概念、新理论、新方法和新技术，使其逐步发展成为实现电厂智能化目标和愿景的重要手段，为发电行业的发展带来长远影响。

第4章 人工智能应用技术

4.1 大数据应用

4.1.1 专家系统

专家系统是一个能够解决特定领域问题的计算机程序，其具有人类专家的知识和经验水平，能够模拟人类专家解决问题的方法，以专家的决策来解决实际的工程问题。专家系统的一般存在形式为计算机软件，其原理是把人类专家在特定领域的知识和经验进行处理，能根据专家知识推导出结论，并能够进一步演化、存储、复现以及升级专家知识和经验。

专家系统被人类广泛应用于以下领域：医疗疑难杂症诊断、地理地质探寻、资源最优化配置、经济金融以及军事指挥等领域。到目前为止，专家系统已经历经三代，目前正在向第四代进一步发展。

第一代专家系统（DENDRAL、MACSYMA）的特点是高度专业化，解决专业问题能力强；但在整体系统结构上，其完整性、可复制性、开放程度及可扩展性上存在缺陷。第二代专家系统（MYCIN、CASNET、PROSPECTOR、HEARSAY）是一个单一学科、专业化、应用化的系统；其体系结构比较完整，可移植性有所提高，在人机界面、解释机制、知识获取技术、不确定推理技术、增强专家系统的知识表示和推理方法的启发性、通用性等方面均有所改进。第三代专家系统是一个多学科的集成系统，使用多种人工智能语言，采用不同的知识表示方法、思维机制和管理策略，并使用不同的专家语言、骨架系统和专家系统开发工具和环境，开发出综合集成的专家系统。第四代专家系统将会是在前三代专家系统的设计方法和实现技术的基础上，以大规模多学科协作系统、多知识表示、综合知识库、自组织问题求解机制、多学科协同问题求解机制和并行演示、专家系统工具和环境、人工神经网络知识获取和学习机制等最新人工智能技术来实现多知识、多主体的专家系统。

专家系统一般由人机界面、知识库、推理机、解释器、综合数据库、知识获取六部分组成，其中，知识库和推理机是分离的，专家系统的结构根据专家系统的类型、功能和范围而不同。要使计算机充分利用专家的专业知识，必须以一定的方式表达知识，目前常用的知识表示方法有产生式规则、语义网络、框架、状态空间、逻辑模式、脚本、过程、面向对象等。基于规则的生产系统是实现知识应用的最基本的方法，生产系统由三个基本部分组成：综合数据库、知识库和推理机。

知识库用来存储专家提供的知识，专家系统的问题求解过程是模拟专家对知识库中知识的思考方式。专家系统的知识库和程序是相互独立的。用户可以通过改变和改进知识库的知识内容来提高专家系统的性能。根据当前问题的条件或已知信息，推理机在知识库中反复遵循规则，得到新的结论，以获得解的结果，这里有两种推理方式：正向和反向。

正向链的策略是找出其前提可能与数据库中的事实或声明相对应的规则，并使用冲突解决策略来选择可以实现的规则之一来更改原始数据库的内容。通过反复迭代，终止条件为数据库的事实与目标一致，或者无法找到匹配的规则为止。

逆向链从选择的目标出发，寻找执行结果可以达到目标规则。如果这个规则的前提和数据库中的事实一致，问题就会得到解决；否则，将此规则的前提作为新的子目标，并寻找能够运用到新的子目标中的规则，执行逆序列的前提，作为最后运用的规则的前提。如果前提与数据库中的事实一致，或者在没有规则的情况下应用，系统将以交互方式向用户请求，并输入必要的事实。推理机是专家的思维方式，知识库通过推理机来实现其价值。

4.1.2 数据挖掘

数据挖掘俗称数据信息挖掘、数据信息勘探等，是以数据信息为主要对象，集成各种计算机信息技术，通过统计、在线分析处理、模式识别、专家系统、机器学习、信息检索等多种方法，实现对数据信息进行深度挖掘、分类集成、处理和分析的一种技术，是新时期计算机信息科学技术发展的重要产物。

1. 信息特征提取

采集到的数据往往是庞大的、无序的、混乱的，要从大量数据中挖掘出有价值的信息，需要在数据挖掘的初始阶段对数据信息的特征进行归纳和分类，采用的主要方式是对目标数据信息的一般特征进行汇总，并以交叉表、多维数据方程、饼图、柱状图等形式展现，为进一步的特征挖掘提供基础知识。

2. 数据关联性

数据关联性主要是对数据库中的相关信息数据进行关联计算。序列模式和关联是最常用的两种技术形式，序列模式规则是探索具体事件相互之间的关联点；关联性规则主要是检索出同一实践中所出现的相关性不同项。

3. 模型分类

模型分类是数据挖掘科学技术中比较重要的一项内容，也是目前在我国各行业领域中应用最为广泛的一项功能。通过挖掘数据中隐藏的信息，找出对象在不同状态下的数据特征，进而得到分类模型，在新的数据出现后，利用分类模型进行计算，计算得出新出现的数据所代表的对象状态。

4. 数据预测分析

数据预测分析也属于数据挖掘科学技术中的一个重要功能，目前各行各业积累了大量的历史数据信息，从历史中发现规律，来预测将来的目标对象的发展趋势，还可多层次、多角度地预测未来发展轨迹，帮助用户提前制定风险预警及防范措施。

4.1.3 数据分析

国家鼓励能源企业利用大数据技术分析电厂运行状态，预测电力负荷等，根据数据分析的结果帮助企业对生产经营活动进行准确的规划、误差评估和预测性维护，提高能源利用效率，保障机组的安全稳定运行。

目前，大多数电厂利用厂级监控信息系统（Safety Instrumented System，SIS）进行故障诊断、设备健康、耗差分析等工作，属于基于机理模型的设备分析方法，已经在电厂中应用多年，然而效果并不理想，主要因为①发电设备的机理模型极为复杂，目前的模型精度不足，通过机理模型为基础的故障诊断和性能计算存在较大误差；② SIS 系统的数据经过压缩、存储，已经经过了一轮处理，从这些数据中无法实时地获取设备异常的全部信息，漏掉很多辅助判断设备状态的“关键”信息；③ SIS 系统属于事后报警，在运维人员接收到报警时，设备故障已经发生，损害已经造成，只能通过事后的维修来进行补救，若故障部件为关键设备时，将直接造成机组非计划停机，检修费用超支，发电量损失，效率降低，环保排放超标，带来巨大的经济损失；④带入计算的数据是样本数据，数据往往不如全集数据更具有代表性或者表征性。

数据分析技术通过对机组以往大量运行和检修数据建立数据模型，反映了机组性能和数据之间的直接关系，通过数据模型反映设备之间、设备与系统、系统之间、系统与工艺之间的相互作用关系，解决了电厂数据多、耦合重、大滞后等机理模型无法解决的机组数据特性问题，能够实现电厂的机组性能优化、设备状态检修，提高电厂的运行效益，并且降低机组的检维修费用。

数据分析技术所需的数据主要包括设备台账、技术参数、巡检和测试数据、现场检测和在线监测数据、网络运行数据、故障和错误信息、气象信息等。

根据电厂状态信息的更新频率，将不同来源的状态信息分为3类：静态数据、动态数据和准动态数据。静态数据包含了设备台账、技术参数、试验数据等；动态数据反映了设备的状态变化，通常按天、小时、分钟、秒为周期更新，包含运行数据、巡视记录、检测数据、在线数据等；准动态数据通常按月或年定期或不定期更新，包括检修试验数据、缺陷/故障/隐患记录、检修记录等。

在电厂的应用方向主要如下：

1. 基于历史数据的设备状态分析

电厂长期运行，积累了海量的历史数据，包括状态监测、试验、运行以及设备缺陷和故障记录单等，通过对这些机组历史数据进行多角度的数据分析和相关性挖掘，建成历史知识库，为设备缺陷分析、状态评估、故障诊断和预测提供支持，也为状态维修辅助决策提供科学依据。

2. 迅速发现设备的异常状态

在机组运行过程中，设备的故障样本较少，原因主要为以往的设备故障诊断方式是事后发现为主的模式，等到故障已经发生的时候再去维修，在故障发生前、发生过程中的数据的时间信息很难界定，反映故障发展过程数据变化的样本少。数据分析通过建立基于海量正常状态数据的数据管理模型，利用时间和不同参数、不同设备的状态数据之间的相关性变化来评估设备状态异常，及时发现潜在的故障隐患。

3. 设备状态的多维度和精准性评价

从多维评价的角度出发，根据性能设备物理模型特性的内部比值，采用主成分分析、关联分析等数据挖掘分析方法，确定设备关键性能和耦合的特性参数，定义了不同部件和不同性能的主要参数集，形成多维度的设备状态评价体系。

传统的设备状态评估方法，通常采用统一的标准计算参数、权重和阈值，难以保证不同类型、不同设备范围的通用性。例如，在不同的季节，温度和发电功率会有所变化，固定的标注计算参数、权值和阈值无法应对时刻变化的生产经营状况。数据分析技术通过多角度和深层次地分析大量设备的历史数据、变化趋势以及设备故障的记录与设备状态之间的关系，建立模型，来全范围、全周期地计算设备在不同的地区、厂家、时间段的评价参数、权值和阈值的动态变化特性，实现设备状态的精准性评价。

4.1.4 远程诊断

国家鼓励能源企业运用大数据技术对设备状态、电能负载等数据进行分析与预测，开展精准决策、设备故障预测性维护，提高能源利用效率和设备安全稳定运行水平。《中国制造 2025》提出要开发已有装备的价值，通过大数据分析设备的历史运行数据，深度挖掘设备潜力，提高设备利用率，让企业提质增效，安全环保。

近几年来，随着电厂设备技术的发展，发电设备的规模更大，技术更复杂，设备管理越来越难，电厂在技术人员的数量需求、技术能力需求等方面受到巨大压力。

电厂在保障安全生产的前提下，必须充分利用当前先进的信息技术、数据挖掘和故障诊断技术，不断提高设备的经济性和安全性，最大限度地发挥机器的功能，降低企业生产成本，增强企业的市场竞争力。目前，许多电厂设备维修水平仍处于传统的计划维修管理阶段，存在临时维修频繁、维修不足、过度维修、盲目维修等现象，导致设备维修费用不断增加，设备可用性不断下降。

监测设备运行状态，对其故障发展趋势进行预警和诊断，预防设备因突然故障导致非计划停运而造成的损失，并将设备的修理方式从传统定期修理、事故维修转变为更为定制化的状态检修，能够有效提升电厂设备的安全性。

电厂远程诊断运维信息系统利用数据库管理系统实现电厂运行设备数据收集、加工、整理、分析、统计，实现电厂设备全生命周期内的状态监测与管理，还可以通过大数据分析事前发现设备运行异常征兆，掌握设备故障规律，根据设备运行状态评价结果事先做好准备，安排、实施状态检查计划等，实现电厂的安全、可靠和精益化管理。

4.1.5 智慧监盘

目前，电厂采集了数千个较为全面的系统运行点位数据，历史的操作记录都在集散控制系统（Distributed Control System，DCS）中有样本记录，借助当前成熟的关系图谱、深度神经网络等技术，可以挖掘过去运行记录中隐藏的操作因果关系，在少人运行监盘时，实现对机组运行状态画面的智能监测，将运行数据趋势异常、参数报警等画面自动切换至监盘人员主画面，提醒监盘人员进行分析判断，打破常规运行监盘需要机、炉、电、辅控多人分别监盘的方式。

通过采用智能控制系统（Intelligent Control System，ICS），采用关系图谱、深度神经网络等技术，实现对机组运行状态工况的智能监测，将先进成熟的智能算法预装入ICS系统，实现在变工况下的机组最优运行。将运行异常、参数报警等进行智能甄选和判别，将最终结果推送给监盘人员。江苏利港电厂通过智慧监盘实现了一台机组只需一人监盘，极大节约了人力资源。

4.2 计算机视觉

视觉是人类最重要的器官之一，也是人类认识世界的窗户，绝大部分的信息如外界物体的形状、大小、颜色等通过视觉而被人类所感知。计算机视觉是一门利用计算机仿效人类视觉系统的科学，它具有与人相似的图像提取、处理、理解和分析的能力。

计算机视觉开始于20世纪50年代，主要用于二维图像的分析处理，如光学字符辨别、显微图片的解释等。迄今为止，计算机视觉已经经历了四个阶段，即马尔计算视觉、主动和目的视觉、多视几何与分层三维重建和基于学习的视觉，期间大量的理论和方法被提出，基于学习的视觉已成为目前的研究热点。

计算机视觉主要的研究内容为物体视觉和空间视觉，物体视觉更关注对物体进行精细分类和鉴别，空间视觉更关注确定物体的位置和形状，为“动作”服务。计算机视觉的三大应用分别是图像识别、目标检测和图像分割。图像识别在应用侧最为广泛，如人脸识别、车辆牌照识别等；目标检测在应用角度来说价值最大，通过识别给定图像中的目标的位置、属性和类别等，例如识别行人的行为，可以对异常的事情进行预警；图像分割能够将图像分割为独立的个体，并对每一个个体进行语义的理解，找到图片中各个个体之间的关系。

4.2.1 人脸识别

人脸识别技术作为生物特征识别领域中一种基于生理特征的识别，是通过计算机提取人脸特征，并根据这些特征进行身份验证的一种技术，属于生物特征识别领域。早在20世纪60年代人脸识别技术就已进入人类的研究内容，发展到了20世纪90年代后期，人脸识别技术已经满足初级的应用要求。目前，人脸识别技术的发展已经较为成熟，并被广泛地应用于各行各业中。

人脸识别技术主要用于身份识别判定，相较于其他检验技术，人脸识别技术与人类视觉判别的方式相同，从行为方式上更符合人类的认知习惯，具有天然的优势，同时人脸识别技术是一种非接触式的检测技术，相较于虹膜检测、指纹检测技术需要红外传感器以及压力传感器，人脸识别利用常见的可见光传感器即可完成检测识别，具有更加简便、快速的特点，因此在行业应用具有巨大优势。

随着深度学习算法模型的理论完善、计算机算力的逐渐提升、低成本的人脸样本获取等有利条件，人脸识别技术的识别准确率已经达到极高的水平，针对某些特定的场景，其识别准确率已经高于人工肉眼识别的准确率。

1. 人脸识别技术的应用

基于人脸识别技术实现的应用有人脸抓拍、人脸对比、人脸身份核验等。

（1）人脸抓拍。具有深度学习算法的人脸抓拍，前端人脸抓拍机通过智能人脸检测算法和人脸区域曝光功能，无损提取图片，为用户提供质量更高的人脸抓拍图像，具有更高的精确度，场景适应能力也更强，如在小目标场景和大角度场景中，检出率显著提高。

（2）人脸对比。人脸比对功能是人脸应用中的基础功能，为使用者提供人脸身份核验、人脸（黑名单）布控报警和人脸检索等应用。

（3）人脸身份核验。管理员将人脸照片添加到人脸分组中，将该分组下发到人脸比对设备（具备比对功能的前端摄像机 / 后端比对设备 / 服务器比对，下同）中并关联。关联后，摄像机抓拍的人脸只与其关联名单库内的人脸进行比对识别和联动。

人脸比对设备可将名单库照片进行建模处理，并与抓拍照片进行比对，将相似度最高的人脸图片作为识别结果，推送到平台，用户可在平台中查询比对结果。根据比对结果设置联动，可通过I/O信号与设备进行硬联动开门；或在平台上将比对结果配置软联动。

2. 人脸识别技术成功应用的场景

人脸识别技术主要在以下行业场景内取得了较为成功的应用。

（1）门禁系统。门禁系统广泛布置在企业考勤、企业安防等场景下，企业通过设置特定的人脸信息，即可简单完成考勤打卡、安全防护等以往需要人工来完成的工作。

（2）公安系统。公安系统广泛采用分布在全国各地的摄像头结合人脸识别系统来实现公共安全领域的刑侦追逃、罪犯识别以及边防安全等。

（3）电子商务。如支付宝、银联等均已推出了通过人脸识别解锁支付密码完善便捷支付等功能。

4.2.2 姿态识别

姿态识别主要研究人体的姿态以及预测人体下一步行为，其主要方法为一段视频中，获取人体的姿态轨迹、人体轮廓等信息，通过提取人体中的关节点位置的变化，来完成识别人体的动作。

我国在 20 世纪 70 年代，已经开始了对人体行为分析方面的研究，在比较标准的场景中能够实现较为简单的姿态和动作分析和预测。

姿态识别被广泛应用于人机交互、影视制作、运动分析、游戏娱乐等各种领域。其中最为广泛的应用场景为安防领域的监控中，通过将人体姿态识别模型嵌入到识别服务器中，摄像头通过拍摄行人的行为动作，可以获取关键的关节特征信息，从而对行人的下一步动作进行预判，基于姿态识别技术可实现的应用场景为异常行为分析。检测事件包括人数异常、间距异常、徘徊检测、剧烈运动、倒地检测、滞留检测、跨线检测和奔跑事件，进行人员异常行为的分析、报警和联动。不同的异常行为检测功能可用于不同的监控场景，防范安全事件的发生，向安保人员报警及时处理，尽量将安全事件的损害降低。如徘徊和滞留检测，可应用于园区或大楼外围道路、墙角监控，采集人员徘徊的信息，提前预警可疑人员，为事后取证提供依据；人数异常和间距异常检测事件，可用于在是否进入的人数异常、人员间距异常等场景，预防人员密度过高，造成事故；倒地检测事件，可用于在生产区域中进行人员倒地监控，及时处理倒地事件，将安全事件的损害降低。

4.2.3 车辆车牌识别

牌号自动识别是利用车辆视频或静态影像自动识别车牌、车牌颜色的模型识别技术，目前车牌识别技术不仅可以识别车牌号码，还可以识别道路上的车型识别获取的图像，获得车辆的模型和色彩等特点，是现代智能交通系统的重要组成部分之一。

车辆车牌识别系统的主要组成部位为摄像头、补光装置以及车牌识别模型等。车牌识别的流程如下：

（1）摄像头和补光装置配合，采集到车牌的视频或者图像。

（2）车牌识别模型对图像或者视频进行分割处理，定位到车牌框，将框内的字体进行分割识别处理。

（3）将识别出的分割的汉字、字母以及数字重新按照顺序组合。

由于车牌的设计在初始阶段就是便于检测识别而考虑的，目前的车牌检测率和识别率可达到90%以上，因而取得广泛的应用。

车辆车牌识别技术已应用于道路收费、停车管理、重量检测系统、交通引导、交通执法、道路检查、车辆安排、车辆检查等各种场所，实现停车场收费管理、交通流量控制指标测量、车辆定位、闯红灯电子警察、公路收费站等功能。对于维护交通安全和城市治安，防止交通堵塞，实现交通自动化管理有着现实的意义。

4.2.4 无人驾驶

无人驾驶又称自动驾驶，是目前人工智能领域的一个重要研究领域。无人驾驶通过车辆传感系统以及配套的智能软件，感知周围的道路环境和障碍物信息，并以此来控制车辆的行进方式，达到预定的目的，使车辆能够独立行驶，或者辅助驾驶员驾驶，提高行车安全性。

在无人驾驶中，车辆需要实时感知周围环境，包括驾驶位置、周围有哪些障碍物、当前交通信号灯如何等，因此需要不同的传感器来接收多源的数据信息，这些传感器包括了激光雷达、可见光摄像头以及超声波等，激光雷达可以探测车辆本体的位置信息，可见光摄像头可以感知周围环境，超声波可以实现避障等功能。

目前，在无人驾驶的技术路线中，主要通过激光雷达来实现车辆的避障功能，而通过可见光视觉进行避障的方式，由于技术成熟度还不是很高，暂未得到广泛应用。相较于激光的方式，可见光视觉传感器性价比高，同时不依赖于高精度的定位地图，同时可见光视觉传感器相较于激光方式能够分辨出物体颜色、属性等信息，在道路路牌的识别、红绿灯的识别、行人的识别上具有无可替代的优势。但由于可见光视觉传感器在测量距离方面，远不如激光雷达的精度高，所以现在的无人驾驶室采用多传感器信息源融合的方式，形成车辆周围环境的整体视图，从而提高准确率。

从行业应用的角度来看，由于技术、政策等因素影响，无人驾驶暂未得到广泛的应用，行业内如谷歌、百度等公司，在内部环境中测试了无人驾驶汽车，并开发了如自动泊车的辅助驾驶功能。随着计算机视觉、模式识别以及智能控制技术的进一步发展，无人驾驶将具有广阔的应用前景。

4.2.5 智慧安防

随着计算机视觉技术的发展，传统的安防系统也迎来了升级换代，从原来被动式的目视记录转变为自动预警判断，能够代替后台监控人员的工作，加强安全防范。目前，计算机视觉技术已经能够很好地应用到智慧安防领域，即无需人力巡查，通过安防监控系统就能够做到巡查与报警。

智慧安防能够在环境恶劣的情况下，代替人工进行连续的监视，通过摄像机拍摄所监测的场景视频，通过录像机记录视频，再通过基于计算机视觉的后台服务器对所监测的场景视频进行分析，“看懂”发生了什么事，帮助人类对监控对象的行为、状态做出精准的预测和判断，并且及时通过报警系统推送到后端值守人员，同时保存报警记录，方便日后的记录调用和复查。

近年来，智慧安防在公共安全、商业中心、能源企业以及军事领域中均有大量应用。尤其在能源发电行业，智慧安防是智慧电厂的重要组成部分，能够帮助相关的运行人员、安全人员以及厂区负责人对重点监测部位进行实时在线的情况了解，实现了环境监测与智能控制、智能门禁、出入车辆管理、人员入侵报警、作业全过程管控等业务功能，并与电厂的作业票和操作票两票融合，进行人员定位、电子围栏等联动，提高了电厂的生产安全。

1. 三维虚拟场景

对建设范围内的主要设备、土建、结构、建筑、工艺管道等在计算机上建立完整的三维数字几何模型，通过物联网技术的应用和数据平台的支撑，建立仿真的虚拟环境，实现浏览、查询、管理、培训等功能应用。三维建模实施后将三维立体展示整个厂内建筑与设备物理分布情况，如实地描述和反映建筑、设备的实体关系，提供准确的全景展示。在三维基础上实现人员实时位置、设备信息、作业信息、报警信息、视频等的综合和专项展现，提供直观的视界，实现区域管理的整体把控。

2. 门禁及全厂一卡通

（1）门禁控制系统可以实现对所有门禁设备按设置授权的开关控制、远程手动开关控制、紧急情况下的一键开门等控制功能；系统可以根据管理需要将所有门禁设备划分为不同的区域，并对不同的逻辑区域进行不同的管控策略；系统支持灵活的授权管理；系统对所有门禁控制器可以执行多种授权及管控策略，例如包括按人员、时间段甚至有前序条件的开关权限的控制等。

（2）全厂一卡通能够实现全厂员工考勤管理，考勤方式为刷卡 + 指纹 + 人脸识别 3 种方式；管理消费，支持定额、不定额、餐次时段限制、订餐、补贴等多种不同的消费模式；访客管理，身份证件文字识别提取功能，支持访客登记手写触摸及键盘录入资料功能有效证件图形自动录入（扫描、读取）功能；支持有效证件，如身份证、驾驶证、护照、工作证、军官证、学生证、记者证等。

3. 人员定位

通过人员定位可以对人员进行监管和数据统计分析，并基于此功能的扩展应用，实现对现场作业、人员防护、巡点检管理等有效管理。基于视频图像识别的技术适用于室内定位系统中，基于视频采集摄像头无需额外部署成本，同时该方法的稳定性好，鲁棒性强。

4. 电子围栏与两票融合

当工作票开票或工程创建时，指定工作组成员及工作区域，开始工作时，激活工作区域并为每个工作组成员授权绑定定位设备。系统自动记录人员定位设备返回的信息，当人员坐标不在指定的区域范围内时，系统将自动告警，报警可通过文字、消息、电话。可以帮助用户查看历史人员闯入非权限区域的报警记录。通过报警记录的追溯，可在三维模型上显示报警区域，同时显示报警时间、人员、内容等信息。三维场景中报警区域亮度应可改变，以进行区分。

4.2.6 智能识图

智能识图是人工智能与图片搜索结合的产物，通过对图片的识别与搜索，能够给用户提供海量的图片信息服务。

智能识图与用户的交互性极强，在许多场景当中有着重要的地位与意义。比如用户拥有的图片有水印，想要得到无水印的版本；用户拥有的图片分辨率太低，想要得到高清大图；用户拥有的只是裁剪过的图片的一部分，想要得到完整的图片；用户拥有某个电影的截图却不知道是出自哪部电影；用户看到一款衣服，很想要买同款；用户需要得到含有某种内容的图片；用户有一张演员的图片却不知道叫什么名字，想知道演员演过哪些电影，在传统的检索条件下这种需求是很难实现的，而智能识图所涵盖的以图搜图、图片反向搜索等功能可以满足这种现实又普遍的需求。

智能识图业务目前已经有多家公司涉足，很多的图片反向搜索引擎已经能够自动识别图片的内在信息。谷歌的图片反向搜索能够智能提取到图片内容信息，并以此进行图片或信息的搜索；阿里巴巴为电商行业打造的商品反向搜索能够通过图片得到用户想知道的商品信息。

智能识图目前应用最为广泛的就是图片反向搜索以及在此基础之上的信息检索，与知识图谱相结合，智能识图在不久的将来能够发挥更强大的作用，比如利用智能识图加强对艺术创作领域的版权保护，对原创图文转载盗用的监管；在智能监控当中应用，不仅能够识别网络逃犯，而且可以对儿童或老人进行家居监控，保障用户的人身安全，甚至可能会对有犯罪倾向的动作识别出来，报告警务人员注意；工业领域的知识图谱与智能识图相结合，能够在最大限度内节约人工成本，保证产品的质量或设备的正常运行。

4.2.7 VR/AR 技术

虚拟现实（Virtual Reality，VR）技术通过创造一个三维的虚拟世界空间，为人类提供一个身临其境的模拟环境，人类可以在这个虚拟空间内感受到视觉、听觉等信息，同时人类的动作和位移通过传感器收集信息，再通过计算机经过复杂运算，将三维虚拟空间的反馈传回，实现三维模拟的一体化体验。

增强现实（Augmented Reality，AR）技术是指透过摄影机影像的位置及角度精算并加上图像分析技术，让屏幕上的虚拟世界能够与现实世界场景进行结合与交互的技术。

AR 和 VR 技术在影像的生成上的区别是 VR 基于虚拟生成，即通过计算机模拟现实，接近现实；而 AR 则基于对现实的加工，即通过计算机补充现实、扩展现实，超越现实。

VR 技术的主要特征是沉浸 – 交互 – 构想，该技术通过 VR 眼镜以及相关的辅助传感器配合实现。使用者在体验三维虚拟世界前需要佩戴 VR 眼镜以及力反馈传感器，这种沉浸感是以往用户通过鼠标、键盘、显示器等输入输出设备所无法达到的，同时通过沉浸式的眼镜环绕使用者的视觉以及力传感器的作用反馈，使得使用者仿佛置身三维虚拟世界其中。目前，VR 技术的应用受限于计算机处理能力、图像 GPU 处理能力以及高速通信能力，能够提供的应用和服务较为有限，体验感也参差不齐，随着技术的发展，VR 在未来一定能够带给人类社会历史性的变革和体验。

AR 技术的主要特征是虚实结合，实时交互和三维配准。AR 技术的应用流程是通过影像传感器完成数据采集，人工智能服务器对于采集的数据信息进行环境和交互理解，最终通过图像处理器和显示器将信息呈现给使用者。其技术瓶颈在于环境和交互的理解，即通过计算机视觉技术来解决的场景识别理解问题，由于现实世界充满了不同的光照和阴影，这些信息人类可以较为轻易地进行判断，而对于计算机视觉技术来说，不同的光照度和阴影较为敏感，是未来需要进一步解决的问题。

在发电领域，作业人员都需要频繁地进行设备的点检与维护。由于电厂具有大范围、跨地区的管理复杂、设备数据的收集难度大等问题，运行人员在维护过程中需要查阅各类资料等，将 AR 技术应用于现场作业与设备维护等领域，可以帮助运行人员应对上述挑战。将 AR 技术与点巡检系统、检修系统及信息系统相融合，建立基于 AR 技术的智能化平台，开发智能读取表计示数、检修标准化动态指导、协同运维作业和作业标准化记录等功能，在日常点巡检工作中优化点巡检人员的作业流程和数据记录方式，在设备检修维护时维护人员减少前期信息收集时间，提供相关的维护信息和标准化操作流程，在运维培训时增强被培训人员的检修过程体验，对操作步骤进行有效监督。使用者可以用第一视角完成双向交互，并且在实时视频的沟通过程中，外勤人员和专家可以使用文字、图片、语音和标记实现同步指导。充分利用和发挥 AR 技术实时性、互动性强的特点，与电厂的实际生产需求相结合，在点巡检与检修维护及培训等方面提升运维人员的工作效率，降低协作成本，提高作业标准化程度，增强生产的安全可靠性。

4.2.8 医学图像处理

医学图像处理是计算机视觉领域的一个重要分支，是数字图像技术在生物工程中的应用。医学影像是一类特殊的图像，其高度依赖环境，图像种类多且难以观察细小缺陷。对医学图像进行处理与分析，可以有效地指导临床诊断，同时也为人体信息数字化的科学研究打下基础。

医学图像处理的对象主要是 X 线图像、X 线计算机体层成像（CT）图像、核磁共振成像（MRI）图像、超声图像、正电子发射体层成像（PET）图像和单光子发射计算机体层成像（SPECT）图像等。

医学图像处理主要包括图像分割、图像配准、图像融合和纹理分析技术等。医学图像分割是根据区域间的相似性或差异性将图像分割成多个区域的过程。医学图像配准就是要找到一定的空间变换，使两幅图像在空间位置和解剖结构上的对应点完全匹配（即人体上的同一解剖点在两幅对应图像上具有相同的空间位置）医学图像融合是指将不同形式的医学图像中的信息综合，形成新的图像的过程；纹理是人类视觉的一个重要组成部分，迄今为止还难以适当地为纹理建模，针对肝脏类疾病难以根除、危害面广问题的研究，可以采用灰度梯度共生矩阵的方法，分别提取纤维化肝组织和正常肝组织的 CT 图像的纹理特征，通过选取的纹理参数，可以看到正常组和异常组之间存在显著性差异，为纤维化 CT 图像临床诊断提供了依据。

医学图像处理技术目前的应用主要有远程医疗，通过医学图像在院内院外的传输实现；手术教学，通过虚拟出人体不同器官不同组织的影像，进行教学；诊断治疗辅助，通过对于医学影像的分类识别，找到人类医生所无法找到的特征，进而辅助诊断治疗。

4.2.9 工业检测

随着工业生产水平的不断提升，工业生产在产量、效益及质量方面要求也随之提升，因此工业生产中的检测任务非常重要。检测方式按照与被检测物体是否接触进行区分，可分为接触式测量和非接触式测量。非接触式测量相较于接触式测量可在不破坏待测物体的前提下，实现对待测物体的形状、尺寸、位置等信息的获取和检测，基于计算机视觉的测量属于非接触式测量。

工业视觉检测的三要素为光学成像、图像采集及计算机视觉模型。简言之，工业检测系统代替人来完成检测任务。前两部分是与人类视觉实现的联系；最后一部分是人类对检测任务的理解与实现，是计算机视觉技术的重要环节。工业视觉检测系统相较于基于光学的激光光源和复杂干涉光路装置，有着结构检测测量原理易于理解、测量过程直观和测量位置灵活广泛等优势；相较于人工，则有着测量效率高、无主观因素影响、测量标准统一等优势，能够在一定程度上为企业带来最大化效益。当前，由于图像采集装置、设备逐步向高速、小型、低成本化方向发展，数字图像处理技术和人工智能并行飞速发展，工业视觉检测技术也进入了高速发展阶段。

基于计算机视觉技术的工业视觉检测主要应用于电力生产、汽车制造、农业生产、烟草、日化、建材、化工等领域，涉及各种各样的检验生产监视、故障信息检测和零件识别等应用任务。可用于电力生产的电气设备检测，如重要电气设备部件的质量监测、核燃料棒组装位置检测、风电机组桨叶的故障检测、高压输电线路重要电气元件故障检测等；也可用于药品、纺织品、印刷品和陶瓷产品等领域的产品质量检验等。

由于基于图像的算法处理效率是计算机视觉成功应用的关键，所以尽管目前已提出许多新的算法，但大部分仍处于实验阶段，特别是在背景复杂的工业应用环境，周围环境的干扰仍是当前视觉检测识别技术的一大重要挑战。不过，随着当前计算力水平的提升和计算机视觉算法的不断发展，计算机视觉在工业视觉检测中的应用发展前景必定十分广阔。

4.2.10 三维重建

三维重建是指建立一个适合于计算机表示和处理三维物体的数学模型。它是计算机环境中对三维物体本质进行处理、操作和分析的基础，也是在计算机中表达客观世界，创建虚拟现实的关键技术，主要通过相关设备获取物体的二维图像数据信息，对所获得的数据信息进行分析处理，并利用三维再建立相关算法，在实际环境中，重建出真实环境中物体表面的轮廓信息。

基于计算机视觉的三维重建目前被应用于机器人、无人驾驶、VR 和 3D 打印等领域，具有重要的研究价值。计算量过大、资源消耗大、抗干扰性弱、对光线的敏感等问题仍然是三维重建离实际应用需要解决的问题。

在发电领域，三维重建技术主要用于数字化电厂的建设，主要包括：

1. 全厂三维建模

利用三维建模软件，实现全厂三维建模。在此基础上，管道、设备、土建等专业可以非常便捷地建立和修改，可批量自动抽取管道 ISO 轴测图。结合合理的项目组织和进度安排，能够有效地提高总体设计效率，从技术手段上缩短设计周期。

2. 大宗材料（电缆、管材、阀门）统计

利用全厂三维建模的物理模型和参数，实现全厂管道实际坡度设计、实体支吊架设计和工厂预制设计，可直接从三维模型提取主要材料清单，供采购或招标工作使用。

3. 碰撞检查

依托于三维设计软件开展三维布置建模，自主研发三维碰撞检查系统展开检查碰撞，可以让建模人员快速精准地找到碰撞，记录碰撞，并消除碰撞，保证布置设计的准确性。

通过三维建模，除了各专业对象本身实体的几何尺寸之外，还赋予模型对象操作空间、保温厚度等信息，在三维空间中发现平面设计中建筑、结构、热机、化学、水工、电气、热控、暖通全专业的碰撞，为设备，阀门等需要维护的设施预留足够的操作空间，并定期反馈详细的碰撞清单，解决施工的潜在问题，降低建设成本，缩短工期，提升项目建设水平。

4.2.11 智能拍照

智能拍照是基于大数据、深度学习、图像算法，对取景框内的拍摄对象进行分析，一方面根据对象特性自动设置拍摄模式、参数；另一方面利用摄像头获取画面后，根据画面的状态，识别关键对象，并综合环境因素对画面进行处理、解析、调整，甚至重新构图，以获得更好的图像。

传统的拍照或摄影技术虽然也可以获得较为清晰的图像，但是其使用门槛较高，而且需要人为针对各种光线甚至综合环境条件对相机进行设置。但是当今智能拍照技术基于人工智能方案，通过大量数据和训练，首先在打开摄像头时就可以从取景框中获得的环境参数自动匹配合适的摄影方案，同时进行自动进行补光等方法，其后对获得的图像进行智能检测，自动识别图像中的主要拍摄对象，或者包含图像中的人物、物件、姿势、位置、环境光线等信息并结合深度学习模型，使得相机具备适配任意场景的拍照方法，获得精细化的图像。

智能拍照技术在工业图像领域的应用主要包含工业自动化的图像检测获取，在人工不方便观测的地方利用无人相机自动获取图像，并针对复杂的工业环境去除图像噪声，进行观测。在无人机拍照方面，防抖动、调光线的算法改进了无人机获取图像的效果。在安防检测领域，通过智能拍照技术自动捕捉人脸，或者对于公安机关，在摄像头获取图像清晰度不够时，也就使用智能策略对图像进行增强，便于观察。

4.3 自然语言处理

自然语言是指在日常生活中使用的语言，而自然语言处理是指利用计算机技术对自然语言进行处理、理解和使用，是人工智能和语言学的一个分支。自然语言处理是通过计算机对自然语言的形式、声音、意义等信息的处理，即对单词、短语、篇章的输入、输出、识别、分析、理解和生成等的操作和处理，最终实现人机交流。

早在20世纪50年代，自然语言处理的概念就在图灵发表的论文《计算机与智能》中被提出。到20世纪70年代是自然语言处理技术的快速发展阶段，其无法实用化的原因是当时的自然语言处理技术主要采用基于规则的方法。到20世纪80年代末期，自然语言处理引入了机器学习算法，同时话语分析也取得了重大突破，自然语言处理进一步得到发展。近年来，随着计算力的成本下降和运算效率提升，以深度学习为代表的人工智能的技术在硬件方面提高了模型的计算速度，具备实用化可能。2013年米科洛夫（T · Mikolov）等人通过去除隐藏层和近似计算目标使词嵌入模型的训练更为高效；2015 年，预训练的语言模型被首次提出，到 2018 年被证明在大量不同类型的任务中均十分有效。

自然语言处理的几大功能分别为机器翻译、语义识别、文字识别、语音识别、信息抽取以及智能问答等。

在电厂机组运维过程中形成由大量自然语言形式承载的检修数据、运行日志、巡检消缺记录、试验报告、技术监督报表、可靠性分析数据等，蕴含着丰富的故障问题信息、故障原因及检修方法等关键特征，对指导设备故障排查、检修方案制定、运维安全管理具有重要意义。

但由于运维记录资料数量庞大，其中包含大量没有被结构化的内容，且各系统未对数据进行统一管理，导致技术人员在查阅和分析中存在困难，使得宝贵的经验知识库没有发挥其效用价值。

通过自然语言处理技术，以电厂机组设备运维过程中保存的海量结构化和非结构化数据为研究对象，将其通过知识图谱技术转为三元组结构进行存储和检索，利用大数据和人工智能方法进行分析和知识推理，更准确地描述机组及设备的检修和运行状态，进而提高电厂机组的安全性、可靠性、经济性，提升精细化管理水平，具体涵盖以下内容：

1. 机组运维记录的实体及属性抽取技术

研究具有电厂机组运维语言特色的设备、部件、检修行为、检修效果、检修前 / 中 / 后分析评价、运行日志、试验报告等的自然语言分词、命名实体识别和实体属性抽取。

2. 机组运维记录的关系抽取技术

研究电厂机组运维记录的语句切分、句间关系、表述逻辑分析，建立电厂运维实体之间的语义关联。

3. 机组运维记录的事件抽取技术

研究电厂机组运维典型事件信息及事件关系的抽取。

4. 机组运维多源知识图谱构建技术

研究针对多数据源、多业务场景的知识图谱构建，将运维数据进行统一分析和关联。

5. 机组运维记录的自然语言匹配搜索技术

开发知识图谱的自然语言匹配搜索引擎，实现运维记录的精准匹配搜索。

6. 机组运维记录的自然语言大数据分析技术

开发知识图谱的自然语言大数据分析引擎，获得机组设备状态的趋势信息。

7. 机组运维记录的自然语言智能推理技术

开发知识图谱的智能推理引擎，实现设备故障原因、检修方案等信息的智能推荐。

8. 基于自然语言处理结果的运维管理提升技术

研究自然语言大数据运维趋势分析结果对于运维管理提升的作用。

4.3.1 机器翻译

随着人工智能技术的发展，特别是深度学习的发展，机器翻译也进行了升级。由于人类的语言结构包括了单词、语句、段落等信息以及大量的语法逻辑顺序信息，简单的机器翻译模型只能对固定的单词进行编码再解码翻译，按照前后顺序进行排序，组成最终的结果，但是由于各种语言的语法结构顺序不一致，以及上下文语境不一致的原因，按照这种翻译机制得到的结果往往不尽如人意。基于深度学习的机器翻译在原有的基础上，增加了对于语法逻辑顺序的理解，通过不断回顾以及迭代复杂的语句结构，结合上下文判断整个段落的主语、谓语、宾语等组成，翻译结果也更加贴合人类的语言思维。

相比于人工翻译，机器翻译的优点主要体现如下：

1. 费用低

机器翻译依赖于通过大量数据的训练得到的翻译模型，能够自动实现翻译，不需要人工参与，减少了翻译人员所产生的费用。

2. 一致性高

机器翻译基于相对固定的模型算法，相同的语义得到的翻译结果较为固定，不会因为翻译人员的水平高低而有所差别，一致性高。

3. 速度快

速度快是机器翻译最大的优势，通常机器翻译的速度取决于计算机的处理器水平，远超人工翻译的速度。

目前，用于机器翻译的主流人工智能算法为循环神经网络（Recurrent Neural Networks，RNN）以及它的变种长短时记忆网络（Long Short-Term Memory，LSTM）等，这些深层的神经网络模型，在层次上进行了加深，能够处理更加非线性化的问题，同时在网络的结构中增加了过去的输入层，相比较于其他的网络结构，多了过去的输入层意味着翻译的结果附带了语序前后的特征，从翻译结果的质量上将大大提高。

4.3.2 语义识别

多媒体网络环境下舆情具有复杂与混乱的特点，对多媒体网络舆情的语义进行识别能够有效地为网络舆情的监控与预警提供助力，保证监控与预警的效率与准确性。由于多媒体的复杂性，简单地应用这些算法并不能达到语义识别的要求，所以还有将多个算法进行组合与优化，或者利用其他领域的技术来处理特定的复杂问题。

目前常用的多媒体网络舆情语义的深度识别算法描述为支持向量机、贝叶斯算法、聚类以及神经网络，如表 4–1 所示。

表 4–1　常用的语义识别算法比较

算法	支持向量机	贝叶斯算法	聚类	神经网络
学习机制	有监督学习	有监督学习	无监督学习	有监督学习
分类数量	二分类	多分类	多分类	多分类
适用数据量	1000 以内的少量数据，数据量过大会影响分类准确性	对数据量并无上限要求，适用于大样本与小样本数据	数据量大于聚类个数的平方	对数据量并无上限要求，适用于大样本与小样本数据，数据量越大精确度越高
是否对缺失数据敏感	敏感	不敏感	敏感	敏感
高速反应	时间复杂度低	时间复杂度低	时间复杂度低	需要大量数据进行训练，时间复杂度高，但是训练完成后的神经网络计算速度快
情感判别	可以串联多个支持向量机进行情感判别	能够对情感判别，但应用较少	能够提高其他机器学习算法的分类准确性	对文本、声音、人脸表情等信息进行情感判别
态度判别	能够有效地对网民态度进行区分，且效率高	能够对网民态度进行区分，但是应用较少	能对文本进行聚类，从而提高态度判别的准确度	能够对网民态度进行区分，分类结果准确，但是效率不高

总体来说，神经网络在多媒体网络舆情语义的深度识别中具有良好的表现，能够完成网络舆情语义识别的各项要求，但是神经网络在谣言判别中其优势弱于支持向量机与贝叶斯算法，聚类算法很少单独应用于多媒体网络舆情语义识别中，一般作为其他算法的补充出现。

4.3.3 文字识别

随着现代科学技术的不断发展与互联网的广泛普及，我们每天都要接触到以各类形式呈现的海量信息资源，特别是在我们平时的生活学习和工作当中，经常难以避免地需要处理大量的文字信息，并将其录入到计算机中。因此，如何能够快速准确地将这些文字信息录入计算机等各类电子设备之中便成为一个急需解决的问题。在人工智能技术尚未成熟以前，实现文字自动化识别录入是一项非常艰巨的任务，传统的文字识别方法都是以文字的直观形态特征为基础，通过对文字字符之间的形态差别进行统计分析，找到一组近似最优的能代表文字差异的统计参数来对文字进行筛选识别，从而达到计算机文字识别并自动录入保存的目的。

基于深度学习进行文字识别的方法有很多，例如基于 RNN 算法和基于卷积神经网络等。当前大多数文字识别技术都是以卷积神经网络模型为基础，与传统的技术相比，卷积神经网络的原理是将输入的图像里包含的特征信息通过一层一层的卷积和采样等一系列操作进行提取以及精炼。

文字识别技术应用十分广泛，例如道路智能交通系统的作用是通过对车牌的监测，进而实施对车辆违章的罚款或者是对出入的车辆进行管理收费等；学生可以通过图书馆的自动借书系统扫描书本内的藏码，判断出要归还的图书种类，从而节省了人力物力；盲人图像文字传感器可以自动识别所处环境中的文字，帮助盲人无障碍阅读，辅助他们自由出入公共场合，这类应用无疑是社会中某类特殊人群的福音。

4.3.4 语音识别

语音作为人类交互的主要手段之一，在 AI 技术快速发展的进程中受到额外的关注。基于语音的智能人机交互是当前智能语音产品的主要表现形式。语音人机交互过程包括信息输入和输出的交互、语音处理、语义分析、智能逻辑处理以及知识和内容的整合等。

语音信号是一种非平稳的随机信号，其形成和感知的过程就是一个复杂信号的处理过程。同时，人类大脑是一种多层或深层处理结构，对声音信号的处理是一种分层处理过程。浅层模型在声音信号的处理中相对地受到限制，但是深层模型在一定程度上模拟人的声音信息的结构化提取过程。

受说话时的协同发音的影响，语音是一种各帧之间相关性很强的复杂时变信号，正要说的字的发音和前后好几个字都有影响，并且影响的长度随着说话内容的不同而时变。

虽然采用拼接帧的方式可以学到一定程度的上下文信息，但是由于深度神经网络（Deep Neural Networks，DNN）输入的窗长预先固定，所以 DNN 的结构只能学习到固定的输入到输入的映射关系，导致其对时序信息的更长时相关性的建模灵活性不足。因此，深层模型比浅层模型更适合于语音信号处理，由于循环神经网络具有更强的长时建模能力，使得 RNN 也逐渐替代 DNN 成为语音识别主流的建模方案。

4.3.5 信息抽取

信息抽取（Information Extraction，IE）技术可以提取文本中所含的信息，并改变其结构，以表格的形式呈现。

原始文本作为信息抽取系统的输入，文本中的信息点被系统抽取并按照统一的规则排序集中在一起，输出格式固定的信息点，便于使用者对文本信息进行检查和比较。信息抽取技术并不是一种提取整篇文档信息的技术，而是只对文档中所包含的特定的信息进行分析，提取有用价值。

基于信息抽取的工作机制，常常被应用于在大数据中提取有用信息的场景下，从而提高工作的效率。目前，随着各行各业的数据越来越多，在大量的数据中找到对企业有价值的信息成为使用者的难题，不仅耗时耗力，而且效果甚微。信息抽取系统把企业历史数据变成巨大的数据库，从中方便地抽取有用信息并以结构化的形式存储，为使用者带来收益。

4.3.6 智能问答

早期的智能问答（Question Answering，QA）技术以传统机器学习模型为基础，根据文本特征及算法实现基本的文本词句分解。这种方法过于依赖数据前期的特征工程质量高低，局限性较大，缺乏对数据深层语义信息的自主学习能力，因此存在着处理稀疏数据不好、回答准确率较低的问题，需要进一步改善。目前的 QA 技术主要是结合知识库或深度学习，实现对自然语言深度逻辑关系的理解。

基于深度学习的 QA 技术通过在多层神经网络训练效率的提高，不仅能在语义角度实现自然语言的准确匹配，还在情感分析等领域取得了重大发展，将自然语言从浅层特征解析变为通过更加复杂的深度学习网络结构。

智能问答技术主要被应用于图书馆中，用于图书查询和简单的咨询。2018 年南京大学基于云端 AI 引擎设计的咨询机器人“图宝”，已具备一定的自我学习能力，满足简单问答场景的应用。未来的图书馆智能问答机器人不但可以从已有数据库中寻求最合适的答案，而且可以通过学习形成语料库，自我生成答案，逐渐走向真正的人工智能，进而推动全图书馆行业的智能化、数字化进程，促进图书馆行业的健康发展。

4.3.7 知识图谱

知识图谱本质上是一个知识库，即一种基于图的用于储存知识的数据结构。知识图谱名字源于2012年谷歌提出的项目《知识地图》(*Knowledge Graph*)，从2015年之后，就在实践中应用越来越广泛。知识图谱和自然语言处理有着紧密的联系，知识图谱的构建需基于自然语言处理对知识进行抽取，进而对关联方进行分析和推理。一般来说，分为通用知识图谱和领域知识图谱。通用知识图谱主要应用于互联网的搜索、推荐、问答等业务场景。而越来越多的垂直领域，知识图谱也逐渐成了基础数据服务，即领域知识图谱。领域知识图谱的表示模型、实体识别和实体链接、关系事件提取、隐性关系发现等技术都是当前研究的热点。领域知识图谱的应用主要集中在搜索、推荐、问答、解释、辅助决策等方面。

4.4 物联网技术

4.4.1 高精度定位

对于室外环境，定位主要依靠全球导航卫星系统，诸如美国的全球定位系统（Global Positioning System，GPS）、我国的北斗卫星导航系统（BeiDou Navigation Satellite System，BDS）。这些卫星系统为用户提供了较高精度的定位服务，基本满足了用户在室外进行定位服务的需求。然而，在发电行业，定位服务的需求大多在室内，而室内场景因为建筑物的遮挡，导致定位信号被大幅削弱，很难满足导航定位的需要。

室内场景主要采用的定位技术有如下几种：

1. 视觉定位

视觉定位系统可以分为两类：位置移动传感器采集图像定位和位置固定传感器确定图像定位。可以设置有无参考点，常用的参考点有参考预部署目标、三维建筑模型和图像、投影目标、参考其他传感器。现今的视觉定位系统在继承传统计算机视觉算法的技术上，与新兴的深度学习和大数据技术进行了融合，进一步提高了其定位的精确性和时效性，从软件层面提高了视觉定位技术的可靠性。在实际应用中，视觉定位技术常与其他无线定位技术相结合，由此可减少基础定位设施的投入成本，在保证定位效率的前提下提高性价比。

2. 红外线定位

红外线定位的原理是在待定位目标上安装红外线发射器，在室内各个方向上布置红外线接收器，通过发射器能发射具有唯一身份标识的信号，将所有接收器与控制中心相连，在控制中心进行计算分析后得到目标的定位。红外线定位技术在空旷的室内环境中使用时精度较高，但红外线的传输距离较短且易被物体遮挡，且会受到其他光源、热源的影响，导致实际应用时需要布置大量传感器才能保障精度，成本较高，导致该技术目前并不普及。

3. 超声波定位

超声波定位系统主要采用反射测距，由一个主测距器和若干接收器组成，将主测距器安装在待测目标上、接收器固定于室内环境中，定位时由主测距器向接收器发射信号，接收器接收信号后再反射给主测距器，根据信号传输的时间差和各接收器接收信号的时间可以计算出距离和方向，从而确定待测目标的位置。超声波定位具有系统结构简单、定位精度较高等优点，但超声波受多径效应和非视距传播影响很大，且超声波频率受多普勒效应和温度的影响较大，要实现精确定位需要布置大量的接收器，成本较高。

4. 蓝牙定位

蓝牙定位的主流技术采用三角定位原理，通过接收设备获取周围蓝牙基站的信号，通过一些辅助算法如卡尔曼滤波算法、时间加权算法、惯性导航算法来计算蓝牙信号收发的角度和信号的强度定位，可根据定位目标的不同划分为网络侧定位和终端侧定位两种方式。蓝牙定位技术的优点是蓝牙装置体积较小，成本低，可集成在手持设备中，基站等易于在室内环境部署，且能实现较高精度定位。但在无线信号嘈杂的室内环境中，蓝牙作为 2.4GHz 高频信号，其定位精度易受其他信号干扰，稳定性较差。

5. Wi-Fi 定位

Wi-Fi 定位技术通过建立由无线基站组成的无线局域网络（WLAN），根据待定位设备发出的 Wi-Fi 信号特征，结合 WLAN 的基站拓扑结构，实现对目标设备的定位、监测和追踪任务。Wi-Fi 定位技术的最高精确度在 1 ~ 20m 之间，基站的信号覆盖半径通常只有 90m 左右，如果不参照周边基站的信号强度合成图而仅依靠当前接入的基站，可能会出现跨楼层级的定位误差，且 Wi-Fi 的安全性较差，功耗较高，频谱资源已趋近饱和，因此，不利于终端设备的长期携带和大规模应用。

6. 超宽带定位

作为一种近年来发展迅速的新兴通信技术，超宽带（Ultra Wide Band，UWB）技术通过发送和接收具有 3.1 ~ 10.6GHz 量级带宽的纳秒或纳秒级的急窄脉冲来传输数据，它不需要使用传统通信体制中的载波，与传统通信技术差异较大，具有高穿透、功耗低、抗干扰、精度高等多种优点，在现有的室内定位技术中有独特优势。基于 UWB 的室内定位系统定位精度达到亚米级，可以精确完成室内移动、静止物体以及人员的定位跟踪与导航，但 UWB 设备成本过高，现在还难以进行大范围推广使用。

7. 惯性导航

惯性导航系统被广泛应用于军用及民用运输设施的导航与跟踪，如导弹、舰艇、飞机和车辆等，其核心组件由 3 个正交的单轴加速度计和 3 个正交的陀螺仪组成（Inertial Measurement Unit，IMU）。惯性导航技术的缺点在于其误差会随着用户使用而不断积累，且其系统缺乏误差自我矫正功能，需要引入其他定位技术（如蓝牙、WLAN 等）矫正误差，难以独立作为导航定位的直接手段，但却可以以辅助形式提高其他室内定位技术的精确度，随着传感器技术的发展，IMU 的尺寸将进一步变小，成本也会不断降低，惯性导航技术未来有望被广泛应用于民用室内导航。

8. ZigBee 定位

ZigBee 定位系统通过在室内布置大量参考节点，通过各节点网络的相互协调通信实现全网络设备定位，具有低功耗、低成本、高效率的特点，是一种新兴的无线传感器网络定位技术。在安全性方面，ZigBee 采用目前安全系数较高的 AES-128 加密算法，提供了数据完整性检查和鉴权功能，且其网络容量较高，一片局域网中可同时容纳 65000 个设备，但其传输速率较低，信号传输受多径效应和移动的影响都很大，定位软件的成本较高，更适用于数据量不大的多设备短距离室内定位，具有较大的提升空间。

9. 5G 定位

5G 定位系统通过大量射频拉远头（Remote Radio Head，RRH）实现超密集组网，用户信号可被多个基站同时接收到，为高精度室内定位提供了网络基础，但目前每个 RRH 只是复制发送基站的基带信息，终端无法区分是从哪个 RRH 发来的定位信号，需要在 5G 室内分布系统的每个射频单元都分配独立的标签，实现定位信号的可分辨性。由于 5G 定位采用了低时延、高精度同步等技术，5G 通信还具备低功耗、高接入等特点，使其相比于 4G 定位技术更有优势，目前已进入应用推广阶段。

4.4.2 智能巡检装置

电厂巡检属于发电运行部门，一般采取 24h 轮流倒班制。由于电厂设备种类和数量很多，需要巡检的设备数量很多，为了方便巡检管理，对所有要巡检的设备按照设备专业类别或安装位置集中归类，建立巡检点，巡检时对巡检点不同类别的设备依次进行巡检，一般都是对相对固定的线路和设备进行周期性的定期巡检，每个班组配有专门的巡检人员，按照线路和设备的重要程度，间隔一段时间就对不同的线路进行一次巡检。重要线路的设备巡检频率较高。运行巡检由于检测频率较高，检测手段一般以目测、耳听等简单状态判断为主，如有异常采用测温 / 测振等辅助测量工具。一般巡检人员会发起缺陷单，通知专业检修人员进一步检测，然后决定是否要维修。

近年来，随着我国的电力生产规模持续不断扩大，电厂中的设备复杂度及数量呈指数型上升，为保证机组设备持续不间断地运行，除了严格遵守操作规程安全生产外，还包括严格的设备巡检制度，采用定期、定点、定人对现场设备进行不间断巡检，及时了解和发现运行中出现的异常和故障隐患，做到缺陷提前发现，事前解决问题，最终提高设备的使用寿命，保证机组安全运转，对电厂巡检部门的工作就提出了更高的要求。

在以往的电厂巡检工作中，受监管和技术成本等方面的影响，一直存在着工作效率低下、错检、漏检率高等问题。电厂日常工作中的巡检专业是关系电厂生产安全的一项重要工作，也是一直以来电力行业的一个痛点。由于技术水平的限制，传统的电力巡检方式更多地依靠巡检员持有巡检工作单到生产现场进行巡检，采用纸笔记录发现的问题，在巡检结束时提交巡检工作单，完成巡检。

随着物联网技术普及，通过智能巡检装置代替人工进行电厂巡检成为新的技术趋势。

1. 智能机器人巡检

相比于传统人工巡检，机器人巡检具有自动化程度高、覆盖范围大、长期成本低、适应性强、无疲劳期、安全性高等优点，在一些极特殊环境（如高温、高压和超高压）中采用机器人代替人工巡检不仅能改善巡检工作效率和质量，还能大幅度减少生产安全事故的发生。目前，国内的电厂巡检机器人主要包括轨道式机器人和移动式机器人（自主或遥控），通过机器人本体搭载的多种摄像机和传感器，将巡检数据实时传输到巡检系统进行处理，实现对现场设备、环境状态的鉴别和预测，对于特定环境均能够取得较好的巡检成果，但是由于电厂环境较为复杂，巡检机器人需要克服极端恶劣环境，才能在电厂工业环境做到大规模应用。

2. 无人机巡检

随着遥感技术的不断成熟，各种传感器技术的持续发展，采用无人机代替人工进行设备巡检正受到各大电力企业的关注。相比于传统人工巡检，无人机巡检具有高效、安全、成本低等显著优点。无人机所搭载的各种图像传感器分辨率可达到厘米级，可以采集到电厂设备的可见光、红外光波等图像资料，其数据采集和处理能力可达到人工采集的数十倍。收集到的数据经过模式识别分析能够推算出电力设备的运行状况和缺陷信息，极大地缩短了巡检时间并提升了巡检效率。

4.4.3 智能穿戴设备

随着移动互联网的发展和芯片技术的不断革新，部分智能穿戴设备已经逐渐走进人们的生活。自谷歌推出首款智能眼镜后，微软、三星、索尼、苹果等科技公司也相继研发出了各种智能穿戴设备。已经有越来越多的智能设备厂商认为，智能穿戴设备将会在智能手机后引领移动互联网发展的新浪潮。

智能穿戴设备主要指可以穿戴在人身上的电子通信类设备。这类设备把智能产品具有的存储、分析、记录、传输、拍摄、显示等功能与我们日常的穿戴物品相结合，使其成为我们穿戴的一部分，目前主流的智能穿戴设备有智能手环、智能手表和智能眼镜。穿戴式智能设备的普及意味着人的智能化延伸，通过这些设备，人可以更好地感知外部与自身的信息，能够在计算机、网络甚至其他人的辅助下更为高效率地处理信息，能够实现更为无缝的交流。

智能穿戴设备不能简单地看作是把计算机微小化后直接穿戴在人们身上，目前尚有很多关键性技术问题需要解决，主要包括微型低耗高效芯片研发、嵌入式操作系统技术、无线自组网络技术、移动数据库技术、人机交互技术、无线连接技术、高效能源技术等。据权威咨询机构 Gartner 预期，AR 智能眼镜在未来 3 ~ 5 年内最有可能在现场服务类行业得到推广应用，通过远程快速诊断代替派遣专家前往现场，每年约可增加 10 亿美元的获利。

此前，已有国外企业使用 AR 智能眼镜进行远程协作的成功案例。

美国洛马公司在 F–22 和 F–35 战斗机的维修过程，通过基于爱普生智能眼镜的 AR 平台，检测员能够通过眼镜快速查看战斗机零件的对应编码和维修计划，并能实现检测信息的远程快速录入，减少操作流程错误。

AR 智能眼镜同样应用在波音公司的飞机组装生产线上，通过使用 AR 眼镜执行组装流程，波音工人无需再查看复杂的操作手册，组装线束错误率降低了 50%，且耗时仅为原本的 75%。

在佛罗里达州的 GE 风电部门，现场技术人员采用 AR 眼镜实现与专家的远程对接，对风力发电机进行快速检修和维护。在风力发电机的组装工厂里，工人依靠 AR 智能眼镜提供的设备组装流程，免除了查看文档的烦琐，使得组装效率提高了提高 34%，且没有人为错误。

面对以上在生产、管理和维护方面出现的难题，面向远程协作的 AR 智能眼镜系统可以发挥积极的作用，解决企业知识沉淀不易、出差成本高、运维不及时、工作质量不可控等问题，节省大量人力物力。

4.4.4 射频识别技术

射频识别技术（Radio Frequency Identification，RFID）是一种非接触式的自动识别技术。由于其识别距离远、环境适应性强、数据存储量大等优势，所以被广泛地应用于交通、零售、信息管理等领域。

20 世纪 50 年代，美国海军研究室开发了“辨别敌我系统”的无线识别技术，射频识别技术得到应用。20 世纪 70 年代，射频识别技术得到快速发展，到了 20 世纪 80 年代，射频技术步入商业应用阶段。

射频识别技术的工作流程为利用无线电波，结合电磁感应技术，识别特定目标，并与其进行非接触信息交流。RFID 涉及射频信号的传输、解码、调制、编码等多个方面。RFID 的无线系统由标签与阅读器组成。按照其标签的供电方式，可分为三类。

1. 无源 RFID

标签通过接受射频识别阅读器传输来的微波信号，以及电磁感应能量来短暂供电，体积小，但是传输距离和传输速度较为有限，其典型应用包括公交卡、二代身份证、食堂餐卡等。

2. 有源 RFID

有源 RFID 通过外接电源供电，主动向射频识别阅读器发送信号，具有较长的传输距离与较高的传输速度，但体积较大。

3. 半有源 RFID

半有源 RFID 处于有源 RFID 和无源 RFID 之间，仅对标签中保持数据的部分进行供电，平时处于休眠状态，是一种妥协的产物。

4.5 智能测量

4.5.1 智能传感器

智能传感器（Intelligent Sensor，IS）通过微处理机，实现信息的采集、处理和交换，是一种具有信息处理功能的传感器。智能传感器与一般传感器相比，具有高精度低成本、编程自动化能力、功能多样化的优点，能将检测到的各种物理量信息储存起来，并按指令实现信息的处理，进而产生出新的信息。智能传感器之间可以进行信息交流，实现信息的协同处理，并可以根据设定规则自动决定信息的取舍，完成信息的分析和统计计算等。

智能传感器是一个相对独立的智能单元，它通过模拟人的感官和大脑的协调动作，结合长期技术研究获得的实际经验，实现对信息的处理，它的出现减轻了对硬件性能的苛刻要求，依靠软件的革新使传感器性能获得大幅度提高。它主要具有3个明显优点：

（1）通过软件技术可以实现高精度信息采集。

（2）具有编程自动化能力。

（3）可扩展性强，采集功能多样全面。

目前，智能传感器已广泛应用于机器人、工业、国防、航空航天、农业生产等诸多领域。在机器人领域中，智能传感器带给机器人类似于人的感官，使其可感知各种外界现象，并给出相应的反应动作。在工业生产中，智能传感器可快速检测出传统传感器无法识别的产品质量指标（如黏度、硬度、成分、颜色、外表光洁度、味道等），并实现在线控制。利用智能传感器可检测出与产品质量相关的某些指标量，通过专家系统建立的分析模型，实现对产品质量的高效推断。

4.5.2 虚拟仪表

虚拟仪表是利用现有的计算机加上特殊的仪表硬件和专用软件，形成既有普通仪表的基本功能，又有一般仪表所没有的特殊功能的新型仪表。虚拟仪表技术是现代测量技术未来的新发展方向，通过对现场总线技术以及计算机数据处理技术的高度融合利用，有效地解决测量学科中各类信号处理难题，帮助相关检测人员在强大的计算机运算性能资源下，以更高效的方式获取各类测量结果背后的关联性，从而将过去在直接测量方式中无法获取的设备状态深层信息、故障数据、运行指标等，通过虚拟仪表加以呈现。

最终形式是用户可通过显示器上各处虚拟的按键、开关、旋钮，去使用仪表的各种功能，控制仪表的运行。从显示器上的虚拟显示屏、数码显示器和指示灯，了解仪器的状态，读取测试结果以及预先设定好的一些测量反馈信息。

虚拟仪表的关键是软件的开发，通过该类应用软件，用户可以根据不同的需要，实现不同测量仪表的功能。通常，用户仅需要根据自己在仪表领域的专业知识，定义各种界面模式，设置测试方案和步骤，通过形象化的 G 语言模式组织相应的信号处理算法图形，辅助添加各类数学语言及符号（计算公式、概率统计、拟合回归、优化分析等），则该软件平台就可以迅速完成相应的测试任务，并给出非常直观的分析结果，如果需要借助其他软件的功能，虚拟仪表应用软件可通过丰富的动态链接库技术，借助联合编程技术，完成对于专业软件的调用，大大提高了该类软件在处理一些复杂科学分析问题上测量后处理分析技术的不足。目前，虚拟仪表软件开发以美国国家仪器公司（National Instrument, NI）开发的软件产品 LabVIEW 图形编程环境最为著名。该软件代表着典型的虚拟仪表应用技术，举例而言，在过去面对旋转机械转动部件某些复杂振动问题（例如汽轮发电机组轴系扭振、燃气轮机叶片叶尖计时系统等）时，需要高达 MHz 甚至 GHz 采样速率的高频采集系统以及对应的同步信号处理分析手段，依赖常规的测量仪器以及数据采集板卡的内置石英时钟芯片，已无法完全保障该类测量中信号时域分析的精确性。在虚拟仪表技术的帮助下，通过传感器捕获到转子或叶尖信号的时刻点，再在软件中进行一系列的信号处理、数学曲线拟合、采样插补等，便可以完整地获得在瞬时状态下这些旋转部件的实际旋转振动信息，帮助具有专业背景及设计、运行经验的工程师获得诸如轴系扭转振动状态量、叶片振动响应等信息，再结合嵌入到虚拟仪表软件中的仿真计算程序，便可以快速分析出设备的疲劳失效、剩余寿命等关键信息，指导对应的设备维护及各类生产实践。

虚拟仪表的优势来源于两个方面，其一是对于现代计算机强大运算性能的高度利用，众所周知，根据摩尔定律，计算机代表的集成电路技术及其背后的运算性能每隔 18 ~ 24 个月便可以翻倍，虚拟仪表通过利用更新换代的硬件优势，将过去传统仪表中对于高频、多通道采样后同步信号难以实现的复杂信号处理、计算延迟的问题加以解决，同时不断更新的现场总线技术带给虚拟仪表更快速的数据传输模式，甚至于 NI Compacta 等一系列的新型分布式总线技术还能够实现多传感器测量系统的高效集成；其二是虚拟仪表配套软件所独具的可编程性，这一特性是对于传统仪表单一测量功能的补充与升华，它将测量采集端的实时传感器信息通过软件内置程序语言，使虚拟仪表达到数据自行分析的功能，从而克服了过往面对常规测量仪表系统无法直观反映最终关键信息的缺点，也大大减少了专业工程师参与人为再判定的过程，也降低了中间过程量因人为因素判断失误的概率。

4.5.3 软测量技术

软测量技术也称为软仪表技术，在了解和熟悉被测对象以及整个装置的工艺流程的基础上，利用辅助变量与难以直接检测的主导变量之间的数学关系，通过各种数学计算和估计方法，从而获得主导变量的最佳估计值。

软测量技术与控制技术相结合，通过修改软测量模型或模型参数，可以提高控制性能，软测量辨识过程结构图如图 4-1 所示。

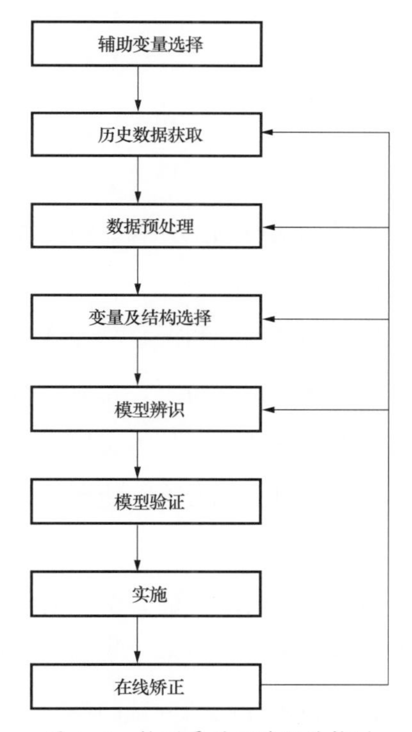

图 4-1　软测量辨识过程结构图

软测量技术的核心是可靠的软测量模型，在软测量模型中具有丰富的过程变量，这些变量需要结合测量前端传感器 A/D 转换后的数据信息，通过内置于虚拟仪表软件中的各类计算逻辑，辨识过程变量的历史数据而修正得到初始模型。实际现场所采集到的现场数据含有误差，将经过数据预处理后的数据应用于软测量建模，或作为软测量模型的输入，而软测量模型的输出则对应于被测对象的模型估计值。在应用过程中，由于工艺和操作点发生改变，软测量模型的结构和参数也会随之改变，这就需要对其模型进行修正，目的是找到更适合软测量模型，以提高模型的适应性。

软测量技术在燃煤智能发电领域的应用有长期的发展。针对煤发热量、入炉煤元素成分、磨煤机一次风量、风粉浓度、磨煤机负荷、磨煤机料位、烟气含氧量、SCR 反应器入口 NO_x 浓度、飞灰含碳量、汽轮机各抽排汽焓等，都发展出了对应的软测量技术。软测量技术是仪表测量与生产过程的有机结合，它通过机理建模、实验建模或两者融合的手段，将一定程度的机理分析融入生产过程数据分析中，可以说软测量技术是虚拟仪表功能强大的基石，它代表着越来越多常规测量中不能够直接反映的间接测量参量，或者还需要专业工程师进一步通过仿真、计算等评估手段才能获取的设备实时状态信息，可以通过软测量的数据处理模式达到目的，并在虚拟仪表的相关显示控件中轻松地展示给使用者。

4.5.4 智能检测技术

智能检测技术将原有的离线集中式检测逐步转变为嵌入到生产线内部、分布于智能设备内部、嵌入在生产线检测终端的实时测试方式，测试数据自动记录、存储、处理和管理，是一种尽量减少所需人工的检测技术。

智能检测以视频识别、红外测温、激光测振、声音测量、气体和液体泄漏监测等多种类检测传感器为基础，在自动化软件的支持下，完成数据采集、处理、特征提取和识别等多种分析与计算，又通过分布式现场总线技术实现复合测量方案的融合，全面反映不同种类的状态信息。智能检测能够根据设定值或趋势值在第一时间发出预警或报警，实现缺陷的自动填报功能。

目前，智能检测技术已经应用于社会生产的各个领域，功能极为强大。智能检测技术所需人员很少，同时被检测对象的参数信息基本不会受到来自人的随机干扰，因此精确度和可靠性较高。随着智能检测技术在高新领域的不断增长，网络化、集成化、智能化将成为智能检测技术的发展方向。随着工业自动化技术的迅猛发展，智能检测技术被广泛地应用在工业自动化、化工、军事、航天、通信、医疗、电子等行业，是自动化科学技术的一个格外重要的分支科学。

4.6 智能控制

IEEE 控制系统协会将智能控制总结为“智能控制必须具有模拟人类学习和自适应的能力”。在智能控制的研究内容方面，智能控制一方面模拟人类的专家控制经验进行控制，另一方面模拟人类的学习能力进行控制。智能控制的基本研究内容主要包括预测控制、模糊控制、神经网络控制、遗传算法控制以及先进控制策略。

4.6.1 预测控制

预测控制技术在 20 世纪 70 年代开始发展起来，其原理为利用当前的和过去的偏差值以及通过预测模型预测的被控对象的未来的偏差值两个值，通过滚动优化的方式，进而确定当前的最优控制策略。预测控制算法根据系统动态特性的事先描述（信息），提前完善了模型后的配置、非线性或其他干涉等不确定因素，从而减少偏差，获得较高的控制性能。

预测控制算法的三要素如下。

（1）预测模型。一个描述动态行为的基础模型。

（2）反馈校正。预测模型加反馈校正过程，使预测控制具有很强的抗扰动和克服系统不确定性的能力。

（3）滚动优化。即采用滚动式的有限时域优化策略。

预测控制具有对数学模型要求低、纯滞后过程直接处理、跟踪性好等优点，它具有很强的鲁棒性和对模型误差的鲁棒性，相比比例 – 积分 – 微分（Proportion–Integral–Differential, PID）控制，预测控制很好地满足了工业过程的实际要求。

随着人工智能理论发展、计算力提升，为更多深度神经网络模型的实现提供了条件，相较之前传统的预测模型而言，现阶段预测控制算法的预测模型采用了新的模型结构和层次，对于被控对象的未来偏差值的预测精度具有较大的提升，控制系统的输入值更能够反映被控参数的未来变化趋势，从而使得控制系统具备更好的稳定性、鲁棒性。

在发电行业控制过程中，机组的蒸汽参数和容量是影响机组效率、单位容量造价的重要因素，与同容量亚临界机组相比超临界参数机组的效率可以提高 2% ~ 2.5%，超超临界参数机组可将效率提高 4% ~ 5%，效率的提升直接关乎电厂的经济收益。通常采用提高蒸汽温度的方法来提高机组的热效率，由于发电机组控制对象参数较多，是大惯性、大延迟、非线性的系统，在实际控制过程中又受到许多扰动和不可抗因素的影响，严重影响经典控制模型的品质。

目前国内大型发电机组的锅炉过热蒸汽温度和再热蒸汽温度控制，几乎仍采用常规的串级控制系统，而不少电厂蒸汽温度被控对象的滞后很大，且喷水阀存在严重的非线性。使得当机组负荷变化时，蒸汽温度就偏离设定值 8 ~ 10℃，超温十分频繁。由于过热蒸汽温度和再热蒸汽温度的频繁超温，容易导致锅炉爆管事故的发生，严重影响机组的安全、经济运行。通过基于状态变量 – 预测控制技术的再热蒸汽温度控制方法，即先采用状态反馈来补偿蒸汽温度被控对象的滞后和惯性，然后通过预测控制来对补偿后的广义被控对象进行控制，现场运行结果表明，该控制方法具有优良的控制品质，是一种对大滞后过程较为有效的控制策略。

4.6.2 模糊控制

模糊控制以模糊集理论、模糊语言变量和模糊逻辑推理为基础，是一种智能控制方法。模糊控制技术作为一种非线性全局控制，利用现场操作人员或专家的经验知识形成编成模糊控制规则，然后将来自传感器的实时信号模糊化，无需建立被控对象准确模型，将模糊化的信号作为模糊规则的输入，完成模糊推理，将推理后的输出量加到执行器上，能够有效克服复杂系统的非线性、时变性及滞后性等影响，具有较高的控制品质。

由于所采用的模糊控制规则是由模糊理论中的模糊条件语句来描述的，所以模糊控制器是一种语言型控制器，分为以下 4 个部分。

1. 模糊化

模糊化的主要作用是选定模糊控制器的输入量，并将其转换为系统可识别的模糊量，具体包含以下 3 步：

（1）对输入量进行满足模糊控制需求的处理。

（2）对输入量进行尺度变换。

（3）确定各输入量的模糊语言取值和相应的隶属度函数。

2. 规则库

根据人类专家的经验建立模糊规则库。模糊规则库包含众多控制规则，是从实际控制经验过渡到模糊控制器的关键步骤。

3. 模糊推理

模糊推理主要实现基于知识的推理决策。

2. 检测投入人员多、费用高

水冷壁检测主要采用人工检修的模式，由于检测范围较大，投入的人员较多，除了检测工作本身，还存在搭建和拆除作业平台、作业安全防护流程等附加工作，导致整体的检测费用较高，影响检测工作的经济性。

3. 检测环境恶劣、作业危险

锅炉炉膛内部的环境恶劣，密闭无光且粉尘密集，水冷壁布满了整个炉膛，人工作业的高度达数十米，检测人员高空作业的安全风险较高，劳动强度较大，同时长时间的连续作业将严重影响检测人员的身心健康。

4. 检测结果依赖人员经验，标准化程度不高

水冷壁检测的结果多依赖现场人员的经验，由于人员不断更替，熟悉水冷壁、具备经验的老员工逐渐减少，将导致水冷壁检测容易发生漏检和误检的情况，造成水冷壁的欠修，影响机组的可靠性与经济性，增加发电机组的非计划停运时间。

5. 信息化、智能化手段相对缺乏，结果数据不全面

目前，水冷壁的缺陷判断仍属于人工记录判断，人为影响因素较大，缺乏信息化、智能化手段，导致检修处于被动状态，很难通过多维度的检测结果，对缺陷进行有效监测和筛选，进而得到检修指导建议，水冷壁的检修管理水平难以有效提升。

锅炉炉管检测机器人的总体方案是通过永磁吸附方式使得机器人的爬行部分牢固吸附在锅炉水冷壁面，搭载非接触式无损探伤仪完成水冷壁的壁厚和缺陷测量分析，来达到减少水冷壁的检测时间、降低检测费用，大幅提升锅炉水冷壁检测的智能化水平。图4–2所示为水冷壁爬壁检测机器人。

图 4–2　水冷壁爬壁检测机器人

4.7.3 锅炉尾部烟道检测机器人

锅炉尾部烟道受其空间复杂性和空间尺寸限制，人工无法开展有效检测作业，主要面临以下问题：

1. 检测覆盖范围小

尾部烟道空间狭小，人工方式只能检测最上层的炉管，管排中间及下部区域无法触及，存在较大的检测盲区。

2. 作业效率低

人工方式进行检测前，需对尾部烟道表面进行处理，检测方式为点状抽测，影响作业效率。

3. 劳动强度大

锅炉尾部烟道环境恶劣、粉尘严重，检测人员劳动强度较大，同时存在作业安全风险。

4. 容易发生漏检和误检

人工检测依赖人员专业水平，检测质量参差不齐，容易发生漏检、误检。

尾部烟道炉管排布结构，沿炉膛宽度 34m 方向上布满了 296 排管组，管径为 ϕ 57×8.5mm，横向节距为 57mm，纵向节距为 19mm，人孔门直径为 600mm。针对这种狭小空间，需要进行适应狭窄环境的超冗余度机械臂结构设计，紧凑集成化的运动机构是实现机器人在狭窄空间作业的基础，根据冗余度机械臂的运动特点，整个运动机构由关节机构、驱动机构、推送机构 3 部分组成，如图 4–3 所示。对于钢丝牵引的关节机构，由于钢丝数量与关节半径之间的矛盾，需要改变关节内部的结构形式和铰接方式，在维持每关节 3 根钢丝不变的前提下，优化各关节的结构设计方式，提高关节运动的灵活性。

图 4–3　尾部烟道检测机器人设计方案

为减小机器人系统的整体尺寸，需通过结构优化和推进方式改进，将推送平台与机器人运动机构进行一体化设计，以适应作业空间的需求。主要包括：

（1）新型关节设计。模块化关节的结构分析、零部件参数优化、铰接方式分析、关节运动机构的详细设计。

（2）钢丝牵引驱动机构设计。电动机布局优化、钢丝传动路径设计、张力与驱动功率分析、驱动机构详细设计。

（3）旋转式紧凑推送平台设计。推送平台最优半径分析、机构姿态测量装置设计、平台布局优化、推送机构的详细设计。

4.7.4 输煤廊道巡检机器人

电厂输煤系统涵盖自汽车运煤、火车运煤进厂后至锅炉煤仓之间所有和燃煤相关的储存、运输、筛分、破碎等工艺系统。由于输煤系统环境恶劣，又需要对输煤系统进行监测，基于输煤廊道的巡检工作需求，输煤廊道环境恶劣，对机器人本体的防护等级要求加高，采用高防护性能的轨道式巡检机器人进行巡检。

智能巡检机器人采用吊挂轨道式行走方式，并配备超声波避障装置。使用多节升降模块确保能够检测到电缆本体的运行状态及通道内全貌。机器人内部集成了可见光相机、红外相机、气体检测仪、拾音器、温湿度传感器，能够水平、垂直自由旋转，确保无检测盲区。实施后预期效益主要体现在人工成本节省、提高检修科学性、提升巡检质量等方面。

4.7.5 电厂油罐防腐机器人

电厂油罐用于储存公路来油，向锅炉供应燃油，以满足锅炉点火、低负荷稳燃和冲管之需。大型油罐防腐维修工作中除锈是非常重要的一个环节，除锈的质量更是直接影响了防腐的质量。在油罐的生产过程中，需要在组装前进行除锈去污，擦拭干净，并对油罐底部的背面涂防锈底漆和沥青防腐油各两道，盘梯及所有附件表面涂防锈底漆两道。经严密性试验后，需要对内表面进行喷砂、除锈和喷漆。

目前，油罐的防腐工作主要依靠人工操作进行喷砂或磨光机除锈以及喷防腐油漆，工人不仅承受着枯燥、繁重的体力劳动，还要长期处于噪声、粉尘、有毒、有害的极端环境。同时，还要面临高空危险作业，对于高空作业必须落实不同类型的技术措施，常用的措施包括搭设固定式双排脚手架、移动式脚手架、高层吊篮式作业平台。但无论采取哪种措施，投入的成本都很高，且均存在着各自的使用局限性，不仅费工耗时、效率低下，而且劳动强度大、危险性较高。目前企业面临的安全形势严峻，人员伤亡不但构成很大的经济损失还构成严重的社会负面影响，这些对企业来说都是不能承受的隐形成本，故亟须开发出一种能替代人工的智能机器人。

除锈清洁机器人主要运用了永磁吸附技术和高压水射流技术，通过磁吸附底盘吸附在油罐表面实现移动，通过高压水射流对油罐表面的锈蚀进行清理，是人工除锈效率的12倍，解决了防腐作业中的环保和安全保障难题。除锈清洗机器人如图 4–4 所示。

图 4–4 除锈清洗机器人

4.7.6 锅炉巡检无人机

锅炉内部的检查只能等到锅炉停机后，人工搭建脚手架之后才具备检查的条件，耗时长、工作量大。同时由于锅炉整体的空间较大、环境恶劣，人工检测时间也较长，因此锅炉的检查一直是一项耗时耗力的工作。在机组短暂停机的间歇，无法有效利用这些短时间的周期对锅炉进行有效的检查，来提高机组运行的安全性。

利用无人机体积小、速度快的优势，通过搭载可见光视觉传感器、LED 阵列式补光以及基于计算机视觉的 AI 处理，能够在锅炉内部进行快速的巡检，不受脚手架搭建的影响。单台 600MW 机组的锅炉一般只需花费约 4h 即可完成整个炉膛的巡检，通过拍摄视频，实时获取锅炉炉内“四管”、燃烧器等设备的外观状态信息，建立锅炉的炉膛三维模型。通过后台的系统平台，对在线的视频照片进行图像拼接，形成全炉膛内部实景还原，展示给检修管理人员，并自动识别设备的外观缺陷，将缺陷问题推送至相关专业人员，指导检修，并形成锅炉巡检记录数据库，提高锅炉的检修管理数字化水平。

本章小结

人工智能应用技术主要涵盖了大数据应用、计算机视觉、自然语言处理、物联网技术、智能测量、智能控制、智能机器人等内容。这些人工智能技术有些在过去几十年已经在交通、金融、安防、教育、工业等领域进行了一定的应用，取得不错效果，如射频识别、车辆车牌识别、预测控制技术等；有些是在最近这几年计算机算力、算法理论、网络通信、耐用材料、感光传感器这些基础技术的升级降费的基础上，开始得到大力发展，并迅速成熟应用，如人脸识别、三维重建、机器翻译、高精度定位等；还有些是处于刚起步阶段，有待于进一步发展，如姿态识别、无人驾驶、智能问答、智能穿戴设备等。

发电行业是国家基础行业之一，也是国民经济的基石，为各行各业的发展提供了源动力。随着发电行业数字化建设的发展，发电领域已经初步具备了将人工智能技术应用到其生产经营过程中的感知、决策、执行等环节中的技术可行性、经济性，用以替代或者辅助电厂运维人员，解决相应的场景问题，实现电厂降本增效、安全环保的目标。发电行业的场景应用由于其业务的复杂程度高、范围广，往往需要对多种人工智能技术进行综合应用，才具备实用价值。如发电领域的智能巡检，需要与物联网技术、计算机视觉等技术的有效融合，才能够代替人工巡检的大部分的功能，而在未来随着自然语言处理技术的逐步成熟，将实现真正意义上的智慧巡检。近几年随着智能测量、高精度定位等技术的发展成熟，智能机器人在发电领域又开始了新一轮研究热潮，智能巡检机器人、锅炉检测机器人、油罐防腐机器人、锅炉巡检无人机等应用已经处于样机的原型研制阶段，可以实现基本的人工遥控作业，在一定程度上能够减少作业人员劳动量，提高作业效率并且保证作业安全，但是目前还达不到完全自主的无人化作业智能程度，需要行业内外的企业、高校和研究院所一起来共同研究解决，发挥各自在行业专业知识、理论知识以及研究开发的特长，提出实用的前沿技术产品化思路，真正实现解决作业问题的智能机器人应用，更有效地推动人工智能技术在各个行业的落地。

第5章 人工智能在火电领域的应用

5.1 火电发展现状

随着中国经济进入新常态，电力需求的增长逐渐放缓，电源结构进入调整期。我国以煤为主的资源禀赋，决定了以火力发电（简称火电）为主的供需格局在中短期内不会改变。

截至2019年底，全国发电装机容量已达到20.1亿kW，火电装机容量为11.9亿kW，占总装机容量的59.2%，其中，煤电装机容量约为10.4亿kW，占火电装机容量的87.74%。2019年我国的火力发电量为50450亿kWh，占总发电量的68.9%，同比增长2.4个百分点。虽然各类新能源发电装机容量、发电量逐年上涨，但火电仍是我国装机量、发电量最大的发电方式。我国2009—2019年各类发电方式装机容量如图5-1所示。

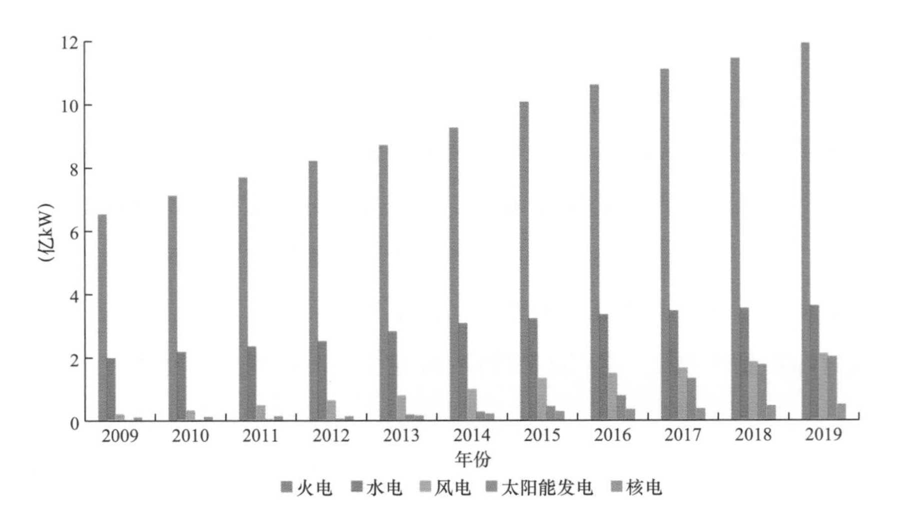

图5-1　我国2009—2019年各类发电方式装机容量

在燃料价格不断攀升、产能过剩、利用小时数降低、竞价机制出台、环保需求不断提高等多重因素影响下，火电企业经营仍旧比较困难，迫切需要改变粗放型管理模式，推进火电行业制度、管理和技术的创新，推动火电产业转型发展，实现降本增效，提高企业管理水平和核心竞争力。

如何有效、高效地利用智能化技术，提升电厂运行和经营效率，是国内各大发电集团、科研院校、相关企业一直在研究解决的问题。未来随着新技术的发展应用、不断进步的环保措施、逐渐降低的发电成本以及不断增长的电力需求等相关因素的推动，火电仍具有十分巨大的发展潜力，其主体地位不可撼动。

5.2 火力发电对人工智能的需求

5.2.1 安全管理对人工智能的需求

目前，我国多数火力发电厂仍然延续着传统的安全管理模式，对于生产过程中的安全管理智能化程度不高。火力发电厂发生安全事故，多数情况下都是人为因素造成的，火力发电厂工作人员习惯性违章是比较常见的现象，而这种现象所造成的后果难以估计。实现火力发电厂安全管理的关键因素，是对现场人员的安全管控，将人工智能应用于安防系统，对人员时间、空间和行为进行有效的管控，能够更有力地保证电力生产的安全进行。随着人工智能技术的发展与传统视频监控与定位手段的结合，可以使火力发电厂从“事后回顾、事中响应”逐渐实现“事前预防、安全管控”的安防目标。火力发电厂安全管理的关键因素有以下几个方面：

（1）火力发电厂安全作业区域的确定及人员准入机制的建立有待完善。

（2）火力发电厂安全管理水平、人员素质参差不齐，导致安防管理人员和作业人员可能存在安全意识、行为习惯不满足安防管理要求的情况发生，从而为电力生产带来极大的安全隐患。

（3）对火力发电厂人员作业过程及危险源识别的监控力度不强。

（4）外包工人员的标准化管控、作业安全检查、人员监管存在死角，需建立从人员入厂到离厂的全过程监视与控制。

（5）火力发电厂由于物理条件限制，会存在物理门禁等无法监管的区域，需要以监控限制人员虚拟位置为目标，有效管控人员及设备安全。

（6）在全厂范围内，对作业人员在工作过程中的进入场所、活动区域和路径、在现场作业过程中是否规范等缺乏有效地进行监视和控制。

因此，火力发电厂安全管理需要通过人工智能手段对人员和设备进行有效管控，做到“让正确的员工，去正确的场地，做正确的工作”：

1）不让不合格的人员到达危险区域或不合规的作业现场。

2）人员不能到达其不该去的区域。

3）人员无法做错误的事情和多余的事情。

通过整体感知，增强物与物、人与物之间的联系，全面、准确、及时地掌握特殊、危险源事物的动态发展情况，提前预防控制突发事件，做好相应预措与处理。

5.2.2 运行管理对人工智能的需求

由于火力发电厂机组对象特性复杂且需不断适应外界工况的变化，传统方法往往不能满足多样化生产需求，所以需结合人工智能的分析能力加强对数据的分析处理，以便精准地决策执行。通过对海量历史数据的挖掘利用和深度学习，结合对象的输入 / 输出关系建立系统模型，进而利用对象模型根据一定的调整规则进行运行模拟和自弈，获取具有海量数据的专家库；通过实际运行数据与模型运行数据和历史专家库之间的比对，实现对系统或设备运行状况的提前预警、运行诊断、运行指导。

由于我国用电电源与结构发生重大变化，风电和太阳能发电的输出功率具有很强的不确定性且难以预测，使得大规模的风电、太阳能发电并网对电力系统运行的稳定性产生了较大影响，令火电机组由原来带基础负荷的发电单元逐步转变为具有调峰调频功能的主力发电单元，火电逐渐成为我国电网最主要的调峰电源。因此，火电机组需要快速响应跟踪负荷变化，并且在大范围变负荷运行的条件下兼顾经济性与安全性。但目前机炉协调控制在跟踪负荷变化与经济性和安全性之间存在矛盾，由于锅炉本身在控制上固有的滞后特性，盲目追求跟踪负荷的快速性，容易导致燃烧不充分，机组的经济性降低。燃料、给水、送风等各控制量也会大幅波动，造成锅炉水冷壁和过热器管材热应力的变化，导致氧化皮脱落甚至爆管，大大降低了火力发电的安全性。这就需要适应机组快速变负荷，进行弹性运行优化控制。

要对目前的运行情况进行优化，需要嵌入更丰富、更先进的实时控制与优化算法模块，包括预测控制、自抗扰控制、内模控制、鲁棒控制、PID 自整定等先进控制算法模块，同时包含多目标寻优算法以及机器深度学习、强化学习等实时优化算法模块功能，提升数据处理分析能力。

将以上这些以人工智能为代表的先进算法应用在多边界限制条件下的参数寻优、机炉协调控制系统、燃烧优化控制系统、脱硫/脱硝优化控制系统以及适应机组快速变负荷和深度变负荷控制的弹性运行优化控制系统，也包含主蒸汽压力定值优化、汽轮机冷端优化、锅炉吹灰优化、制粉系统优化控制等，以满足机组快速、经济、环保等多目标柔性优化控制需求。

5.2.3 设备管理对人工智能的需求

现阶段传感技术、物联网技术、计算机技术的发展日新月异，国内火力发电厂设备管理获得了良好的监控与故障处理的技术支持，但现有的设备检修模式仍依靠经验，缺少有效的技术手段及对应的人员与制度保障体系，导致设备管理中设备欠修、过修现象长期存在，设备运行可靠性与经济性有待提升，迫切需要通过推进智能设备管理技术应用，科学优化设备检修项目与周期，提高可靠性与安全性，实现降本增效。

现有火力发电厂的设备管理存在以下问题：

（1）设备管理的监测手段需要更加多样化。随着设备管理体系的不断完善，对于数量占绝大部分的正常状态设备，其检修和试验周期得到了很大延长。原3～4年即可停机大修获取的设备性能参数，现在可能要5～6年才能得到。需要减少由此带来的设备风险，弥补设备管理工作的不足。因此，需要通过先进的人工智能手段，加强设备数据分析，预测其变化趋势并适时预警；通过带电测试和在线监测手段，获取实时性能参数；通过色谱分析、红外成像、超声局部放电等新技术丰富、完善监控手段。

（2）设备管理中过修、欠修现象普遍存在。机组主要采用计划检修的模式，固定检修周期间隔对设备进行检修，易造成设备的过修或欠修，设备欠修会影响机组可靠性与经济性，增加发电机组的非计划停运时间；设备过修会增加设备的检修成本，增加发电机组的计划停运时间。

（3）设备检修策略依赖人员经验，设备欠修导致的非停事件时有发生；并且由于人员不断更替，熟悉设备、具备经验的老员工逐渐减少，设备检修策略与计划的科学性、合理性有待进一步提升。

（4）信息化、智能化手段相对缺乏，导致检修处于被动状态，很难通过丰富的在线状态监测、分析方法，对故障进行预警，进而得到检修指导建议，设备的运维管理水平难以有效提升。

（5）设备可靠性提升需求强烈。由于机组长周期高负荷运行，设备处于疲劳状态，存在发生非停的隐患。考虑非停过程对设备状态、人力、财力以及发电量的影响，迫切需要通过实施状态检修，提高设备可靠性。

（6）需要提升设备故障预测能力。随着现代大生产的发展和科学技术的进步，现代设备的结构越来越复杂，功能越来越完善，自动化程度也越来越高。受许多无法避免的因素影响，有时设备会出现各种故障，以至降低或失去其预定的功能，甚至造成严重的乃至灾难性的事故。因此，保证设备的安全运行，避免事故，发展设备故障预测技术是十分迫切的问题。

（7）现有设备的数据挖掘的深度、广度不够。我国火力发电厂经过数十年的发展，电厂中存在的海量历史生产数据，蕴含了设备生产过程的全部数据知识，利用人工智能进行数据挖掘，发挥设备的数据价值，从大量数据中提取有效信息建立多种设备专业模型，有助于实现对设备全生命周期状态的监控与故障的预防。

5.2.4 经营决策对人工智能的需求

目前，我国电厂的决策与执行往往依赖于人工，但是随着火力发电厂的生产规模在不断扩大，应用的设备类型不断丰富、应用数量不断增多，电力市场供给侧改革，火力发电盈利能力要求的提高，对决策与执行能力的要求也在逐渐提高，人工决策已经难以满足电厂的需要。由于电厂运维过程十分复杂，利用人工智能技术的良好决策与执行能力能够规范电厂的运行，有效规避外界因素的不利影响，实现电厂全面的自主调节、控制功能，加快火力发电厂向智能化方向发展的速度。

现代火电企业需要进行实时经济性分析，要对实时经营成本进行有效管控。结合全方位检测与感知系统提供精确可靠的信息，在生产管理环节，应用锅炉核心计算方程、汽轮机热经济性状态方程、机组性能耗差分析等工程分析方法，实现对电厂设备及系统性能的实时计算，全面、精确、直观地反映当前机组性能指标和能损分布情况，通过优化从而得到最佳的实时经营成本；在燃料管理环节，通过生产环节成本最优的分析结果指导燃料采购，为成本最优打好基础。由于火力发电生产过程的复杂性，所以对以上环节的实时准确分析存在着很大的难度。

电力市场改革已在逐步试点和稳步推广，竞价上网的市场竞争需求需要火电企业拥有良好的竞价上网辅助系统，以帮助企业提高盈利能力并辅助在火电领域的投资决策。竞价上网是一个不完全信息博弈、静态与动态博弈的过程。可以根据以前的交易信息，总结出各家竞争对手的报价规律，预测其他发电企业的成本系数，计算出每家发电企业的最优解，从而得到整个市场的纳什均衡产量。在该发电量下，计算出市场的出清价格，按照系统发电量总成本最小作为目标函数进行经济调度。根据不同竞价策略下的成本系数，通过潮流优化，得出系统中各发电机组的负荷最优分配和电价。

将人工智能技术引入以上重点、难点领域，将拥有广泛的应用前景。

5.2.5 燃气机组对人工智能的需求

燃气机组与燃煤机组的智能化有着类似的需求和相似的技术发展方向，大部分技术应用可以相互借鉴。同时，燃气轮机组又有着自己的一些特点：燃气联合循环机组相对燃煤机组具有高效、低排的特点，同时还具备启停方便、快捷的特点，可协助电网消纳风电等可再生能源，满足电网峰谷差大的要求。然而频繁的启停意味着需要大量运行人员、更多复杂的操作和额外的安全风险，因此发展自动控制技术是燃气机组最为迫切的需求。通过合理配置燃气机组控制系统网络结构，搭建全工况智能控制平台，将人工智能控制算法与全机组的自启停控制技术、全程水位自动控制技术、大范围协调控制技术、二拖一机组全自动并退气技术及汽轮机组抽凝、背压、旁路双向热电转换控制技术等相结合，以实现燃气机组的全工况运行的自动控制。

相比燃煤机组，燃气机组设备数量相对较少、燃料相对单一稳定、控制难度相对简单，因此，人工智能特别是智能化控制技术在火电领域的应用将很有可能在燃气机组首先突破。

5.3 人工智能在火电领域的应用场景

5.3.1 智能化安全管理

1. 智能安防

采用人员身份识别、可穿戴设备和生物识别、视频和图像处理、人员和车辆定位、三维数字化建模等技术，对电厂各个区域实行分类授权管理、重要设备定位、人员及车辆管控、各类作业过程视频监控等，实现对电力生产中密切相关的人员、车辆和各类工器具的全方位集中管控，整体提升电厂的安全管理水平。

2. 智能门禁

智能门禁系统用于对整个厂区的生产区域及办公区域的重要设备间、电气间、电子间、物品库、重大工程及检修区域等出入口进行标准化、规范化的管理，设定人员角色权限，有效地进行身份识别，避免无关人员进入非准入区。国家电投平顶山电厂的智能门禁系统可设置人脸识别或密码准入功能，并对所有人员的实时出入状态及历史记录均可实现事后查询分析，并实现了工作票和门禁准入的关联。

3. 高精度定位技术

火力发电厂区域范围大、内部管路复杂交叉、视觉环境较差、电磁屏蔽严重，对目标定位造成了极大的困难。结合 GPS、计算机视觉、惯性导航、UWB、Wi–Fi 等多源融合的定位技术，可以实现人员、车辆和设备的精准实时定位，全面掌握人、设备、环境的全过程信息。表 5–1 给出了各种定位技术的比较。

表 5–1　　各种定位技术的比较

技术	定位精度	优点	缺点
红外线	5 ~ 10m	定位精度较高	直线视距、传输距离短、易干扰
超声波	1 ~ 10cm	定位精度高	受环境温湿度影响、传输距离短
蓝牙	2 ~ 10m	设备体积小、易集成	传输距离短、稳定性差
Wi–Fi	2 ~ 50m	成本低、通信能力强	易受环境干扰
FRID	5 ~ 5m	成本不高、精度高	标识没有通信能力、距离短
UWB	1 ~ 3m	精度高、穿透性强	成本高、覆盖范围小
ZigBee	1 ~ 2m	功耗低、成本低	稳定性差、易受环境干扰
A–GPS	5 ~ 10m	速度快、精度高	安全性低、占用通信
光跟踪	1m	通信速率高、抗干扰强	覆盖范围小
伪卫星	2cm	普适性强	成本高
基站	10 ~ 50m	普适性强、成本低	依赖基站密度
惯性导航	2 ~ 4m	不依赖外部环境	存在累计误差、不适合长期使用
计算机视觉	1 ~ 1m	不依赖外部环境	成本高、稳定性差

5.3.2 智能化运行节能

1. 智能测量

（1）智能传感器。针对常规检测方法难以实现在线、准确地检测机组运行关键参数，智能传感器采用先进的检测技术与信息融合技术，可以实现快、准、稳的在线检测和获取，为机组在煤种多变、环境多变、工况多变的条件下实现安全、节能、环保综合指标下的优化运行和智能控制，提供准确的基础数据。

智能传感器组成如图 5-2 所示，主要由传感单元、智能计算单元及接口单元组成。传感单元将被测量量转换成相应的电信号，送到智能计算单元的信号处理电路中，经过滤波、放大、A/D 转换后送达数据处理模块，对接收的信号进行计算、存储、数据分析处理后，一方面通过反馈回路对传感单元与信号处理电路进行调节，以实现对测量过程的调节和控制；另一方面将处理的结果传送到接口单元，经接口电路处理后按输出格式、界面定制输出数字化的测量结果至外部网络或系统。智能计算单元是智能传感器的核心，智能计算单元充分发挥各种软件的功能，使传感器智能化，提高传感器的性能。

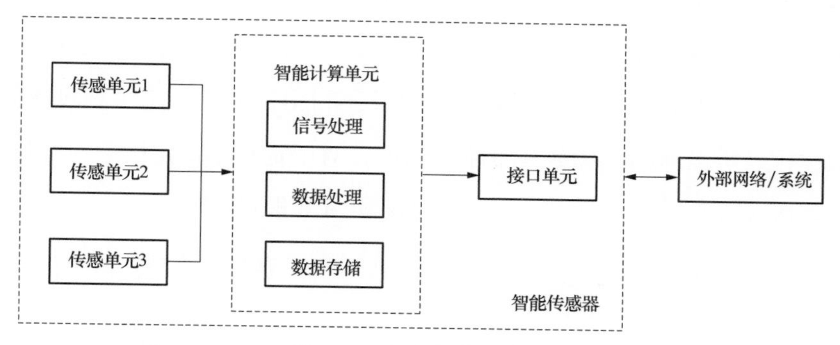

图 5-2 智能传感器组成

（2）机器人检测技术。巡检机器人利用安装的红外热像仪、温湿度计、测振仪、摄像头等传感器，在规定的时间和路径范围，采集设备的温度、湿度、振动、图像等信号，用来判断设备的健康状况。图 5-3 所示为机器人在生产厂区巡检的现场图片。

无人机可以搭载摄像头、测距仪、测温仪等感知设备，利用其机动灵活、操控方便的优点，实现快速便利的测量和巡查，可在山脉、沙漠、戈壁、海面、大型容器等场地得到广泛应用。

图 5-3　机器人在生产厂区巡检的现场图片

2. 智能控制

（1）预测控制。模型预测控制（Model Predictive Control，MPC）简称预测控制，是20 世纪 70 年代提出的一种计算机控制算法，最早应用于工业过程控制领域。预测控制的优点是对数学模型要求不高，能直接处理具有纯滞后的过程，具有良好的跟踪性能和较强的抗干扰能力，对模型误差具有较强的鲁棒性。在分类上，预测控制属于先进过程控制，其基本出发点与传统 PID 控制不同。传统 PID 控制是根据过程当前和过去的输出测量值与设定值之间的偏差来确定当前的控制输入，以达到所要求的性能指标。而预测控制不但利用当前时刻和过去时刻的偏差值，而且还利用预测模型来预估过程未来的偏差值，以滚动优化确定当前的最优输入策略，因此，对干扰和不确定因素有良好的适应性。预测控制技术在火力发电厂主要应用于蒸汽温度和 SCR 脱硝控制。

模型预测控制原理示意如图 5-4 所示，横轴为时间轴，$k<0$ 表示过去，$k>0$ 表

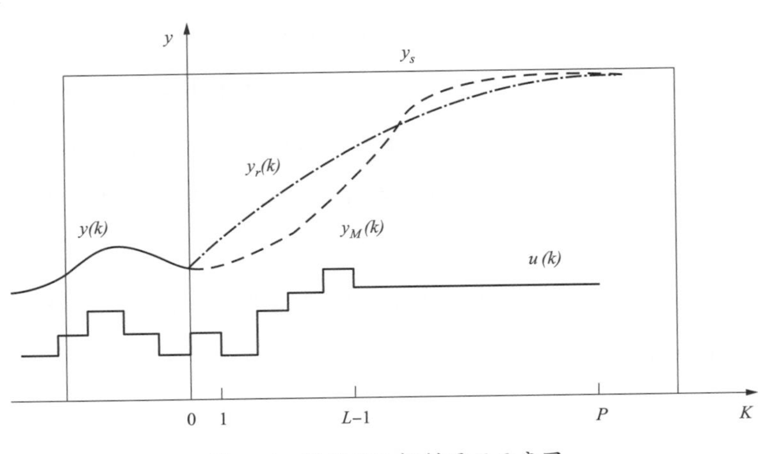

图 5-4　模型预测控制原理示意图

示将来。控制的目的是使系统的期望输出从 $k=0$ 时刻开始的实际输出值沿着一条事先规定的曲线逐渐到达设定值，这条约定的曲线称为参考轨迹 $y_r(k)$，预测控制需要做的是求出控制作用序列 $u(k)$，使得优化时域内的输出预测值 $y_M(k)$ 尽可能地接近参考轨迹。

（2）模糊控制。模糊逻辑控制（Fuzzy Logic Control，FLC）简称模糊控制，是以模糊集合论、模糊语言变量和模糊逻辑推理为基础的一种计算机数字控制技术。模糊控制实质上是一种非线性控制，从属于智能控制的范畴。模糊控制的基本思想是在控制方法上应用模糊集合理论，把人的控制策略的自然语言转化为计算机能够接受的算法语言所描述的控制算法，通过模拟人的思维方式对一些无法构造数学模型的被控对象进行有效的控制。模糊控制技术广泛应用于火力发电厂的蒸汽温度、脱硫、燃烧等控制场景。

（3）神经网络控制。人工神经网络是一种旨在模仿人脑结构及其功能的信息处理系统，通过预先建立人工神经网络模型，获得被控对象输入输出的映射关系，对设备进行控制。神经网络控制能够充分逼近任意复杂的非线性系统，能够学习和适应严重不确定系统的动态特性，而且由于大量神经元之间广泛连接，即使少量神经元或连接损坏，也不影响系统的整体功能，表现出很强的鲁棒性和容错性，同时由于采用并行分布处理方法，使得快速进行大量运算成为可能。神经网络控制技术可以较好地解决火电被控对象非线性、多变量、强耦合的难题，广泛应用于火力发电厂蒸汽温度、燃烧、协调等控制场景，神经网络算法也可分析预测模型，提高模型精度和准确性。

神经网络结构示意如图 5-5 所示。输入层主要用于获取输入的信息，节点数量主

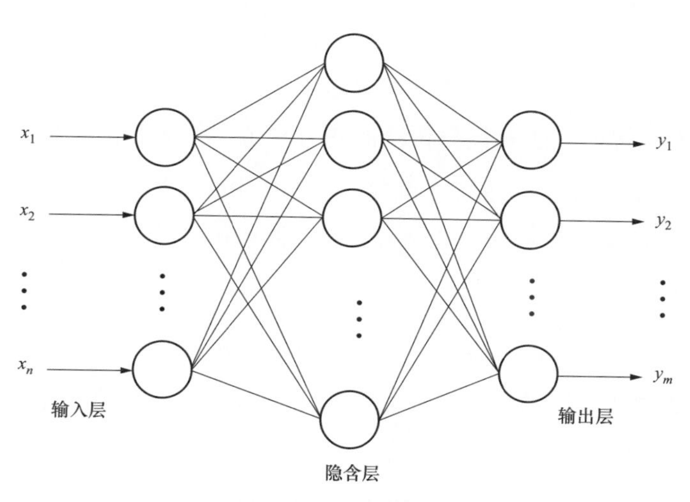

图 5-5 神经网络结构示意图

要取决于输入信息规模，每个神经元 x_n 代表了一个特征；隐藏层主要进行“特征提取”，不同隐藏层神经单元对应不同输入层的神经单元权重和自身偏置均可能不同，训练模型调整权重让隐藏层的神经单元对某种模式形成反应，隐藏层层数以及隐藏层神经元由人工设定；输出层用于对接隐藏层并输出模型结果，根据不同的隐藏层权重和自身偏置输出结果，训练模型调整权重以对不同的隐藏层神经元刺激形成正确的反应，输出层个数代表了分类标签的个数（例如在做二分类时，如果采用 Sigmoid 分类器，输出层的神经元个数为 1 个；如果采用 Softmax 分类器，输出层神经元个数为 2 个）。

（4）遗传算法控制。遗传算法是模拟达尔文生物进化论的自然选择和遗传学机理的生物进化过程的计算模型，是一种通过模拟自然进化过程搜索最优解的方法。遗传算法是一种基于“适者生存”的高度并行、随机和自适应的优化算法，通过复制、交叉、变异将问题解编码表示的“染色体”群一代代不断进化，最终收敛到最适应的群体，从而求得问题的最优解或满意解。遗传算法在建立炉膛温度场、锅炉汽水模型，以及厂级负荷调度、协调、燃烧优化等控制领域得到广泛应用。

（5）专家系统。专家系统是由知识库、推论引擎、人机接口、综合数据库以及解释程序为基础而组成的计算机系统，采用多种人工智能语言，综合采用各种知识表示方法和多种推理机制及控制策略，可应用于机组指标分析、优化运行、生产安防等领域。目前，火力发电厂的专家系统主要有机组智能预警与诊断、运行指标分析与偏差管理、火电环保智能系统等。

（6）控制系统智能优化。通过利用先进的人工智能算法与先进控制算法相结合，建立仿人智能的先进控制优化算法，达到有效弥补对象大滞后（比如燃烧、设备启动等）的技术效果，实现在扰动工况下的优良动态指标。与传统控制模型相比，仿人智能算法采用更为先进的人工智能算法来代替传统的积分环节。仿人智能的控制算法为大惯性的复杂系统的快速准确控制响应提供了重要的手段，仿人智能技术在智能自动发电控制（Automatic Generation Control, AGC）等领域得到广泛应用。

3. 燃烧智能优化

随着锅炉容量的增大、热力参数的提高以及机组集控化程度和控制品质的提升，锅炉对各种内部扰动和外部扰动，如燃料发热量、给水温度、负荷变化、吹灰频次、季节变化等更加敏感，对锅炉的燃烧控制系统提出了更高的要求。传统燃烧调整方法时效性差、响应慢、煤种及负荷适应性差，不能满足燃煤机组安全、稳定、经济、环保、智能化的运行需求。目前国内外燃烧优化技术研究主要方向包括通过性能试验的燃烧参数优化、基于检测技术的燃烧优化研究、基于燃烧设备层面的优化改进、以电厂 DCS 为基础的人工智能先进控制优化等。

4. 热力系统智能优化与全工况指导

目前，电厂热力系统分析中主要建模手段是基于机理及数据建模与大数据分析相融合的先进技术。

机理模型主要结合领域知识，采用物理知识和数学建模技术对电厂热力元件进行基于设计参数的模型开发。利用热力学知识对电厂元件的热力边界进行参数化建模，提取热力特性，并融合几何结构，实现特性、参数、几何的整体化物理模型开发。因此，机理模型属于以理论知识为基础的通用模型，为热力系统的变工况仿真奠定物理基础。

数据模型主要结合机器学习，利用人工智能算法，对电厂热力元件的特性参数进行基于历史数据的学习和标定，使得通用的机理模型能够结合不同电厂的运行特性进行更精细化的融合，从而进一步提高计算精度。因此，数据模型属于基于机器学习的特性模型，这一点在机组变工况性能优化显得尤为重要。

在两种建模方式融合的过程中，通过机理分析或专家经验确定出模型类型和模型结构，进行机理模型的定义和开发，利用大量电厂历史运行数据、性能试验数据和设计数据，开发数据模型，对机理模型进行修正，提高建模精度和建模效率。从而使更加准确的在线性能分析与能耗优化成为可能。

热力系统智能优化采用仿真引擎和多目标优化引擎相互融合的方式实现，主要配合高精度电厂热力系统仿真环境，采用稳定成熟的优化算法，实现给定边界条件下，在基于机理及数据建模与大数据分析技术的高精度仿真环境中寻找电厂最优的运行参数匹配，以满足性能目标最大化的目的，最终实现运行优化。

5. 多目标解耦优化

随着近年来对于安全性、环保指标以及机组负荷跟踪特性等要求的逐步提高，在实现多目标解耦优化的同时考虑安全性、经济性和环保型的优化，是智能燃煤发电的重要发展方向，采用多目标先进智能优化算法对于提高机组的控制品质具有重要的意义。

燃煤电厂的热力系统中，变量参数众多、优化目标也存在相互制约的情况。传统的优化方法很难对热力元件参数进行正确的优化，并取得较为优良的整体优化效果。作为热力系统智能优化的核心内容，如何取得高效的变工况运行基准值和快速的反应能力成为研究热点之一。此外，在实际使用过程中，负荷、热力元件承载能力等参数的变化也会导致优化约束出现一定的改变，因此，有必要研究优化引擎的动态适应。

通过准确的机理模型建立，结合大数据、人工智能的方法对海量运行数据进行深度挖掘，可以分析出多边界、多设备解耦条件下的性能指标，找出系统中性能薄弱环节，并给出合理的优化操作方案，使机组在全工况负荷范围内保持最佳的运行状态。

6. 建立机组数据模型

过去，我们需要到生产现场进行多种工况的试验，通过各种拟合及推导算法才能建立机组的数理模型。现在，可以通过采用人工智能技术对机组的实时数据和历史数据进行数据挖掘和数据分析，建立机组的数据模型，获得机组输入输出的映射关系，从而模拟实际机组在不同工况和控制策略下的运行性能，建立新的控制优化策略，实现运行优化、性能分析及预警诊断，以满足机组快速、经济、环保的需求。

7. 智慧监盘

通过采用智能控制系统（ICS），采用关系图谱、深度神经网络等技术，实现对机组运行状态工况的智能监测。将先进成熟的智能算法预装入ICS系统，实现在变工况下的机组最优运行。将运行异常、参数报警等进行智能甄选和判别，将最终结果推送给监盘人员，打破常规运行监盘需要机、炉、电、辅控多人分别监盘的模式。江苏利港电厂通过智慧监盘实现了一台机组只需一人监盘，极大节约了人力资源。

8. 灵活性深度调峰

我国北方多个省已出台了火电机组深度调峰的辅助服务政策，机组在40%负荷以下运行时，电价补偿最高可达0.6~1.0元/kWh。由于机组在低负荷运行时，协调控制系统被控对象的滞后更大、参数波动剧烈、人员操作难度大，常规PID控制器的控制方案无法对其进行有效控制。所以从灵活性深度调峰的实际需求和可观的经济回报出发，火力发电厂迫切需要采用智能控制技术如预测控制、神经网络控制以及专家系统等，进行机组深度调峰的控制改造，满足更低负荷的稳定运行需求。

9.APS自启停

机组自启停控制系统（Automatic Power Plant Startup and Shutdown System，APS）是衡量电厂自动化水平的一个重要方面，该系统能够让发电机组按照设计的先后顺序，通过大量启停条件和控制逻辑判断，完成启停过程中的相关设备自动投退以及机、炉、电等主机的协调控制，在少量人工干预的情况下实现整台机组的启停。APS系统结构采用分层控制：依照厂级、功能（子）组、驱动级（单体设备）的层次关系设计。主要控制策略分为全程给水、全程燃料控制、全程旁路、全程凝结水控制、全程风烟、锅炉自动点火控制、蒸汽温度全程控制以及全程协调控制等。

10. 智能巡检与智能“两票”

结合先进的测量和监视系统，实现巡检路线的智能化覆盖，是燃煤智能电厂减少人员工作量的重要途径。目前主要采用的方法包括采用机器视觉、图像识别（包括可见光视觉识别、红外识别等）、无线测温以及超声、感油电缆、智能传感器、RFID、自主路径规划等先进测量装置和机器人等技术，通过智能巡检减少人员巡检工作量和巡检失误。

基于图像识别、语义识别、全厂定位、智能安措、违章报警以及全厂设备的三维状态展示等智能化先进技术，可以根据现场人员、事件及安全状态，快速排除错票、废票，实现燃煤发电运维过程的工作票、操作票等的智能开票，实现“两票”智能化，可以减少“两票”开具工作量，降低人因错误导致劳动效率低和安全问题。

5.3.3 全寿命周期设备管理

1. 全厂设备数字档案

建立全厂多层级（零部件级、设备级、系统级）的基于三维模型的数字档案，是智能电厂实现设备管理和运行优化的基础工作。多层级的全厂设备数字档案将汇集施工设计图纸、厂家设备参数、检修报告等离线数据和智能采集前端采集的设备运行参数、两票、SIS、企业资源计划（Enterprise Resource Planning, ERP）、生产信息系统等在线数据，采用全厂统一的设备或关键零部件、焊缝等的编码规则，实现图纸资料、运行界面、三维模型和实景摄像的联动检索和安全访问。目前，国内部分新建电厂已经实现了三维设计和三维交图，为三维数字化档案的建立提供了基础，三维数字化档案为设计、施工和智能运维提供了基础。

2. 设备状态模型

设备的基准状态评估是设备运行健康状态精确分析的基础，是设备运行优化、性能劣化分析的基准，要建立在设备状态精确仿真和状态修正的基础上。传统方法通过基于领域知识的机理模型可以解决部分设备的建模问题，但随着设备逐渐劣化，需要采用数据和机理混合模型。基于贝叶斯原理的状态更新方法，是状态检修中设备状态模型建立和修正的重要手段，是机理模型与运维数据的结合点。人工神经网络、深度学习等方法，对于建立复杂设备状态模型有重要意义。设备状态基准模型也称为数字双胞胎、数字孪生体、数字镜像等。目前，国内外建立设备的状态模型主要针对汽轮机和部分关键辅机，还不能够做到关键重要设备的全覆盖。

3. 设备管理智能决策与状态检修

设备管理智能决策方法主要基于可靠性对设备进行精细化维护，利用功能对象建模方式，对功能失效模式进行基于后验概率的经验式总结。根据设备的健康状况对设备的检修、改造等管理内容进行智能决策，为设备的状态检修策略、设备的改造投资策略等提供指导建议。设备状态评价的典型过程如图 5-6 所示。在这个典型过程中，通过对设备在线、离线不同类型监测数据采取包括报警阈值、监测量的变化速率、趋势预警、专家系统等多种方式的分析评价方法，全方位对设备的实际劣化情况进行评估，从而实现设备状态评价。

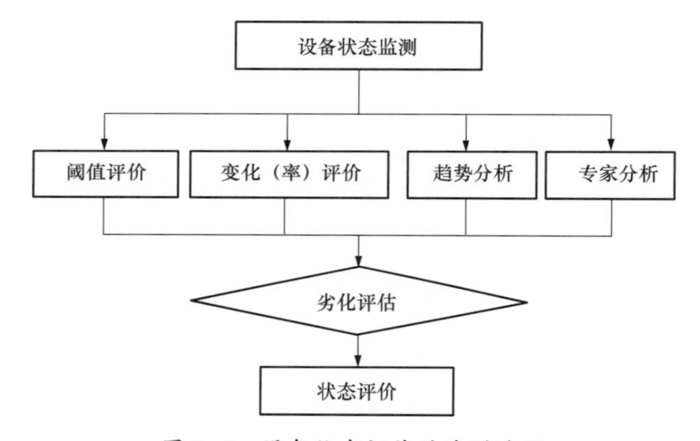

图 5-6　设备状态评价的典型过程

随着状态检修技术的发展，监测数据不仅仅局限于设备本身，目前已将相关的工艺过程参数引入设备状态监测系统用以状态分析；在趋势分析和专家分析方面，随着人工智能与大数据技术的发展，将机理建模与数学建模相结合建立更加精确的模型，并配以基于强化深度学习等技术的优化引擎，从而给出更加准备的分析结果。

对于多部件依赖系统的状态检修策略是目前国际上发展比较迅速的一门分支。对于同一子系统、同一设备的不同检修项目之间存在着结构依赖、随机依赖、经济依赖和资源依赖关系。利用 FMECA 技术对失效模式进行影响分析、风险评估，通过设备可靠性的分析，建立设备健康状态模型，对可测量的设备故障模式进行状态检修，对不可测量的设备故障模式进行计划性检修，最终利用逻辑决断图对设备维护维修提供策略支撑。

目前，国内还没有完全实现关键辅机设备的状态检修，部分企业已经开始针对汽轮机、锅炉、发电机以及关键辅机开展状态检修技术研究与试点工作。

4. 远程诊断技术

远程诊断技术有效融合“互联网 +”、大数据等技术，将分布于不同地域、不同电厂的机组运行数据进行采集、存储，并在此基础上建立各类数据挖掘模型、设备分析模型，实现对发电设备故障及异常的早期预警和专家诊断。

5. 智能机器人

在火力发电厂的设备管理方面以及安全、运行管理方面，机器人都有着很好的应用场景，可通过加载各类传感器，实现对生产区域的运行参数在线监测、设备状况智能分析和故障预警。检测机器人可利用图像识别、红外测温、激光测振、数据挖掘与分析技术对设备进行检测，实现缺陷实时精准化指向，及时掌握机组的可靠性和安全性。巡检机器人可通过环境感知、场景三维重建、高精度定位与导航等技术，高效、快速地完成生产现场巡检工作。机器人种类涵盖巡检机器人、测量机器人、导轨机器人、清洁机器人以及无人机等。

5.3.4 智能化经营管理

1. 智能燃料管控系统

智能燃料管控系统是综合应用物联网、自动化控制、信息及系统集成技术，集燃料生产流程监控、智能设备监管和燃料业务管理于一体的管理与控制综合型工业应用系统。具体包括了燃料入厂验收管理系统、煤质实验室信息管理系统、数字化煤场管理系统、智能燃煤掺配管理系统、燃料智能管控系统、燃料信息管理系统。将燃料管理环节中相对分散的生产设备、业务过程统一起来，实现设备远程智能管控、燃料信息实时共享、智能燃煤掺配、分析预警及决策辅助等功能。通过智能燃料管控系统，实时掌控入厂、入炉、库存煤的量、质、价信息，实现价值管理智能化。关键技术包括 RFID 或二维码等其他物联网入口技术，以及对于入场煤的智能称重和采样、制样、化验系统等。同时，随着装备工业的不断发展，机器人采制样技术和在线煤质检验技术正在逐步成为煤质检验的重要方向，目前，在线煤质检验主要包括瞬发 γ 射线中子活化分析、双能 γ 射线透射等方法，同时，激光诱导等离子体光谱分析技术目前正在积极的研发过程中。

2. 智能负荷预测技术

根据需求的不同，电力负荷预测主要包括长期、中期、短期和超短期预测，其中超短期负荷预测用于监控和优化设备的运行，短期负荷预测用于机组启停、消纳等的调度协调，中期负荷预测用于安排检修计划和燃料的进、运、销、存等，长期负荷预测主要用于国家和区域的能源及电力规划。电力负荷预测经历了经验、传统和人工智能三个阶段的发展，已经可以考虑包括季节、温度、湿度、节假日、用户等诸多因素。当前电力负荷预测正在向着云计算大数据平台方向发展。

3. 智能报价决策技术

由于电力市场“厂网分开、竞价上网”改革逐步推行，电力现货市场报价技术正在逐渐成为参与竞价企业需要着重研究的内容。如何利用电厂已有的大量信息内容，使得报价决策过程智能化，将为电厂带来较大的经济效益。

目前主要存在四类竞价策略，包括基于成本分析的竞价策略、基于预测出清价格的竞价策略、基于竞争对手行为的竞价策略和基于博弈论的竞价策略。无论哪一种竞价策略，其本质都是对市场行为的分析和预测。由于市场本身将不断淘汰有效交易策略，所以竞价策略本身会随着市场的运行不断演化。

4. 智能成本核算技术

随着电力现货市场的推进，发电成本的分析成了报价决策分析中的重要因素。对于电厂来讲，厘清自身的发电成本将对于提高市场竞争力有重要的意义。如何准确计算发电成本，成为决策报价的重要决定因素。煤炭价格、供电煤耗，同时考虑设备运维成本、财务成本和管理成本，成为目前火电企业成本分析技术的重要研究方向。

5. 智能燃煤发电与能源区块链

能源互联网技术作为近年来能源行业的发展趋势，已开展了相关的示范应用，能源互联网有利于大规模高效利用和消纳可再生能源电力，促进天然气、煤炭等一次能源的高效利用。燃煤电厂发电负荷为电网提供基本负荷，并且可以通过负荷变动来适应和消纳风能、太阳能、生物质能等新能源负荷波动。同时，燃煤电厂的用煤、供热等都属于能源互联网的重要部分。智能燃煤电厂将逐渐成为能源互联网的一部分。区块链技术由于具有去中心化、不可篡改、高安全性、交易透明等特点，将成为未来分布式和集中式能源交易的重要支撑，为研建智能燃煤电厂煤炭交易、流转、电能交易、供热交易经营中的基础交易平台提供技术支持。

6. 智能仓储

发电集团或省级公司可根据自身情况开展智能仓储建设，实现区域电厂间的联储联备，优化物资管理成本。同时，与制造厂、供货商、物流企业探索开展重要备品备件的厂家联储联备与物流直供，为集团级联储联备提供建设经验支撑。

火力发电厂应从提升物资管理水平出发，采用信息技术、RFID和蓝牙、自动盘点等技术，实现仓储物资在入库、盘点、出库等方面实现便捷化。结合备品备件采购指导、仓储管理评价等功能，提高仓储管理的智能化水平。

5.3.5 燃气机组智能化

燃气机组智能化要实现数据采集数字化、生产过程智能化、业务处理互动化、经营管理信息化、战略决策科学化，以提高企业的综合竞争力。

燃气机组在故障诊断方面主要包含设备对象定义、数据处理、相关数据模型生成、模型状态识别、诊断规则集、诊断报警与记录等功能。找出设备可能存在的不正常状态，为运行和检修人员提供有关设备的状态信息；通过对历史数据的分析确定数据模型参数和特征计算。在进行故障诊断时，系统通过数据采集模块实时获取电厂设备的当前值，然后与数据模型推测值进行比较，判断当前的数据是否正常，运行趋势是否恶化。出现异常则依据规则集中的原则进行判定可能发生的故障并产生报警。平台具备设备故障树分析模块，对历史数据进行分析的同时会对测点与测点、设备与设备之间的关系进行分析，从而得到测点与测点、测点与设备、设备与设备之间的数据关系。

5.4 典型应用案例分析

5.4.1 中电普安电厂数字化电厂项目

中电（普安）发电有限责任公司（简称“中电普安电厂”）位于贵州省黔西南州普安县青山工业园区内，现有2台660MW超临界燃煤纯凝发电机组，其中锅炉为北京巴布科克·威尔科克斯有限公司设计制造的超临界、W形火焰、一次中间再热、露天布置、平衡通风、固态排渣、全悬吊钢结构直流炉，汽轮发电机组为中国东方电气集团有限公司设计生产的超临界、一次中间再热、凝汽式汽轮机组。

中电普安电厂围绕数字化电厂建设三大目标：①提升生产运营自动化水平，降低人力资源需求；②实现业务数据自动采集、智能分析，提升管理效率；③实现业务处理移动化，提高工作效率。目前已完成 7 项具体数字化项目建设。

1. 三维设计和数字化移交

电厂主体工程采用三维联合设计，由广东省电力设计研究院和深圳图为技术有限公司合作应用了三维数字化设计建模。建模范围包括全部设备和围墙道路、地下管网、支吊架、桥架、沟道在内的全厂构（建）筑物。设计精度方面，建筑结构达到了开孔和配筋，机务专业包括了主蒸汽管道焊缝、疏水排气管路和保温，仪控专业包括了主要测点，电气专业包括了动力电缆和接地网。总体实现了碰撞检查和路径规划功能，有效避免了基建期管网碰撞和现场返工，提高电缆长度计算准确性，有效降低工程造价；建立了三维数据移交标准，将 KKS、设计参数在三维数据库中整体移交。中电普安电厂三维数字化设计如图 5-7 所示。

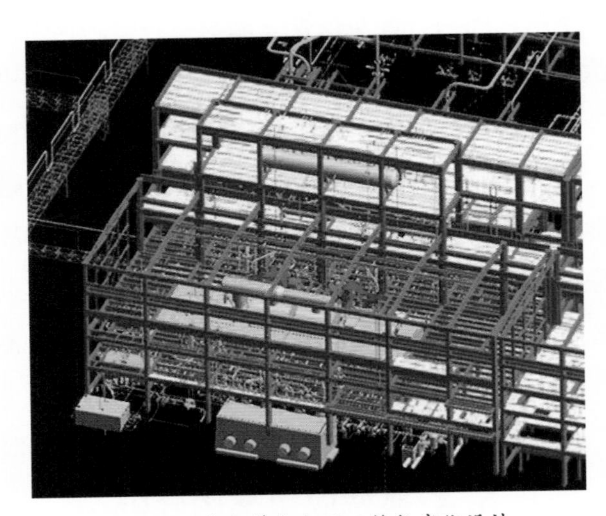

图 5-7　中电普安电厂三维数字化设计

2. 基建 ERP 和数字化竣工决算

建立基建 ERP 系统，进行了基建 ERP 模块建设，将工程项目管理技经信息完整纳入，使基建、生产等各阶段都使用同一个 ERP 系统，实现 ERP 系统中完成工程竣工决算和资产设备移交。中电普安电厂在机组 168h 试运前完成了设备级 KKS 编码、设备基础信息等数据导入，设备缺陷管理、检修工单等业务全面投用，实现设备资产管理 ERP 业务无缝转入生产期。

3. 现场总线应用

中电普安电厂单台机组应用总线设备约1800台，全厂合计约5000台，现场设备及阀门控制，大量采用Profibus-DP和FF总线控制，实现了对现场电动机控制、电动执行机构、传感器等数据信号和控制信号的高速传输，节约了大量安装费用。中电普安电厂现场总线设备占比超过83%，是目前国内现场总线设备应用比例最高的机组，大面积总线控制技术的应用也为后续智能控制系统的应用提供了有力支撑。

4. 机组APS功能

中电普安电厂依托主辅一体化DCS系统，建立了完整的APS功能。其中APS功能断点数量按冷态“启4停2”设置，为国内W形火焰炉煤电机组先进水平。启动过程设置55个功能组，停机过程设置12个功能组。目前APS启动已试验到启动第三阶段。自主研发国内首个基于SIS系统的W形火焰炉壁温智能监控系统，有效指导锅炉壁温调整，降低锅炉“四管”泄漏概率。

5. 智能燃料管控系统

中电普安电厂智能燃料管控系统融合了燃料ERP，建设了一体化智能燃料管理平台，将采购计划、车矿调运、采样接卸、制样化验、煤场管理、配煤掺烧、结算管理等业务全流程整合，把燃料、采制化设备、煤场、电厂管理人员、煤场设备通过信息流有机联结起来，构成完整的一体化管控与辅助决策体系，实现全生命周期、全方位、可视化、智能化的高效闭环管理，实现了入厂、计量、验收、化验的采制化全过程数据自动采集，实现采样封装、原煤样暂存归批、全自动制样、在线全水分析、化验样自动传输、化验样存储、化验数据自动采集等无人干预，建设基于等高线数字化煤场的全自动斗轮机系统，实现精准堆取作业和实时盘点，减人增效显著。目前，中电普安电厂采制化人员比同区域电厂减少50%，斗轮机驾驶员减少8人。

6. 智能点巡检系统

开发了国内首个基于AR眼镜的智能点巡检系统，能够自动识别设备，现场实时获取DCS运行参数，现场录入运行巡检、精密点检的相关信息，实现智能点巡检管理和远程作业指导。更深入的功能包括设备精密点检和AR辅助运行操作系统正在开发中。

中电普安电厂AR巡检视图如图5-8所示。

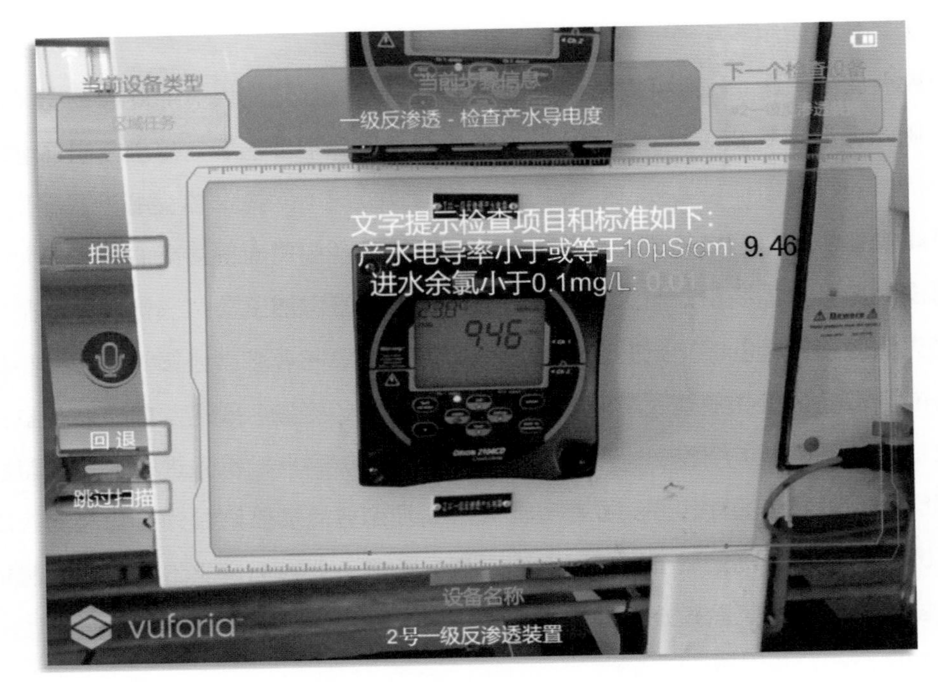

图 5-8　中电普安电厂 AR 巡检视图

7. 作业行为智能管控系统

智能门禁系统自动根据 ERP 人员信息和工作票信息进行业务授权，现场作业人员分布情况随时掌握，融合视频监控智能分析系统自动抓取违章行为，正在建设作业风险评价与管控功能。

5.4.2 国电东胜热电智能发电项目

国电内蒙古东胜热电有限公司（简称“国电东胜热电”）装机为 2×330MW 亚临界直接空冷供热机组，采用无燃油等离子点火系统，利用城市中水作为补水，通过直接空冷技术实现集中供热、全烟气脱硫、进行水岛和煤灰硫集中控制，符合国家“节约资源、环境友好”“节能减排”“热电联产”等相关产业政策，是全国第一家无燃油火力发电厂。

国电东胜热电将智慧企业建设定为“一把手工程”，以提高企业的价值创造力和全要素生产力作为智慧企业建设方向，以建设安全、高效、环保、低碳、灵活、智慧电厂为目标，经过近两年的建设，现已初具规模：

（1）搭建两大平台。

1）智能发电平台：智能 DCS、ICS。

2）智慧管理平台：人工智能火力发电厂生产运营管控中心、基于大数据库 Hadoop

的厂级大数据中心、人工智能算法平台、软件一体化平台、已有数字东胜 APP、新 OA（Office Automation）系统、企业资产管理系统（Enterprise Asset Management, EAM）和设备二维码 APP、日利润系统。

（2）新测量技术。基于次红外技术的皮带上煤质实时化验，数字化煤场和 3D 激光盘煤机器人。

（3）人工智能算法、机器人、物联网、虚拟现实等新技术在安全、燃料管理等领域的应用。室内人员定位、三维建模、智能视频识别跑冒滴漏、汽轮机锅炉房智能巡检机器人、输煤栈桥智能巡检机器人。

智慧企业建设成果主要有智能 DCS 与 ICS 智能发电平台、人工智能巡检机器人、基于人员定位系统的安全作业管控平台、智能视频识别设备跑冒滴漏等不安全状态、基于 EAM 系统的设备二维码与全寿命周期管理、人工智能火力发电厂生产运营智慧管控中心、输煤栈桥智能巡检机器人和无人输煤系统以及基于柔性导轨式的 3D 激光无人盘煤机器人和数字化煤场。

智能 DCS 运用大数据、数据挖掘、自学习、热力学机理、寻优算法等技术对机组 DCS 系统进行智能化改造，使其在原有的功能上具备自分析、自诊断、自趋优、自适应的特点。

UWB 基于极窄脉冲无线技术、无载波，具有传输速率高、发射功 率低、穿透能力强等特点，在室内定位领域取得了较为精准的结果。通常利用 TDoA（到达时间差）和 ToF（飞行时间）算法实现人员或物品位置的信息。在厂区内布设定位基站，人员佩戴定位标签，实时精确地定位标签位置，从而清晰显示所有人员的具体位置信息。

人员定位 + 全厂三维可视化 + 虚拟电子围栏 + 视频联动如图 5-9 所示。

图 5-9　人员定位 + 全厂三维可视化 + 虚拟电子围栏 + 视频联动

国电东胜热电人工智能巡检机器人搭载18个传感器，分别是可见光传感器、红外线传感器、激光传感器、烟雾传感器、氨气传感器、氯化氢气体传感器、声音传感器、振动传感器、超声波传感器、温度传感器、湿度传感器、无线传感器、UWB传感器、充电电流传感器、云台位置传感器、加速度传感器、速度传感器、三轴地磁传感器，实现18个检测功能，分别是仪表读数识别、红外热成像测温、滴油漏油检测、滴水漏水检测、管道漏汽检测、粉尘、煤粉泄漏检测、激光测振、现场烟雾检测、有害气体检测、设备轴承检测、生产环境监测、开关合分状态检测、异常噪声检测、外观异物检测、人员不戴安全帽、外来人员判别、火花明火检测、电机本体及电机轴承温度检测。

对现场各类指针式仪表、液位计以及数显仪表等如压力表、温度表等。通过机器人搭载的高清可见光摄像机采集图像，实现智能分析表计读数，通过远传数据与就地仪表读数值对比，实现超限报警等功能。

机器人系统搭载有高灵敏度的声音采集设备，并随云台一同转动，定向采集生产设备的音频信息，音频数据经过处理后进行存储。生产现场环境复杂，生产设备噪声大，人员巡检对于噪声的鉴别没有有效的监测手段，通过智能巡检机器人的声音采集设备不仅可以保护巡检人员身体健康，更可以加强设备声音信息的监视，提高设备的可靠性。

5.4.3 大唐姜堰热电智慧电厂项目

大唐姜堰燃机热电有限责任公司（简称“大唐姜堰热电”）以智慧电厂研究中心为依托，组建涵盖发电设备运维技术团队，不断探索与总结，提升智慧电厂科技含量与实用价值，初步实现了“让电厂充满智慧、让智慧创造价值”的预期目标。

大唐姜堰热电智慧电厂项目利用物联网、三维可视化、虚拟现实、人工智能、大数据分析、云计算等新理念、新技术，打破电厂传统的生产、管理模式，使大唐姜堰热电成为行业引领的智慧电厂。智慧电厂功能集DCS、SIS、管理信息系统（Management Information System, MIS）、在线仿真、智慧管控于一体，将电厂全生命周期的信息、数据同三维模型相结合，利用重点监视画面、三维拆解等手段，强化了设备信息的规范管理和设备隐患的实时监管。应用一体化云平台覆盖全部业务管理，用信息化手段联通各项职能，共集成多达30个业务系统，涵盖电厂生产、经营全部业务的一站式、一体化信息支撑。实现了从数字化到智慧化的跨越，安全生产从“人防”到“技防”的变革，提高了生产管理的本质安全，最终实现从人工决策到智慧决策的过程。

大唐姜堰热电以设计院提供的二维图纸及部分管道三维模型为基础，对主、辅机设备进行三维建模，形成高精度、等比例的三维模型，构建了与大唐姜堰热电物理电厂一致的虚拟电厂。

自动导航功能通过三维虚拟电厂对运行人员和检修人员可进行三维可视化培训，提高员工对现场设备和工作原理的掌握。

三维虚拟电厂对主、辅设备进行了高精准的三维建模，从外形到内部结构，与设备高度吻合，并实现了对设备逐一进行解体、复装，模拟真实的设备大修过程。利用该功能，还可以对检修人员进行培训考核。

以往电厂只能接受设计院的二维图纸，无法保存和接收设计院的三维设计资料，三维数字化档案管理系统可以完整接受和保管设计院的三维设计资料，除了有常规的三维数字化档案的查询功能外，还可以通过三维模型关联等方式，直接调取指定设备的基本信息及历史档案资料。

5.4.4 京能高安屯热电大数据分析平台

北京京能高安屯燃气热电有限责任公司（简称“京能高安屯热电”）通过开发研制发电厂一体化工作平台，实现对发电设备在全生命周期内的数据采集数字化、生产过程智能化、业务处理互动化、经营管理信息化、战略决策科学化，充分开发智能设备的信息资源，深化系统应用，实现控制决策智能分析、生产管理智能处理、业务操作智能化，提高企业的综合竞争力。

大数据分析平台与 ERP、SIS、DCS、移动作业管理等系统建立通信接口，能够按照秒级采集这些系统的数据，大数据分析平台具备 30 亿条 / 天的数据存储能力，满足大量的数据存储需求，系统能够存储 5 年生产数据，数据存储基础采用分布式存储系统，具备高容错能力，并在不改变大数据平台原有程序的基础上通过增加硬件及修改配置文件来自动提升存储效率和可靠性。

大数据分析平台在故障诊断方面主要包含设备对象定义、数据处理、相关数据模型生成、模型状态识别、诊断规则集、诊断报警与记录等功能。通过平台强大的实时计算能力自动对大量的过程信号进行分析，找出设备可能存在的不正常状态，为运行和检修人员提供有关设备的状态信息；平台通过对历史数据的分析确定数据模型参数和特征计算。在进行故障诊断时，系统通过数据采集模块实时获取电厂设备的当前值，然后与数据模型推测值进行比较，判断当前的数据是否正常、运行趋势是否恶化。出现异常则依据规则集中的规则进行判定可能发生的故障并产生报警。平台具备设备故障树分析模块，对历史数据进行分析的同时会对测点与测点、设备与设备之间的关系进行分析，从而得到测点与测点、测点与设备、设备与设备之间的数据关系。

1. 对设备测点进行趋势预测及趋势报警

通过基于时间序列的数据趋势分析方式，采用K阶极值定义的方法实现对历史数据的数据趋势分析，同时对噪声数据进行隔离，实现对监测点数据的趋势预测，通过趋势预测获得测点在一定时间内的运行曲线。

2. 实现转动设备运行评价

对海量历史数据进行数据样本分析，挖掘测点与测点之间、设备与设备之间、系统与系统之间内在隐性数据关系，结合机械振动标准ISO 10816《振动监测评估标准》和GB/T 6075《机械振动　在非旋转部件上测量评价机器的振动》（所有部分）建立设备评价指标体系相关振动标准，对设备振动情况给出健康评价等级。

3. 对设备测点进行趋势预测及趋势报警

通过在一体化平台移动端对测点和设备进行事件订阅，实现对现场运行情况的实时监督，准确掌握现场设备的运行状态，从而减少在现场的停留时间，提前发现设备可能出现的隐患，摒弃传统“坏了就换、坏了就修”的设备被动维护模式，建立全新的“预知检测、预知维修”的主动设备管理模式。

一体化分析平台是利用大数据分析技术结合发电厂的生产特性，提前预测异常、辅助生产操作、优化生产，建立一体化工作管理平台解决软件多样化带来的安全、信息孤岛、重复访问等问题，提高办公效率，极大地提高了京能高安屯热电的生产管理水平，为公司创造了一定的经济效益，同时也带来了积极的管理效益。首创的发电厂大数据分析系统，利用互联网思维解决工业问题，将大数据分析技术引入到发电领域，结合发电厂生产的特点，对分析对象进行特性分析、设备进行细分、工艺系统进行划分，建立适用于工业企业的大数据分析系统。利用大数据分析方法进行分析，改变传统的数学模型分析的方法，基于对数据的分析来进行发电厂的生产优化、故障诊断、设备选型指导等工作。

5.4.5 国家能源宿迁电厂智慧运维管理系统

江苏省为全国用电大省，江苏省用电负荷也领跑全国，国家能源集团宿迁发电有限公司（简称“国家能源宿迁电厂”）是苏北地区重要的电力供应节点。在稳定和高效运行的基础上建设一个智慧电厂园区，是“互联网＋智慧能源行动计划”对国家能源宿迁电厂提出的新挑战和新机遇。国家能源宿迁电厂智慧运维管理系统主要包括以下内容：

1. 数据驾驶舱

在集控中心的数据驾驶舱可以直观地查看机组各项主要的实时运行数据和分析对比数据，为电厂综合管理能力和对外形象宣传的提升发挥良好的推动作用。

2. 数据的全程跟踪和分析

通过对数据进行全程的跟踪和分析，进一步实现了“可视化安防”。利用智慧电厂管理系统的人员定位信息及周界防护设置，实现三维场景下对巡检人员的精准定位显示及误入危险区的报警功能，为巡检人员提供全方位的安全守护。

3. 数字化虚拟电厂

打造一座与实际厂区一模一样的数字化虚拟电厂，通过在模型里任意角度的鸟瞰和透视，能对宿迁电厂二期的总平面有一个很直观的感受，总体布局紧凑合理，各个功能区布置集中、各区域之间流程顺畅、交通便捷。智慧电厂管理系统联通了智慧管理系统（IMS）和智能控制系统（ICS），像电厂的大数据枢纽一样，对运行数据、档案数据、仓储数据、两票数据等进行管理和统筹，并依托全息三维模型对全厂数据实现了立体化、可视化的展现。当在主厂房里以任意路线漫游的时候，只需点击看到的设备，便可通过智慧管理系统调出上述所有的相关数据，使运维管理更加高效。同时，通过在设计中同步形成的系统化、精细化的数字化虚拟电厂模型，能够随时随地查阅地下隐蔽工程，为电厂将来可能的升级改造提供可视化施工建议。

5.4.6 国家电投平顶山电厂安全生产管理支持系统

国家电投科学技术研究院研制开发了电厂安全生产管理支持系统（PSS 系统），在国家电投集团河南电力有限公司平顶山发电分公司（简称“国家电投平顶山电厂”）得到推广应用，实现了电厂安全管理的“三分离”：人员与车辆分离、生产与非生产分离、不同专业间的分离。

智慧安全的目的是实现生产全过程的安全智慧化管理。智慧安全确保基建、生产及网络交互过程中的人、设备、网络及数据的安全，基建、生产安全管理通过关注人、设备、门禁、消防、行为、车辆、危险源等因素，网络安全管理通过关注数据、网络、应用、权限等因素，实现生产全过程的安全智慧管理。

1. 智能门禁

智能门禁系统用于对整个厂区的生产区域及办公区域的重要设备间、电气间、电子间、材料库大门、物品库、堆煤场、重大工程及检修机组隔离区出入口、办公楼门及办公室、财务室等出入口进行标准化、规范化的准出准入管理，系统人员角色权限设定，实现门禁功能，有效地进行身份识别，避免无关人员进入非准入区域。门禁系统的读卡器可设置密码准入功能，重要区域安装带密码键盘的读卡器，人员可在无卡情况下输入密码开门。门禁系统内所有人员的实时出入状态及历史记录均可在监控服务器上查询。

2. 智能两票

智能两票以对现场实施人员活动的时间、空间、行为进行有效管控为目标，融合工作票系统、人员定位、智能门禁、电子围栏、危险源管理、安防数据等系统，实现功能联动与信息共享。智能两票可以根据人员定位提供的人员实时位置，结合电子围栏规定的工作区域，在现场无危险源预警的前提下，监督完成智能两票的工作内容，同时可远程实时监视现场工作过程，存储关键工作过程视频信息。

智能两票依据作业执行规范，正确执行任务条件，审核合格作业人员，在作业规范和规定的时间要求下，在准确的作业地点，依据安全技术措施计划步骤进行有效作业。包括结合作业规范及人员信息，对作业人员资质进行审核，对于合格人员发放门禁卡并给予相应工作权限；审核两票信息，执行审核操作，签发工作票；核对安措关联作业规范，按照智能工作票规范工作；进行位置检测、门禁控制，使合格人员进入正确的作业位置；监控人员操作过程，报警并储存非法执行记录，完整记录关键工作过程视频。建立智能两票作业标准流程，达到保障现场工作安全规范完成的技术效果。

工作票在开出后，由工作票的许可时间和结束时间作为时间要素，工作票的设备信息即设备的工艺位置作为空间要素，在三维数字化模型中以时间要素和空间要素自动生成电子围栏。

3. 电子围栏

电子围栏包括多重报警、自动记录、远程传输和信息中央处理、区域违章报警、警戒区域控制与隔离、人员轨迹追踪与报警等内容，利用红外对射、静电感应式、脉冲式高压、Wi-Fi、超宽频等技术，开发虚拟电子围栏，结合人员定位和视频监控，通过设定施工活动区域，对违规进入等违章行为进行自动报警，提醒违规人员信息和违规情况，并生成违规活动记录。从而达到对作业人员、作业活动的有效管控，避免误操作导致安全事故的发生。通过在系统管控平台设置电子围栏，可以实现高温、高压等危险区域及

警功能。分析专家系统已基本完成功能开发与实施，现正在开展功能验收、测试。设备预警模块已搭建趋势模型超过2200个，某电厂预警系统提前12h发现高压加热器泄漏事件，提前7h发现一次风机轴承故障等。技术监控模块收录现行常用技术监督标准约850项，经验约770条，为电厂提供快速高效资料支撑，帮助电厂完成线上问题闭环管理超过630项，依据技术监督标准工作库，建立技术监督计划任务近2500项；自动优化模块提供了不同机组自动投入情况和质量的对标平台，还可在线分析机组调节性能响应电网要求的情况，两个细则考核功能每年可带来可观的经济效益，模块还提供在线模型辨识和参数优化的功能，辅助电厂优化回路调节品质，提高机组自动化水平；能耗分析模块实现循环水泵、减温水、供热优化功能；负荷优化模块具备实时、离线及中长期负荷优化调度的功能，为厂级和大区（区域公司）级提供电热负荷优化决策分析支持。

本章小结

推进人工智能在火电领域的应用势在必行。一是人工智能技术的成熟及其在火电领域应用的可行性。当前，火电行业已初步具备将人工智能转变为生产力的技术经济可行性，并将在火电智能安防、运行优化、状态检修、经营决策等领域得到更广阔的应用。因此，推进人工智能技术与火电生产经营的融合创新，必将成为火电产业转型发展和智能化升级的重要突破点。二是人工智能技术在火电领域应用的紧迫性和必然性。各产业用电量快速增加，电力需求稳步增长，国内电力行业装机容量、发电量逐年增加，电力供应能力稳步提升。虽然非化石能源增速高于火电，占比增加，各类型发电设备利用小时均同比提高，电力能源结构进一步优化，但在未来相当长的一段时间内，火电仍是主要的发电方式。在低碳发展约束下，提高燃烧效率、保证电厂运行安全、降低污染物排放成为必然趋势，因此，智能化电厂走上历史舞台。

本章具体从我国火电发展现状、火力发电对人工智能的需求、人工智能在火电领域的应用场景、典型应用案例分析等方面来分析人工智能在火电领域的应用。通过将人工智能技术广泛应用于火力发电厂的检测、控制、工程、运行、维护、管理等各个领域，以发电系统为载体，形成具有一定自主性的感知、学习、分析、管理、决策、通信与协调控制能力，能够动态适应发电环境的变化，并与智能电网高度协调，从而实现全局（包括发电产出、效率、可利用率、可靠性、安全性、灵活性、状态检修等）或局部优化目标，打造能够实现安全、可靠、绿色、经济、灵活的电力可持续供给的燃煤智能电厂，是人工智能技术在火电领域应用的主要方式。

考虑电厂信息系统结构、生产经营要素、日常管理要求，火力发电厂对人工智能的需求可以概括为检测感知、认知、决策与执行三个大的方面，未来一段时间人工智能技术在火力发电厂应用的重点研究方向包括智能机器人及无人机、计算机听觉技术、自然语言处理、智能安全管理、智能经营决策等。同时，在区域甚至集团公司范围整合火电板块，以大数据平台为基础，应用人工智能分析决策工具，从而发挥体系竞争优势，也是人工智能在火电领域应用的重要发展趋势。

第6章 人工智能在核电领域的应用

6.1 核电发展现状

根据世界核协会（World Nuclear Association，WNA）报道，截至2019年底，全球在运机组442台，总装机容量为392.4GW。世界在建核电机组54台，总装机容量为59.9GW。国际原子能机构（International Atomic Energy Agency，IAEA）、世界核协会和国际能源署（International Energy Agency，IEA）等世界主要的能源/核能机构都预测，作为一种清洁高效低碳能源，核能将逐渐替代化石能源，对优化世界一次能源结构、改善环境的作用将越发凸显。

截至2019年底，我国投入商业运行的核电机组共计47台，装机容量达到48751.16MW，位列全球第三；全年核能发电量为3481.31亿kWh，同比增长18.09%，约占全国发电量的4.88%。我国现有运行（47台）和在建（13台）核电机组共计60台，机组数量已达到世界第三位。伴随2018年1月1日《核安全法》的正式实施，我国的核能行业管理、核安全监督、核应急、核安保等相关能力的进一步提升与完善，核能在能源转型中的作用不断提高，核电发展空间正在逐渐增大。

6.2 核能发电对人工智能的需求

2016年，谷歌AlphaGo战胜世界围棋冠军李世石，人工智能成为全球焦点，人工智能被作为代表未来几十年的科技发展趋势和国家级战略。人工智能主要研究如何提高机器的智能水平，包括计算力、感知力、认知力等，机器能够自主判断和决策，完成那些原本要人类智慧才能完成的工作，它的主要载体是各类智能系统，如智能化硬件产品、智能机器人、智能软件系统等，本质上就是用计算机来模拟人类的思维方式。《新一代人工智能发展规划》（国发〔2017〕35号）提出了面向2030年我国新一代人工智能发展的指导思想、战略目标、重点任务和保障措施。

核工业是高科技战略产业，是国家安全的重要基石，目前我国已建立起包括铀矿地质勘探、铀矿采冶、铀纯化、铀浓缩、元件制造、核电、乏燃料后处理、放射性废物处理处置等环节的完整核工业体系，核工业已经成为军民结合产业的标杆。然而，从目前人工智能在核电领域的实际应用来看，人员定位、现场Wi-Fi、巡检与检维修机器人等技术门槛相对较低的内容仍然占有较大比例，比如运行优化、故障预警、故障诊断等AI类深层次应用还处于探索阶段。由于这类应用需要大量经验积累与研发投入才能获得较好的性能，所以主要是大公司及有稳定投资方的初创型企业在进行研发，同时阿里巴巴、京东等互联网企业也借着产业互联网之风，开始进军发电行业，但还处在互联网企业及大型企业的产品链设计过程之中。因此，今后人工智能在核能领域的广泛应用势必带来深远的影响。

落实新一代人工智能在核能行业发展规划，需深入并广泛应用以工业机器人、图像识别、深度自学习系统、自适应控制、自主操纵、人机混合智能、虚拟现实智能建模等为代表的新型人工智能技术，如图6-1所示。核电站通过大数据、云计算技术收集，结合虚拟现实技术等引入大量的人工智能技术，制定并优化数据标注规则，从而产生通用数据，实现核电事业从设计-制造-质量控制-核电站建造的智能化。比如建造过程中，利用人脸识别、语音识别、语义理解、图像识别和无人驾驶等技术，实现生产设备、运输机械等连续作业，极大节省人力成本、提升工作效率。核电站运行过程中，机器人将拥有类人的思考和交互能力，大量机器人及虚拟人的应用，将让我们人类在不宜达到区

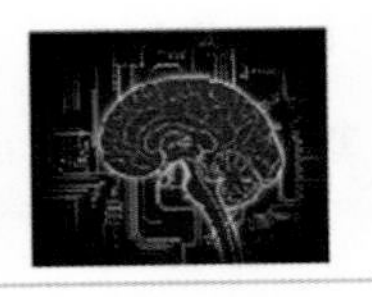

机器学习
- 负荷、功率预测
- 状态评价
- 故障诊断
- ……

机器感知
- 巡检图像识别
- 智能语音客服
- ……

机器思维
- 辅助决策
- 优化调度
- ……

智能行为
- 自动无人机巡检
- 自动机器人巡检
- ……

图6-1 人工智能在核电的应用

域完成各种精细操作，进入人机全面协作的时代，大幅提高生产效能，最终实现一个低功耗、低成本、高效率、智能化、面向客户的绿色能源供应行业。同时人工智能也将大大提升核电运行过程的安全水平，带动核电事业的发展，使我国核电事业走向国际化。

核电智能机器人涉及许多关键技术，主要包括：

（1）多传感器信息融合技术。多传感器信息融合是指综合来自多个传感器的感知数据，以产生更可靠、更准确和更全面的信息，经过融合的多传感器系统能够更加完善、精确地反映检测对象的特性，消除信息的不确定性，提高信息的可靠性。

（2）导航和定位技术。在自主移动机器人导航中，无论是局部实时避障还是全局规划，都需要精确知道机器人或障碍物的当前状态及位置，以完成导航、避障及路径规划等任务。

（3）路径规划技术。最优路径规划就是依据某个或某些优化准则，在机器人工作空间中找到一条从起始状态到目标状态、可以避开障碍物的最优路径。

（4）机器人视觉技术。机器人视觉系统的工作包括图像的获取、图像的处理和分析、输出和显示，核心任务是特征提取、图像分割和图像辨识。

（5）智能控制技术。智能控制方法提高了机器人的速度及精度。

（6）人机接口技术。人机接口技术是研究如何使人方便自然地与计算机交流。

总体来说，核电智能机器人是一个在感知－思维－效应方面全面模拟人的机器系统，外形不一定像人。它是人工智能技术的综合试验场，可以全面地考察人工智能各个领域的技术，研究它们相互之间的关系，还可以在辐射环境中代替人从事更危险、更复杂的工作。一部智能机器人应该具备三方面的能力：感知环境的能力、执行某种任务而对环境施加影响的能力和把感知与行动联系起来的能力。智能机器人与工业机器人的根本区别在于，智能机器人具有感知功能与识别、判断及规划功能。

6.3 人工智能在核电领域的应用场景

《新一代人工智能发展规划》（国发〔2017〕35号）中明确提出要建立混合增强智能支撑平台，建立“支撑核电安全运营的智能保障平台”，如图6–2所示。安全是核电的生命线，核安全是核电运营企业的立身之本、发展之基，同时核电行业又具有全球核电运营单位高度关联相互影响的特点，核电安全性事故会对经济、环境、人身造成巨大危害和长期影响，导致核电领域具有高度的社会敏感特性，因此如何保障核电站安全性和可靠性一直以来都是核电领域的核心课题。三哩岛事件、切尔诺贝利事件、福岛事件这些活生生的现实事例，时刻警醒着人类对核能应用安全性的重视。我国核电事业正处在大力发展的阶段，在努力提升自主化研发能力的过程中，必须要积极面对并解决如何提高和保障核电站安全性的问题。

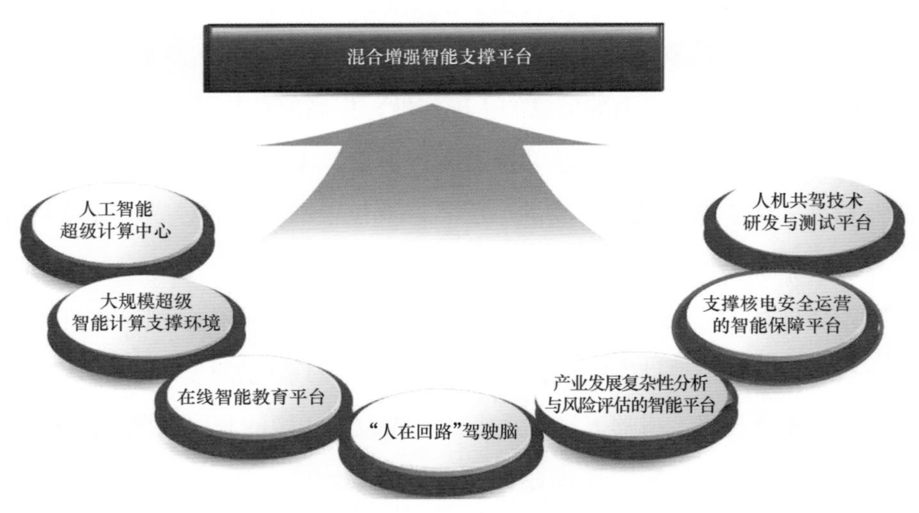

图 6-2　构建混合增强智能支撑平台

6.3.1 安全保障系统

1. 核电站仪控系统

核电站仪控系统主要包括反应堆保护系统、核电站控制系统平台、多样化驱动系统、堆芯仪表 / 堆外核测设备、核电站特殊及地震监测系统设备、辐射监测系统设备、棒控棒位系统设备、全范围模拟机等，同时也涉及验证确认和可靠性技术、信息安全技术。其控制着电站 300 多个系统，近万套设备，是核电站的“控制中枢”“神经中枢”“运行中心”和“安全屏障”，是核电站四大关键性成套设备之一，是整个核电站最关键、最核心技术的集中体现，也是大型核电装备现代化程度的重要标志，核电站的安全稳定运行极大依赖于仪控系统的可靠性与安全性，因此，提高仪控系统的安全运行性能对于核电站安全无疑具有极为关键且重要的作用。

数字技术是人工智能技术之一，目前先进的核电站仪控系统已大量使用数字技术，相比之前采用模拟技术的控制系统而言，拥有在线自检自诊断能力强、故障定位准确、设备可靠性高、参数设定方便、控制精度高、实时性好，具有可扩展性、可升级性强和降低人因失误等优点。全数字化仪控系统在国内外新建和改造核电站的成功应用，证明了它的重要意义和经济性，三代核电已全部采用该技术。与此同时数字仪控系统中的门阵列技术、安全级仪控系统软件验证技术、无线通信技术的工业控制、提升界面的友好性、可操作性的人机界面技术和可靠性分析技术等方面的改进将是今后的主要发展方向，人工智能技术应用将对这些技术起到巨大推动与促进作用。

人工智能技术可用于新建核电站，也可用于在役核电站，是改进硬件和加强管理之外的另一条提高核电站安全性和可用度的有效途径。目前，利用虚拟现实技术、云计算、大数据分析技术对建立核电站仪控仿真系统有着巨大的帮助。利用人工智能技术建立的核电站仪控仿真系统，具有细粒度仿真、弹性机制、按需分配、灵活扩展的特点，可满足核电系统信息安全对抗演练、工业控制重要基础设施与信息系统的安全测评、安全预警的需要，从而极大地提升仪控系统的可靠性与安全性。并可将其作为研究基础，建立虚拟核电站综合仿真系统，以数值反应堆为核心，与数字社会深度融合，从核反应堆安全、辐射安全与环境影响、核应急与公共安全3个方面，突破智能核计算等系列核心关键技术，创新开展“核电站－环境－社会”大时空综合仿真，为核能系统安全设计、安全评价、事故预警、应急演练、应急决策、环境影响评价、社会风险评价等提供了新的研究手段和工具平台，进而提高核电的安全性。

2. 故障诊断系统

核电系统故障诊断是核安全的重要保障领域，核电站系统复杂，其子系统数量庞大，具有潜在的放射性危害，因此对各系统的安全性和可靠性要求极高。然而，在核电站发生故障时，操作人员在第一时间很难准确地判断出故障原因与故障程度。经过几十年的研究探索，美国田纳西大学利用因果推理与主元分析（Principal Components Analysis，PCA）相结合的方法开发了一套核动力装置状态监测与故障诊断系统；意大利米兰理工大学的E. Zio，G. Gola将模糊神经网络应用于CANDU-6核反应堆的主冷却剂泵的故障诊断；清华大学喻海滔利用人工神经网络与模糊规则推理开发了一套应用于200MW核供热站的故障诊断系统。张勤等提出了基于领域专家知识的动态不确定因果图（Dynamic Uncertain Causality Graph，DUCG）理论模型，并初步开发了基于DUCG的核电站实时故障监测、预报、诊断、发展预测和决策支持的软件平台（含知识库编辑器、推理机、人机界面、通信接口等），针对岭东核电站发电机、宁德核电站模拟机二回路（含蒸汽发生器）、清华大学核电站模拟机（已退役）二回路（含蒸汽发生器）以及卫星电源系统等工业系统进行近百项实时实验，正确率达到100%。以上这些研究都是对人工智能在故障诊断领域内的探索，对核电系统故障诊断方面有着重要的意义，对提升核电站安全有着极大促进作用。

6.3.2 运行与维护管理

1. 核岛关键设备维护机器人

核电系统运行与维护（简称运维）是核电安全性与经济性的重要保障领域，尤其是在检测技术、维修技术、事故处理以及核电站后处理方面，专用智能工业机器人可以在高放射、人员不可达区域得到应用，来完成譬如环境监测、水下修复、反应堆压力容器筒体内壁爬行视频检测、事故应急救援等操作。全球核电机器人的研制已取得了较大的进步，在实际生产中发挥了巨大作用。对关键设施进行维护，是核工业机器人最早的应用目标。核事故处理与救援机器人，即利用轮式、履带式移动机器人，携带操作设备，进入事故现场，开展事故处理与救援相关工作，主要用于发生严重核电事故的情况。小型爬壁式监测机器人主要用于核电站安全性的全面监测，即利用小型、智能、爬壁式机器人，携带多种先进传感器，对核电站内的核辐射强度、氢气浓度、烟雾浓度、关键设备及管道的破损情况进行监测，以及时发现问题。

针对特定的“不可达区域”维护工作，可以大量使用专用工业机器人，结合自主无人驾驶、人机混合智能、虚拟现实智能等技术完成维护作业，如在核行业典型的水下复杂操作方面，未来大量的水下小型无人航行器、水下作业机器人等无人智能设备可以在人员不宜到达区域成精细操作，提升核电运行安全水平，如图 6–3 所示。

图 6–3　水下机器人

未来世界核电机器人的发展趋势将着力解决小型智能核电机器人系统创新设计、无损检测与故障诊断技术、多传感器信息融合与智能预警策略、核辐射防护技术、恶劣环境下的高稳定遥操作技术等关键技术难题，从成本低、运动灵活、操作方便等角度考虑，将继续向小型化、智能化、实用化方向发展。

2. 反应堆水下焊缝检查

核反应堆中未被确认的结构损坏可能是灾难性的，定期检查核电站的部件对保证安全运行相当重要。核电站的反应堆压力容器通常被淹没在水下，以确保它们保持冷却，但这也使它们更难以手动检查，如图6-4所示。在一般的检测过程中，工作人员会使用自动裂缝检测系统去捕捉核反应堆建筑上的裂缝。但这个系统捕捉到的视频很容易将小的划痕或焊缝误判为裂缝，因此技术人员必须逐帧查看视频图像。这是一个非常耗时的过程，也存在人为错误的可能。在《IEEE工业电子汇刊》上发表的论文中，研究人员引入了一个深度学习框架，通过分析单个视频帧，它可以有效地识别出反应堆上的裂缝，这种方法有可能使安全检查的结果更加可靠。AI使用了大约30万个裂纹和非裂纹区域数据集，通过查看反应堆的视频图像来工作。AI可以扫描每个核反应堆，并检测到视频帧重叠的“补丁”裂缝。通过使用数据融合技术会得到比其他方法更准确的结果，因为每个裂纹都被数据融合算法一帧帧地查看。这项AI技术在识别裂缝方面的成功率高达98.3%，远远高于目前最先进的方法。

图6-4 反应堆水下焊缝检查

6.3.3 生产与经营管理

1. 核电站仿真系统

由于核电站的高度敏感性，对操纵人员掌握规程的要求必须是万无一失的，操作稍有失误就将带来灾难性的后果。前有美国三哩岛、苏联切尔诺贝利，后有日本福岛，这些核事故都造成了世界性的巨大负面影响。但是核电站是一个庞大的系统，内部结构高度复杂，加之高辐射的环境，使得操纵人员的日常培训变得异常困难。

虚拟现实技术给核电站安全培训带来全新的体验方式，可减少培训过程中的失误，不再承担巨大的环境、财务风险。在虚拟3D核电站里，拿起交互手柄，操纵人员可以随意更换3D核电“设备”，系统会提示你操作是否正确，下一步的操作要领是什么。通过虚拟强化训练，操纵员可以熟练掌握核电站格局和基本的操作规范，日后上岗将应对自如。除了安全培训，戴上3D眼镜还可以进入到虚拟的3D核电站、核岛、主控室里，走走停停、摸摸看看，身临其境地了解一座庞大复杂的核电站如何有序运行，增进对核电站的了解，虚拟现实环境漫游系统带来了比文字、图片、视频更强的沉浸感。

“用3D画面代替50万张设计图纸，可以大大节省核电站设计和建造的时间和成本。”韩国首尔大学核工程系教授徐钧烈指出3D虚拟现实技术在核电站辅助设计和优化环节的优势。从核岛的布置设计到中央控制室的布局合理性，虚拟现实还可以起到辅助设计和安装调试的作用，如图6-5所示。

图6-5　核电站仿真系统模型

虚拟现实技术在核电站安全培训、辅助设计和宣传演示方面有广阔的应用前景，使得核电站从设计到建设运营更高效，为中国的核电发展带来新的机遇。目前，中国核电领域的一些标杆企业都采用了虚拟现实技术构建核电站虚拟仿真系统。中国科学院核能安全技术研究所“先进反应堆设计与安全仿真实验室”与曼恒数字合作建设，主要从事先进反应堆设计、核能软件研发与核安全仿真研究；中国广核集团有限公司（简称“中广核”）核安全虚拟仿真系统则采用了曼恒数字提供的 ART 动作捕捉设备和 Haption 力反馈设备等虚拟现实解决方案。

2. 监控与巡检

在自动运行监控过程领域，大数据分析与云计算技术可以被广泛应用。人工智能技术将优化运行资源配置，采集海量的生产数据、经营数据、外部数据、预测数据，通过无监督学习、综合深度推理等技术，建立数据驱动的决策分析体系，并实时动态配置各系统设备运行参数，建立各控制器相互协调的控制策略，使核动力装置迅速、准确地达到需求的运行状态，而这整个过程（尽可能）无操纵员干预。另外，如果某些系统设备发生故障时，系统会立即监测到故障，并准确对故障进行定位和诊断，迅速对故障设备进行隔离，减少故障带来的影响。核电站换料检修阶段，可以将图像识别技术与 AR 技术结合实现智能建模技术，将换料检修项目的进度计划、成本管理、质量控制做到最优。在核电站运维过程中将智慧电站升级融合到电站监控体系中，实现大量关键设备与特定区域状态的实时监测，从而逐步取代现阶段主要依靠人力进行数据采集分析的现状。

在空中无人机技术应用方面，小型无人机可以应用于高辐射区域的近距离多角度视频同步传输、辐射剂量实时监测及特殊情况下全厂鸟瞰图像收集、网络信号中继、自主巡航等服务，提高特殊情况下协同作业处理效率，确保核安全，如图 6-6 所示。

图 6-6　无人机巡检

6.4 典型应用案例分析

6.4.1 智能机器人技术

在核电行业发展的过程中，人工智能技术尤其是工业机器人的应用日益广泛，并向更加智能化、实用化方向发展。由于核电设备本身的特殊性以及其运行环境的放射性，人员操作存在安全风险或操作受限等情况，如果采用智能机器人进行设备检测与维修、放射性废物处理、应急响应与救援等工作，不但可降低用于人工防护设备的成本及管理成本，也可降低工作人员受辐照剂量和劳动强度。随着我国核电产业步伐的加快，核电已经成为我国能源发展的战略重点。在核电站装机容量不断扩大的形势下，出于核电产业较快发展和核安全的需要，核电机器人的需求与日俱增。比如，管道机器人可以用来检测管道使用过程中的破裂、腐蚀和焊缝质量情况，在恶劣环境下承担管道的清扫、喷涂、焊接、内部抛光等维护工作，对地下管道进行修复；水下机器人可以用于进行水下观察、监测、检测、维修等；空中机器人在通信、巡检、气象监测、交通等方面具有广阔的应用前景。

目前，核电机器人大致可分为观察探测型和作业型。第一类观察探测型机器人是指携带摄像头、温湿度传感器、压力传感器以及辐射强度检测仪等传感设备进入现场并传回相关数据（在应急情况下尤其必要）。第二类作业型机器人，工作内容包括设备管道切割、放射性物质搬运、阀门操作、喷水清洗等。从具体应用划分，核电机器人主要包括核电站环境监测机器人、关键核设施维护机器人、核事故处理与救援机器人。

1. 观察探测型机器人

核电站环境监测机器人以目前使用频率较高的小型移动式监测机器人为代表，主要用于核电站安全性的全面监测，即利用小型、智能、移动式机器人，携带多种先进传感器，对核电站内的核辐射强度、氢气浓度、烟雾浓度、关键设备及管道的破损情况进行监测，及时发现问题。比较典型的是西班牙研制的可用于检测柱状容器（如蒸汽发生器）和大直径管道的爬壁式监测机器人。该研究团队还研制了用于沸水反应堆检查的小型自主机器人，能够沿着专门布置于管道间的导轨运动，利用携带的摄影机和其他传感器进行常规检查。英国核电公司于 20 世纪 90 年代在 Magnox 核电站反应堆压力容器上使用了两种类型的远距离爬行小车。法国也研制了可进行放射性检测的核电站机器人，在北京召开的第十一届中国国际核工业展览会上，法国 SRA SAVAC 公司就展示了如坦克般可对核屏蔽热室进行放射性检测的 RICA2 核电站机器人，以及像壁虎一样吸附在铁磁性材料上移动检测的核电站机器人。东芝公司研制的一台蝎型机器人，如图 6-7 所示，该机器人能在辐射量为每小时 100Sv 的环境中持续工作 10h，能像蝎子一样抬起尾部，照亮四周。该机器人于 2015 年 8 月进入福岛一号核电站的密闭外壳，查看内部损坏情况。

图 6-7　东芝蝎型机器人

2. 特种作业型机器人

关键核设施维护机器人主要针对关键核设施的检测、维护、退役及放射性废物处理。在停堆换料检修期间，电站采用大量特种机器人在辐射环境中进行作业，从而能够实现反应堆压力容器的检查、蒸汽发生器传热管的检查与堵管、核燃料棒包壳破损的定量检查、核燃料组件关键指标的检查以及核燃料组件骨架的更换。目前，国外核电运维服务商如美国 Westinghouse 公司的 PEGASYS（如图 6-8 所示）、美国 Zetec 公司的 ZR 系列（如图 6-9 所示）、法国 Framatome 公司的 ROGER 和 COBRA、日本三菱重工的 MR 系列、

图 6-8　PEGASYS 机器人

图 6-9　ZR 系列机器人

韩国的 KAEROT 和 ADAM 系统等运维技术及装备系统都已在核电市场得到广泛应用。国内服务商早期主要是采购进口设备以满足国内现有核电站运维工作，近年来随着国家科技投入以及国内企业的自主研发投入，核电站主设备常规检维修机器人已经逐渐被国产机器人替代。2015 年 6 月，国家 863 计划“核反应堆专用机器人技术与应用”课题在广西防城港核电基地通过验收，研发了 6 款核电智能机器人，其中两款机器人在核电工程上得到成功应用。2015 年 8 月，反应堆压力容器整体式螺栓拉伸机成功应用于防城港核电 2 号机组压力容器开关盖；9 月 6 日，反应堆换料机器人顺利完成防城港核电 1 号机组 157 根核燃料组件的装载。以上技术的成功研发大幅度降低新建核电站换料机器人和螺栓拉伸机的采购成本，其中多项专利技术成果打破了国外技术垄断。

核事故处理与救援机器人应具有良好的抗辐射能力，可以在高放射环境下运行与作业，采用轮式、履带式、足式进行移动进入事故现场，需携带一定的检测设备，同时具有搬运管道、拧动阀门、清理事故现场等操作功能。这些操作不但考验机器人的机动能力、平衡控制能力，更需要考验机器人的承载能力、续航能力、通信能力、环境识别能力等。在日本福岛核事故中，如何深入核电站内部执行拍摄、清理工作成为焦点，这其中核电救灾机器人发挥了重要作用。核电机器人可替代工作人员进入核电站高放射区域，将现场拍摄的图像或者测量数据传到后台，以便让工作人员了解核电站内部的真实状况。在福岛核电站危险区域的监测及瓦砾的清除工作中，美国、英国和日本先后派遣机器人抵达核电站实施救援工作。核事故处理与救援机器人如图 6-10 所示。美国 iRobot 公司的 PackBot 机器人主要用于检测现场辐射量，通过数百米长的光纤传回现场图像和环境数据。英国 QinetiQ 公司的 Talon 机器人利用搭载的 GPS 全球定位系统绘制事故现场的放射剂量分布图。日本紧凑型双臂重载清洁机器人 ASTACO-SoRa 用于移除核电站瓦砾。

国内研究机构在应急响应与救援技术领域取得大量重要成果，比如由上海交通大学研发的具有自主知识产权的“六爪章鱼”救援机器人可以往任意方向快速运动，拥有很强的机动性、避障能力、稳定性、较强的抗干扰性能和准确的操作能力。该机器人外形引人注目，具有意义重大的使命——在核电站等核辐射环境下进行紧急救灾。同时，该机器人具备深入复杂危险环境的工作能力，可在化学污染、水下和火灾等环境下完成探测、搜索和救援等任务，还可以充当一个稳固的移动工作平台执行搬运、打孔等作业，也可自行完成拧动阀门、清理事故现场等工作。拥有了这些能力，章鱼机器人便能深入灾区，代替工作人员精确地完成最危险的工作。

(a) Pack Bot 机器人

(b) Talon 机器人

(c) ASTACO-SoRa 机器人

图 6-10 核事故处理与救援机器人

由于核电站在运行时会释放大量的 α、β、γ 射线和中子，容易导致核电站机器人传感器、电子器件、信号传输系统瞬间失灵，也会加速绝缘材料、滑润剂、黏合剂、密封部件的老化，其中受影响最大的是摄像头，由于使用了光电传感器，摄像头内部元件同时受到光脉冲干扰和强电离辐射干扰，极易损坏。因而核电站专用机器人区别于其他工业机器人的最大特征就是适应核辐射特殊服役环境，这就要求核电站机器人，特别是其视频检查系统、传感系统和信号传输系统能够在较高的辐射环境下保持正常工作，可以对核设施中的设备装置进行检查、维修和事故处理等工作。

另外，核电站中设备、管道布置复杂，通道狭窄，工作空间狭小，而且高辐射环境下的设备往往是核电站的核心设备，为保证核电机器人在运动、操作过程中不对相关设备造成新的损坏，因此对机器人应用在核电站的可靠性要求很高，通常不允许核电机器人在现场使用过程中出现故障，而成为新的辐射污染产物。目前，核电站还很少采用自主决策的智能化机器人，而多采用远程线缆操控的方式，控制机器人完成指定任务。因此基于嵌入式控制技术的实时视频、控制信号传输技术在核电站机器人的研究中得到大量应用。此外，核电站电磁环境较为复杂，且某些场合不允许进行无线信号传输，除部分巡检、视频检查机器人外，核心设备检修机器人一般采用有缆控制的方式。

随着制造业和控制技术的发展，核电站机器人末端执行机构已能满足越来越多正常检修场合的需要。但由于核事故发生后情况的不确定性，各国针对核事故后高放射性设备的检查、维修、缺陷修复和应急处理等工作专门开发种类繁多，功能、结构各不相同的现场维修及应急操作机器人所开发的末端执行机构还较少，这也直接导致本次日本福岛核电站事故后，很多机器人不能直接用于紧急抢修。而且核电站机器人还需要实现对缺陷的自动判断、自动识别，这需要核电现场数据的数据库支持和高端传感系统、控制系统支持。在部分维修过程中，还需要具备自主修复功能，对机器人本身的故障能够做出自主判断和处理，以保证维修工作的正常进行。

6.4.2 图像识别技术

核电站换料过程中，为确保每个燃料组件都在准确的位置，需对堆芯燃料组件编号和间距进行核查，即将堆芯各个位置的燃料组件编号与预先制定的堆芯装载图中燃料组件编号进行核对，编号一致则认为燃料组件安放正确。在核对编号的同时也会对相邻燃料组件间距进行目测，如果发现间距过大或过小，则需提起燃料组件重新安放。换料结束后电厂还会专门组织进行堆芯组件编号复查，以确保组件都在准确的位置。如果堆芯燃料组件安放位置错误，会造成堆芯功率分布不平衡，影响电厂经济效益；长期不稳定堆芯功率会对组件造成冲击，增加核事故发生概率。燃料组件间距过大或过小均会使燃料组件上管座S孔位置偏移，位置偏移在吊装上部堆内构件时存在带起燃料组件或回装上部堆内构件时挤压燃料组件等安全风险。

目前，国内核电站换料大修期间换料人员会通过长柄工具夹持水下电视目视观测燃料组件编号和间距（如图6-11所示），尚未发现有可用于自动识别燃料组件编号和间距的仪器。目视观测是一种定性的评价手段，只能观察燃料组件编号，且耗时较多，对燃料组件间距目视观测则更多的是凭个人经验判断是否符合标准。为了消除人为因素隐患与提高检测效率，国核电站运行服务技术有限公司（简称“国核运行”）已研制了一套核电站堆芯燃料组件编号与间距自动识别系统，可实现堆芯燃料组件编号自动识别，并与堆芯装载图组件编号自动对比匹配得出结果；实现燃料组件间距自动测量，自动判断目前组件间距值是否在标准值允许范围内。该系统采用动态倾角测量与图像识别技术相结合，消除因运动产生的定位误差，实现了换料过程实时在线监视与测量，最终重复性测量精度优于0.5mm。

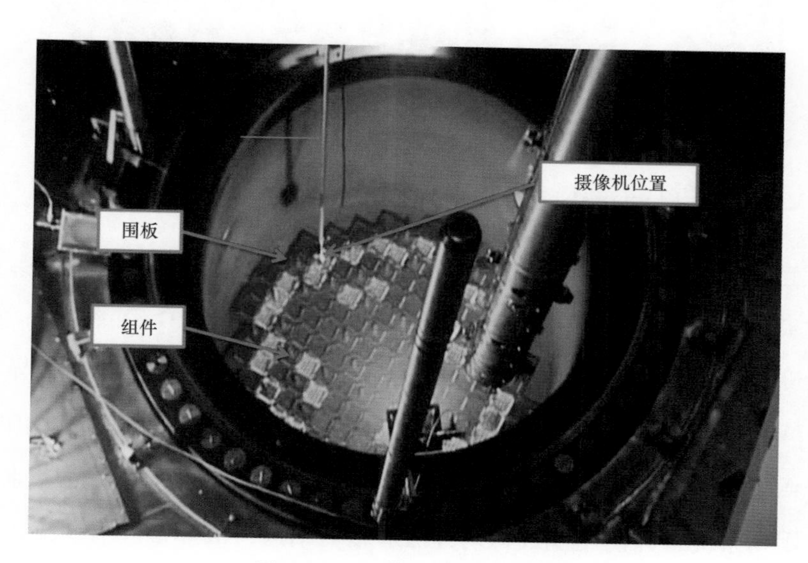

图6-11　燃料组件水下观测

动态倾角测量广泛应用于船舶、机动车辆、直升机、导弹火炮等装备的倾角测量；图像识别技术在当今生活中更是得到广泛应用，如人脸识别、二维码支付、视频监控等。但在此之前核电行业尚未发现采用动态倾角测量与图像识别结合技术辅助换料人员进行换料操作，采用本方式检测核电站反应堆堆芯中燃料组件的编号及间距时，通过将工业相机移动至燃料组件的上方并对燃料组件进行俯拍，工业相机获得的图像经过实时信号采集优化模块处理之后传送至上位机图像分析测量系统，上位机图像分析测量系统根据实时信号采集优化模块传送来的图像数据识别燃料组件的编号和其上管座的坐标位置，并通过相邻燃料组件上管座的坐标位置计算相邻燃料组件间距，如图 6-12 所示。系统最终能够自动地检测核电站燃料组件编号与位置，相比于现有技术中的人工检测，检测效率与精度更高。

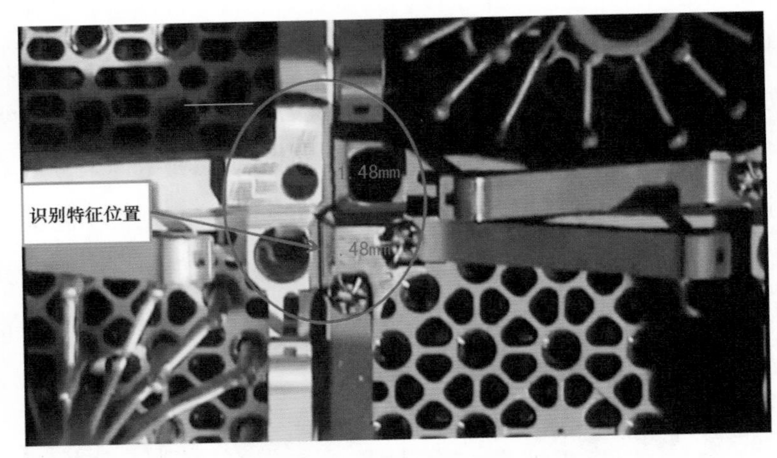

图 6-12　燃料组件间距图像识别

6.4.3 远程智能诊断技术

随着人工智能技术的发展，核电站智能故障诊断技术也逐渐得到推广与应用。目前已经应用于工程上的诊断系统主要有美国设计开发的 PRODIAG 诊断系统，该系统可通过诊断相关设备的物理特性及流体传热特性，分析各参数的波动性，通过异常参数推导失效设备，再结合人工神经网络算法推导、预测失效原因。法国开发的 SINDBAD 诊断系统，该诊断系统以模式识别与专家诊断的相关技术为基础，将核电站的专业领域知识与相关经验应用到系统中并使用模式识别方法对核电站进行故障诊断与预测，该系统还通过采集核电站的实时监测信息，并由专家知识对事故进行评估，帮助工程人员进行状态检修。德国设计的用于对前期故障进行研究分析的实时诊断系统以设备运行的振动原始信号与噪声信号为依据，用数学变换的方法来对数据信号进行处理，比较正常参考数据与实时运行数据特征的差异大小来确定故障发生原因及部位，及时进行故障的前期检修。

由欧洲经济合作与发展组织（OECD）研究的 Aladdin 状态监测系统在商运核电站中已经得到了成功推广与应用，具体包括两层诊断，分别是前期诊断与深层次诊断。前期诊断是对诊断对象的正常工况模型与实时信号比较进行故障预测；深层次诊断则用的是领域知识判断失效部位及原因。韩国开发的用于隐藏征兆下的故障诊断系统 SB-Aid 同样采用了人工智能的模式识别方法，此外还用符号有向图（SDG）来分析故障发生后的传播，建立系统知识库并运用故障传播的时序原理分析各种工况下管道的相关故障，此方法已经在韩国核电站的部分机组中得到了推广应用。德国西门子公司开发的基于状态智能监测的早期预警与故障诊断系统 D3000 Plant Monitor 有别于基于数据上下限的报警，并且考虑运行方式的多样性和运行工况的复杂性，以神经元网络为基础加上人工智能算法的自动建模技术，建立模型并进行必要的历史数据学习和训练，在投运后可以自动分析计算出电厂设备在当前工况下的正常运行区间，一旦实际运行数据超出了正常运行区间就会自动报警，防止非停事故发生。它采用了两种使用方式，分别是在线监视和早期预警诊断，以及故障后的事故分析。

在我国，大数据、人工智能等先进技术在核电领域的应用正逐步落地。由中核集团研发的反应堆远程智能诊断平台（PRID），起源于核动力院二所自 2013 年起开展的核电站 KIR 报警事件远程专家分析平台项目，先后经历了包括三类关键设备监测系统研制、三类智能诊断算法自主开发、远程智能诊断平台和现场数据传输系统开发等一系列核心技术攻关，历时六年完成。自 2013 年起，核动力院二所依托在反应堆关键设备监测、诊断和运维等方面的资源与经验，完成了第一代互联网远程诊断平台，实现了数据网上传输和远程专家诊断的运维模式。2016 年起，依托中核集团“龙腾 2020”和四川省智能制造专项，核动力院又在一代平台的基础上，融合了大数据与人工智能技术，完成了第二代远程智能诊断平台的开发。

PRID 平台的应用主要解决了 4 个方面问题：

（1）通过关键设备状态数据实时传输系统，实现核电站内各类关键设备的数据汇集和实时传输，提升故障诊断分析服务的及时性和准确性。

（2）通过大数据管理方案，完成电站关键设备数据的大数据集中管理，实现数据安全高效存储和快速查询计算。

（3）将人工智能技术应用于核电站关键设备的故障诊断与预测，实现群堆（指我国几十台核电机组）状态下的反应堆关键设备智能诊断。

（4）通过大数据、工业互联网等，探索数字化、网络化、智能化、一体化的远程监测与智能诊断新模式，实现核电站反应堆设备运维的创新应用。

国内中广核开发的核电站实时监控系统（KNS）已经在 CPR 系列的核电机组，比如阳江、宁德、红沿河等核电站得到应用，同时还在台山核电 EPR 机组中进行了设计应用，KNS 系统主要是为核电站从事技术支持、维修、运行等岗位的工作人员提供实时管理和监控服务。该监测系统提供一定程度上的故障诊断功能，并基于专家推理与控制策略系统，由领域内的专家根据经验和专业知识给出故障诊断结果，并从核电站大量庞杂数据中提取有效信息，帮助电厂工作人员快速、准确地进行故障诊断。

以上各诊断系统在各自领域的应用对核电机组的安全运行起到了重要的作用，并在核电站故障诊断领域中取得了大量的运维数据、积累了丰富的经验，为后续建设更智能化的诊断系统奠定了坚实的基础。

6.4.4 虚拟现实建模技术

作为国家重大专项《大型先进压水堆及高温气冷堆核电站》的承担单位，国核运行根据大型先进压水堆核电站运行与维修的特点，采用先进的数据库管理、信息融合以及仿真技术，建立了基于虚拟现实技术的核电站维修仿真管理平台。

1. 功能模块

核电站维修仿真管理平台集核岛关键设备维修方案设计、维修过程管理和维修大纲优化为一体，是在虚拟环境下对传统维修管理手段的一种有效补充，具备以下 3 个主要功能模块：

（1）利用虚拟现实技术对核电站设计、施工和设备数据的收集、整理、存储和分析，构建核岛主要设备的三维数字模型。依据设备全寿期管理理念，可综合管理和利用设备设计、制造、安装、调试、维修和试验各个阶段的信息，完成相应的维修管理技术和方法研究。

（2）突破空间和时间的限制，实现逼真的设备装配、检测和维修演练。通过生动的视觉、听觉和触觉等效果，随着参与者动作而变化的场景使得人获得身临其境的感觉。借助本维修管理技术和方法研究平台，技术人员可以进行核岛漫游，熟悉核岛的设备和环境；对设备进行模拟拆装，了解设备的工作原理和内部结构；进行检测和维修培训，提高实际操作能力。

（3）利用信息融合技术，建立核岛关键部件自动检测装备设计、调试和性能分析为一体的维修解决方案，并实现维修方案研究、维修过程设计和维修实施管理的一站式服务。

2. 主要功能

核电站维修仿真管理平台形成的成果－核岛运行与维修虚拟仿真系统包括核岛漫游与定位、维修验证与优化、虚拟维修与设备装配等多个子系统。系统总体由开发核电站三维模型环境软件与虚拟仿真系统硬件两部分构成。软件用于构建核岛三维数字环境、生成设备的三维结构，并响应虚拟设备操作的要求。虚拟仿真系统用于虚拟环境的控制、显示以及人机交互。通过软件建立的核电站核岛数字三维场景，可以提供三维可视化环境，实现基于对象的定位、浏览和分析，使得技术人员能够基于此平台了解核岛的空间布局、设备结构和工作原理，进一步实现关键设备虚拟维修、维修方案设计和维修工具验证等功能。

（1）核岛漫游与定位：基于虚拟现实交互技术开发，内置功能强大的多维交互模式，如漫游、行走、驾驶、飞行（鸟瞰）等模式，用户可以根据需要选择不同的模式和三维虚拟场景进行实时交互，如图 6–13 所示。同时系统支持多个外置交互设备接口，如数据手套、六自由度位置追踪系统、计算机力反馈系统、操纵杆、方向盘等，用户可以根据需要实时接入不同的交互设备与虚拟仿真场景进行实时互动。

图 6–13　核岛三维漫游

（2）维修验证与优化：基于系统功能完备的交互功能，技术人员可以进入核岛三维仿真场景进行“运维管理和交互操作仿真实训”，包括生产车间的运维管理和仿真实训、虚拟控制室的交互操作仿真实训，如图 6–14 所示。通过虚拟化维修工具，在三维场景中

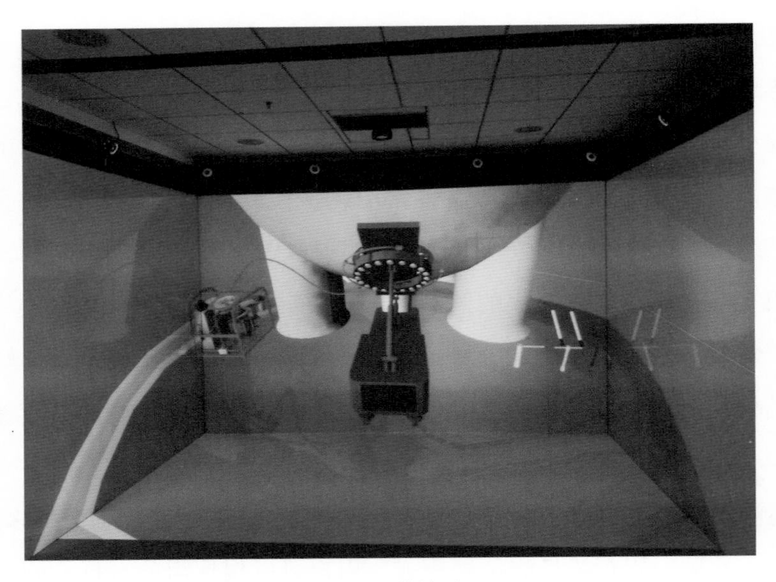

图 6-14　维修验证

对工具的可用性及可达性进行验证，同时可对维修程序及维修步骤进行验证，并针对验证过程中出现的问题对维修工具及维修操作进行优化。

（3）虚拟维修：使用数据手套、立体眼镜等外设对虚拟设备进行类似于现实操作方式的模拟。用户可以佩戴头盔显示器或6自由度交互设备，进入虚拟厂区、车间和大型装备的内部，对设备装备、仪器仪表、电气电路、管线阀门等进行查看浏览和检修维护，如图6-15所示。在整个过程中，用户可以实时调阅系统内置的“运维指南”，运

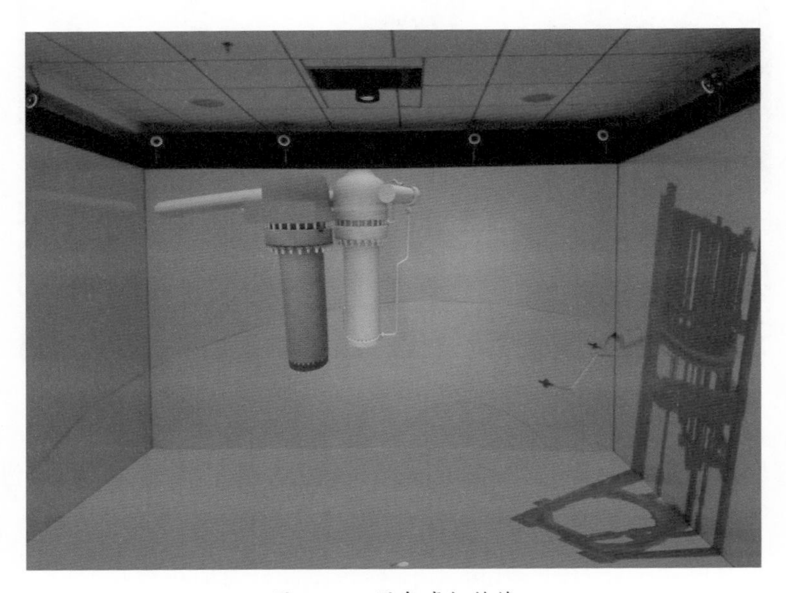

图 6-15　设备虚拟维修

维指南将以多窗口的形式将文字、图片或视频指定显示在用户的眼前，用户按照生产和技术要求进行阅读、参考和比对分析，从而完成正确的“运维过程”，达到仿真训练的目的。

（4）设备装配：核电站中涉及的设备设施种类繁多，结构复杂，包括核反应堆、压力容器、蒸汽发生器、主循环泵、汽轮发电机组等，另外，还有反应堆控制系统、核紧停堆系统、堆芯应急冷却系统、容积控制系统等难于在有限空间内进行观察学习的设备，还有各种在实际学习中具有一定危险性的核电设备。通过对关键设备进行虚拟化，按照说明书或操作工艺的要求，演练设备的拆卸和安装。

该仿真模拟VR培训系统却能够很好地解决这些问题，通过建立三维立体仿真模型，并结合人机交互技术使得用户能够对各种设备模型进行操作控制，让维修人员近距离观看到危险的核反应现象及了解其他高辐射性作业工作，真正做到高效、安全培训。

本章小结

我国大部分核电站已采用全数字化仪控系统，随着科技的发展，安全、先进、高效、全程控制的核电仪控系统技术的开发应用会更活跃，科学地预见发展趋势，占领技术前沿尤为重要。快速发展的大数据应用分析、AI对复杂工况的维修监测、视觉识别技术验证仿真，基于网络传输对信息安全技术等人工智能技术将在核电仪控领域的升级中起到巨大作用。

目前，核电站数字化仪控系统或设备的设计、生产（含集成生产）的主要厂商有美国西屋公司、法国AREVA NP公司、日本三菱公司、美国英维斯过程系统公司、日本日立公司等，这几家公司在全球核电数字化仪控系统市场上占据主导地位。国内市场基本被国外大公司垄断，具有自主知识产权的核电站数字化控制、保护系统平台和设备研制、集成呈现百家争鸣态势，国内厂商提供的产品仍主要集中于数据采集、核心的保护和控制系统平台方面，且已经形成一定的研制集成能力，但在核心部件/元器件、基础软件、成本控制、工程应用等总体集成技术依然与国外有较大差距。未来发展方向无论从核电信息安全，还是经济建设的角度来看，掌握核电仪控系统的关键技术，研发出更适应我国自主技术的核电站仪控系统，都是我们的必然选择。

核电在检测、维修、事故处理、核电站后处理、自动运行监控、系统设备可靠性等领域内实施智能化软件系统及机器人技术，为人工智能的开发及应用打下了坚实的基础。世界核电机器人的研制已取得了较大的进步，在实际应用中具有巨大的价值。未来世界核电机器人的发展趋势将着力解决小型智能核机器人系统创新设计、无损检测与故障诊断技术、多传感器信息融合与智能预警策略、核辐射防护技术、恶劣环境下的高稳定遥操作技术等关键技术难题，并从成本低、运动灵活、操作方便等角度考虑，将继续向小型化、智能化、实用化方向发展。未来核电机器人将具有以下典型特征：①良好的抗辐射能力；②需要在容器罐、管道以及地面上自由行走，包含特殊空间环境的可达性，有灵活的机动能力；③可携带相应的传感器，对核电站内部环境、相关设施等进行探测，即具有充分的智能感知能力；④既要具有自主运行的能力，也要支持遥操作，使得操作人员可随时干预、控制机器人的运动，临机处理突发事件。然而，我国核电机器人的研发还需要攻克许多技术难点，核电机器人的应用也将面临更多的挑战，比如核电机器人的技术壁垒和研发周期远高于普通工业领域的机器人，加上核心技术仍掌握在国外大公司手上，目前国内机器人的研发力量主要集中在高校，尚无成熟的市场运作，推进仍需时日。未来发展方向是追赶国际先进技术，达到国际先进水平，同时研发出更适应我国自主技术的核电站智能机器人。

我国已经开始建设数字化核电站及数值堆，并通过数字仿真技术模拟核电站的空间结构、实际情况和运行的动态过程。利用这些方面的建设预测事件的进程和制定有效的预防措施及解决方案，从而实现人工智能的操作指导或事故处理指导。

综上所述，核电领域人工智能应用是核电发展的必然方向。人工智能技术的应用使核电站在运行的安全性、核电关键系统和设备的自动运行监控、系统和设备的可靠性以及核电站运行的可利用率、经济效益等方面都有着显著的提升，且对“人不可达”区域采用机器人进行维修，可以减少工作人员的受照剂量，同时为严重事故处理、核电站退役创造技术条件。

第7章

人工智能在水电领域的应用

7.1 水电发展现状

根据水利部统计显示，我国的水资源蕴藏量在1万kW及以上的河流共有3886条，理论装机容量高达18.21亿kW，除去不满足经济效益的，总共经济可开发装机容量高达6.49亿kW，可开发的水电空间巨大。截至2019年底，我国水电总装机容量达到3.6亿kW，同比增长2.2%，稳居世界第一。

与火力发电相比，水电具有运行成本较低、优先上网权及清洁环保等明显优势。但水电的发展也面临着一些问题，其中最显著的莫过于“弃水”现象。一方面原因是电力产能过剩，虽然水电运营成本较低，但其建设成本非常高；另一方面，由于我国地理分布及经济发展不平衡，水电站主要集中于电力消耗量不大的西南地区，且电力远距离传输至沿海发达地区的成本较高，水电站的收入被进一步压缩。

人工智能技术应用日渐成熟，给水电站智慧化升级与转型提供技术方案。从微观上看，大量的人工智能产品替代人工工作，不仅能降低生产运行成本，还能有效降低事故发生概率。从宏观上看，人工智能技术不仅可以优化水电站集群管理，甚至可以实现流域水电发展与经济、环境的协同优化。

7.2 水力发电对人工智能的需求

我国水电领域经过几十年的发展，其技术已达到国际先进水平。随着经济的发展，要求水力发电朝着安全、智能、经济方向继续探索，包括智能巡检、汛期预报、集群调度等方面，这其中仍然存在一些急需攻坚的技术难题。

7.2.1 安全管理对人工智能的需求

1. 水下坝体检测

我国是世界上水库大坝最多的国家，已建成逾数万座水电站。大坝是人类控制江河、兴利除害、综合利用水利资源的建筑工程，对国民经济的建设及社会发展和稳定起着举足轻重的作用。由于大坝的运行条件十分复杂，不确定性因素很多，大坝在发挥效益的同时，也存在着危险（即大坝失事）。大坝安全管理的目的是通过安全监测、巡视检查、资料分析、维护加固等手段，即时掌握大坝运行状态，发现存在的问题，采取适当措施，消除存在的缺陷和隐患。目前，大坝的安全检查分为日常巡查、年度详查、定期检查和特种检查 4 种。由于水库大坝的安全问题大都在水面以下，传统的水下检测手段是“检测人员 + 潜水服”的形式，通过检测人员肉眼观察或者手持设备辅助检测来检查水下大坝。水下的作业环境十分复杂，光线不足、水压变化等因素增加了检测人员的安全风险和作业难度，造成作业效率低、检测结果一致性差等问题。

水下机器人的研究随着近年来人工智能技术的突破性进展取得了长足的进步，它是一套非常复杂的非线性、多自由度系统。水下机器人的主要组成部分可以分为作业系统、检测系统、控制系统、通信系统、收放系统、动力系统、导航定位系统、电力系统，其中的关键性技术有以下几个：

（1）多扰动因素下的复杂运动控制。水下机器人由于搭载各类探测设备，如高清摄像头、声呐传感器、定位设备等，自身负载较大，造成机器人惯量变化，增加其控制难度。另外，水下大坝存在水流干扰，水下机器人在探测过程中，不能离坝体过远。水下实际情况要求机器人在外部水流的干扰下，也能稳定地与坝体保持相对较小的间隔。水下机器人的运动算法设计主要包含了智能演化算法、机器学习、专家控制等，在实际操作中，地面检测人员可以通过辅助操作系统对机器人进行辅助控制，经过大量研究人员的不懈努力，水下机器人目前可以在较小的水流环境中，携带大约 15kg 的负载。

（2）水下坝体缺陷检测系统。水下机器人的主要功能是对水下障碍物、缺陷、裂缝等目标进行检测，故关键技术是目标检测系统。水下目标检测与其他目标检测不同，水下环境更加复杂、可见度低、水流浑浊且带有杂质，这些都是影响水下机器人检测结果准确性的干扰因素。为保证检测效果，水下机器人均配有高亮度光源、高清摄像头，针对一些结构体破损、裂缝、水库底部淤积淤泥，水下机器人配有高分辨率声呐传感器，可实现快速识别，其最大作业深度可以达到350m，对于一些金属结构体完整性探测，水下机器人配备超声波传感器，可对金属结构进行探测。

（3）水下导航定位系统。水下导航定位系统由于水体杂质问题，单一使用卫星导航系统无法满足定位精度和可靠性要求，因此将多种定位系统进行组合成为水下机器人定位导航技术的重要发展方向，也使得水下机器人常配备多传感器导航定位。目前常用的定位方法主要有惯性导航、北斗导航、物理定位等。精确的导航不仅可以帮助水下机器人更加安全地工作，在检测到坝体缺陷时更能精准地定位缺陷位置，帮助检测人员更高效地解决缺陷。

因此，利用如计算机视觉、智能控制、高精度定位等人工智能技术，开发具备环境感知和检测功能的水下检测智能机器人，代替检测人员进行水下大坝检测，保障作业人员的安全，提高检测结果质量，保障大坝安全，是水力发电对于人工智能的需求。

2. 库岸地质灾害预防

库岸地质灾害一般指水库库区所覆盖范围内的一系列突发性的自然地质灾害，主要指崩塌、滑坡、泥石流、地面塌陷、地裂缝等。随着水库建成蓄水，河道内水流流速渐缓并形成人工湖泊静水，库区水位上升抬升库岸侵蚀基准面，引起库区河道水文条件重要变化，诱发水库库岸再造运动。水电站库区范围内发生大规模的地质灾害会对坝体正常运行产生灾难性的后果。上游库区发生的滑坡激起的涌浪冲击坝体，造成漫坝或者水淹厂房事故；下游河道发生地质灾害可能使得河道缩窄或者堵死形成堰塞湖，河水倒灌水淹大坝。因此，定期巡查和持续监测有重大隐患的地质灾害点是每个水电站必须要进行的基础工作之一。

20世纪90年代后期，计算机技术、3S（遥感、地理信息系统、全球定位系统）技术、高精度动态监测技术和信息处理技术快速发展，水库库岸突发地质灾害的预测预报理论基础和预测模型研究方面取得了明显进展。除了对地质灾害活动强度（危险性）的分析日益定量化外，对受灾体易损性的分析也不断加强，而且逐步形成了跨学科、跨领域的相互交叉的综合研究体系。进入20世纪以来，非线性预测预报模型、基于地理信息系统（Geography Information Systems，GIS）技术的信息模型和人工智能模型的快速发展，给地质灾害预测预警研究带来了新的挑战和希望。其中，最令人期待的就是人工智能模型，它不是单一的一种方法，而是在其他模型的基础上，增加智能识别诊断模块，快速处理海量数据，在地质灾害量变阶段形成预警信息或者评估报告，让人们有足够的反应时间采取相关措施将危害后果或者发生概率降到最低。

现代计算机技术的高速发展和推广应用，为水电企业地质灾害预测预报带来新的机遇，其中地质灾害预测专家系统与神经网络结合模型发展迅速。这类模型充分利用人工智能技术，将专家评判与人脑神经网络计算相结合，形成具有认知、获取、提炼、分析等功能的风险预判机制。该机制有效地利用了人工智能的符号系统和以信息处理为基础的人脑机理，为地质灾害预测研究提供了重要的技术方向。地质灾害预测专家系统与神经网络结合模型，更加强调人脑与机器相结合的处理问题方式，包括复杂问题经验、演绎判断和联想功能，而不是单纯地用数学方法模拟随机干扰因素。从时间演化的角度看，开创性地把预测理论中确定论和概率论两套对立的预测观有机联系在一起，深化了关于必然性与偶然性、局部与整体、有限与无限、简单与复杂等复杂问题的认识，使地质灾害预报预测在建立受随机事件影响和受偶然性支配的确定性和不确定性预测方程成为可能。

7.2.2 运营管理对人工智能的需求

水电站集群运营管理的两大核心问题是调度和预报。径流预报是水电站集群调度优化的前提基础，是保障流域安全、周边航运顺利的重要技术。水电站集群调度优化是指集团通过智能化算法运算，利用准确的径流预报信息，计算以整条流域下水电站集群的出力分配、经济性、环保为多目标的最优值。集群调度保证了流域上水库的效益最大化，使得其减少不必要的弃水，从而保证流域上水电站安全运行的同时经济最大化。环境气候的形成机理极其复杂，且随着流域上水电站和其他设施不断增加，这些因素加剧了准确径流预报的难度。目前，中期和长期的预报准确率较低，存在着较大挑战。

径流的形成是人类活动、气候变化、地形等多因素共同作用产生的结果，由于因素繁多且不同因素间存在耦合关系，所以径流难以精确计算。目前，对于径流预报的解决方法是利用对降水、流速、流量等便于测量的客观信息推算径流。随着气候预报越发的准确，短期的水文模型在径流预报中已经比较准确，但是对于长期预报，往往精确度不高。主要是因为中长期预报中输入的水文信息时间序列过长，难以准确，以及中长期影响因子较多，模型较为复杂。尽管中长期径流预报有多种方法，但这些传统的预报方法都具有一定的局限性，只在特定的水文模型中有效，缺乏广泛的鲁棒性。

7.2.3 调度管理对人工智能的需求

在水电装机容量日益增加的情况下，各大流域上均存在多座水电站，对这些水电站集群进行统一的调度优化可以在充分利用各个水电站库容，增加经济效益的同时，提升流域的安全性。故水电站集群优化调度管理是目前急需解决的问题。

我国水电站建设主要以发电为主，而阶梯水电站集群逐渐呈现出水电站密集、装机容量大、最上游水电站和最下游水电站距离远等现象，这对水电站群发电调度提出了新的要求，之前面对小流域水电站群的发电调度已经不再适用。对于这类特大级流域水电站集群调度优化，需要人工智能算法对水电调度的关键参数如水位、负荷、库流量等进行大数据分析，建立其特大流域水电站集群模型，通过准确的算法分析，计算出流域上各个水电站最优出力分配，从而使得该流域上水电站集群总发电收益最大化。

7.2.4 生产管理对人工智能的需求

集团级或区域公司级智能远程运维服务支持中心是支持集团远程统一管理的智能平台，其包括基于 AI、Digital Twin、工业大数据分析（包括数据挖掘）、云计算等技术，为集团 / 区域公司管理水电站、水电站运维 / 检修等提供决策支持。

水电站智能巡检机器人是智能平台的重要组成部分之一，传统的巡检依靠人工感官及经验，加上辅助检测仪器，从而判断水轮机等电力设备的运行状况。这样的方式存在主观因素过多、检测质量波动等因素。另外，水电站现场有大量的电力设备，其运行状况记录极大地加大了巡检人员的工作量，手工记录的方式非常烦琐，而且极其容易出现漏记、记错等问题。同时，电力设备越来越多，其运行状态检测需求也随之增加，进一步加大了对巡检人员的要求。并且，虽然巡检工作方式在不断地改进，但是都无法从根本上解决人员巡检效率低、结果不准确、可靠性低、问题回溯较难等问题。经分析和研究，水电站现场巡检问题主要表现在以下几个方面：

（1）巡检人员巡检手段单一，在巡检过程中主要以望、闻为主，缺少专业的仪器进行缺陷、异常检测，使得巡检工作无法达到既定目标。

（2）水电站新设备、新技术、新管理等对巡检工作要求越来越高，但巡检人员由于工作经验、技能水平等原因水平参差不齐。在对设备的状态进行判断时，往往无法进行量化对比，对设备的历史数据也不能及时开展比较，导致工作效率进一步低下。

（3）人工巡检，数据抄录、录入工作量大，工作重复且烦琐，非常容易出现记错、入错现象。

水电站智能巡检机器人不仅可以实现设备和性能异常的早期检测和诊断。也可对已有的历史数据进行数据分析、数据挖掘，实现对水轮机组和其他设备健康状态和故障的描述性分析、规则性分析、预测性分析。对各设备整个生命周期的数据进行统一整理，构建设备状态管理与故障预警诊断系统，实现水轮机组故障的自分析、自诊断。

综上，利用智能巡检机器人进行自主、远程遥控的方式进行设备巡检成为一个急需攻破的技术任务。

7.3 人工智能在水电领域的应用场景

7.3.1 水电机组智能巡检

智能化无人值守水电站的建设是水力发电智慧化的重要标志之一，其中，水电机组的智能巡检作为主要业务单元，不仅对人工智能技术的需求明显，而且是非常合适的应用场景。因此，诞生了基于人工智能技术的巡检机器人，对于水电站巡检发展，以及水电站预测性维护有着重要作用。

基于人工智能的智能巡检机器人主要是通过对水电站机组设备的自动巡检、采集数据并分析预警，判断设备的健康状态和对应的故障，实现对水电站设备的动态监测。常见的智能巡检机器人如图 7-1 所示。

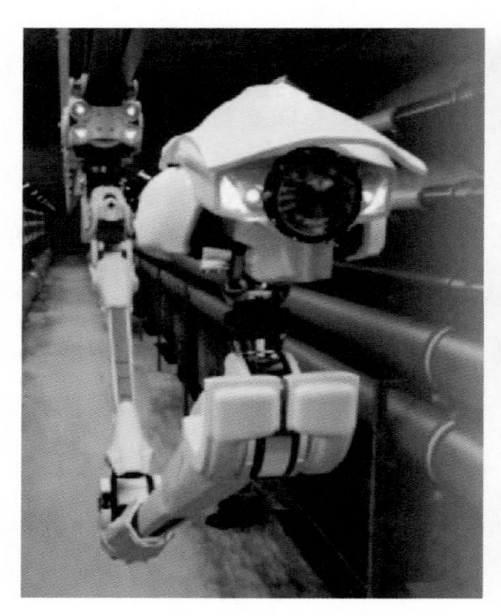

图 7-1　常见的智能巡检机器人

基于人工智能的智能巡检机器人的前端主要由电力系统、机械臂系统、高清传感器系统等单元组成。巡检机器人可以根据水电站整体巡检区域的划分分别配置，实现机器人的整体管理。巡检机器人可通过平台设置多种巡检模式，快速对水电站运行设备进行实时的自主巡检、动态监测、数据采集分析和灾害预警。

1. 智能巡检机器人主要功能

基于人工智能的智能巡检机器人包含红外摄像头、高清可见光摄像头、温度、湿度、噪声传感器、烟雾传感器等电子设备，其主要功能如下：

（1）多模式巡检功能。智能巡检机器人具有遥控巡检、临时巡检、定时巡检、定点巡检等模式，机器人能够按照预先设定巡检任务进行路径规划，如定时巡检水轮机组而无需任何的人工干预，智能巡检机器人能够按时按点到达水轮机组巡检区域，对其运行状态进行检查。

（2）机器视觉识别功能。智能巡检机器人可以通过摄像头识别仪表数据（如水力监视相关仪表），并且针对高压、低压设备的隔离开关状态进行图像采集、状态判断，如SF_6气体压力值、充油设备油位表、开关分合位置等，识别故障位置并储存、上传，发出故障信号提醒水电站值班人员。

（3）噪声识别功能。智能巡检机器人利用噪声传感器对水轮机组、坝地设施和水下设备进行噪声采集，并利用机器学习算法对其进行分析，提取噪声状态特征，并对设备故障状态进行判断，如有异常，则立即上报。

（4）障碍物探测功能。在自主巡逻过程中，水电站智能巡检机器人利用超声波雷达进行探测，如在行驶路线中遇到水下障碍物，则选择绕行，如若无法绕开或者发生碰撞，则智能巡检机器人主动停下，并进行障碍物报警；在遇到工作人员时，智能巡检机器人会主动避让。

2. 智能巡检机器人优势

基于人工智能的智能巡检机器人发展，极大地提升了无人值守、智能化水电站的建设。与人工巡检方式相比，基于人工智能的智能巡检机器人优势在于：

（1）安装布置方便。无需对水电站改造，通过利用不同的检测仪表进行检测，支持检测老式、无传感器式设备。

（2）减少人工作业。机器人通过高清摄像头、红外摄像头对水轮机组、进水口阀门等设备进行拍摄，利用大数据算法对拍摄的图像进行基于故障类型的建模，自动对设备故障进行分类及定位，并提供检修建议。

（3）环境适应性强。智能巡检机器人可以全天候 24h 进行工作，能够适应水电站户外设施多、昼夜温差大、现场潮湿等各种恶劣环境，对于一些人无法到达的水下以及水管内部空间，也具有极大的优势。

7.3.2 水下坝体安全检测

目前，我国的许多大坝和水电站均已超龄服役，传统方法是用渗透率来判断其是否能够正常运行。对于水库淹没区而言，潜水员深入水库的范围为 30 ~ 50m，对于更深处则无能为力，因此通过水下检测机器人代替人工进行大坝检测，是人工智能在水电领域的应用场景之一。

水下检测机器人在高压、高危、黑暗的水下环境下对大坝安全监测控制数据进行采集，利用大数据算法进行对比、统计、分析，建立监测物理模型，实现水下大坝动态生命周期监测、大坝监测数据异常判别、监测部位或监测断面异常识别，对水下大坝整体安全稳定状况进行综合评估。

图 7–2 所示为蛟龙号载人潜水器，载人潜水器能够依靠潜水员处理紧急复杂事件，但受限于水压、任务安全系数低、成本高等因素，常规水电站日常水下巡检利用载人潜水器并不常见。图 7–3 所示为利用具有自动巡航、水下目标自动检测技术的无人智能水下机器人，操作人员仅需下达总任务，机器人便能自动根据任务规划路径，高效地完成相关检测。

智能水下机器人能够实现自动规划路径。操作人员对机器人下达起始点、中间点、终点 GPS 坐标信息，机器人需要依靠传感器沿着大坝体在避免碰撞的前提下，沿着自主规划的路径近距离地对大坝进行巡检。在巡检过程中，对于可能遇到的湍流、障碍物以及其他障碍等，机器人通过 GPS 传感器、光学传感器、超声波、声呐等，对于周边 360° 障碍物进行检测，一旦有危险，智能水下机器人将迅速制动，避免发生碰撞。

图 7–2　蛟龙号载人潜水器

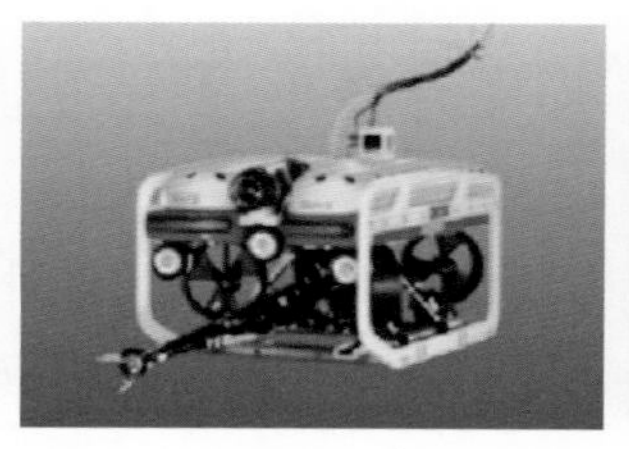

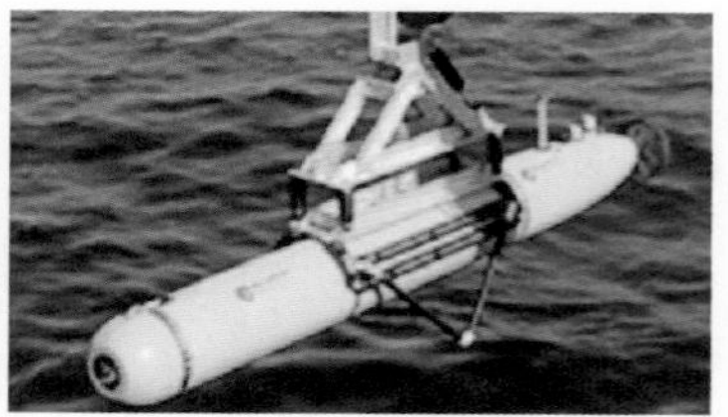

图 7–3　无人智能水下机器人

智能水下机器人具有水下目标自动检测功能。水下目标自动检测大大减少了工作人员的工作量，智能水下机器人利用光学传感器检测到坝体裂缝、闸门异物等目标时，自动进行位置定位、标记，且对障碍物所在周围情况进行视频采集拍摄，传输到地面工作站，供工作人员判断情况紧急程度。

小浪底水电站在其第二阶段蓄水之前，泄洪出口的水深达到了 50m 左右，这样的深度是无法采用人工潜水进行障碍物探测的。根据大坝结构和现场的环境条件，智能水下机器人使用了声呐和水下摄像机配合完成检查工作。声呐传感器通过对目标物体发射声呐，并通过对回波的分析，可以探测出其物体轮廓，掌握水下建筑物的状态。智能水下机器人在进入泄洪口之后，利用高清摄像头和声呐传感器发现了泄洪口处的障碍物，为其清理提供了有力依据，保障了水电站的安全运行。图 7–4 所示为智能水下机器人传回的图像。

图 7–4　智能水下机器人传回的图像

三峡集团长江电力研制的水下检查检修机器人可出入电站库区、尾水、流道、涵洞等多种水下环境，下潜深度达 300m，而同样条件下，人类只能潜到 60m 深。同时具备水下摄像、扫描、打捞、测量、清理、切割等多种功能，有效解决了在大水深、复杂水流条件下水下检查和作业难题，提高了检修效率的同时保障了生产安全。

7.3.3 智能算法汛期预报

预报是水电站集群运行管理中的核心问题。中长期径流由于其影响因素较多、模型复杂性较大，加上输入的水文预测信息存在误差等原因，使得其预报精度一直不高，故高精度的中长期径流预报一直是学者研究的重点。传统预报方法由于建模精度低、预测精度差等问题，在实际应用中效果非常不好。随着计算机技术和人工智能技术的发展，智能化水文预报方法开始逐步应用于中长期径流预报中。利用水电站径流历史数据，对神经网络进行训练，建立大数据输入和径流结果的非线性映射，在预测时，输入当前天气、水流、水位以及其他相关信息，人工智能算法能够准确预测出径流结果。

在实际应用中，以黄龙滩水电站案例分析。在其上游的干流中，有一个控制站为竹山文水电站。该控制站以上流域面积为7.051km^2，干流全长为228km。该集水流域内共有两大支流，竹山文站上游45.6km处汇入干流流域内共设有26个雨量站和6个水文站，老码头站和汇弯站分别是这两支流的水文控制站。根据这两个站的实测径流预报竹山站的流量，人工智能径流预报算法可以精确预报出水量，为下游黄龙滩水电站的洪水调度赢得宝贵时间。

首先，根据1996—2006年几千个时间点的数据对人工智能算法模型进行训练，BP网络迭代到收敛点，其次，利用2007—2008年数据对模型预报精度进行评估。结果发现，利用人工智能的径流预报与实际检测预报误差在0.2%，充分证明了其有效性。目前，此套人工智能算法已经部署在黄龙滩水电站，给实际水电站运营提供了非常有价值的参考依据。

7.3.4 库岸地质灾害预防

水电站的建设会对山区流域地质环境产生较大的影响，因此对库岸地质灾害预防是水电站灾害预防的重要工作内容，包括建立起对于库岸地区的全域状态监视及安全态势感知系统以及对各类自然灾害、安全事故的预测预警能力和应急响应能力。

在库岸地质灾害预防过程中，传统的方法主要是在大量收集、分析处理基础地质资料的前提下，运用恰当的数学统计模型，对不同区域划分出相应的危险性级别，然后从整体上进行危险性区别。

在数学模型方面，国内外研究学者提出了很多边坡危险性预测方法，如逻辑信息法、多元分析法、模糊综合评判、信息量法，但是这样的模型都只能在一些单一场景下具有较好的效果，在实际应用中，由于各因素之间具有强耦合性，加上基础资料不完整、利用率低，使得这些传统的数学模型表现往往不尽如人意。

神经网络可以利用其强大的非线性建模能力，对库岸地区历史地质信息进行学习，从而对整个水电站库岸地区地质环境进行建模。由于地理上的连续，其各小区域之间地质结果是相互作用的，不能只简单地从局部进行分析，地质灾害预防最重要的是能从一些微小的信息中间发现地质灾害的前兆，从而进行整体预防，所以输入模型的大数据维度是非常高的。人工智能算法由于其结构优势，对于高维数据的处理能力非常强，即使历史大数据部分数据欠缺，而数据之间是相互关联的，人工智能算法也可根据其他关联信息预测出正确结果。

7.4 典型应用案例分析

7.4.1 紧水滩水电站巡检机器人

国家电网浙江紧水滩水电站位于瓯江上游干流龙泉溪上。由于水电厂地形复杂，设备种类繁多，布局分散，导致人员巡视设备工作量大、效率低，安全上存有一定的风险。2018 年，紧水滩电站率先将智能机器人应用到巡视领域，通过自主学习，在日常巡检过程中不断优化巡视点，通过“水、陆、空”三位一体的方式，确保全方面覆盖。

水电站由于其特殊性，巡检机器人不仅需要对电站陆地上的设备进行巡视，还需要对水下坝体障碍物、裂缝等进行检查，故基于这样的全方位监测需求，紧水滩水电站开发多智能体柔性感知及融合技术，兼容水下探测、陆地巡检、控制巡视等机器人的性能，且构建“水、陆、空”三位一体的管理平台，针对电厂厂区进行全方位、立体式巡检监控，实现了数据分析、诊断、预警，对存在的风险进行预控。

以往紧水滩水电站在进行水下坝体检测时需要 4 名检测人员，穿上防水服，手持传感器对坝体裂缝、障碍物进行检查，人工水下坝体检测结果可靠性与工人经验十分相关，而且，检测效率低下，完成一次水下大坝检测通常需要三周的时间。而现在，利用智能巡检机器人，只需要配备一名工作人员在地面操作站进行任务分配，巡检机器人能够智能规划路线，完成对水库进坝处混凝土完整性检查、水下管道检测、船闸乘船箱低渗漏、库区淤泥深度检测等。水下巡检机器人的应用，极大地缩短了大坝检测时间，从原来的 3 周，到现在的一周，而且原来 4 人的工作现在只需 1 人即可完成，其余 3 人可以转岗从事其他任务，对于水电站而言，减少了人力的成本。

陆地巡检方面，紧水滩水电站原常规配备 8 人巡检小组，进行巡检，有了智能巡检机器人，不仅可以代替人巡检到之前人巡检不到的地方，且原来的 8 人现场巡检小组，现在只需要 4 人在控制室远程查看巡检机器人巡检结果，如有设备异常，再由运维人员进行现场维修。8 人的巡检小组，在巡检机器人应用之后，只需 4 人即可完成原来的工作，其余 4 人可以转岗。

在实际应用中，2018 年 4 月 23 日，紧水滩水电站智能巡检机器人在开关站巡视中，成功发现 220kV 副母电压互感器避雷器 B 相泄漏电流表指针显示在零值以下，经过运行人员现场核实，确认了这一情况，及时通知相关专业人员进行消缺工作，保障了电站的安全运行。

紧水滩水电站智能巡检机器人通过“水、陆、空”三位一体的巡检方式，发挥着全天 24h，每周“5+2”全年无休的巡检。将原来需要 4 人 1 周完成的水下大坝检测缩短到 1 人 1 天的方式，原来需要 8 人现场巡检小组进行电站设备巡检变成 4 人远程控制室控制智能机器人巡检，极大地减少了电站运营的人力成本和检修成本。

7.4.2 三峡水电站库岸地质环境监测

三峡水电站位于湖北宜昌三斗坪镇境内，是当今世界最大的水力发电工程。三峡库岸地质灾害预防是三峡水电站灾害预防的重要工作内容，建立起对于库岸地区的全域状态监视及安全态势感知系统包括对各类自然灾害、安全事故的预测预警能力和应急响应能力。

2009 年，三峡库岸地质环境监测站将现代计算机信息技术、通信技术以及物联网理念与地质灾害防治工作有效地结合起来，建立了基于群测群防的地质灾害信息管理系统，并在全市推广开来。其依托云计算和大数据等新技术，建立了云端智能平台，实现了数据的智能分析和智能预警，从而解决了传统群测群防的预警问题。正常情况下自动化监测设定数据采集频率为每天 1 次，若变形速率增大或强降雨情况下，设备自动唤醒，动态调整采集频率，实现监测频率的智能化控制。系统还具有初步筛选的功能，对误差较大的数值自动筛除，避免出现误报的情况。

万州位于四川盆地东部盆周山地及盆缘斜坡区，地处三峡库区腹心，受地形地貌、地质构造、水文气象等因素叠加影响，是三峡库区地质灾害较为频繁和集中的地区之一。万州四方碑滑坡是三峡库区后续规划地质灾害防治监测预警点，滑坡体长约 800m，宽约 440m，平均厚度为 20m，属于大型涉水土质滑坡，潜在威胁着 77 户居民的生命财产及长江航道安全。区地质环境监测站应用物联网理念，联合科技公司在全国率先研发了“群测群防手持终端”设备，并通过该手持终端实现了数据采集和安全传输，大大避免了手工方式所产生的弊端和风险，提高了信息的准确性、完整性、及时性和可接触性。群测群防裂缝智能测报系列设备包括结构裂缝智能测报仪、大量程地裂缝智能测报仪、危岩裂缝智能测报仪、大体积破碎岩体变形智能测报仪和结构微变形倾角智能测报仪，主要监测灾害体裂缝位移和灾害体倾斜角度。只要将设备正确安装在隐患点，无论是刮风下雨，还是白天黑夜，抑或是危岩峭壁，都能实现设备的实时自我监测和自我预警。人工智能监测仪的安装，不仅在传统的人工测量基础上大大提高了精准度，实现了实时传递数据，也有效保障了群测群防人员的人身安全。

群测群防裂缝智能测报系统上预制蜂鸣器和报警灯，当裂缝变形量、构（建）筑物的倾斜量或墙体内部振动超过了预先设置的阈值的时候，蜂鸣器会蜂鸣报警，报警灯也会同时闪烁。一旦发生险情，前方的智能设备将在第一时间警示周围居民。建筑物裂缝监测仪器如图 7–5 所示，检测仪器一旦探测到振动超过阈值，会立即上传到云端智能平台。同时，数据中心按照不同的预警级别，分层分级向预先设置好的责任人的手机发送警示短信，提醒责任人监测点出现险情，做到远程报警。险情解除后，前端及云端平台均可控制解除报警。

图 7–5 建筑物裂缝监测仪器

7.4.3 紫坪铺水利枢纽工程径流预报

紫坪铺水利枢纽工程位于四川省成都市斜背 60km 左右的岷江上游，工程坝址控制流域面积为 22662km^2，占岷江上游面积 23037km^2 的 98%；控制上游暴雨区的 90%，能有效地调节上游水量、控制洪水和泥沙。

利用智能算法对径流进行预测，选用 1982—2013 年共 30 年的径流序列资料，采用典型年法以及深度学习网络、最近邻抽样模型和门限回归模型进行预测，并根据四川省专业气象台天气预报成果修正。最后人工智能算法的径流预报与实际检测预报误差在

0.3%，充分证明了其准确性。

紫坪铺水利枢纽工程长期运行保存了大量运行数据，利用循环人工智能算法，对汛期水库调度运行做敏感性分析，进一步确定最敏感的主要变量因素，进一步分析、预测或估算其影响程度，找出产生不确定性的根源，采取相应有效措施。利用智能算法对历史大数据进行分析，计算主要变量因素的变化引起发电量指标变动的范围，使决策者全面了解各种方案可能出现的电量变化情况。汛期紫坪铺水库调度敏感性分析指标及边界条件见表 7–1。

表 7–1　汛期紫坪铺水库调度敏感性分析指标及边界条件

指标名称	数值
最大、最小实测平均流量（m^3/s）	874、492
设计洪水位（m）	878.2
正常蓄水位（m）	877
汛期限制水位（m）	850
装机容量（MW）	760
保证出力（MW）	160
投运以来汛期平均发电量（亿 kWh）	17.49
投运以来汛期最大、最小发电量（亿 kWh）	20.29、18.28
汛期利用小时数（h）	2301
设计引用流量（m^3/s）	838
设计泄洪流量（m^3/s）	2677

利用历史数据训练的神经网络模型结合近期气象台天气预测，可以准确预测出汛期径流大小，将汛期径流预测值结合上述循环人工智能算法对调度结果进行预测，可得出不同蓄水策略的发电量，见表 7–2。

表 7–2　汛期水库调度预测结果

不确定因素组合（%）	理论弃水量（亿 m^3）	理论耗水率（m^3/kWh）	正常蓄水位到达时间	理论发电量（亿 kWh）
9 月回蓄 23%	5.26	4.08	9 月下旬	22.09

续表

不确定因素组合（%）	理论弃水量（亿 m^3）	理论耗水率（m^3/kWh）	正常蓄水位到达时间	理论发电量（亿 kWh）
保证供水 77%	0	4.11	10月中旬	18.84
9月回蓄 23%	5.26	4.08	9月下旬	22.10
供水可掉 77%	0	4.09	9月下旬	18.52
10月回蓄 23%	5.26	4.19	10月下旬	22.54
保证供水 77%	0	4.19	10月下旬	19.22
10月回蓄 23%	5.26	4.19	10月中旬	22.54
供水可调 77%	0	4.19	10月中旬	19.22

由上述预测结果可知，当来水频率为 23% 时，4 个方案在汛期的弃水量没有变化，均在 5.26 亿 m^3 左右；当来水频率为 77% 时，4 个方案在汛期内可以不弃水，理论弃水量范围内为 0 ~ 5.26 亿 m^3。

在 4 种方案对应的各种来水频率下，其理论发电量均超过投运以来汛期平均发电量 17.49 亿 kWh。最差来水方案对应的最少发电量为 18.52 亿 kWh，其汛期利用小时为 2437h，占比 66.4%，超过了水库投运以来汛期的平均利用小时 2301h。

在实际紫坪铺水利枢纽工程应用中利用人工智能算法对调度进行优化，其汛期发电量增加 2.03 亿 kWh，按照水电上网价 0.2 ~ 0.4 元 /kWh，2018 年紫坪铺水利枢纽工程汛期发电营收增加 0.406 亿 ~ 0.812 亿元。

7.4.4 泸水河流域联合调度优化

泸水河发源于武功山，属于赣江二级支流，全长约 120km，流经安福县、吉安县，在吉安县城西面汇入赣江一级支流禾水。流域内含有多个水电站，其包含杜上电站（带有杜上水库）、岩头陂电站（带有岩头陂水库）、安福渠电站、东谷电站（带有东谷水库）和安平电站。

杜上电站是杜上水库的坝后式水电站，杜上水库是一座以灌溉为主，兼有发电、防汛及综合效益的大型水利枢纽工程，坝址以上流域面积为 472km^2，总库容为 1.707 亿 m^3。

岩头陂电站位于严田镇岩头村，是岩头陂水库的坝后式电站，其控制流域面积为 454km^2，库容为 1767 万 m^3。

安福渠水电站位于横龙镇楼下村，是引流式电站，拦截泸水河筑坝引水发电，是杜上电站三级站，1998 年 10 月建成发电，装机容量为 2400kW。

东谷水利枢纽工程位于安福县境内的东谷河下游，是以灌溉和发电为主，兼顾防汛及其他综合利用功能的水利枢纽。坝址以上集水面积为 345km^2，多年平均流量为 11.25 m^3/s，装机容量为 16000kW。

平安电站是一座以发电为主的水利工程，属于径流式电站，坐落于泸水河安福县城附近，属私营电站，装机容量相对较小，只有 2190kW。泸水河流域小水电群主要特征如表 7–3 所示。

表 7–3　泸水河流域小水电群主要特征

电站名称	装机容量(kW)	机组台数(台)	年均发电量($\times 10^4$ kWh)	所属	调节性能
杜上水电站	8000	3	2632	国有	年调节
岩头陂水电站	4000	2	1250	国有	日调节
安福渠水电站	2400	3	750	国有	年调节
东谷水电站	16000	2	4000	私营	年调节
安平水电站	2190	3	800	私营	无调节

浙江大学团队和江西省电力公司合作，以泸水河流域为试点，建立了一套小水电站集群智能调度系统。该系统按照架构逻辑自上而下分为 5 层：数据层、模型层、算法层、核心业务层和人机交互层。数据层位于系统架构的底层，且每个水电系统维护了各自的本地数据库，这些本地数据库按照 HTTPS 协议和主数据库服务器进行数据同步；模型层采用神经网络进行非线性建模，输入每个水电站不同时期的历史数据，输出高维特征向量，从而将每个水电站的输入输出特性映射到高维空间，以不同目标为基准，将水电站抽象成发电量最大、弃水量最小、安全保障等多种目标模型；算法层利用基于模拟退火的粒子群算法 (SAPSO) 进行启发式求解，寻求水电站发电最优解；核心业务层提供多个模块供水电站管理人员调用，其中径流预测为调度提供决策支持。

在实际应用中，利用这套系统在 2013 年对 5 个电站进行流域智能调度，其结果如表 7–4 所示。

表 7-4　泸水河流域 2013 年电站智能调度后数据对比　$\times 10^4$kWh

月份	杜上实际 / 优化后	岩头陂实际 / 优化后	安福渠实际 / 优化后	东谷实际 / 优化后	安平实际 / 优化后
1	250.66/254.44	102.88/113.92	99.66/89.63	312.76/309	24.58/27.11
2	164.16/158.58	74.66/77.97	80.42/62.87	393.82/400.98	24.16/25.48
3	126.53/125.60	69.14/71.49	99.90/105.73	178.11/165.47	21.79/26.82
4	268.30/267.47	117.63/125.95	09.59/150.73	178.11/165.47	21.79/26.82
5	262.46/259.18	116.05/120.54	113.30/172.62	396.23/396.72	28.93/46.49
6	406.75/396.51	153.63/161.53	112.36/115.98	581.88/581.98	32.71/39.73
7	240.84/254.12	98.35/117.44	71.39/67.44	459.74/467.80	23.03/26.70
8	172.66/177.58	82.20/91.15	47.44/59.53	286.68/290.69	14.88/20.23
9	155.12/152.95	72.40/74.74	54.88/61.33	282.35/279.19	16.07/20.37
10	92.42/91.86	48.08/51.34	49.58/42.05	306.21/306.13	16.08/17.69
11	24.71/30.12	14.99/21.54	4.62/20.18	248.17/254.10	7.49/12.21
12	18.46/9.79	12.11/8.93	25.51/30.01	77.55/78.91	6.62/8.66
总计	2183.10/2178.20	962.11/1046.60	869.66/977.48	3954.30/3966.70	245.92/315.31

由结果可知，除杜上电站全年发电效益有所下降外，其余 4 个水电站发电量都得到了一定程度的提升，流域整体发电量也有所提升。

7.4.5 沅水流域阶梯水电站联合优化运行

沅水是长江第三大支流，也是我国重要的水电基地。沅水发源于贵州省东南部，全长 1050km，落差 1035m，流域面积为 90000km^2，年径流量为 659 亿 m^3，可开发水电容量为 735 万 kW。迄今为止，已投产水电站 6 个，总容量为 313 万 kW。

五凌电力有限公司针对沅水流域三板溪、白市、托口、洪江、碗米坡、五强溪 6 座水电站不同地理位置及水库调节能力构建阶梯水电站发电量最大模型和发电效益最大模型，利用逐步优化法和逐次逼近动态规划法相结合进行求解，为沅水流域水电站的运行调度提供指导。

针对梯级水电站发电量最大模型，综合考虑各约束条件，确定梯级各水电站的发电用水过程，使得调度期内的发电量最大，得到目标函数为

$$\max E = \max \Sigma_{t=1}^{T} \Sigma_{m=1}^{M} K_m \left[H_s(m,t) - H_x(m,t) \right] Q_f(m,t) \Delta t \quad (7\text{–}1)$$

式中 E —— 阶梯电站发电量；

t、T —— 时段编号、总时段数；

m、M ——水电站编号和总数；

K_m ——第 m 个电站的发电出力系数；

$H_s(m, t)$ ——第 m 个水电站第 t 时段的上游平均水位；

$H_x(m, t)$ ——第 m 个水电站第 t 时段的下游平均水位；

$Q_f(m, t)$ ——第 m 个水电站 t 时刻发电流量；

Δt ——计算时段长。

在给定调度期内入库径流过程和水库始末水位，综合考虑各类约束条件和上网电价差异，确定调度期内最大收益目标函数为

$$\max F = \max \Sigma_{t=1}^{T} \Sigma_{m=1}^{M} K_m \left[H_s(m,t) - H_x(m,t) \right] Q_f(m,t) \Delta t B(m) \tag{7-2}$$

式中 F ——梯级水电站发电收益；

$B(m)$ ——第 m 个水电站的上网电价。

在得到发电量目标函数和调度收益目标函数后，根据梯级水电站联合优化调度具有的高维、动态、非线性等特点，采用动态规划（Dynamic Programming, DP）和逐步优化法（Progressive Optimal Algorithm, POA）相结合对目标函数进行求解，POA-DPSA 混合算法流程如图 7-6 所示。

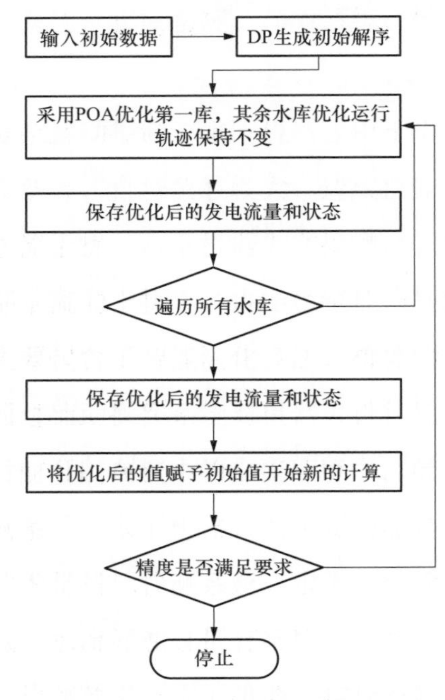

图 7-6 POA-DPSA 混合算法流程图

在输入初始数据后，首先利用DP生成初始序列，接下来在保持其他水库运行数据不变的前提下，利用POA遍历优化每一个水库，每次遍历完成后将优化结果进行赋值，并计算精度是否满足要求，如果满足则停止，程序退出。

分别选取2011年（枯水年）、2012年（平水年）、2014年（丰水年）3种代表年份对所提出的算法与单一水库优化运行结果进行对比，其结果如表7-5所示。

表7-5 沅水梯级水电站联合优化运行与单一水库优化运行结果对比

项目	2011年			2012年			2014年		
	梯级发电量最大	梯级发电效益最大	单一水库优化运行	梯级发电量最大	梯级发电效益最大	单一水库优化运行	梯级发电量最大	梯级发电效益最大	单一水库优化运行
三板溪水电站发电量（亿kWh）	15.295	15.123	15.874	22.194	22.392	24.628	26.505	26.447	29.712
白市发电量（亿kWh）	7.635	7.678	7.570	12.489	12.549	12.199	15.058	15.062	14.360
托口水电站发电量（亿kWh）	13.527	13.649	13.568	22.777	23.080	22.904	27.445	27.609	26.671
洪江水电站发电量（亿kWh）	7.441	7.438	7.143	12.130	12.018	10.584	13.641	13.600	11.662
碗米坡水电站发电量（亿kWh）	4.879	4.894	4.948	8.484	8.488	8.528	8.668	8.669	8.695
五强溪水电站发电量（亿kWh）	38.867	38.847	36.992	63.597	63.071	57.945	67.165	67.044	63.716
总发电量（亿kWh）	87.644	87.629	86.095	141.671	141.598	136.787	158.482	158.431	154.816
总发电效益（亿元）	28.561	28.566	28.189	46.132	46.178	44.958	52.146	52.149	51.156
总弃水（亿m^3）	7.716	8.277	23.949	136.839	140.321	194.367	181.364	181.579	246.542

由表 7–6 可知，与单一水库优化运行相比，在丰、平、枯水年份：梯级发电量最大目标可分别减少弃水 67.79%、29.60% 和 26.44%，增加发电量 3.666 亿、4.884 亿 kWh 和 1.549 亿 kWh；梯级发电效益最大目标可分别减少弃水 65.44%、27.81% 和 26.35%，增加发电效益 0.993 亿、1.220 亿元和 0.377 亿元。

沅水梯级水电站联合优化运行算法较单一水库优化运行有较大的收益提升，为后续梯级水电站运行方案的制订和实际运行调度提供了科学的指导。

本章小结

本章主要从水力发电发展现状、水力发电对人工智能的需求、人工智能在水电领域的应用场景以及相关的典型应用案例分析等方面分析人工智能在水电方面的发展情况。

随着国家对水利事业越发重视，水电发展迅速，大规模水电站投入运行的同时带来了一些技术难题，其中智能安全检修、检查、水电站集群调动、洪水预测、坝体检测、智能化水电站建设等几个方面尤为突出，传统方法已无法满足需求。人工智能技术能够结合大数据、多传感器、自主学习等策略，有效解决行业痛点。在水电巡检、集群调度、地质灾害预防等领域，已经出现了一系列人工智能技术落地项目，并取得非常不错的效果，提升水电站安全运营的同时降低了运营成本。水电站的建设朝着智能化、安全化、集群化调度的方向发展。可以预见，人工智能技术在未来智能化水电站的建设过程中，会有越来越多的应用，这也对我国水电站建设者们提出了更高的要求，需要其结合人工智能技术，瞄准水电行业的痛点问题进行有效分析，推动我国水力发电行业朝着智能化发展。

第8章 人工智能在风电领域的应用

8.1 风电发展现状

根据全球风能理事会（Global Wind Energy Council，GWEC）发布的《2018 全球风电发展报告》，截至 2018 年底，全球风电总装机容量为 591GW，同比增长 9.4%；其中，中、美两国陆上风电总装机占比超过全球陆上风电总装机容量的 60%，中、德、英三国海上风电总装机占比超过全球海上风电总装机容量的 80%；中国已经成为全球风力发电总装机容量规模最大、年新增装机容量增长速度最快的市场。

根据相关研究机构统计，我国平均风能密度为 100W/m^2，风能总储量约为 32.26 亿 kW，风能资源主要分布在“三北”（东北、华北、西北）陆上风带和沿海、岛屿海上风带。陆上可开发和使用风能储量达到 2.53 亿 kW，近海水域可开发和使用风力发电储量约为 7.5 亿 kW，总计约 10 亿 kW。我国丰富的风能资源和巨大的发展潜力必将使风电成为未来能源结构中不可或缺的组成部分。

风电技术经过近十年的高速发展，风电装备、风电机组建模、并网控制等各个方面均有了前所未有的突破。从技术的角度来看，目前我国风电发展有 3 个明显机遇：

（1）海上风电技术发展迅速，海上风电没有地形阻挡，风速稳定，海上风电可以就地消化负荷，降低电网容量限制。

（2）单机容量逐渐增大，不断研发出更大容量的风力发电机，可以提高新能源的转化效率。

（3）风电并网和消纳问题正在逐步改善，风电输送通道通畅，配合电网消纳新能源，有效降低了弃风率。

尽管风电在我国发展迅速，但受制于地理环境、风电机组建设需求以及技术手段等因素，暴露出风电发展面临的诸多挑战。首先，对风力发电经济性分析不足造成后期运维费用的升高，复杂环境下风电机组设备管理困难。其次，风能本身存在强不确定性，对于风功率预测是一个挑战。最后，风电厂往往工作环境恶劣，人工巡检效率低下。

人工智能技术可以有效地利用风电相关数据，为智慧风电场建设提供合理方案、有效解决风资源的高随机性、从设备制造到生产管理各个方面进行优化，化解我国风电发展面临的诸多挑战。

8.2 风力发电对人工智能的需求

目前，人工智能技术发展迅速，整个电力行业也在大力发展人工智能技术，建设智慧电厂、智能场站，以提高发电厂的自动化水平，提高发电效率，降低运营成本，增加营业收入。特别是水电、风电、太阳能发电行业，发电设备相比火电、核电简单很多，场站维保人员也少，有少数场站已经实现无人值守、场站安保模式。

各风力发电场装机容量较小，现场值守人员少，大部分装机 5 万 kW 的风电场配置 5～7 人，为了进一步做好风电场日常的安保、巡检、维护等工作，确保风电场安全高效运行，很多风电企业正在开展智能场站建设，通过智能化生产运行管理模式，实现远程集控运行，以减少现场作业人员，降低生产成本，提高生产管理水平，提升企业新能源发展的核心竞争力。

风电机组面对各种恶劣的工作环境及严格的电网条件，运行工况复杂多变，各种因素使风电机组的可利用率，风电转换效率及使用寿命受到很大影响。很多重大事故的发生，往往源于一个数据的错误或一种信息的疏忽。在一个现代化的大型风电场中，可能会有十几台甚至几十台上百台风力发电机，如何有效地对各风电机组状态进行监测和分析，使整个风电场安全、可靠、经济地运行就变得至关重要。

由于风电场的选址受到地理条件及风能资源的限制，各风电场之间的距离可能会非常遥远，特别是对于高山风电和海上风电场的情况。在这样的前提下，如何方便、快捷地对各风电场运行状况进行监测和分析以及实现风电场间的远距离数据通信，保证多风电场的统一管理、运营及维护，并使得广泛的国内、国际技术合作和多方在线诊断得以实现，成为今后风电行业的新兴发展方向。

目前，我国风力发电机的维护仍采用传统的人工作业方式，人工作业存在着劳动强度大、施工周期长、安全性差、污染环境等一系列的问题。随着我国风电行业的迅速发展和对于劳动保障问题的日益重视，人工作业已不符合社会发展的客观要求，淘汰人工作业已成为历史的必然。

综上所述，风力发电对人工智能的需求迫切，人工智能在风电领域的应用前景广阔，实现风电人工智能化，建设智能场站是各风电企业的选择。

8.2.1 运行管理对人工智能的需求

在传统的风电场站巡检中，巡检过程中会遇到以下几大难点：巡检疏漏避免难、巡检情况记录难、巡检操作规范难、数据统一分析难、工作手册记忆难。

针对风电管理难题，编制风电机组智能巡检方案，通过大数据、物联网、人工智能等先进的技术手段，减少人员巡检工作量，提高风电机组智能巡检效率和质量，避免机组因巡检不到位导致重大事故，通过风电机组智慧化巡检达到巡检风电机组全覆盖，巡检周期全覆盖，巡检项目全覆盖。

随着风电场数字化推进，投运风电机组越来越多，风场风电机组运行的数据、控制数据和环境数据都在海量增加，这些海量数据为人工智能在风电运维中的应用奠定了基础。风电机组的人工智能巡检可以覆盖风电机组的机械部分和电气部分，实现风电机组的实时状态监测和自动分析判断，系统发现异常自动报警。通过增设一些辅助维护装置，当系统自动报警时，能够根据现场实际状态实现自动维护，能够有效减少现场检修人员的登塔次数，提高风电机组智能巡检效率和质量。通过风电机组人工智慧巡检，实现风电机组全覆盖、巡检周期全覆盖、巡检项目全覆盖。

8.2.2 设备管理对人工智能的需求

中国风电经历了十余年的高速发展后，目前装机容量十分巨大。风电的迅猛发展带来巨大机遇的同时，也带来了巨大的挑战。伴随我国风电装机容量持续快速增加，风电场检修维护问题日渐突出。

风电场运维市场前景巨大，现阶段我国运维市场中，风电场投资方、风电机组设备厂商以及第三方外包企业都涉足这一领域，想要分得一块蛋糕。风电场投资方是风电场资金来源，重视风电场的售电量及盈利能力，虽然关注风电场设备使用率和运维管理情况，却没有掌握风电设备核心技术，只能请专业设备企业进行检修维护；风电机组设备厂商出售风电设备，掌握风电机组的核心技术，在产品检修方面有绝对优势，但厂商只能负责质保期内的风电机组设备故障维修，风电机组平时常规运维以及处理经常发生的简易故障并不是其主要盈利手段。第三方外包企业盈利方式就是通过风电机组设备的检修和状态分析，但由于各种资本渗入，运维技术水平差别巨大、服务质量令人担忧。从这一点来看，这种无序的运维市场无统一标准，难以管理，形势混乱，规范化、标准化水平较低，导致对风电检修的低速、低质量发展。

与此同时，当前风电场运维方式还较为原始，主要依靠现场工作人员人工检查及根据经验预判机组是否故障，从而消除设备安全隐患。此外，许多风电场距离市区遥远，分布在人烟稀少的地区，如果一直依靠肉眼观察，手动维护，操作成本和运维成本都会很高，也增加了由于人员水平参差不齐造成财产或人身安全事故的可能性。对于专业检修技术人员来说，在这种情况下，也很难立即参与到风电设备机组故障诊断当中，较难提供技术支持。因此，现阶段运维方式容易造成管理不当，事故频发。特别是对于较多初期投产的风电场来说，设备已经退出质保，长期运行后的设备很容易出现零部件老化及备件短缺等问题，严重影响机组的正常运行，降低了发电时间，损害了风电场的经济效益。在这个关键时期，对于风电场而言，如果未找到经济合理的技术改造方案，有效合理地运维管理对风电场来说非常重要。

风电机组自身是一个复杂的非线性系统，主要由机械、电气、电力电子、控制等子系统构成。根据现有双馈式风电机组传动链故障数据统计：齿轮的故障约占60%，轴承的故障约占20%，轴的故障约占10%，其余部件的故障约占10%，故障的多发和相互耦合又极大地增加了故障诊断的难度。风电机组传动链故障诊断研究的主要对象是齿轮箱和轴承，作为传动系统的重要组成部分，其工作状态关乎整个机组的健康运行。

目前，针对传动链故障的研究早期主要是通过对振动信号进行频谱分析，如快速傅立叶变化、小波变换、小波包变换、包络谱分析等，存在的主要问题为①振动信号成分复杂，导致提取的信号中包含额外的信息；②振动信号非线性、非平稳的特点，导致传统分析方法缺乏有效处理能力，因此诊断精确度偏低；③故障特征需要人工提取，导致诊断精度受数据样本影响，虽然有浅层神经网络的应用，但其智能化程度仍旧偏低，而且对海量数据处理能力有限。

大数据技术可以很好地解决对海量数据处理的难点，深度学习技术可以解决浅层神经网络非线性性能较低的缺点并且具有良好的泛化能力。通过大数据预测技术和人工智能技术的结合，将风电机组的生产运行数据、生产管理数据等海量数据进行有效分析，研发风电机组远程故障预警系统和智能故障诊断系统。通过对风电机组早期故障的发掘可以有效降低风电机组的运维成本，提高平均运行小时数以增加社会生产效益，对风电机组健康运行和清洁能源的发展具有科学意义和应用价值。

8.2.3 调度管理对人工智能的需求

风能具有波动性、间歇性和不可控等特点，导致风电输出功率随机波动。随着风电在电网中渗透比例不断增加，风电输出功率的随机波动将给电力系统的安全稳定运行和电能质量带来潜在的不利影响。风电接入电网后的调度问题、电能质量问题、电力市场问题、输电难问题等影响着整个风电行业的发展。风电功率预测技术是解决制约风电发展诸多难题的重要手段。

风电功率预测 (Wind Power Prediction，WPP) 通过气象预报数据、风电场历史运行数据、风电场运行状态数据等参数，预测风电出力变化趋势，为电网安全、电力调度、电力运营带来了积极的影响，体现在：

（1）降低风电波动性对电网稳定性的影响，提升电网的可靠性。

（2）有利于调度人员及时调整调度计划，改善电网调峰能力，减小旋转备用容量。

（3）有助于发电企业科学安排检修计划，减少弃风，提高企业效益。

（4）提升风电在电力市场中的竞争力，改善传统风电“价高质劣”的缺点。

由于风电功率预测的重要性，国家能源局下发的《风电场功率预测预报管理暂行办法》中要求，所有并网运行的风电场须建立风电功率预测预报系统，并完成日预报（0 ~ 24h）和实时预报（15min ~ 4h）。在 NB/T 31079—2016《风电功率预测系统测风塔数据测量技术要求》中明确规定了风电功率预测系统中测风塔气象数据测量的相关技术要求，温度、湿度、气压和不同高度各层风速风向等数值，作为预测的相关依据。

风电功率预测的基本作用是提供有关未来几分钟、几小时或几天内可预期的功率信息。根据电力系统运行要求，预测可按时间尺度分为 3 种类别：超短期预测（0 ~ 4h），短期预测（24 ~ 72h）和长期预测（1 ~ 7d）。超短期预测用于风电机组控制和负荷跟踪，短期预测用于电网优化调度，长期预测用于风电机组的检修计划制定。

目前，风电功率预测方法一般分为两类：物理方法和统计方法。物理方法结合风电场具体地形地貌，使用详细的风电场和地形的物理模型来描述风电场所处地区的气象状态。得出风电机组安装点具体的气象预测数据后，再结合风电机组功率曲线计算风电功率值。物理方法虽然不需要历史数据，但获取描述现场条件的物理测量值（风电场布局、障碍物、地形粗糙度等）困难，且风电机组功率曲线只能体现较少气象变量与风电机组输出功率的关系，降低了模型的准确性。统计方法依靠对历史数据的统计建模，只采用风电历史功率时间序列预测未来的风电出力，建模简单，不依赖数值天气预报数据，但预测精度较低，且精度随着预测时间的增长而迅速降低。

人工智能法采用不同的人工智能模型，通过大量的历史样本训练建立输入变量和输出变量之间的非线性映射关系，并基于训练后的模型，预测未来的风电功率输出。在历史样本充分的情况下，人工智能法大多具有较高的预测精度和泛化能力，因此，广泛应用于超短期、短期和中长期风电功率预测。

8.3 人工智能在风电领域的应用场景

8.3.1 风电功率爬坡预测

受地形地貌等自然因素的影响，风能资源呈现出地区间的不均衡，只有在风能资源丰富的区域进行风电开发才能够最大程度地提高开发效率。因此，风电开发大多采用大规模集中的方式。通常，一个地区就会有几十甚至几百台风力发电机同时发电，这种集中开发方式使得一定空间范围内的风电功率在时间上变化趋势相同，地区相近的风电机组功率波动存在很强的相似性，在经过集中打捆连接电力系统外送时，可能表现出整个风电场总功率发生短时间内的大幅度上升或下降，对电力系统造成冲击。随着电力系统中风电渗透率的提高，在极端天气情况下，经常出现风电爬坡事件，即风电功率在短时间内发生单向大幅度阶跃，这种短时间内大幅度的变化对电力系统极容易造成冲击，很容易降低电网电能质量，甚至对电网安全运行构成极大威胁，引起电网功率失衡、频率失稳甚至电网解列，对国民经济造成巨大损失。

风电功率爬坡事件分为上爬坡和下爬坡。一般情况下，当出现强烈低压气旋、低空急流、雷阵雨、阵风或类似的长期极端气象事件时，风场区域风速陡增，就会影响风电场出力，造成风电场一段时间内功率骤增，发生上爬坡事件；当出现与之前相对的气象事件或者由于风电机组转速较高超过最大控制切出风速时，大量风电机组同时短时间内减载停止运行，风电场总体出力在短时间内骤降，发生下爬坡事件。当电力系统有功功率平衡被打破，短时严重不平衡时，系统频率参数会不正常波动。当频率超过电网安全范围时，电网安全保护机制会切机或切负荷，造成严重电力系统事故。2008 年 2 月，美国得克萨斯风电场发生爬坡事件，电网频率下降至 59.85Hz，电网保护控制系统自动切除 1150MW 负荷，大量用户受到影响，给生产生活造成巨大损失。事故后分析研究表明，由于风电场上报的风电功率预测误差较大，无法体现风电出力巨大变化，电网调度中心误判电网中不会出现功率缺口，从而没有及时采取正确预防控制措施，导致旋备不足、频率骤降，最终紧急切负荷，出现了严重的后果。由此可见，开展风电爬坡事件预测对于电力系统安全稳定运行具有十分重要的意义。

提前准确对爬坡事件进行预测，就可以预判出系统功率不平衡，做好相应应对措施。如图 8–1 所示，风电爬坡事件预测方法可以分为直接预测方法和间接预测方法。直接预测方法中需要历史爬坡时间数据，挖掘得到识别特征，进而直接预测爬坡事件表征量（如爬坡幅度、持续时间、爬坡率等）。间接预测方法就是一种风电功率预测方法，根据预测的功率结果和爬坡时间定义识别出爬坡事件，是目前爬坡预测的主流方法。可见，优化风电功率波动预测方法，对风电功率进行准确预测，电网可以提前提供预测结果，做好调度和控制预案，一旦发生紧急情况也能从容应对。

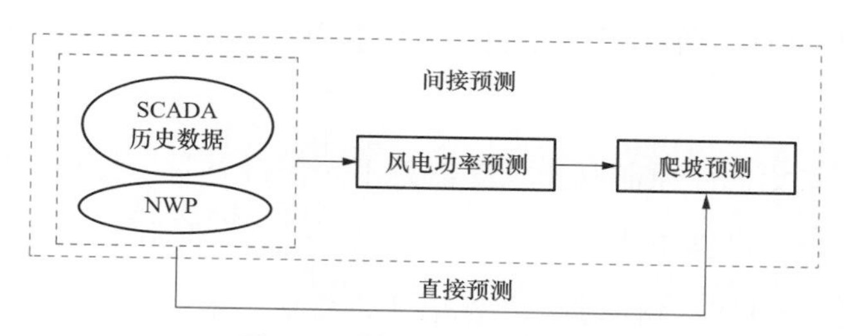

图 8–1 风电爬坡预测方法

人工智能算法可以提高风电功率预测的准确度。人工神经网络、模糊模型和支持向量机等人工智能算法，较传统统计预测方法而言，可通过历史数据学习自动优化模型参数，构建更精确的预测模型，在短期风电功率预测领域中逐渐受到重视。人工智能算法通过大量历史数据拟合出输出变量与输入变量间的非线性关系，简化了动态时间序列建模问题。

风电功率数据作为典型的时间序列，不但具有很强的系统非线性，而且在时间上具有很强的前后影响的动态特性。也就是说，未来下一时刻的风电功率不仅与当前自然情况（风速、风向、温度、湿度等因素）有关，而且与过去时刻的情况有关。常规的人工神经网络只考虑了当前时刻输入输出量的对应关系，因此，对风电功率序列预测的精度有限。

递归神经网络（Recurrent Neural Network，RNN）是一种循环反馈的神经网络，能够考虑时间序列的前后时序相关性，原理上能够记忆无限长度的完整信息，因此可以更加准确地对时间序列进行建模。其中，长短期记忆（Long Short–Term Memory，LSTM）网络是一种特殊的循环神经网络模型。LSTM 的每一个记忆单元结构如图 8–2 所示。通过特殊的结构设计，具有独特的记忆和遗忘模式，规避了常规循环神经网络 BTPP 训练过程中出现的梯度消失或爆炸问题，从而建立时间序列前后依赖关系，真正有效充分地利用历史序列信息。采用长短期记忆人工神经网络对风电功率预测是一个可行的手段。

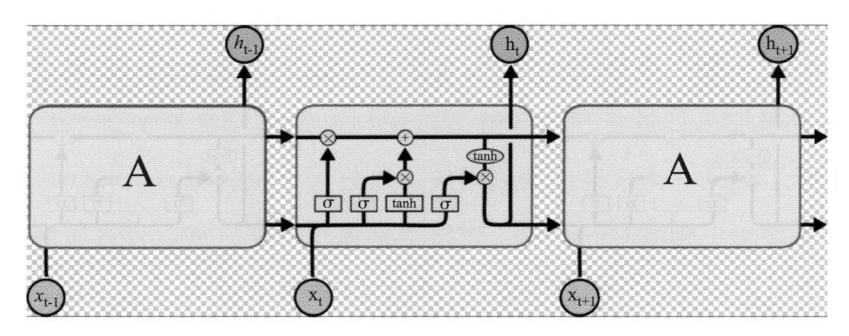

图 8-2 LSTM 的每一个记忆单元结构

8.3.2 塔筒缺陷诊断

近十多年来，在我国风电装备实力增强，风电装机迅速提高，但与此同时伴随着一些恶劣的风电安全事故。风电机组塔筒的倒塌事件就是其中一个例子，一些惨痛的例子给人们敲响警钟，引起了人们对风电机组在线监测技术的重视。2012 年 9 月 5 日，新疆某风电场中一台风电机组倒塌，造成现场工作人员两死一伤。2015 年 3 月 24 日，甘肃某风电场发生风电机组倒塌，导致风力发电机报废，给企业带来巨大的经济损失。2019 年 4 月 12 日 16 时 20 分，甘肃一家公司工作人员进行进风机保养维护时，风电机组塔筒突然倒塌，造成 4 人死亡，2 人受伤。图 8-3 所示为风电机组倒塌现场照片。

塔筒在整个风电机组中起到主要支撑的作用，塔筒上部是装有发电机等设备的机舱和受风力旋转的叶片，塔筒支撑机舱和叶片接受足够的风能，保证风电机组的正常运转工作。风电场所处自然环境大多伴随恶劣的气象条件，这也就意味着风电机组的塔筒将长期承受不同方向变化的压力。这些风载荷、塔筒自重、机舱和叶片的重力以及叶片旋转周期性重复激励极易使风电机组塔筒疲劳拉升挤压，出现裂纹，导致设计结构功能欠缺，甚至出现风电机组倒塌的恶性事件。

风电机组塔筒倒塌发生后，专家对事故原因进行研究，发现除塔筒本身质量问题以及人员安装操作失误外，最突出的问题就是对风电机组塔筒缺少实时监测，导致不能预知倒塌的危险存在。风电机组塔筒是风电机组正常发电的基础，是作业人员人身安全的保障，因此，检测风电机组塔筒的受力情况，实时在线监测风电机组安全状态就显得越发重要。

如果找到合适的检测手段实现在役塔筒的实时全方位监测，那么风电机组塔筒的本

图 8-3 风电机组倒塌现场照片

身质量缺陷和长期服役过程中因设备老化产生的表面开裂就可被仪器检测到，对缺陷进行评估，并采取及时有效措施进行补救，就可以避免塔筒倒塌造成人员和财产损失事故发生。

近年来，有研究人员发现风电机组塔筒的声发射（Acoustic Emission，AE）现象有利于对裂纹的在线监测。AE 现象是指某种材料或某种构件内部局部位置在内外合理力周期性同时刺激下，产生变形或裂纹的同时，会伴随释放瞬时弹性波现象，在风电机组塔筒上也不例外。利用声发射技术对风电场运行的风电机组塔筒裂纹的产生和发展过程进行全面在线动态监测，可以清晰判定裂纹产生的发展情况，对最初产生裂纹的点进行有效定位和排查。由于风力发电机的塔筒构件尺寸较大，传统的无损检测方法只能对塔筒的关键部位进行停机定期检测，既无法做到实时监测，又降低了风电机组正常并网发电的时间，而且检测面积十分有限，经济性和检测效果都较差。但声发射检测技术能够克服这些缺点。

目前，声发射源的定位方法主要分为时差定位和区域定位两种。时差定位较为简单，通过测量同一声发射信号到达不同接收器的时间差，结合信号波速、现场设备参数进行原理性运算，得出发射源位置参数。但是，时差定位中测量接收信号是一大问题，实际操纵中容易丢失低幅信号，效果比理论结果大打折扣。区域定位虽然方法简便、速度较快，但其定位更为粗略。

人工神经网络通过计算机数据结构模拟人脑中神经元网络，以期获得与人脑相似的功能。相对传统的建模方法，人工神经网络是数据驱动方法，其结构具有很强的根据数据变化而变化的自适应性，而不是基于一成不变的数学模型，同时人工神经网络容错能力强大，错误数据对其参数和结构影响有限。因此，在声发射信号处理过程中加入人工神经网络，是相关领域的研究热点。

声发射的特征信号容易淹没在其他噪声信号中，且传递的过程中会发生大量衰减，这是传统时差定位无法克服的难点。但采用神经网络分析方法对其进行有效识别，能够获得声发射源信号的真实特征表达，很好地解决了传统方法在对发射信号处理过程中所遇到的一些难题，实现了声发射信号源模式的分离、识别及快速检测等。可以将 BP 神经网络应用于风力发电机塔筒裂纹定位中，流程如图 8–4 所示。

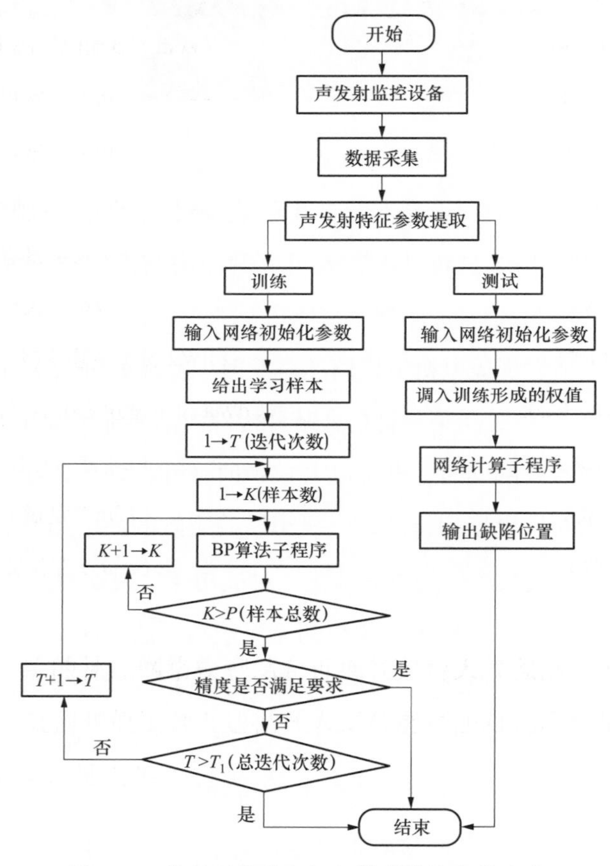

图 8–4 神经网络风电机组塔筒裂纹定位流程

8.3.3 风电机组变桨控制

风力发电是叶片带动旋转设备发电的过程，风电机组转速调节模块是关系发电效率的重要系统控制模块。按照控制方式不同，风力发电风速调节分为变桨距调节和定桨距调节两种，按照发电机运行和控制不同有变速恒频与定速恒频两种。其中，变桨距调节是变速恒频控制实现最大功率点追踪的基础。在风力发电过程中，变桨控制可以调节风电机组转速使其最大限度地捕获风能，达到输出功率平稳同时机组结构受力小、停机方便安全的效果。风电机组通过变桨控制调节桨叶的桨距角，从而控制风电机组捕获的气动功率，保障在不同风速情况下保持较高能量转化效率，使风电机组在低风速时就能转动发电，在风速大于额定风速时截获到稳定的风能。目前，绝大多数并网风电机组均采用变桨调节形式，常规变桨调节控制框图如图 8-5 所示。

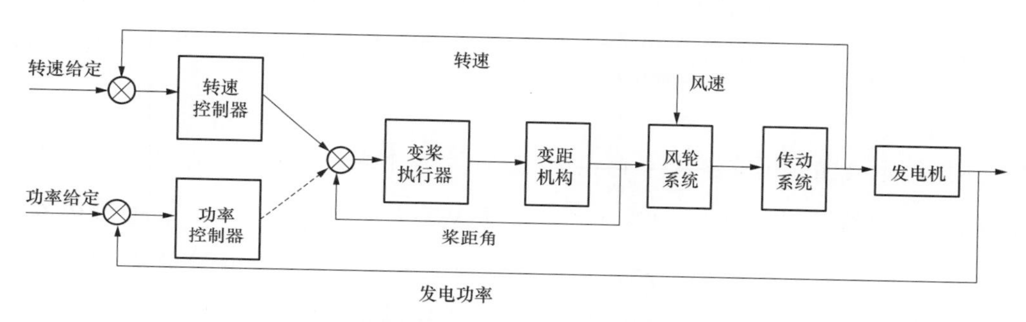

图 8-5 常规变桨调节控制框图

传统的变桨距控制技术往往是通过单一算法进行调节控制，其中最典型的就是 PID 控制。通过 PID 调节，可以实现风电机组变桨距控制，进而对风能捕获大小进行调节。传统的 PID 控制方法优点是简单方便，但也有自身局限性，往往不能很好地解决动态误差和静态误差之间的不匹配，这也是传统控制算法的通病，这在一定程度上影响了桨距控制效果。

针对这种状况，为解决各种单一控制算法局限性问题，将各种不同的控制算法进行结合已经成为当前变桨距控制技术发展的主流趋势，各类混合算法的使用应运而生。将两种或多种算法进行混合，优势互补，实现对各自局限性的消除。这在一定程度上解决了传统单一控制算法局限性，提升了系统运行性能，改善了变桨距控制的有益效果。其精确、良好的控制效果在一定程度上保证了风轮机风能捕获大小，进而保证了风电机组功率输出稳定。

由于传统 PID 控制器对于具有复杂非线性特性的被控目标对象效果较差，另外控制目标对象以及环境的不确定性，使得控制系统设计时难以建立精确的数学模型，控制效果更是不尽如人意。考虑可以利用神经网络非线性无限逼近能力很强，依托于数据而不是模型的特点，可以在控制系统中加入神经网络辅助控制。所以，可以将经典的径向基函数（Radial Basis Function, RBF）控制算法与传统的 PID 控制算法相结合，设计出基于 RBF 神经网络的 PID 变桨距控制系统，RBF-PID 控制框图如图 8-6 所示。其中，PID 控制系统进行常规 PID 控制，同时利用原始积累数据利用 RBF 神经网络等对 PID 控制的参数进行在线实时优化，从而改善 PID 调节精确性，提升变桨距调节效果。

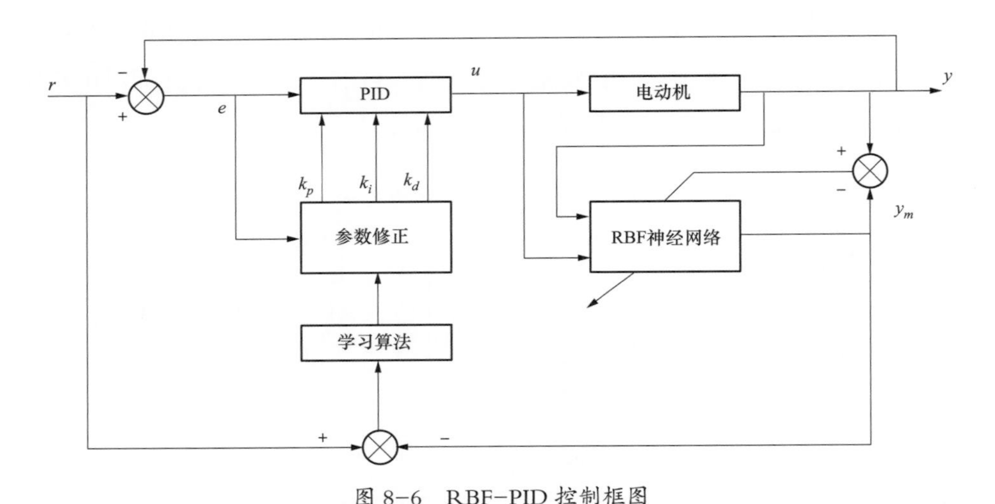

图 8-6　RBF-PID 控制框图

8.3.4 智能维护机器人

我国不同地理区域的风电机组维护工作面对着不同的具体问题。由于南方地区阴雨连绵、潮气较重，灰尘等污物很容易附着在风电机组塔筒和叶片上，北方地区空气污染较重、风沙较大，容易侵袭叶片和塔筒等部件。这些因素已经严重影响了风电机组的发电效率。原有的清洗、除锈、喷漆方面的工作是由人工进行，人工在人员招聘、人工成本、安全性等方面存在着比较大的短板，因此风力发电企业已经体现出强烈的需要机器替代人工的需求意向。

随着近年来机器人技术的广泛应用，某公司研制出一种适用于风力发电机维护作业的机器人，采用机器人来代替人工完成高空作业，实现清洗作业、检测作业的自动化，达到提高效率和安全性、降低维护费用的目的，将具有良好的社会效益和广阔的应用前景。

智能攀爬机器人如图 8-7 所示，该机器人具备蛇节形永磁随动机构、特有的曲面适应和越障能力履带悬架，整体自重轻、负载能力高，清洗、喷涂、打磨作业支臂采用机械、电气标准化接口设计，方便多样化功能的实现、扩展、安装与操控。该机器人自带多种传感器，可将环境姿态信息感知后实时处理控制。能有效地适应环境，具有很强的自适应能力。具备多机协同调度系统，支持灵活组网联机功能，可进行多种传感器数据融合（激光雷达、GPS、IMU、里程计、超声波等），在获得稳定且准确的位置姿态信息的同时，帮助机器人获取三维空间环境信息。

图 8-7　智能攀爬机器人

目前，该风电场已使用该机器人代替部分高空作业，实现风电设备叶片和塔筒维护、清洗、防锈、检测作业的自动化，提高了工作效率和安全性，降低了维护费用。

8.3.5 区域生产运营中心建设

区域生产运营中心建设是指针对一个区域内风电场分散、管理和维护难度大等问题，建立一个集中监视和控制中心。对已投产风电场按要求进行设备改造，对新建场站的规划、设计、设备选型、安装调试及生产筹备等按照区域运营中心相关技术要求执行，投产后即接入区域运营中心，减少现场人员编制，使各场站达到“远程集控、少人值守”要求。

区域生产运营中心承担本区域场站集中控制管理职能，是该区域内各场站的集中控制、优化调度与经济运行中心，以及设备运行、自动化、通信、信息专业技术管理中心。通过建设结构合理、功能完善、接口开放、数据统一的综合自动化系统平台，实现所属多个场站“五遥”（遥测、遥信、遥控、遥调、遥视）功能以及各场站应用系统数据共享、集中管理，为各种高级应用提供一体化的支撑平台。

区域生产运营中心系统建设应遵循统筹规划、适当超前、专业设计、综合评审、专业施工、安全可靠、经济适用的原则。其总体基本功能应满足以下要求：

（1）实时控制系统为分层分布开放式架构，数据库及软件按模块化、结构化设计，支持各种应用软件及功能的开发应用，支持第三方软件在系统上无缝集成和可靠运行，支持多种数据网络通信接口，使系统能适应功能的增加和规模的扩充，并能自诊断。

（2）能接受电网调度机构命令或AGC、自动电压控制（Automatic Voltage Control，AVC）指令及预定的负荷曲线，实现对各场站的集中监控。可向场站的各监控子系统直接发送控制指令，实现遥信、遥测、遥控、遥调、遥视以及经济运行、集中分析管理功能，实时、准确、可靠并有效地完成对各场站所有被测控对象的安全监视和控制。

（3）能实现新能源集控中心直接向省电网调度自动化系统及上级单位传送各场站的运行参数和信息数据，并可自动接受电网调度机构的调度命令，实现数据的可靠上传与下达。

（4）可对公司所属场站主要电气设备、关键设备安装地点以及周围环境进行全天候的图像监视及安全警戒，以满足电力系统安全生产所需的监视设备关键部位的要求。

（5）统一且可配置的数据接口，能实现对风功率预测的集中管理及生产信息的综合展示。

（6）能满足调度数据、集控数据、调度语音、行政语音等业务需求，相关调度通信设备能实现调度的集中管理。

（7）能实现场站关键机电设备的状态监视、数据统计与分析功能，为设备的状态检修提供决策依据。

（8）采用的网络技术应符合相关国际及国内标准，满足信息实时、准确、安全、可靠地交换传输。网络设备应有开放的接口，拥有良好的维护、测量及管理手段，能随需求变化而扩展，实现集控数据专用网络及信息网络的集中管理。

（9）各系统软硬件平台架构均应满足国家经贸委及电监会关于电力二次系统安全防护的相关管理规定及要求。

（10）系统高度可靠、冗余，实时性好，抗干扰能力强，不因任何1台机器发生故障而引起系统误操作或降低系统性能。关键系统设备均应采用双路冗余供电方式设计。系统的局部故障不影响现场设备的正常运行，系统的平均故障间隔时间（MTBF）、平均修复时间（MTTR）及各项可用性指标均满足国家相关行业标准及国际电信联盟电信标准分局（ITU-T）的有关建议与要求。

生产运营中心建设主要包含二次系统安防建设、电力通信系统建设、数据网建设、计算机监控系统建设、电能计量系统建设、工业电视系统建设等内容，实现高标准、高可信的电站控制水平。

8.4 典型应用案例分析

8.4.1 安全应用案例

近年来，海上风电技术迅速发展，为海上风电场建设创造了有利的条件。但同时，海上风电场的建设也会存在一些安全问题。如施工船舶数量与种类较多，施工水域船舶进出的频率过高对过往船舶安全通航带来风险；施工作业区占用航道，降低附近船舶的通航效率；施工单位管理模式存在不足，制约了施工整体效率。

针对这些问题，为了充分保障风电水域的安全监管，某风电企业结合自身现场施工实际情况，从风电场施工期的管理和维护方面入手，对虚拟警戒标设备在海上风电场的应用展开研究，设计了一套船舶自动识别系统（Automatic Identification System, AIS）虚拟标示系统对施工水域进行管理和维护。通过 AIS、GPS 和海图等技术对施工船舶实时进行跟踪和管理。同时，通过对施工水域划定警戒区的方法，对过往船舶实现预警、报警功能。

1. 需求分析

在风电场建设中，通常需要用到实体航标对施工水域进行标识，以达到对过往船舶的警示作用，避免过往船舶误入施工水域造成碰撞，带来人员和财产的损失。但在实际施工期中，施工水域的范围需要进行变更，实体航标难以和施工水域保持同步更新，可能会造成过往船舶误入而产生碰撞。并且，实体航标出现故障时难以及时发现和维护，将会带来安全隐患，使企业维护成本会变高。因此，如何在风电水域施工期进行维护和管理，日益成为相关部门监管的重点和难点。根据海上风电场的概况，结合施工单位管理要求，对系统的各个模块进行设计，主要分为信息采集功能、数据处理功能和数据展示功能。电子监管系统开发过程中，为简化系统的开发，降低开发成本，集成了多种发展成熟、功能强大、开源的应用框架和技术。主要包括 SSM 框架，前端页面提供在线地图服务的 OpenLayers 类库，对地理数据编码的 GeoJSON，实现数据异步传输、提升用户体验的 Ajax 技术。

2. 系统设计

（1）数据采集功能设计。施工船舶数据的采集是实现实时远程监控施工船舶动态功能的基础。为了让管理部门掌握施工船舶的有效动态，就必须清楚施工船舶施工期间所在的地理位置和航行速度。考虑施工船舶施工作业期间根据施工进度的需要，会发生航向的变化，航向的变化直接导致施工船舶施工水域在海图上的显示发生较大的变化。

对于施工船舶地理位置和航速信息的采集需要用到GPS模块。由于型号为WF-NEO-6M的GPS模块搜星能力最强，同时配备可充电电池。因此，最终选择型号为WF-NEO-6M的GPS模块为本系统船载终端的传感器。

对于施工船舶航向信息的采集，三维电子罗盘HCM365体积小、可定制、功耗低，输出的姿态角精度高，在船舶航行姿态测量中应用广泛，因此，完全可以实现电子警戒系统船载终端对施工船舶航向数据的采集功能。

（2）数据处理功能设计。电子警戒系统船载终端通过主控芯片采集、解析施工船舶动态数据，将其上传到系统平台；系统平台根据接收的施工区域参数和施工船舶自身GPS、罗经等传感信息解算出施工区域边界点信息，并按照制定的通信协议传输至船载AIS设备终端，处理后的AIS数据被存放在MySQL数据库中以供系统读取使用。

（3）数据展示功能设计。施工水域在平台上显示，平台将海图数据处理工作放在服务器端完成。按照一定规则提取标准海图瓦片，以静态图片的形式存储在服务器指定路径下，客户端向服务器发出请求，服务器响应客户请求，将瓦片数据发送给客户浏览器实现海图的显示，就可以获得目标区域的海图。

（4）预警报警功能设计。在系统的界面上以色块标识警戒区，设置三级警戒区。考虑过往船舶驶入施工水域后才采取转舵避让可能会与施工船发生碰撞，在施工水域外围设置一道电子围栏作为一级警戒区；海事局划定固定的施工作业区，将其作为二级警戒区；根据施工船舶电子围栏大小设定，将施工船舶电子围栏作为三级警戒区。

以过往船舶的经纬度位置为预警报警的指标，其中一级警报的警情为初等，二级警报的警情为中等，三级警报的警情为高等。客户端接收到报警信息后，以消息推送、警告弹窗和警报声的方式提醒管理人员并发送报文通知施工船舶采取措施紧急避让，保障施工人员和施工船安全。

8.4.2 运行应用案例

广东湛江外罗海上风电项目是国内首个以EPC总承包方式建设的海上风电工程，也是广东省内第一个大规模使用大直径单桩的海上风电项目。该项目位于广东省湛江市徐闻县新寮岛及外罗以东的近海区域，总装机容量为200MW。

广东湛江外罗海上风电项目是利用人工智能技术的智慧风电场，利用相关技术解决了运营成本、上网电量、设备寿命、人员安全等问题。通过设计海上风电场一体化监控系统、海上风电场智能运营管理系统和海上风电场智能巡检系统，挖掘海上风电场的运行规律和最佳运营模式，最大程度地利用风资源、优化检修周期、对事故和设备故障提前预警及诊断，提升海上风电场的总体收益。

1. 一体化监控系统

一体化监控系统是整个智慧风电场的基础，保证整个风电场的日常工作顺利开展，场内的大部分设备受到它的监视和控制。一体化监控系统主要为风电机组、海上升压站和陆上集控中心服务，运用远程遥控技术，控制高压开关、监测运行状态。

监测工作主要分为三项：运行工况、远程浏览以及设备状态监测。其中，作为海上风电场的主要构成单元，设备的监测工作显得十分重要。针对海缆、变压器、开关、避雷器等设备的状态开展日常监测工作，观察其是否正常运作，以便及时发现问题。

操控工作则由 7 个关键任务组成：调度控制、风电场内操作、无功优化、风电机组负荷控制、顺序控制、防误闭锁和智能操作票。这些任务都有各自不同的操作规程，需要在不同的时间点进行不同的控制操作，采用一体化监控系统进行电子化遥控，可大大节省人力，提高可操作性。

同时，在一体化监控系统里设置海上风电机组辅助监控子系统。风电机组辅控系统由风电机组及塔筒在线状态监测与分析系统、风电机组基础监测系统、风电机组螺栓载荷在线监测报警系统、风电机组桨叶状态监测系统、风电机组发电机绝缘电阻自动监测装置系统、风电机组齿轮箱润滑油油质在线监测系统、风电机组雷电监测系统以及变压器运行状态监测系统等组成，全面整合风电机组的状态监测，实现风电机组的健康诊断和故障预警。

2. 智能运营管理系统

在机器长期的运行过程中故障是不可避免的。为了分析现状、预测故障，智能运营管理系统与一体化监控系统实现了有效的信息传递，一体化监控系统将所收集到的设备状态、海上状态、人员状态、运行调度执行、检修计划执行、运营信息存档等信息与智能运营管理系统进行交互，智能运营管理系统在此基础上进行大量的数据分析，从而对海上风电机组、海上升压站的主要电气设备、海底电缆及基础结构开展在线诊断及故障预警研究。

智能运营管理系统为应对突发性事故提供更多可参考的方案。一旦发现故障，系统将自动进行资源估算，以决定什么时候去修，派什么位置的资源去修，为维修制定最优的解决方案。通过分析区域内运维船舶资源、码头资源、海洋气象条件、船舶数据、单位成本等条件，运营管理系统可最优化配置运维船舶资源，制定船舶出海计划，最后综合所有线上资源进行分析，安排最合适、最合理的救护方案。

除了故障维修方案，智能运营系统还有很多其他功能，在风电场上的其他管理方案中同样需要。根据海上风电场无人值守安全监控的需求，研究确定侵入船舶防范的整体解决方案；建设海洋生物环境监测，在线采集海水环境、水下噪声、海洋生态、渔业资源等数据；分析海上风电场生态环境时空动态变动内在生态特性及其与风电运营变化的响应关系；利用风电机组海底防冲刷护板的珊瑚培育方案及其技术经济分析等。

3. 智能巡检系统

由于海上作业的高危性，海上风电不宜采用人员巡检的工作方式。结合海上风电巡检、安全监控的成果，提出在风电场内安排现场无人机、海底机器人和其他设备开展巡检工作的方案，电子“巡检员”的上岗将带领巡检系统朝着精准、高效、安全的道路进发。

智能巡检机器人如图 8–8 所示。

图 8–8　智能巡检机器人

智能巡检机器人身上带有精密的传感系统，这个设计大大提高了它对故障的侦查性能，通过拾音器、局放传感、视频传感和红外热成像四大功能，海上升压站内部的温度、湿度、水位、臭氧、六氟化硫、烟雾等参数得到精确测量。机器人的日常工作以测量和记录为主，穿梭在开关柜、变压器、控制柜、电缆桥架等设备中间，对柜体的局部放电以及其他情况进行测量记录，并识别站所设备和环境噪声。

8.4.3 设备应用案例

为了应对风电快速发展中带来的运维质量和及时性挑战，风电行业积极推动“互联网 + 风电”进程，支撑风电产业设备向互联互通的方向高效发展。虽然“万物联网”让风电机组变得日益可视和智能，对于风力发电机中各个静止部件，都可以加装传感器实现整体实时静态监控。但是对于叶片这种关键旋转部件，仍难以实现有效的动态实时检测。例如，风电机组发电时，叶片通常在变速旋转，少量、小型且固定的传感器无法大范围监控叶片的物理状况和运转情况。作为风电机组接受大量风载荷的关键部件，如果风电机组叶片因为质量问题或疲劳运行存在裂痕或缺陷，长时间未得到有效检修，将对安全生产和经济效益造成巨大影响。

传统的风电机组检修也包括叶片巡检内容，但都是安排在检修时间段内，通过地面望远镜肉眼观察有无明显裂痕，更细致的方式是停机让检修工人登塔检查。这对于自然环境严苛的风电场来说，成本高昂，也会威胁一线检修人员的生命安全。而且，仅靠巡检人员观察是无法清晰地分辨风电机组叶片的细微问题的，会大大降低事故的预防时间。因此，风电企业有必要探索一种新的检修解决方案，以实现更加全方位的有效的动态巡检。风电机组叶片无人机巡检如图 8–9 所示。

图 8–9 风电机组叶片无人机巡检

以人工智能计算机视觉、机器学习和特种飞行器为技术核心的风电机组叶片全自动智能化巡检应运而生。这种特种飞行器配备高分辨率的摄像头，检修的时候，先飞到距离风电机组叶片较远的距离，通过观察叶片运动的轨迹，缓慢靠近叶片。然后智能规划移动路线，与叶片保持相对静止的安全距离。当达到可靠且能够识别风电机组叶片状态的范围时，它开始在飞行过程连续、高效、可靠地拍摄风电机组叶片不同方位、不同角度的照片，且确保相机相对稳定，确保拍摄的图片完整、清晰。这种风电机组无人机巡检的优点在于，它可以针对不同型号、不同位置、不同工况的风电机组全自动在 15min 内快速完成巡视拍摄任务，能够拍出颗粒度细至 1mm × 3mm 裂纹的照片，相比传统方式效率提升 10 倍。并且操作简单，对现场作业人员要求低，与传统巡检相比极大地提升了风电机组无人机巡检的通用性，也极大地减少了巡检人力和时间成本。无人机巡检流程如图 8-10 所示。

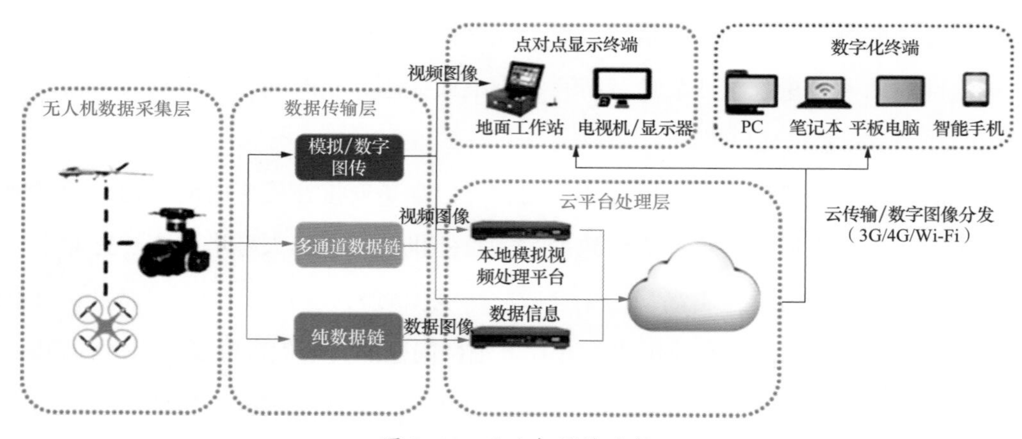

图 8-10 无人机巡检流程

取得现场图片后，不需要人工肉眼进行核对判断。通过构建的带有历史数据的风电技术缺陷云平台，形成了针对单个叶片裂纹演变过程的窗口，既能判断目前缺陷发展程度，也能预测后期裂纹对风电机组带来的影响。当积累足够的数据后，依赖计算机视觉、机器学习等人工智能算法，将智能云存储服务中海量的图片数据与无人机硬件设备在线连接，能够在采集风电机组叶片的表面状态数据后，对图像进行全自动初筛，供维修人员参考。此外，基于积累的数据还可以开发一整套数据报表系统，巡检完成的数据能在后台计算和分析，生成报表供工作人员参考。同时，制作电厂设备完整生命周期的追踪及状态趋势预测分析，真正为风电场带来持续不断的数据更新和资产管理。这种风电场自动化远程巡检，让新能源风电机组叶片的巡检工作变得更加简单，不仅降低了现场作业的专业技能要求，同时也规避了操作风险。经过使用后的测算，使用无人机远程巡检相比传统的人工现场巡检方式，能够节省高达 80% 的成本费用。风电机组无故障运行时间的提升也让企业投资可以获得更多商业价值。

根据上述无人机巡检内容，以某风电场为例进行分析。该风电场采用 100 台异步双馈风电机组，装机容量为 150MW，全部并网发电。风电场位于丘陵地带，风电机组分布在各个山头，山高路远，气候条件差，这对风电机组的日常巡检增加了很多困难。风电机组巡检的传统检测方法主要包括听和看。运维人员在风电机组运行当中，利用叶片发出异响的哨声进行判断，如有哨声，基本怀疑叶片存在缺陷，利用高倍望远镜对叶片进行观察，查找风电机组叶片存在的明显缺陷。然后待风电机组停止运行后，利用人工方式对叶片进行进一步检查，如有必要，需要外部用吊篮把人员送到高空作业，进入叶片内舱进行检修。常规巡检范围包括前后缘开裂、前后缘腐蚀、漆面损伤、叶片累积损伤、叶片表面裂纹、叶根挡板及入孔盖板损伤、叶片检查等。传统风电检测能找出比较明显的缺陷、成本低、操作简单，但需要风电机组停转影响正常生产、工作量大、时间长、不能直观清晰地观察和记录缺陷的实际尺寸及破损程度，难以确诊微小损伤，容易留下较多隐患。

该风电场进行风电叶片检修方式改革，购置一台无人机助力风电机组巡检工作，用无人机自动巡检代替人工巡检。该无人机搭载叶片检测专用成像设备近距离观察叶片表面状态，采集各个角度的高清画面，然后通过对高清图像的数据处理，由专家人员进行判断和分析，从而更清晰和直观地确认损伤程度及维修意见。利用无人机间歇性对塔架进行 360° 无死角拍摄，通过不同时间点的照片，采用正射影像投影法判断塔架形变量，提供形变趋势，确立维修及整改方案，防患于未然。下面通过对比综合成本，分析技术经济性。

人员和时间成本：按照行业标准，一般一个月需要对风电场巡检一次。传统人力巡检一般 2 人一组，1 天可以简单巡检 20 台机组左右，对于有 100 台风电机组的电厂需要巡检 5 天左右，如若需要蜘蛛人上塔操作，时间更久。无人机巡检无疲劳期，智能路线规划，直线飞行前往，近距离静止拍摄均可以缩短检修时间。一天时间就能巡检 100 台风电机组。传统人力巡检费时费力，需要多个操作人员配合。无人机巡检只需一人在巡检前录入风电场信息即可，长期有效，无人机可自动起飞，巡检完成后自动返航，降落到指定位置，不影响操作员做其他工作。目前，每台风电机组巡检价格约为 5000 元，叶片巡检成本费用约为 1000 元 / 台，则该风电场常规叶片巡检人力成本为 10 万元，无人机巡检不需要外委，花费人员操作培训费约 2 万元。

设备成本：传统人力巡检所需设备包括望远镜、吊篮、绳索等操作设备，成本为 2000 元。无人机巡检硬件上只需要搭载摄像装置的无人机，开发软件系统，成本为 5 万元。

发电成本：传统人力巡检需要在风电机组停转时开展工作，对发电量影响较大，无人机巡检可在风电机组并网发电同时完成巡检。假设该风电场风电机组均在额定风速下发电，因巡检需要对每台风电机组停转 20min，一次常规巡检造成风电场损失电量达

167000kWh，上网电价为 0.45 元 /kWh，折合电厂收入为 75150 元。无人机巡检不存在这样的问题。

综上，无人机巡检虽然一次性设备投入高于传统人力巡检，但节省巡检人员数量，减少巡检时间，不影响发电功率。经估算，该风电场传统巡检成本为 17.715 万元，无人机巡检成本为 7 万元，可见，采用无人机巡检经济性优于传统人力巡检。

8.4.4 经营应用案例

国家电投集团江西电力有限公司（简称“国家电投江西公司”）主要从事电源开发建设、经营管理、能源销售、电站服务等活动，积极开发清洁能源，始终保持着健康发展、安全发展、和谐发展的良好势头，形成了火电、水电、风电、太阳能发电、电站服务、综合产业多元并进的发展格局。

2017 年，国家电投江西公司开展新能源远程集控建设，在南昌设立了生产运营中心，该中心分别设有新能源集控中心和水电集控中心，目前新能源集控中心已接入江西省内 6 个风电场和 5 个光伏电站，水电集控中心接入 4 个水电站，生产运营中心控制容量达到 115 万 kW，实现了对各厂（场）站遥控、遥调、遥信、遥测、遥视功能。2019 年新建风电 40 万 kW 容量接入生产运营中心。

1. 建设目标及必要性

高山风电场地处偏远的高山之上，风电机组数量多、沿山脊布置且分散，场内道路长且崎岖不平。集控运行后如何在现场无人值班、少人值守的情况下，确保现场安全生产、提高巡检质量、及时发现设备缺陷和隐患、提高生产运营管理水平，是亟待解决的问题。因此，2017 年开展了智能新能源场站的研究与实践，在七琴城上风电场开展了智能风电场站试点工作。

（1）在生产管理工作中主要存在如下问题：

1）巡检数字化程度低。日常巡检记录无信息化平台，现场巡视采用纸质记录方式。数据的数字化程度低，不便于利用和挖掘数据价值。

2）多系统分散并存。各场站现有的管理系统数量较多，各自独立运维，形成数据孤岛，未能实现统一的数据服务。

3）缺乏智能化管理工具。生产运行数据未能进行整合和有效利用，不具备故障预警和远程诊断能力，限制了整体生产管理和决策水平的提升。

4）安防监控薄弱。场站现有的视频监控设备数量稀少，监控方式单一，无法满足智能安防的需求。

（2）针对上述存在的问题，依托“一平台、大数据、微应用”技术，实现区域集约化管理和智能化运营：

1）通过建设场站智能安防模块和设备智能巡检模块，实现“无人值班、场站安保、区域维检”。

2）通过建设智能生产决策模块、故障预警和远程诊断模块，支撑运、检模式的创新，提升智能化应用水平。

3）通过统一数据标准体系，建设一体化的新能源智能场站运营系统。

4）通过新能源智能场站系统建设，提升新能源运营管理水平，实现减员增效、资源优化、价值创造的项目。

2. 总体架构

新能源智能场站系统采用“1+4”的总体架构，即一个平台和四大功能模块（智能安防、设备智能巡检、故障预警与诊断、智能生产决策）。通过对现场多厂家设备、多系统标准进行数据标准化和数据治理工作，建立新能源一体化的数据服务平台。在此平台基础上，构建场站智能安防、设备智能巡检、故障预警与远程诊断等基础应用，并进一步构建智能生产决策应用。在已建成的ERP系统和新能源集控系统的基础上，建成一体化的集中运营智能化系统。集中运营智能化系统总体架构如图8-11所示。

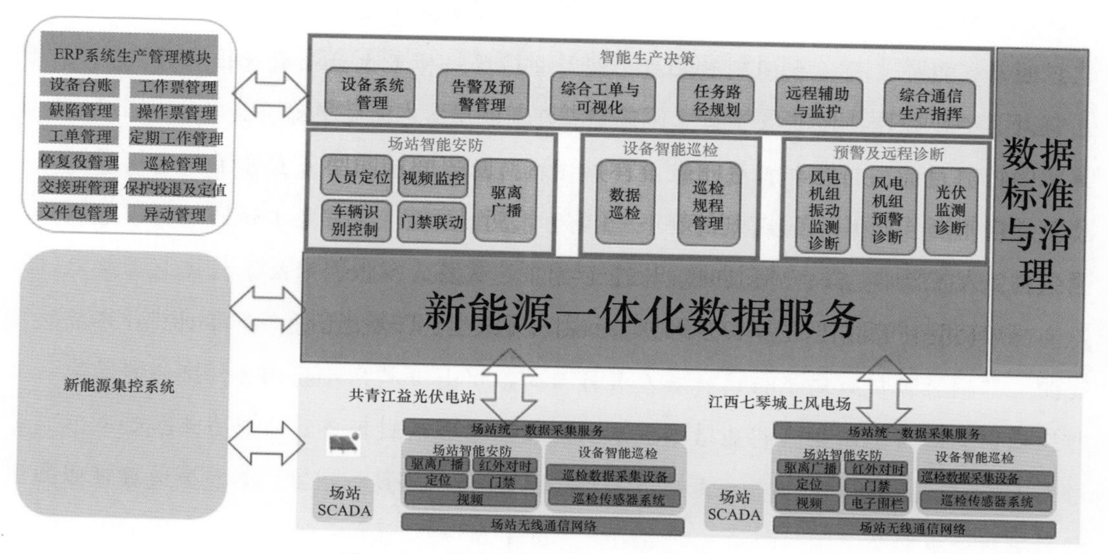

图 8-11　集中运营智能化系统总体架构

一体化数据平台是依据统一的数据标准体系，通过数据采集、数据存储、数据清洗和治理的技术手段，提供数据建模、统一数据服务等，一套完整的多样化的数据服务，是沟通多个信息孤岛、贯通数据、发掘数据价值的重要手段。

智能安防模块基于智能摄像、智能穿戴设备、虚拟电子围栏、智能门禁等对人员进行精确定位、轨迹跟踪、实时监控；智能分析人员行为，提供主动行为干预；对外部侵入实现运营中心实时推送提示，在现场实现声光报警、广播驱离。现场作业人员只能进入有授权的门禁。

智能巡检模块集成了先进的机器人、无人机技术，通过可见光识别和红外测温、成像等功能检测升压站一、二次设备和集电线路状态、温度等，自动分析比对历史数据；作业人员通过智能穿戴设备采集信息，自动记录设备数据，及时传送到后台管理系统。

故障预警与远程诊断模块是基于设备在线监测及智能巡检的数据，采取信息分析比对，以设备为目标，实现远程、在线式、网络化集中监测与故障诊断，实现故障早期诊断和预警。

智能生产决策模块整合智能安防、智能巡检、远程诊断与故障预警等模块的实时状态，综合调动指挥区域及检修班组的运维管理任务，实现对于生产运维过程的综合优化和决策指挥及设备智能化管理。

本章小结

我国风电事业经历了从弱到强，从引进到自主研发，从疯狂扩张到逐渐理性的道路。目前，我国风电装机已经是全球第一，风电企业也走出国门，风电行业逐步规范，发展稳步向前，为世界风能资源利用树立了标杆。

风电作为一种可再生能源，在全世界清洁能源替代的大背景下越来越受到重视，大力发展清洁能源为社会经济的可持续发展提供源源不断的动力。随着风电单机容量增加，海上风电建设加快，风电并网消纳问题改善，风电发展的限制性因素正慢慢减少。可以预见，未来风能所占发电比例将会得到进一步提升。但目前风电场工作仍然存在着许多问题。由于生产粗放低效，风能没有得到最大程度的利用，企业运维成本仍然较高，风电联锁故障给电力系统带来潜在威胁，这些对风电企业在运行管理、设备管理、调度管理、安全管理等多方面提出更高要求。

人工智能技术在风电行业有着巨大应用潜力，能够满足风电企业在安全、运行、设备、经营等方面的需求。本章介绍了人工智能技术在风电功率预测、塔筒缺陷诊断、风电机组先进控制、智能维护机器人、企业运营中心建设等方面的应用场景，并通过不同典型应用实例分析了现阶段人工智能在风电行业应用细节。可见，虽然人工智能技术在陆上风电和海上风电领域已有一些应用，但目前的人工智能技术应用侧重于在数据获取途径和信息单方面处理分析方面。这种单一技术的直接应用，远没有达到综合性、模块化、智能化的要求。对比人们希望的远期愿景，目前人工智能技术在风电行业的应用尚处于起步阶段，未来还有巨大提升空间。随着人工智能正慢慢渗透到风电行业的方方面面，人工智能技术将会成为风电行业变革的重要驱动力量，推动人工智能技术和风电行业的深度融合也将会是智慧风场建设的必然选择。

第9章 人工智能在太阳能发电领域的应用

9.1 太阳能发电发展现状

太阳能作为绿色清洁能源，具有稳定且取之不尽的特质，每天以 8.2×10^5MW 的能量落在整个地球表面，有巨大的潜力去满足日益增长的世界电力需求。苏联和美国大约在20世纪50年代开始研究太阳能利用技术，随后世界多国相继展开研究。

目前，太阳能发电技术可以分为两类，分别是光伏发电和光热发电。我国光伏与光热产业起步较晚，但发展速度飞快。2019年，我国新增光伏并网装机容量达到30.1GW；截至2019年底，我国累计光伏并网装机容量达到204.3GW，占全球总装机容量的30%以上，不论是新增和累计光伏装机容量均保持全球第一；光热发电总装机容量为444.3MW，同比增长81.9%。

对于太阳能发电技术来说，不论是光伏发电还是光热发电，都是为了安全、高效、经济地利用太阳能稳定地生产电力。随着人工智能技术的发展，智慧太阳能发电站在建设过程中也对太阳能发电控制、全时间尺度光功率预测、自动巡检等技术领域提出了更高的要求。

9.2 太阳能发电对人工智能的需求

当前阶段，太阳能发电在安全、生产、运行、检修维护、调度、经营等方面均需要人工智能技术的支撑。下面将针对生产中的光伏发电和光热发电功率预测以及光伏发电最大功率点跟踪（Maximum Power Point Tracking，MPPT）、检修运维中的光伏电场运维检修和光热定日镜场的巡检等重要的方面进行详细阐述。

9.2.1 设备管理对人工智能的需求

近年来，在科学技术发展的支撑下和国家政策的帮扶下，光伏发电技术已经逐渐投入到实际生产应用之中，为经济和社会的发展提供助力，产生了很大的社会经济效益，但与此同时也能发现还存在很多问题，主要体现在以下几方面：

（1）大型光伏电站电气设备运维检修中的问题。主要是内部运维检修人员队伍建设水平不高，很多运维检修技术人员都没有现场运维检修经验。另外，因为大型光伏电站还是新兴产业，所以整体上的运维检修存在诸方面的问题。

（2）大型光伏电站的建设问题。由于大型光伏电站的电价受政策影响很大，所以很多项目的建设周期较短，这样就必然会使电气设备安装调试周期也变短，最终就导致大型光伏电站建设质量不能得到保障，后期的运维检修更是问题严重。同时，太阳能电站的运行一般都是在少人值班的情况下进行的，要对地域上广泛分散的发电系统组件进行监测维护是十分困难、烦琐的。将人工智能应用在太阳能电场运维检修中，可以通过数据记录和分析，为系统的改进与优化以及科学研究提供有用数据，并且还有利于积累诊断经验，提高太阳能电场运行的整体水平。

随着当前太阳能电场数字化、信息化、网络化的推进，关于太阳能电场的运维数据在多维度上急剧增加，这些海量数据的储备为人工智能技术应用于太阳能电场创造了基本环境。将人工智能应用于太阳能电场的检修，能有效减少检修人员的临场检修次数，保障检修人员安全的同时，提升工作效率，提高太阳能电场的经济效益。

9.2.2 巡检管理对人工智能的需求

目前，在光热发电项目中，槽式发电系统占比约为85%，塔式发电系统占比约为12%，其他发电技术占比约为3%。由此可见，在世界范围内槽式光热发电系统占据的比例最大，虽然塔式光热发电系统相比于槽式光热发电系统的占比略显不足，但是塔式光热发电系统具有聚光比高、运行温度高、热转换效率高等诸多优点，从而可以整体提升电站的运行效率，降低发电成本，提高电站的经济效益，因此在大规模大容量商业化应用方面具备很大的优势。在规划建设的光热发电站项目中，塔式光热发电技术所占的比例已经超过了槽式光热发电技术。定日镜场是塔式光热发电站的主要设备，定日镜安装成本几乎占据了电站总成本的50%。定日镜作为太阳能光热发电站聚光系统的核心部件，其性能直接影响聚光场的全年效率，从而影响发电站的年发电效率，因此对定日镜场进行高效的巡检对于塔式光热电场具有十分重要的意义。

光热定日镜场占地面积过大，目前尚不存在十分完善的巡检方式，采用人工巡检的方式效率低下，不具备现实意义，同时无法准确及时地发现定日镜存在的问题。当前，国内有效的方式是采用高倍摄像头进行巡检，即在吸热塔顶部的东西南北四个方向各安装 1 个高倍摄像头，高倍摄像头可以进行 360° 旋转，这样通过 4 个高倍摄像头就可以基本观察到整个光热定日镜场的全状，从而实现对定日镜场的巡检。采用高倍摄像头巡检相比于人工巡检，实现了对定日镜场的现状观察，可以发现定日镜存在的问题，但这也需要人工观察拍摄到的画面监测定日镜，这样便存在效率略显不足的问题。当前，利用图像识别技术可以对获取到的定日镜的图片进行智能处理，从图片中提取有效信息，从而发现当前定日镜场中存在的问题。

9.2.3 运行管理对人工智能的需求

光伏电池的输出功率会随着外界条件的变化而发生改变，比如光照强度和环境温度的变化。当光伏电池工作环境的温度或者光照强度突然发生变化时，光伏电池的输出功率可能变大或者变小，此时光伏电池并不一定能工作在当前光照强度或者温度下的最大功率点处，所以此时光伏电池的输出功率并不一定最大，从而导致光电转换效率低，太阳能得不到充分的利用。因此，我们要改变其工作状态，将工作点转移到最大功率点处，也就是最大功率点跟踪。所谓最大功率点跟踪，就是通过一定的控制方法使光伏电池能够在外界环境变化时，迅速调整工作状态，使光伏电池能够工作在最大功率点处，此时光伏电池的转换效率达到最高，能够对太阳能充分利用。因此，开展对光伏电池的最大功率点跟踪技术的研究，具有十分重要的意义。

科学工作者们对光伏发电技术中的最大功率点的跟踪方法的研究和探索已经有了相当长的一段时间。他们根据不同的原理和控制过程提出了很多 MPPT 控制算法，这些算法都可以在光伏发电系统中的最大功率点跟踪过程中达到一定的效果。目前，人们研究的 MPPT 控制算法有很多，主要方法有查表法、曲线拟合法、开路电压法、短路电流法、直线近似法、人工神经网络法等方法。因为查表法、曲线拟合法都需要存储相关的数据信息，并且进行大量的数学运算，所以会占用很大的数据存储空间；开路电压法和短路电流法工作原理基本上是相同的，原理简单，容易实现，但是这两种方法需要进行在线测量开路电压或短路电流，会引起输出功率的损失，另外，这种数学关系式是近似的而非精确的，因此系统的跟踪控制精度会比较差。基于直线近似法的光伏发电 MPPT 控制系统适用于温度变化不大的场合，这种方法具有容易实现、系统结构比较简单的优点，但是在长期使用的过程中，随着光伏组件的老化精确度会降低。将以上方法应用于光伏发电 MPPT 得到的结果精度相对较低，且效率也相对较低，而基于人工神经网络的光伏发电 MPPT 比传统经典算法更具有优越性。特别是对于不能用公式表达出来或是要进行大数据处理的时候运用经典算法无法完成，运用神经网络算法却能表现出极大的自适应性和灵活性。

9.2.4 调度管理对人工智能的需求

影响光伏发电功率的因素很多，其中气象因素是影响光伏发电功率最大的因素。由于太阳辐射强度与季节、地理位置、大气状况、太阳时角、时间及云层情况等因素都密切相关，所以太阳辐射强度的变化随机性比较大，因而太阳能光伏发电装置的实际输出功率也随之发生变化。总之，由于外界条件变化的随机性，光伏发电功率的变化也具有一定的不确定性。同时光伏发电系统的输出功率还具有很强的周期性，并网运行以后会对电网产生周期性的冲击，光伏发电系统输出功率的扰动将有可能对电网的稳定造成一定的影响。越来越多的光伏发电系统接入电网，向用户提供电能，电网规划人员想要准确预测光伏发电功率的增长情况就变得越来越困难，必然会影响电网系统的调度和机组出力的计划。因此，需要研究如何更准确地预测光伏发电功率，以协调电力部门合理调度电网，减少光伏发电功率的随机性对电力系统的影响，从而提高系统的安全性和稳定性。另外，对光伏电站的发电功率进行准确预测，可以改善光伏电站的发电容量的有效利用率，减少光伏发电的不确定造成的经济效益的损失，提升光伏电站的经济收益，促进其良性循环发展。

根据光伏电站运维中的实际情况，对光伏发电功率进行预测按时间尺度可分为 3 类。

（1）超短期预测。超短期预测的时间尺度大概为 15min ~ 4h。超短期预测主要是根据卫星云图，对未来短时间内的气象数据进行光照强度的预测，然后利用光伏物理出力模型得到较为合理的预测结果。超短期预测对数值天气预报数据和云图数据的要求极高，相对比较严格。超短期预测一般用于提供功率的瞬时信息。

（2）短期预测。短期预测的时间尺度一般为 72h，时间分辨率为 15min。短期预测主要用于为电力调度部门制定调度计划及合理安排备用提供参考。

（3）长期预测。长期预测的时间尺度一般为 1 个月至 1 年。长期预测通常是利用光伏电站发电历史数据和数值天气预报历史数据，通过统计回归获得一个比较理想的预测结果。长期预测相对于其他预测比较简单，且对于精度的要求不高，一般用于光伏电站的规划设计。

长期以来，对于光伏发电功率预测的理论和方法，国内外学者做了大量的研究，将其分为间接预测和直接预测两大类。间接预测方法首先需要对光照辐射强度进行预测，再基于光伏发电系统的物理原理建立光照功率模型，实现功率预测，预测精度较高，但可能产生误差累积并且预测成本较高；直接预测方法使用历史统计数据或结合天气预报直接预测发电功率，方法简单易行，预测精度一般低于间接预测方法。直接预测方法主要包含经典预测法和混合模型预测法两大类。经典预测法是以历史发电功率和气象数据作为模型输入参数，使用单一类型数学模型预测发电功率。混合模型预测法是将两种及两种以上的预测方法相结合组成混合模型，来预测光伏发电的功率输出。

人工神经网络是一种模仿生物神经网络结构和功能的数学模型或计算模型。神经网络通过联结大量的人工神经元来进行计算。人工神经网络有着较强的自适应能力，一般情况下能够根据外界信息来改变自身的内部结构。现代神经网络常对输入和输出间复杂的关系进行建模。将人工神经网络应用于光伏发电功率的预测可以使得预测结果具有较强的准确性、收敛速度快以及寻优能力强等特点，可以有效为光伏电站的选址以及电站运维提供理论依据，从而带来更大的收益。

当前对于太阳能利用的技术当中，光伏的市场比例最大，但是光伏发电存在受限于太阳能资源特性、光伏发电输出的不稳定性等方面问题，这制约了光伏发电大规模地接入电网；与此同时，与光伏发电相配套的电池储能技术又进一步增大了光伏发电的成本。光热发电可以直接输出交流电且储能问题解决相对简单，更有利于电力系统的稳定而可以大规模地接入电网。光热发电系统大规模接入电网中，则必须保证光热发电系统的输出功率稳定性以维持大电网的稳定运行，因此，有必要提升光热发电量预测的准确性。

光热发电基本过程包含聚光、传热和热工转换等多个方面，涉及光热、热力学、传热学、材料学等多个学科交叉。当前，关于光热发电量的智能预测方法相对缺乏，不利于光热发电大规模接入电网的商业化运行。基于人工智能的光热发电预测算法可以以电力学、光学、传热学、材料学等多方面理论知识为基础，综合考虑集热系统、换热系统、储热系统以及常规发电系统各环节效率及折减因素，从太阳光照辐射资源出发，建立一套可以准确合理地预测光热发电量的系统，为光热发电项目前期规划及后期运行预测数据提供参考。

9.3 人工智能在太阳能发电领域的应用场景

9.3.1 光伏功率预测

进行光伏功率预测具有实际的应用价值和学术探讨意义。其一光伏功率预测可以提高电网运行的稳定性，当大量光伏发电接入电网后，若发生波动会对电网的稳定性带来一定的不利影响甚至最坏的情况下导致整个电网瘫痪，如果可以对光伏发电功率进行预测，了解发电功率的变化情况，这样就可以使调度系统提前安排调度计划，避免光伏发电功率的波动对电网稳定性造成的不利影响。另外，当前我国光伏发电相对于世界上发达国家的发展仍处于追赶的时期，因此，进行光伏发电功率预测有助于促进我国光伏发电的快速发展，使光伏发电更深入到国民生活的每一个方面，也可以给我国光伏发电预测的研究打下更为坚实的基础，提供更广泛、可靠的资料。

国内部分学者提出了基于深度学习的光伏发电的短期预测点模型，并取得了不错的结果，提高了计算效率，节约了计算时间，也有其他学者提出了基于 Elman 神经网络模型的短期光伏发电功率预测模型，利用不同季节和天气的历史数据对发电功率进行预测，与常规人工神经网络算法相比提高了预测的准确度和计算时间。Mubiru 等人作为国外较早采用人工神经网络对光伏发电功率进行预测的学者，在模型中利用经纬度、海拔高度、日照时间、相对湿度和最高温度等对乌干达地区的辐照强度进行了预测，进而对发电功率进行预测，预测结果与测量值具有良好的一致性，平均误差极小，仅为 0.018。Mellit 等人提出的多层感知器 MLP 模型使用平均每日太阳辐照强度和空气温度的当前值对太阳辐照强度进行预测，从而对光伏发电功率进行间接预测，其预测结果显示模型表现良好，相关系数在晴天时为 98%～99%，阴天时为 94%～96%。

9.3.2 光热发电量预测

进行光热发电量预测对于光热发电并网具有极其重要的意义，有利于推动光热发电的商业化运行。为了提高太阳能光热发电短期功率预测的准确性，部分学者提出了基于移动 Ad Hoc 网络的光热发电短期功率预测模型，Ad Hoc 网络是一种由多跳临时性自治系统组成的一组带有无线收发器的移动终端，并据此提出了能量在移动 Ad Hoc 网络中的路由算法，通过对影响光热发电准确性因素的分析，结合相应的实验数据，预测方法具有较高的精度，并且可以应用于各种各样的天气。发电的短期功率预测模型具有较高的预测精度。

针对目前占比最大和技术成熟度最高的槽式光热发电，部分学者通过研究槽式太阳能光热发电系统各模块计算模型以及相应的计算公式和取值依据，从太阳能光照资源出发，综合考虑集热系统、换热系统、储热系统以及常规发电系统各环节效率及折减因素，研究建立了一套太阳能槽式发电量计算模型，形成了一个完整的太阳能槽式光热系统发电量计算方法，为光热发电项目前期咨询及后期运行预测数据提供了参考。

9.3.3 平衡系统

现阶段，光伏器件的转换效率在实验室条件下一般不高于 20%，当应用于现场时这一效率值将会更低，因此，提高光电效率成为一大难题。光伏电池的输出电压和输出电流在外界光照和温度不同时呈现非线性关系，最大功率点随之动态变化。通过跟踪最大功率点使光伏电池工作于最大功率点处，则可以提高光伏发电系统的发电效率。

国内外学者一直致力于利用人工智能算法优化 MPPT 的研究，减少因寻找最大功率点而引起的发电波动。此外，跟踪支架公司 NEX Tracker 推出了据称是业界内首款智能自适应跟踪控制系统 True Capture，该系统通过基于机器学习的算法可以根据实时光照自动调整支架到最佳的工作角度，在这种情况下就可以提高在复杂地形和较为恶劣天气下的发电功率，同时节约了安装和部署时间。

9.3.4 故障诊断

太阳能光伏电站设备智能诊断系统是一项复杂的系统，涉及的领域除了光伏发电系统设备，如太阳能电池板、逆变器以及各种辅助设备外，还涉及传感器、现代数字信号处理、人工智能、计算机和网络通信技术等，因而需要综合发展各种理论和方法。

太阳能光伏发电设备智能诊断系统不能仅根据几个主要特征量就进行诊断，必须充分利用监测到的各种诊断信息，将单个传感器获取的单维信息融合起来形成多维的信息，这种信息含量比任何一个单维信息的或几个单维信息简单相加的信息量都要大得多。多传感器信息融合充分利用多个传感器资源，通过各种传感器及其观测信息的合理支配与使用，将各种传感器在空间和时间上采集到的互补与冗余信息筛选结合，可为故障的检测和分离提供诊断依据。信息融合的目标是基于各种传感器分别观测信息，通过对信息的优化组合导出更多的有效信息，降低信息的不确定性，将其应用到状态检测和故障诊断就能得到更加准确和可靠的信息。针对光伏发电系统的故障类型辨识问题的数学描述，将人工神经网络应用于故障诊断之中，运用神经网络强大的非线性拟合能力来挖掘传感器融合信息与故障类型之间的映射关系，避免了光伏发电系统内部复杂建模，仅采集光伏发电运行数据与环境数据就能挖掘出故障状态的映射关系，得到综合性能较好的网络模型，准确辨识故障类型，保证电站的安全、稳定运行。

9.3.5 定日镜场巡检

由于定日镜场占地面积过大，且设备繁多，所以一直没有很合适的巡检监测方式。当前无人机的发展及人工智能图像识别技术的发展使得这一问题得以有效的解决。

我国无人机研究虽然起步相对较晚，经验不足，但是在民用无人机方面，我国无人机发展势头呈现上升的趋势，现在已经步入世界前列。无人机应用于定日镜场的巡检监测可以充分利用现有资源，解决定日镜场巡检和运维人员的工作量过大和难度过大的问题。无人机可以完成高分辨率图像的拍摄和红外图像的采集等高精度的工作，将采集到的数据传输到数据平台进行分析和管理。

通过无人机或高倍摄像头采集到的数据传输到数据平台以后，可以通过人工智能图像识别技术加以处理。依托人工智能所形成的图像识别技术，在实际应用中的基本原理就是充分利用计算机技术对图片进行处理，并有效提取有价值的图片信息。借助人工智能图像识别技术的便捷化和智能化的优势，对于采集到的海量图像数据进行智能化处理，及时获取当前定日镜的工作状况，保证定日镜场的正常工作。

9.4 典型应用案例分析

9.4.1 安全应用案例

1. 共青光伏电场智能化预警诊断系统

共青光伏电场位于共青城市江益镇南湖村，总装机容量为270MW，是全省最大的光伏电站，其中，项目一期建设装机容量为100MW。目前，65MW已顺利实现并网发电。

共青光伏电场采用了智能预警诊断系统。如图9-1所示，通过光伏场站、集控中心、光伏故障预警诊断以及光伏智慧运维中心 4 个系统内部主要服务的协作调用关系，实现可以支撑光伏组串从数据采集到预警、诊断、运维的闭环过程。

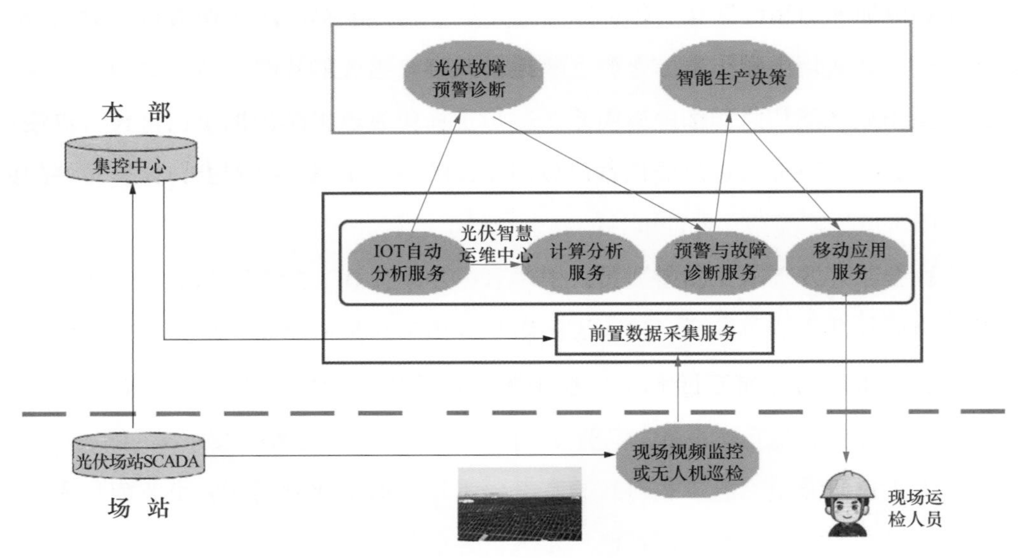

图 9-1 智能预警诊断系统

在场站侧，通过光伏场站数据采集器采集所需数据，通过数据采集与监视控制系统（Supervisory Control And Data Acquisition，SCADA）系统把数据传输到光伏电站的集控中心。

光伏智慧运维中心人员可以使用预警与故障诊断服务提供的物联网（Internet of Things, IOT）自动分析服务从数据存储平台抽取数据进行数据探索、特征提取、建模等工作，通过智能算法得出光伏组串健康预警模型。该模型会存储在预警与故障诊断服务的自助数据分析服务中供日后实时调用、计算。

待光伏组串健康预警模型训练完毕后，进入到在线状态预警阶段。光伏智慧运维应用系统从数据存储平台接入来自光伏场站的数据进行实时计算和分析。

光伏智能预警诊断应用系统根据分析平台计算和分析的结果，获得此时光伏运行状态和相应预警信息以及可能的故障原因。

如果有无人机进行巡检拍摄，光伏智慧运维中心人员可以安排无人机指定巡检，对上述预警的故障原因进行确认。无人机拍摄的照片会发送到管理平台进行存储，并在分析平台中进行图像识别分析。

光伏智慧运维中心人员可通过图像识别的结果得知具体故障原因，并通过平台提供的移动运维功能，将运维指令通过网络发送到场站运维人员移动设备上，随后开始移动运维工作，并最终完成故障修理。

2. 共和光热项目无人机巡检光热施工现场

青海共和 50MW 光热发电项目（简称“共和光热项目”）工程占地 218km^2，作业面分散，占线长；工程主要建筑物吸热塔、塔吊以及钢结构等的高空作业是项目安全生产的重点危险部位。按照过去传统的检查方式，工作人员的安全巡检无法到达高处临边、悬挑结构外立面以及大型设备尖端部危险区域等工作面，这些区域是检查的盲区，存在安全隐患。

共和光热项目通过考虑现场实际情况，考虑引入无人机进行巡检监测施工现场，借助无人机搭载的高分辨率镜头和广阔的高空视角优势，对施工现场进行空中巡检，对安全监管起到辅助作用。通过操控无人机飞至人力无法直接到达和直接观测的位置，通过高倍摄像头进行拍摄视频和拍摄照片对吸热塔顶部施工平台、塔吊大臂端部等部位安全状态是否可靠进行实时观测，实现了人力难以到达位置的可视监控，通过对高空作业行为的实时监测，保证了施工的安全性。无人机的应用，不仅节约了安全巡检时间，减少了施工人员的安全风险，实现了安全风险的可控，同时极大地提升了安全隐患排查的准确度，有效弥补了人工排查的局限性，减少了安全隐患排查的盲区，实现了安全隐患排查的全覆盖和无死角，使项目安全生产管理水平得以提升。

9.4.2 运行应用案例

如今无人机飞行技术的进步及推广，对光伏电站的巡检和运维可以说是锦上添花，节约了大量的人力成本和时间成本，同时降低了在这些方面的经济投入。仅仅采用一台无人机就可以简单地实现对光伏电站的巡检工作，极大程度上避免了危险系数极大的高空工作和减少了繁杂庞大的工作量。共青光伏电场在其智能化建设方案中提出了采用无人机巡检，同时将人工巡检作为补充的方案。

光伏无人机智能巡检诊断系统，基于可搭载热红外成像相机和可见光成像相机的无人机，采集光伏组件发电运行数据信息。针对光伏电站占地面积大和地形起伏等特点，利用图像处理技术和光伏组件故障检测技术，自主研发国际最新的图像处理算法，结合摄影测量技术，实现自动探测组件灰尘、污垢、裂痕、遮挡和发热等异常情况，通报异常设备的详情及精确位置信息，是光伏电站高效的、智能化的组件级巡检诊断工具。

无人机巡检光伏板如图 9–2 所示。

图 9-2　无人机巡检光伏板

无人机光伏巡检流程如图 9-3 所示。

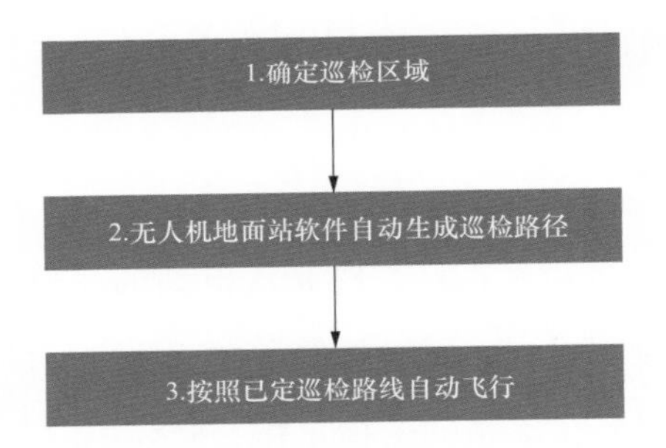

图 9-3　无人机光伏巡检流程图

（1）无人机按照设定路线以及设定高度，在光伏电站全自主飞行。

（2）当无人机低电量时，自动返航至设定地点。

（3）突然降雨 / 紧急情况时，一键控制无人机返航至设定地点。

低空飞行的无人机可以及时发现电站光伏电板的很多复杂问题，诸如热斑、隐裂、蜗牛纹、焊带故障等问题都能够被发现。

无人机还可以使用热成像技术，对温度过高的区域进行巡检，这些区域存在的故障可能会影响组件的效率。

此外，无人机还能够监测汇流箱、接线盒、逆变器等电子设备的温度，来预防可能发生的电气系统问题。

总体而言，智能无人机操作灵活、简便、高效，相比于常规的人工巡检，智能无人机巡检拥有着巡检效率高、机动性高、危险性低等诸多的优势。

9.4.3 设备应用案例

太阳能光伏发电是利用铺列在支架板上的光伏电板将太阳辐射通过光生伏特效应转化为电能的过程。对于光伏发电而言，光伏电板的转换效率对光伏发电效益起到直接的影响。影响现场安装的光伏电板转换效率的因素众多，首先是光伏电板的组件材质，现阶段对应用于光伏电板组件材质的半导体材料的研究以提高光伏发电效率几乎接近瓶颈，在这方面投入相当大的成本才可以提高一个百分点的转换效率；另外，光伏电板的安装角度、地理环境对于转换效率具有很大的影响，降落在光伏电板上的灰尘极大地降低了光伏电板的转换效率，安装在环境恶劣地区的光伏电站尤甚。

太阳能光伏电板上的积灰及其他杂物会影响光伏电板接收太阳辐射，而且表面堆积的灰尘越多透光率越低，光伏电板接收的太阳辐射就越少，从而发电效率越低。另外，堆积的灰尘会使光伏电板产生“热岛效应”，这样会造成光伏电板的部分区域温度过高，从而使光伏电板损坏。因此，需要采取措施对光伏电板进行清洗，保持表面的清洁。

当前，我国光伏电板的清洗方式主要有以下 4 种。

（1）自然清洗法。利用雨水等来洗刷太阳能光伏电板上的积灰，极度依赖天气，仅适用于雨水丰富的区域及节气。

（2）人工清洗法。利用高压水枪冲刷太阳能光伏板上的积灰，清洁效果好，但是耗费大量的水资源，不适用于水资源匮乏的区域。

（3）喷淋清洗法。采用喷淋的方式清洗太阳能光伏板上的积灰，可节省人力和使用水量，但清洗效果不是特别好，且投入成本较高。

（4）机器人清洗法。利用机器人来洗刷太阳能光伏电板上的灰尘，可以采用水洗也可以干洗，高效地洗刷积灰，值得推广。光伏电板清洗机器人如图 9-4 所示。

我国的光伏电站主要集中于西北区域，多采用固定的倾斜角度架设，然而西北区域的水资源匮乏，风沙较多，自然环境十分恶劣，而且光伏电站一般建设在偏远的区域。对于此类电站，采用传统人工清洁成本过高，因此采用机器人清洗光伏电板具有很大的优势，可以节省大量的人力和水资源，同时降低一些安全风险。

根据现有光伏电场的运行情况，对采用机器人清洗光伏电板进行经济性分析：某

图 9-4　光伏电板清洗机器人

光伏电站装机容量为 30MW，占地面积为 $8\times10^5m^2$，光伏组件为 130800 块，每个太阳组串支架的纵向为 2 排、每排 20 块组件，即每个单支架上安装 40 块太阳电池组件，构成两个组串。单支架方阵面组件排列如图 9-5 所示，每一支架方阵面平面尺寸约为 $20m\times3.27m$。

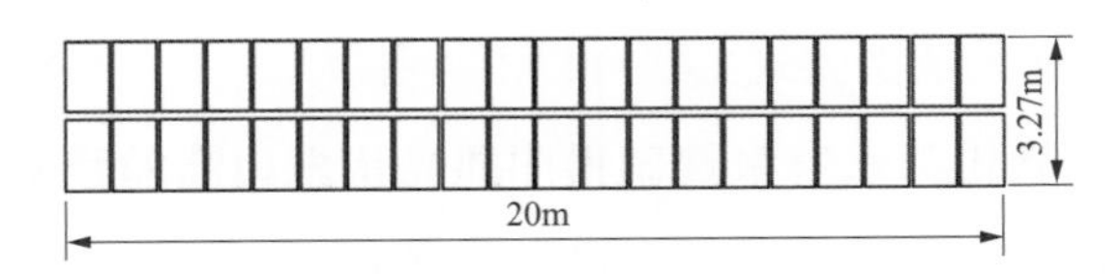

图 9-5　单支架方阵面组件排列

该光伏电站位于西北某偏远区域，地理环境较差，风沙较多，且交通不便利，给光伏电板清洗带来了很多困难。

该光伏电站进行清洗光伏电板方式改革，采购光伏板清洗机器人用于光伏电板的清洁工作。光伏板清洗机器人质量轻，方便运输与搬运，清洁效率高，可采用干洗也可以采用水洗的方式，清洗速度较快，可适应极端气候环境，工作温度可在 -40 ~ 70℃，续航里程足够长，可达到 3km，且可以采用太阳能自充电，节约了电能成本，而且配备智能管理系统，可远程控制，自定义清扫计划。下面通过对比综合成本分析技术经济性。

对于西北区域的光伏电站，风沙较多，且雨水极少，因此，一般一周清洗一次。采用传统的人工清洗方法每次清洗一般需要 4 ~ 5 人参与清洗，大约需要 6h，如若有鸟粪等杂物的积累，还可能需要更多时间，同时采用高压水枪洗刷消耗大量的水资源，平均每个单支架上的光伏电板大约需要耗水 80L，综合考虑可得传统人工清洗光伏电板的成本投入约为每年 150 万元。当采用机器人清洗光伏电板时，平均每个机器人的采购价格约为 1.5 万元，额外配套装备的装设约为 0.5 万元，同时对于机器人的控制可由智能控制系统进行远程操控，这样就节省了人工成本，在清洗光伏电板时采用干洗节约了水源，同时保证光伏电板的清洁度。对于整个光伏电站采购 65 台清洗机器人即可完成清洗任务，采购成本为 130 万元，同时对于机器人的维护成本每年约为 10 万元。综合对比两种清洗方案可得，采用机器人清洗光伏电板每年可节约 10 万元的成本投入，同时提高了清洗效率和清洁度，降低了工作的风险性。

本章小结

太阳能发电的发展在一定程度上缓解了人们对煤炭、石油、天然气等化石能源的依赖，促进了全球经济的发展和生态环境条件的改善，但与此同时也存在着一系列问题，光伏发电功率的预测、光伏发电最大功率点的追踪以及太阳能电站的运维等都对当前技术提出了更高标准的要求，传统方法在处理这些问题时效率不高、精确度不高且无法满足当前建设智能电网所要求的信息化、自动化、互动化。

当前，人工智能技术可以有效解决太阳能发电中电场运维、光伏发电功率预测、光伏发电最大功率点追踪和光热定日镜场巡检等一系列问题。本章对人工智能技术在太阳能发电领域中的应用进行了总结，从国内外太阳能发电的发展和现状、太阳能发电对人工智能的需求、人工智能在太阳能发电领域的应用场景以及关于人工智能在太阳能领域典型应用案例分析 4 个方面入手分析了人工智能在太阳能发电领域的发展情况。

太阳能发电应用场景的人工智能化正逐步推进，但当前各个应用场景的人工智能化相对独立，其整体性和综合智能化明显不足。伴随着人工智能技术的推进，人工智能在太阳能发电领域的应用将实现综合的信息化、自动化和互动化。

第10章 人工智能在综合智慧能源领域的应用

10.1 综合智慧能源发展现状

10.1.1 综合智慧能源定义

随着社会经济的发展，能源供应的总量、结构、供需形势、技术路线、服务方式和能源的体制、机制正在发生着前所未有的变化。传统能源的发展受到环境和资源的严重制约，新能源替代传统能源的速度超出我们的预期。作为能源供给侧改革和能源转型的重要组成部分，综合智慧能源具有综合和智慧双重属性，将成为传统能源业态的重要补充。

综合智慧能源是以相对固定的用能区为单元，打破不同能源品种单独规划、单独设计、单独运行的传统模式，提供用能区综合智慧能源一体化解决方案。以电为核心，通过中央智能控制服务平台，实现横向“电、热、冷、气、水”等能源多品种之间，纵向“源 – 网 – 荷 – 储 – 用”能源多供应环节之间的生产协同、配送协同、需求协同以及供给和消费间的互动。伴随能源供应模式的发展，形成了很多其他相似的新概念新提法，如分布式能源、智能电网、微电网、冷热电多联供、能源互联网、多能互补集成优化等。

综合智慧能源系统是在一定区域内利用先进的物理信息技术和创新管理模式，整合区域内煤炭、石油、天然气、电能、热能等多种能源，实现多种异质能源子系统之间的协调规划、优化运行，协同管理、交互响应和互相补充。在满足系统内多元化用能需求的同时，要有效地提升能源利用效率，促进能源可持续发展的新型一体化的能源系统。

理论上讲，综合智慧能源系统并非一个全新的概念，因为在能源领域中，长期存在

在用户所在场地或附近建设安装、运行方式以用户侧自发自用为主、多余电量上网，且在配电网系统平衡调节为特征的发电设施或有电力输出的能量综合梯级利用多联供设施，包括太阳能、天然气、生物质能、风能、地热能、海洋能、资源综合利用发电（含煤矿瓦斯发电）等。

5. 智能电能表

智能电能表是智能电网的智能终端，它已经不是传统意义上的电能表，智能电能表除了具备传统电能表基本用电量的计量功能以外，为了适应智能电网和新能源的使用，它还具有双向多种费率计量功能、用户端控制功能、多种数据传输模式的双向数据通信功能、防窃电功能等智能化功能。智能电能表代表着未来节能型智能电网最终用户智能化终端的发展方向。

6. 多能联供

多能联供是一种多能源输出系统，它主要强调在能源综合梯级利用原理指导下，实现不同热力系统的合理匹配与组合。

区域冷热电多联供是结合常规能源与可再生能源的新一代城市能源系统。在燃气－蒸汽联合循环热电联产的同时，充分回收循环水余热和烟气余热，在热网输送环节，大温差输送热量；在热力站处，降低热网回水温度的同时无代价的提取污水能、地热能等其他余热资源，配合末端燃气调峰，实现了低碳能源天然气的高效利用。目前，在城市能源系统节能减排方面实现了重大突破，并在不断推广应用。

10.2 综合智慧能源对人工智能的需求

10.2.1 人工智能在综合智慧能源的应用指标

传统电力系统节能调度常以一次能源消耗量最小为目标，而综合智慧能源为多能流系统，其输入和输出端均存在不同种类的能源，在考虑多能流系统节能调度时，不仅要考虑数量上的节省，还应考虑质量上的节约。依据热力学第二定律可知，能量在转换和传递过程中，其品质必然发生贬值。而㶲是在给定条件下，可连续、完全转化为任何一种其他形式的能量，因此，㶲又可称为可用能或有效能。相比于热力学第一定律的能量分析法，㶲分析能够从“质”和“量”上来评价系统的节能指标，更适用于存在多能耦合的多能流系统。

综合智慧能源优化总体思路应从以下几个方面考虑：

（1）以经济用能为目标，使目标函数最大化。

（2）尽可能利用可再生能源，提高可再生能源渗透率。

（3）紧跟补贴政策，把握新技术应用的机遇窗口。

（4）尽可能减少能源转化，宜电则电、宜热则热，实现能源梯级利用，提高综合用能效率。

（5）合理配置储能容量，增强综合智慧能源系统的稳定性和经济性。

贯穿整个综合智慧能源的运营、管理全过程，主要有如下评价指标：能效指标（一次能源利用率、节能率、㶲效率）、梯级利用指标（余热利用率、余热利用㶲效率）、经济指标（初投资、年度利润）、可靠性指标（运行状态、电能质量、能源供给可靠性）、环境指标（污染物排放环保税、总污染当量数、单位能耗排放量）等。

10.2.2 人工智能在综合智慧能源领域的应用方式

基于机器学习的建模方式是结合工艺及控制需求，利用数据驱动的方法寻求系统的控制规律，达到系统的最优控制目的，其对复杂系统的机理模型精确度要求不高。加之综合智慧能源管控系统实属一种复杂模型，耦合度较高，传统的数学方法并不能建立其精确的机理模型，因此，基于机器学习的综合智慧能源建模方法，对提高管控运维水平、精确识别系统故障有着重要意义。

结合云计算、机器学习和系统识别模型等先进学习算法，综合智慧能源管控平台集成最终用户数据、设备实时状态和工艺调控数据，构建基于全过程的控制决策系统。针对综合智慧能源多系统集成度欠缺、专业协调等问题，需要实现信息采集、流程管理、协同调控、故障诊断、风险预警、健康评估等一体化控制与决策支持。

人工智能是综合智慧能源的核心支撑技术，具有应对高维、时变、非线性问题的强优化处理能力和强大的学习能力，可有效解决能源系统面临的各种挑战。首先，在综合智慧能源演进的过程中，已发展成为结构复杂、设备繁多、技术庞杂的巨维系统。传统单纯依靠物理建模分析的方法已经难以应对多物理场耦合系统的运行分析要求。人工智能对具体数学模型依赖程度低，并善于从数据中自学习和对源域的迁移学习，为突破上述技术瓶颈提供了有效解决途径。其次，为保障系统运行稳定、经济可靠和最优化管理，越来越多的智能电子设备（Intelligent Electronic Device，IED）接入能源系统，形成了类型广、体量大、维度高的大数据资源。分析处理海量数据，并挖掘出隐藏在大数据背后的巨大价值，需要人工智能技术运用和实现。因此，人工智能技术是综合智慧能源发展的必然选择，也是综合智慧能源转型发展的重要支撑。在电网向能源互联网演进发展的格局下，人工智能与综合智慧能源系统的深度融合，将逐步实现智能传感与物理状态相结合、数据驱动与仿真模型相结合、辅助决策与运行控制相结合，从而有效提升驾驭复杂系统的能力，提高能源系统运营的安全性和经济性。

10.3 人工智能在综合智慧能源领域的应用场景

10.3.1 人工智能在综合智慧能源方案设计的应用

综合智慧能源系统是一个多输入多输出系统，输入环节的一次能源包括风能、太阳能、水能、煤炭、天燃气、地热能等，输出供给需求主要包括电、热、冷、气、水等。当实施区域确定时，对综合智慧能源的输出、供给、需求往往也就确定了。而输入环节对一次能源的使用则需要经过对经济效益、能源效益、环境效益、技术效益、社会效益进行综合评价，其目标是使各评价指标综合最优。

目前的深度强化学习策略具有两大核心优势：一是人工智能技术善于对多输入多输出以及多边界限制条件的系统进行寻优计算，适用于综合智慧能源对多变量多指标系统进行寻优，从而实现整体设计方案最优；二是在综合智慧能源系统还未建成时，与传统的算法相比，人工智能技术将深度神经网络算法与蒙特·卡罗搜索算法相结合，不仅可以从实际情况中获得训练样本，还可以通过不断自我模拟仿真工况的变化获得大量的新训练样本，从而大大增加算法的训练深度，人工智能算法通过进行大量后期运维工况的模拟，得到更加符合实际情况的最优设计方案。

10.3.2 人工智能在综合智慧能源运维过程的应用

在综合智慧能源系统运维过程中，面对多输入多输出系统，人工智能控制策略能够进行动态最优调试，实现各评价指标综合最优，从而达到设计方案要求。例如，应用人工智能深度强化学习优化策略，通过模拟数据与真实数据的探索与训练，约束网络根据综合智慧能源系统的环境排放情况、设备可靠性条件、相关政策判断长期运行的风险情况，价值网络根据综合智慧能源系统的运行状态和各控制参数判断长期运行效果的优劣程度，策略网络实现从当前综合智慧能源系统运行状态到最优控制和调度策略的映射。大量模拟与真实的运维工况在经过多个网络的学习寻优过程后，能够得到最佳的综合智慧能源体系运维方式。

10.4 人工智能在综合智慧能源领域的发展方向

10.4.1 人工智能在能源预测中的应用

综合智慧能源系统不仅仅是以电能为研究对象，其涵盖了更广泛的热（冷）、气、油等多种能源形式，既有传统褐色能源（煤炭、石油等），也包括绿色可再生能源（风能、太阳能、地热能、潮汐能等）。如何更好地掌控这些物理属性迥异、影响因素众多的能源，是综合智慧能源系统需研究的首要课题。利用人工智能技术在回归方面的优势，在源端开展多种形式能源发电功率预测研究；在荷端开展能源负荷预测研究，将更好地支撑综合智慧能源系统的规划、运行和服务。

1. 间歇性可再生能源发电功率预测

随着间歇性可再生能源的渗透率提升，发电间歇性和波动性对电网造成的影响越加明显，准确的可再生能源长短周期发电功率预测对系统稳定以及经济运行都尤为重要。提高间歇性可再生能源发电功率预测精度的关键是构建具有强大数据处理能力和特征提取能力的预测模型，并具有很好的自学习修正能力。传统的预测方法一般为浅层模型，在处理非线性和非平稳特性的风能或光照数据时预测性能较差。因此，部分学者引入深度学习的回归能力改进预测模型。

（1）借助长短期记忆网络中的循环结构和记忆单元善于捕捉时序变化特征的能力，构建深度长短期记忆循环神经网络模型，预测光伏系统输出功率。

（2）采用深度卷积神经网络提取每日光照数据序列的非线性特征和不变性结构的优势，提高系统输出功率的预测准确度。

（3）借助深度置信网络（Deep Belief Networks，DBN）可有效表征复杂风速序列的内部结构和特征的优势进行风速预测，进而演算风电功率。

（4）采用堆叠自编码器或堆叠降噪自编码器（Stacked Denoising Autoencoder，SDAE）在提取层次特征方面的强大优势进行风速预测，针对风速不确定性，兼顾风速数据中存在的多种不确定因素，将粗糙神经网络引入所提出的深度学习模型，提升不确定性风速预测的鲁棒性。

2. 能源负荷预测

能源负荷与价格、政策、天气等多种影响因素相关，难以建立精确的数学模型，阻碍了传统的负荷预测方法获得令人满意的结果。人工智能方法在分析过程中无须建立对象的精确模型，能较好地拟合负荷与其影响因素之间的非线性关系，因此被用于能源负荷预测。

天然气负荷预测方面，考虑节假日因素和天气因素，采用最小二乘支持向量机（Least Squares Support Vector Machine，LSSVM）进行天然气日负荷预测，并采用差分进化算法对最小二乘支持向量机的参数进行寻优，提升预测精度。

热负荷预测方面，考虑室外温度影响，应用基于极限学习机（Exteme Learning Machine，ELM）对地区供热系统的热负荷进行预测，可提高模型的预测精度和泛化能力。

电力负荷预测方面，考虑含有灵活接入性的电动汽车等可变负荷的预测问题，应用灰色关联理论构建相似日的充电负荷小样本集合，建立支持向量机预测模型，并采用遗传算法对支持向量机模型参数寻优，提高预测精度。

尽管采用人工智能进行负荷预测得到了较好的性能，但直接使用深度学习等方法时也存在一些新问题，比如，可用于训练的负荷数据量通常会远小于模型中的参数量，容易出现过拟合。为解决这些问题，需要从时间维度和空间维度扩展负荷数据集，通过数据集的多样性消除单一负荷数据的不确定性，提高预测精度。此外，由于人工智能方法在预测过程中并未建立明确的系统模型，黑盒形式存在计算莫名失败的风险。

10.4.2 人工智能在综合智慧能源系统规划中的应用

综合智慧能源系统规划不仅是一个多目标优化问题，模型中还存在大量的不确定、不精确和不可量化因素，原因在于：

（1）以往电、热、冷、气、水各能源子系统的单独规划仅着眼于局部利益，而综合智慧能源规划涉及各能源间的复杂耦合和转换关系，规划方案在寻求整体目标优化的同时还需兼顾各方不同的利益诉求，须在全局与局部优化间寻找平衡。

（2）未来综合智慧能源系统的投资主体将呈现多元化，可能是政府或用户自身，也可能是独立的综合智慧能源服务商及其组合形式，投资主体的不确定性会导致系统运营模式更为复杂多变，使得综合智慧能源系统的运营经济性难以精确考量。

（3）在进行规划方案优选时，综合智慧能源系统须更多地综合考虑区域经济性、系统安全性、发展可持续性和环境友好性等诸多因素，其中很多因素由于涉及社会、经济、政策、人文约束而难以量化。

目前，综合智慧能源系统规划研究刚刚起步，多以能源利用率、成本回收率及 CO_2 减排率等新型综合目标建立规划模型，如设计含热电联供的智能能源管理系统，建立了以最小化运行成本和最小化碳排放为目标的优化模型，进而采用强化学习方法进行求解。由于其显著的自学习优势，比传统的智能算法表现出更好的优化性能。

10.4.3 人工智能在系统运行优化与稳定控制中的应用

综合智慧能源系统并非多个独立供能系统的简单叠加，而是通过对多种供能单元的协同调控以及对供需双侧的协同优化，在满足系统能量需求的同时获得比各能量系统独立运行更高的效益。针对由蓄电池、蓄热槽、微型燃气轮机、余热锅炉以及热电负荷组成的热电联供系统的运行优化问题进行研究，建立多目标机会模型，例如将能量枢纽优化设计问题分解为设备容量配置和系统运行能量分配问题，采用遗传算法和粒子群算法分别寻优。但传统人工智能算法对大规模综合智慧能源系统高维优化问题的求解速度普遍较慢。针对该问题，部分学者尝试通过对历史信息的迁移学习，提升算法收敛速度。采用知识迁移 Q 学习算法联合计算电力系统交流潮流、有功注入和天然气潮流和气源注入功率，优化多能源系统运行，获得了较好的计算性能提升效果。

10.4.4 人工智能在用能 / 用电行为分析中的应用

人工智能中机器学习良好的聚类 / 分类和辨识能力可以进行用能行为分析、异常用能检测及非侵入式负荷监测等，进而为综合智慧能源系统合理定价和改善能源结构引导等提供理论支持，更好地支撑能源供给与用户间的双向灵活互动。

1. 用户用电行为分析

以智能电能表计量功率、电压、电流等数据为基础，采用人工智能聚类和数据挖掘方法可识别不同用户群体的用电行为特征，实现科学认知、细分客户，进而提供个性化营销和服务。从数据挖掘的角度，目前用户用电行为分析主要通过直接聚类或间接聚类实现。直接聚类技术如 K-means、层次聚类、具有噪声的基于密度的空间聚类（Density-Based Spatial Clustering of Applications with Noise，DBSCAN）及自组织映射（Self-Organizing Map，SOM）等已被尝试用于用电模式分析；间接聚类方法首先对用电数据进行特征提取，然后再进行聚类，以提升聚类效果，主要研究工作集中在特征提取方法的选取、特征优选、降维及聚类策略选择等方面。

2. 异常用电行为检测

异常用电行为检测是用电营销稽核和效能监察的重要内容之一，从深远意义上考虑也将影响到电力系统稳定运行和电力市场价格和政策制定，因此被学术界和产业界广泛关注。已有研究发现，用电行为在纵向时间和横向空间上表现出聚类特性，即同类用户具有相似用电模式，而同一用户的历史数据具有自我相似性。基于此，可采用流式密度聚类算法对大规模用电数据流进行快速异常检测。需要注意的是，非恶意因素（如用电设备改变、季节变化、行为活动变化等）会在短时间尺度或长时间尺度上改变用电模式，影响异常行为检测结果准确度，因此需要能够准确辨识并排除这些非恶意因素的影响。采用 K–means 聚类方法有效剔除了非恶意因素对正常数据集的污染，进而利用支持向量机对良性用电数据样本集进行分类，提升窃电行为识别准确度。

上述用电行为分析和异常行为检测都可归结为对用户特征的刻画，其本质是一个高维非线性分类问题，在数学上是通过特征提取或建立分类器加以解决。因此，也可尝试采用基于数据驱动的特征提取方法来获取分类属性，并建立多隐含层的深度学习网络来代替浅层学习模型以构建性能更好的分类器。此外，非侵入式负荷监测（Non–Intrusive Load Monitoring，NILM）技术近些年成为关注热点，但现有方法还未能很好地解决存在高噪声、大功率非平稳负荷的波动干扰问题。人工智能技术具有自动提取复杂数据间耦合特征的能力，并且可以近似拟合任何函数，因此，可有效辨识高噪声非平稳负荷波动，为非侵入式负荷监测提供了一种新的解决思路。

10.4.5 人工智能在电力及综合智慧能源市场中的应用

人工智能方法被用于一次能源，如天然气、原油价格的预测方面已有研究报道。在市场交易和竞价策略方面，综合智慧能源系统由于存在市场运营模式、能源供需情况等多种因素影响，还需要考虑产、输、转、用、储等各环节运营与用户用能间的博弈，即完全竞争市场环境下电、气、热、油等多能源交易均衡和定价策略。因此，运用多智能体技术可有效分解该问题的复杂性和信息不完全、不对称性，并可结合强化学习的 Q 学习方法，提升智能体自学习能力。

10.5 典型应用案例分析

10.5.1 北京北科产业园综合智慧能源项目

北京北科产业园综合智慧能源项目位于北京市海淀区北科产业园内，园区占地 $4.67\times10^4m^2$，拥有 6 栋总建筑面积 $6.32\times10^4m^2$ 的综合大楼和生产厂房。建设单位为中电智慧综合能源有限公司，项目按照“市电补充、削峰填谷、热电联产、多能互补、梯级利用、智能控制”的原则设计综合智慧能源系统。项目建设内容包括 446kW 屋顶光伏、1 台 1000kW 燃气内燃机及 1 台溴化锂机组、100kW/500kWh 磷酸铁锂储能系统、97.2kW 智能光伏车棚，6 台 7kW 充电桩、4 台 300W 分布式垂直轴低速风电机组、1 套 DCS 监控系统并新建多能流能量管理系统（IEMS）。北京北科产业园综合智慧能源项目建设内容如图 10-2 所示。

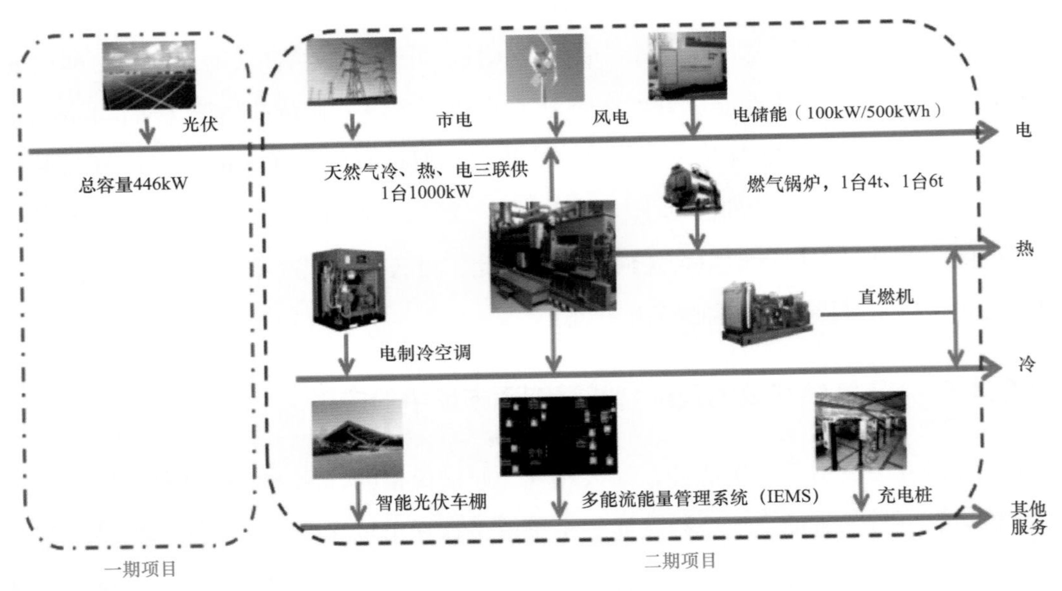

图 10-2　北京北科产业园综合智慧能源项目建设内容

IEMS 首先实现对园区内冷、热、电能量的“源 – 网 – 荷 – 储”全方位的监视与控制调节，实现北科产业园能源系统的信息化与可视化，在此基础上实现优化调度；可根据天气条件、用户负荷、能源价格等因素的变化，充分利用太阳能等可再生能源，通过一系列优化算法，合理调度分配园区内机组与储能出力，自动选择最经济高效的能源供应模式，天然气综合利用效率达到 85% 以上，分布式风力发电和分布式光伏发电自用率达到 100%；实现负荷侧的实时监测和智能控制，降低用户侧的能耗，最大限度地降低用户的用能成本。

中电智慧综合能源有限公司（简称“中电智慧”）与北京北科永丰科技有限公司签订了合同能源管理合同，由中电智慧投资改造园区供电、供冷、供热设施，原有的供电、供冷、供热设施委托中电智慧运营，并由中电智慧提供全部热、冷需求和部分电需求（不足部分向市电采购）。冷、热部分按照面积收费，供电部分按照供应电量收费，电价随气价波动同比例调整。合同期为 20 年，期满后可商议续约。项目一期投资 370 万元，二期投资 2385 万元，总计 2755 万元，资本金内部收益率为 10.08%。

10.5.2 上海前滩分布式能源项目

国家电投集团上海前滩分布式能源项目位于上海市黄浦江南延伸段前滩地区，项目建设单位为上海前滩新能源发展有限公司。新建占地面积 6146.4 m^2，以天然气为基础能源的冷、热、电联供的分布式能源系统。

项目设计主要参考原则如下：

（1）分布式供能以热定电、余电上网，充分利用发电余热，提高分布式供能系统的能源综合利用率，提高运行小时数。

（2）分布式供能系统承担基本负荷，同时采用蓄能等措施保证其稳定运行。

（3）充分利用峰谷电价政策，通过蓄能系统降低项目的运行成本。

（4）在满足用户需求的前提下，尽量提高管网的供、回水温差，降低输送能耗。

项目建设内容包括 2 台 3203kW 燃气内燃机发电机组，配套 2 台烟气热水型溴化锂机组，1 台国产 1800kW 燃气轮机示范验证平台；配套 1 台烟气型溴化锂机组，6 台美国约克 200RT 离心式冷水机组，4 台美国开利 1350RT 离心式热泵机组，221 台美国开利 1135kW 空气源热泵机组，1 台有效储能体积达 25000m^3 的目前亚洲最大钢制蓄能水槽，2 套智慧照明系统设备、DCS 控制系统和远程集控系统。远程集控系统基于大数据分析和云技术、控制策略自动寻优，实现在线智能运行、泛能互补、协同优化智能控制、多站集中控制。基于互联网 + 控制技术建设 3D 可视化运营监管云平台，实现移动办公、运维及决策，全站“无人值班、少人值守”。

上海电力股份有限公司与陆家嘴集团合作成立项目公司，并将以下条款作为双方的合作基础：在区域土地招拍挂合同中，明确前滩天然气分布式能源项目是整个前滩区域唯一的空调冷、热源供应商，用户必须使用能源中心集中供能并且不许建造备用空调系统。供能价格采用两部制价格，由接入费和能量费两部分组成。接入费在用户接入时一次性收取，能量费在正式供能后按月收取，包括固定的基本使用费和按实际使用量收取的计量费。供能价格根据气价、电价、水价、人员工资等波动进行联动调整。

项目总投资 6.7502 亿元，资本金内部收益率为 10.56%。项目建成后年发电量为 2942 万 kWh，年售冷量 52 万 GJ，年售热量 10.57 万 GJ。

10.5.3 福建平潭综合能源示范项目

福建平潭综合能源示范项目位于福建省平潭综合实验区，项目建设单位为国家电投集团平潭能源有限公司。项目开发的目的是伴随着平潭综合实验区的发展，利用能源互联网技术，协同调配电网电力、天然气、太阳能、风能、海洋能等能源，生产电、冷、热、气、水等能源，并为用户提供增值服务，构建以多能互补为基础的综合智慧能源体系，并为同类项目提供示范。

项目建设内容包括新建冷站 12 座，主管网 75km，总装机容量为 300MW，采用燃气轮机配套汽轮机、蒸汽型溴化锂模式的多联供能源站，750MW 海上风电，10MW 分布式光伏，以及智慧能源管理系统（IECS）。平潭智慧岛多能互补协同技术示范能源信息结构图如图 10–3 所示。

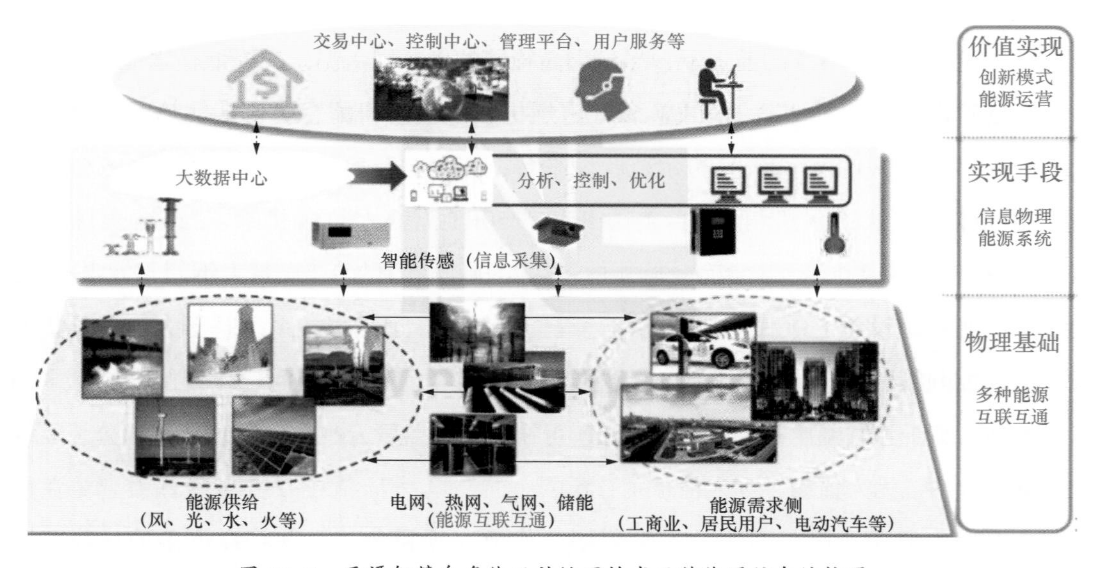

图 10–3　平潭智慧岛多能互补协同技术示范能源信息结构图

IECS 可集中管控能源生产、传输、储存、用户端等各个环节，实现智慧化能源管理。主要功能包括厂级监控、优化运行、管网监测、负荷预测、用能分析、分户计量、远程抄表、用户 APP 及用户远程控制等，为用户提供定制化的智慧能源服务，用户可以通过客户端 APP 实现个性需求的选择与控制。

平潭综合智慧能源示范项目供能价格依据国内同类项目销售价格以及可研测算结果，按两部制定价测算。两部制收费模式即“配套接入费”+“计时能量费”。其中配套接入费根据用户需求，分为“按面积一次性缴纳配套接入费（永久用户）”和“按面积每月缴纳配套接入费”两种方式。计时能量费分为“工时”和“非工时”两个时段价格。其中，一次性配套接入费为 159 元 /m^2，工作时间内计时流量费为供冷 182.78 元 /GJ、供热 266.67 元 /GJ，与国内同类项目相比处于中上水平。目前，临时应急冷站已经与园区 90% 以上的在用用户签订了用能合同。

平潭综合智慧能源示范项目计划总投资 38459.61 万元，年供空调冷量 8370 万 kWh，年供热量 2533.44 万 kWh，年供热水量为 577.09 万 kWh，年购电量 4653.41 万 kWh。经测算，平潭综合智慧能源示范项目全部投资内部收益率为 6.32%（税后），资本金内部收益率为 10.80%；投资回收年期为 9.54 年（含建设期）。

10.5.4 延安新区北区多能互补集成优化示范项目

延安新区北区多能互补集成优化示范项目位于陕西省延安新区，建设单位为延安能源集团有限公司。该项目是国家能源局首批多能互补示范工程。项目利用所在地资源禀赋，依据区域内能源需求，能源供应根据自身特点，结合总体布局，最大限度地利用区域内规划的燃气轮机热电联产项目、集中式冷热供能站、可再生能源（太阳能、风能、太阳能、地热能等），从能源的可供性和城市环境的承载能力综合分析，优化能源结构，保障社会可持续发展。

项目建设内容包括 2×70MW 级的燃气 – 蒸汽联合循环机组、3 个集中式冷热供能站、100MW 风电机组、65MW 屋顶光伏发电、2000 个快速充电桩，以及综合能源管理系统，包含智慧能源调度控制中心、智慧能源服务平台和智慧地理信息平台等。

智慧能源调度控制中心利用智能化采集网络，将能源站控制系统、风电集控系统、电网调度自动化系统、光伏监控系统、变电站监控系统、热力管网、供气管网、供水管网监控系统的信息和数据统一采集接入，将各种能源介质的能量流网络、信息流网络、物质流网络融为一体，通过控制中心的最优调度和分配，实现“电、热、冷、气、水”等多能流能量最优管控和“源－网－荷－储”互动，提升能源综合利用效率。

延安新区北区多能互补集成优化示范项目总投资约为70亿元，建成后可达到以下目标：可再生能源比例18.94%，冷、热、电三联供系统能源利用率为74%，风能、太阳能等可再生能源利用率为10%，能源预测调度控制中心及服务平台覆盖率为100%，区域内污废水、有机废弃物综合利用率为100%，生活垃圾无害化处理率为100%。

10.5.5 廊坊多能互补集成优化示范项目

廊坊多能互补集成优化示范项目位于河北省廊坊市开发区，建设单位为廊坊新奥能源服务有限公司。该项目是国家能源局首批多能互补示范工程。项目内大电网和智慧能源系统相结合的各个区域、各种形式的可再生能源都能通过能源互联网柔性连接，可实现资源互补和配置优化。

廊坊多能互补集成优化项目建设内容包括2270kW光伏发电、160kW燃气三联供发电机组、1600kWh储能装置、20个电动汽车充电桩，以及泛能微电网运行调控平台。

廊坊多能互补集成优化项目采用的调控平台可使智慧能源系统的各类型电源在运行时根据电负荷需求，积极响应实时调整运行策略。电网正常运行时，按不同状况，可实现分布式能源自发自用，并实时调整发电机的运行策略，确保大电网电压、频率稳定运行。电网故障时，最大程度地减少运行模式切换对智慧能源系统的影响，保证了系统的安全稳定和可靠运行。

10.5.6 苏州工业园区多能互补集成优化示范项目

苏州工业园区多能互补集成优化示范项目位于江苏省苏州工业园区，建设单位为协鑫（集团）控股有限公司。该项目是国家能源局首批多能互补示范工程，也是全国首批“互联网＋”智慧能源工程。项目包括分布式天然气、屋顶光伏、地源热泵、储能、微风发电等多种能源形式，经过各种转换方式组合进行有机融合，充分发挥了多种能源形式的优势，可以满足用户的多种用能需求，提高能源利用效率。

苏州工业园区多能互补集成优化示范项目建设内容包括两个天然气热电联产中心、3个区域能源中心、10个分布式能源站，1000辆电动汽车、能源互联网云平台等，形成了超过100万kW的清洁能源系统。

本章小结

综合智慧能源是未来能源发展的重要方向。传统意义上的综合智慧能源系统，在规划、建设和运行等过程中，通过对一定区域能源的产生、传输与分配（能源网络）、转换、存储、消费等环节进行有机协调与优化后，形成的能源产、供、销一体化系统，可将其称为狭义综合智慧能源。将综合智慧能源管控区域进行放大，对集团公司管辖范围、行政区域乃至国家范围的能源进行规划、调度，可将其称为广义的综合智慧能源。

随着综合智慧能源项目覆盖范围的大幅扩大，项目实施阶段需要考虑的影响因素也呈几何级数增加。在综合智慧能源的能源预测、系统规划、运行优化、稳定控制、能源市场的应用过程中，由于输入变量多、输出目标多变、边界约束条件复杂，要实现所有指标的全局最优，在优化算法上存在着较大难度。而人工智能技术在“多输入多输出”“多边界限制条件”的系统寻优计算方面优势明显，适用于综合智慧能源系统的项目规划和系统寻优工作，从而实现项目整体方案最优。同时，人工智能方法在分析过程中，对研究对象的模型精度要求相对较低，能较好地拟合被预测对象与其影响因素之间的非线性关系，因此能显著提高综合智慧能源系统在功率预测、负荷预测等能源预测方面的精度。综上所述，人工智能在综合智慧能源领域的应用，拥有着广阔的发展前景，也将发挥出巨量的社会、经济效益。

第11章 人工智能在供热领域的应用

11.1 智慧供热发展现状

以火力发电厂为主的热源与热网、热用户一起组成了集中供热系统。我国的供热行业由最早的小锅炉分散直连供热，发展为热电联产集中供热及多种形式热源联合供热，供热系统不断向自动化和信息化方向发展，尤其是在万物互联的信息社会以及能源转型、清洁供热的新时代背景下，我国集中供热系统呈现出“源–网–荷–储”协同发展的趋势：一是热源供给侧选择更加多元化；二是热网配送侧进一步向互联、互通结构发展以提升供热可靠性，增加调度灵活性，吸纳波动性强的低碳清洁热源接入；三是在负荷需求侧，以智能传感器为代表的物联网技术提供了按需精确供热的条件，需求侧响应技术处于探索之中；四是大规模储热技术发展迅速，可以实现热电解耦，确保可再生能源的利用率。

在这种背景下，建立在物联网、大数据、云计算等人工智能技术发展及工业应用基础之上的智慧供热应运而生，人工智能是实现智慧供热不可或缺的基础。在供热过程中，人工智能能够统筹分析优化系统中的各种资源，运用模型预测等先进控制技术按需精准调控系统中各层级、各环节对象，从而构建具有自感知、自分析、自诊断、自优化、自调节、自适应特征的新一代智慧型供热系统。

近年来，伴随智慧供热的发展，应用于供热领域的多种人工智能技术发展迅速，贯穿组成供热系统的“源–网–站–线–户”热能供应链的各环节，涵盖热源、热网、热力站及热用户各种对象。

（1）智慧热源。我国城镇住宅区热负荷密度大，目前供热主要采用以热电联产机组为主的集中供热方式。热电联产机组利用人工智能等技术进行智慧化改造，协调智能设备层、智能控制层、智能生产监管层以及智能管理层，实现供热生产的智慧化，进而支撑智慧供热目标实现。同时智慧供热可通过多能互补消纳和利用风能、太阳能等低碳能源，扩大智慧热源的范围。

（2）智慧热网。智慧热网包括供热系统设计、智能管理系统和智能控制系统，具有数据获取、储存、分析、自学习、智能控制、自动报警等功能，满足智慧供热“源－网－站－线－户”协同调控的要求，实现“均衡输送、按需供热、精准供热”目标。

（3）智慧热力站。热网中一次网与二次网通过热力站连接，热力站是衔接热能供给与需求的关键。热力站智慧化是通过智慧化设计和升级，采集供热数据，在考虑多种因素下例如室内外温度、昼夜人体热舒适度需求等，通过数据分析和趋势预测并远程控制，实现基于供热需求的自动控制与优化，提供高品质供热服务。

（4）智慧热用户。传统热用户的供热数据采集覆盖率不足、精度低且未形成有效闭环控制。通过对热用户应用的信息物理系统等进行智慧化升级，实现全面、便捷、精确采集供热效果数据，并及时反馈到供热生产与输配环节，实现采集设备与智能热网系统数据双向交换，同时可实现用户级智能控制。人工智能技术在智慧热用户中的另一重要作用是通过大数据技术、建模预测等实现基于热网预测负荷的预测性控制，从而达到供热过程和用热过程的动态匹配，提高供热品质，降低供热全过程的能耗。

11.2 供热对人工智能的需求

以智慧供热为发展方向的供热新模式离不开人工智能的信息互联、数据收集及挖掘、智慧决策等功能。从智慧供热发展的需求和趋势看，供热对人工智能的需求可以分为5个方面。

（1）能源互联网的新供热模式需要人工智能。能源互联网思维模式的核心是“全连接”重构能源企业，包括供热企业与热用户之间以及政府主管部门和热用户之间等各方面。新供热模式采用“以用户为中心”的理念，将人工智能和互联网的创新成果融于供热产业的各环节中，推动技术进步、效率提升和组织变革，让服务更优质、客户更便利，企业与客户之间的距离更近。

（2）供热系统的智慧化需要人工智能。供热系统的智慧化体现在无需人工干预的情况下，通过传感技术实现对供热系统的全面、连续、实时感知，借助人工智能的学习能力和自适应能力，及时发现、快速诊断和隔离故障隐患，对运行中各种需求做出检测、预测和控制、优化，实现最佳运行状态，提高系统可靠性，减少运营和维护费用。

（3）供热系统的智能决策需要人工智能。将供热系统物联网提供的实时和历史运行数据进行统一管理，形成供热大数据。人工智能的大数据技术，可以从海量数据中有效挖掘信息，利用大数据方法寻求多源异构数据中的隐藏关系、规律趋势，通过数据实时展示、数据统计分析、大数据回归预测分析，实现供热控制方案的推演和决策，从而形成对供热技术人员的智力支撑。

（4）充分消纳清洁低碳能源的供热新模式需要人工智能。由于工业余热、风能、太阳能、地热能等清洁低碳能源受外界环境影响大，具有波动性和间歇性，消纳利用困难。人工智能的应用能够助力智慧供热将化石能源、清洁低碳能源纳入同一的供热调度系统，通过负荷预测供需动态平衡，解决现阶段电网、热网对清洁低碳能源利用和消纳能力有限的问题。

（5）构建多源互补、互联互通的新供热网络需要人工智能。人工智能的应用使供热网络不再局限于固定的热源形式和供热区域，通过信息系统和物理系统的融合，新供热网络可以对供热系统内的多种要素进行智能调度，实现横向多个供热主体与供热片区多种热能资源之间的互补协调，实现纵向能源资源的开发利用和资源运输网络、能量传输网络之间的相互协调，将用户的多品质用能需求统为一个整体，扩大化、广义化热能需求侧管理，使其成为多域全系统“偿合能源管理”，进一步提升广义需求侧资源在促进清洁能源消纳、保障系统安全高效运行方面的作用。

11.3 人工智能在供热领域的应用场景

11.3.1 供热大数据挖掘与可视化

人工智能可以通过数据挖掘、融合，并采用可视化技术，对供热系统中不断变化的参数进行态势预估与趋势展现，并基于大数据分析和评估结果为业务部门或用户提供有价值的针对性信息，从而有效辅助供热部门的供热决策和用户端的用热决策。所发挥的作用覆盖规划设计、检修维护、需求侧管理、需求响应、用户能效分析和管理、运行调度、计量收费等各个业务环节，为提升供热企业的治理能力和服务水平、保障供热安全提供数据支撑。

尤其是对热网系统，进行全网调控时，各换热站之间调控互相影响，不同形式热源也会对调控产生不同影响。为有效保障全网调控的安全和节能，需要对管网运行以及热源形式等现状进行分析，从而实现热源与换热站系统的联动调控。大数据分析系统可以处理热网运行的海量数据信息，根据热网参数变动和热网特点，进而得出控制全热源的有效策略。在历史运行的数据信息基础上，采用回归计算法可以构建出室内外温度变化模型、两者间相互关系模型以及热源耗热量模型。利用未来室外温度变化数据，预测出未来热源能耗的数值。采用此种方式，还能搭建热源供水温度模型，从而为相关工作人员的生产调度计划提供科学依据。

11.3.2 物联网技术

利用物联网技术构建先进的城市供暖系统，将生产、传输、转换、存储和消费各个环节的设备连接起来，可实现城市供热的“高效、节能、安全、环保”的“管、控、营”一体化，能有效解决供暖能耗、供暖质量的监控，让供暖设备更加智能化，做到可监测、可控制、可调节，并根据用户需要来选择温度。同时，可以很好地提高系统运行及管理效率，解决传统供暖方式带来的高污染、高能耗、可控性低、冷热不均等问题。

城市典型的供暖系统物联网由传感器、互联网和计算机中心组成。传感器由安装于各户的室内温度传感控制器、热 / 电 / 水 / 气计量表、数据采集器、水阀控制器等构成；互联网由供热采暖计算机网络接口和计算中心、远程控制中心构成。传感器可以把用户的实时数据通过互联网传到计算中心，由计算中心依据综合情况自动控制热用户的供热质量，并将数据记录，供实时查询。

11.3.3 智能控制

通过在供热中应用人工智能，将生产、传输、转换、存储和消费各个环节的设备连接起来，统筹分析优化系统中的各种资源。为了实现构建具有自感知、自分析、自诊断、自优化、自调节、自适应特征的智慧型供热系统，需要在大数据分析、建模的基础上，应用智能控制技术，按需精准调控系统中各层级、各环节对象。

换热站是供热热网系统中连接热源及热用户的枢纽，通过智能控制改造，可以实现换热站无人值守，相比传统的换热站，无人值守换热站智能控制具有实时、准确和快速等特点。通过系统硬件构建来完成各种信号到主控系统的传输，在热力站中实现现场自动检测与控制，主控系统根据采集到各种信号及命令来自动控制补水泵、循环泵和二级泵的启停。在实际应用中，换热站采用无人值守模式，相比传统人工操作，在经济效益方面运维费用环比可节约 20%，煤的使用量环比可节约 15%，供热站和换热站的人工运行费可节约 40%；在社会效益方面，智能化、信息化的管理实现了换热站无人值守，平均处理故障时间由 24h 缩短到 3h，故障发生率较人工操作平均下降 40%，提高了工作效率。

11.3.4 供热管网的智能巡检

热网管线的检修工作随着热网覆盖面积的增大与日俱增，由于热网管道大部分均埋藏于地下，一旦发生故障，难以迅速检修，进而会影响热网的正常供热。大部分以计算机为操作平台的单一热网系统，不利于巡检人员边检查边记录。包含手机终端的智能巡检系统引入后，可通过应用地理信息系统、卫星导航系统、5G 技术等，方便巡检人员随时随地记录并向服务器反馈巡检情况。

智能供热系统还可以对热网中管道及设备的状态进行感知，借助地理信息系统，能够提供故障定位，指导巡检路线规划。管网巡检中无人机、机器人的应用可以实现高效智能化管网巡查，针对地埋管道无法通过红外线辨别管网位置，可以使用包含红外线和可见光的双光摄影机进行观测。巡检人员通过实时与管线位置后台比对，提高巡线效率，实现精准可量化。

11.4 智慧供热技术路线与建设路径

应用人工智能的智慧供热核心要素有供热物理系统和供热信息系统，通过形成“状态感知 – 实时分析 – 优化决策 – 精准执行”的闭环赋能体系，有效解决供热生产、运营服务过程中的烦琐性和动态性问题，提高供热质量和服务能力，实现供热物理系统与供热信息系统的融合调控。

智慧供热建设是由整个供热服务者及所有使用者共同参与完成，包括了“源、网、站、户”等各个环节，涉及投资、建设、运营、使用、维护等多项内容。

11.4.1 智慧供热技术架构

广义智慧供热涵盖供热系统规划设计、建设、运维管理、产品建造、智能化系统集成以及人才培养等诸多方面，涵盖供热全过程及全寿命内容。一般讨论的供热系统设计、运维管理内容，是狭义的智慧供热。

狭义智慧供热系统框架层次有不同的分类方法，基于供热系统中数据获取、传输和分析过程，典型3层智慧供热推荐框架可以分为感知网络层、平台层和应用层3个层次。

感知网络层为供热系统“源－网－荷－储”连接成网提供了便捷和高效的基础服务，供热系统的可扩展性得以增强，可以应用智能供热系统满足用户的精细化需求。通过开发智能终端先进测量系统及其配套设备，实现供热消耗的实时测量、信息交互和主动控制，优化能源网络中传感、信息、通信、控制组件的布局，实现供热系统中设施和资源的高效配置。感知网络层的建设和系统架构与标准的统一，可以产生协同推进的积极效果，规范智能终端高级测量系统的组网结构和信息接口，实现用户间安全、可靠、快速的双向通信，降低新用户的网络成本，有利于促进供热需求侧的响应。感知网络层是在智能供热系统中建立具有统一框架网络的基础，也是智慧供热建设的基础。

平台层是基于感知控制的智慧供热功能集成。基于信息物理系统的精确测量、互联互通、数据挖掘、优化控制等不同类型的功能支撑，使供热系统的运行更加精细化、系统化、智能化，运行效率进一步提高，体现在供热系统的各个环节。在生产环节，系统基于状态的实时感知和系统运行控制决策支持，通过多热源负荷优化分配，提高供热机组运行效率，赋予机组自主、自愈、可靠的功能；在运输环节，信息物理系统融合将大大提高供热管网调节控制能力，减少供热输配损耗，有效提高系统稳定性和安全性；在终端消费环节，热用户可以依靠信息化手段，获取分时和实时使用热的信息，以此支持分布式供热和用户的负荷控制和响应，实现生产者与消费者之间的信息和能量双向流动。

服务层功能模块是智慧供热的上层建设需求。智慧供热终端服务对象为热用户，提供高品质服务、满足用户个性化需求是智慧供热的核心目标。从技术发展趋势来看，需求侧管理和响应将是未来供热系统最重要的服务管理模式转变。通过建立具有需求响应和供需互动的供热服务管理系统，分析用户对热的需求性质，用户端还可以在下达需求的同时参与系统运行控制和管理，提高系统的供需匹配水平，进而衍生出以供热服务平台、需求端管理平台等信息化工具为媒介的供热服务主体，全面快速满足用户日益增长的优质热需求。

11.4.2 智慧供热建设路径

《北方地区冬季清洁取暖规划（2017—2021年）》提出：利用先进的信息通信技术和互联网平台的优势，实现与传统供热行业的融合，加强在线水力优化和基于负荷预测的动态调控，推进供热企业管理的规范化、供热系统运行的高效化和用户服务多样化、便捷化，提升供热的现代化水平。

智慧供热建设要在企业级和城市级两个层面展开，企业级要建设的内容包括智慧供热生产管理、环保监控、安全保障、供热服务和企业管理等系统，城市级还应建设监管指挥体系。

生产管理系统主要内容包括供热系统应逐步实现多源联网、热源互备、多能互补、智能调度、按需供热等；热网应实现压力、流量和温度的智能调节监测、在线水力分析计算；换热站应实现水泵变频控制、流量自动调节、气候自动补偿、无人值守巡检等。通过以上技术促进热源、热网、热利用全过程资源配置和能源效率的优化，降低供热运行成本，提高供热能源的有效利用率。

环境保护监测系统主要功能包括集中供热系统污染物排放超标监测预报，自动达标调节和统计汇总报告，目的是确保污染物达标排放，提高城镇清洁供热能力。

安全保障系统主要功能包括集中供热系统事故及故障监测预测、应急响应调度、故障处理和应急指挥等。旨在实现供热系统安全运行的智能监控、调度和指挥，提高供热系统的安全保障能力。

供热服务系统主要功能包括智能收费、退费、用户报修等用户服务和管理。旨在实现供热服务数字化管理，提高供热服务能力和水平。

供暖企业在建立智慧供热和供暖服务管理体系的同时，还建立了相关的人力资源、设备材料、经营管理等企业管理体系，以精细化供热企业管理运行，精准供热服务，最大化供热节能，促进供热企业转型升级，提升供热企业管理水平。

城市供热监管指挥系统主要功能包括供热企业监管、供热服务投诉、能源消耗监控、热源调度指挥、应急抢险抢修和指挥等，在智慧城市的框架下与数字化城市管理、城市地下综合管线等系统相衔接，数据资源共享。目的是建设与城市发展和清洁供热发展相适应的城市供热保障体系，提高政府供热主管部门监管调度能力。

11.5 典型应用案例分析

11.5.1 通辽热电高温智慧热网

通辽热电有限责任公司（简称“通辽热电”）是内蒙古通辽市的热力生产和热网经营企业，通过对高温网进行智慧热网技术改造，通辽热电建立了高温智慧热网。通辽热电现有供热面积约 1845 万 m^2，其中高温网 1567 万 m^2、直供网 278 万 m^2。通辽热网的热源为通辽发电总厂、盛发热电和通辽热电。2018 年通辽热电高温网有换热站 276 座（不包括中继泵站）。

改造前通辽热电管理的换热站 171 座（二分公司 124 座、三分公司 48 座）、由用户自行管理的换热站 105 座，存在的问题：一是自控系统完整性较差，各个换热站系统配置和功能参差不齐；二是信息系统未实现统一规划建设，系统的整合不够，无法协同工作；三是由于可远程调控的换热站比例不高，高温网的运行模式为单站独立运行，网源的协调性、热网的均衡性缺乏控制手段，没有有效的能耗控制和系统实时优化控制手段。

1. 技术方案

为了进一步降低一次网失调程度，避免因水力失调造成热网用户冷热不均，实现热网运行的精细化管理，提高热力系统运行的稳定性和安全性，通辽热电实施了高温网智慧热网技术改造项目。

基于通辽热电的项目需求分析，制定热电智能热网信息化建设应用系统的总体框架，建设“生产过程控制支撑”的数据中心平台和按应用层级划分的四个层面，即生产调度、企业管理规划、经营决策、平台展示的应用系统。

按照上述整体系统的规划，通辽高温智慧热网重点完成其中生产过程控制部分、信息系统平台及智能热网生产调度中心的系统建设，包括以下方面：

（1）完善与升级生产过程控制系统。充分利用现有设备及场地，对热网自控和热网信息采集系统进行完善。

热网自控系统的完善内容主要包括对现有热网控制器进行升级，将工控及系统升级为 PLC 系统；对损坏的控制系统进行更换；对无自控系统的换热站进行自控改造；对所有换热站的控制程序进行梳理和规范统一；对站内温度、压力、液位等仪表及泄压电磁阀等自控设备进行维修和补全；对换热系统的调节阀进行统一维护：对所有系统进行水力计算，对口径不合适的调节阀进行调换；对损坏的设备进行维修与更换；对未安装调节阀的换热系统进行补装；根据站内情况，补全安装一次网热量表、补水流量计；根据站内情况对换热系统二次网循环泵及补水泵系统进行梳理，对不合适的水泵及变频进行统一调换；对损坏设备进行维修；对未安装变频的系统进行补装；对所有换热站的通信系统进行梳理，统一为有线光纤通信方式，保证与调度中心系统的通信稳定。

热网信息采集系统的完善内容主要包括对所有换热站的视频采集系统进行统一，按照统一标准配置摄像头和就地存储设备。换热站内补充安装智能远传点表，进行换热站电量统一监测。按规划布置和安装用户室温采集系统，统计和整理热网各个换热站的实际建筑类型、供暖形式、供热面积等基础信息参数。

（2）下位换热站标准化改造。换热站设备改造的主要内容：按照系统摸排的结果，进行已有设备的维护检修和更换；补全现有自控系统中缺失的流量计、电量表等设备；完成所有站内仪表的数据采集和传输工作。

通辽热电高温网标准换热站控制系统需要满足以下控制要求：

1）换热站控制系统采用 PLC 控制系统，PLC 完成现场数据采集及过程控制。结合供热企业热源、管网、换热站以及供热方式等实际情况，系统采取监控中心“远程给定，本地自控”的控制策略。换热站控制系统主要包括一次侧控制子系统、二次侧控制子系统和通信控制子系统，这些控制子系统相互结合完成应用任务。在正常的管网运行状态下，整个供热管网进行均匀性调节，实现热量的均匀分配。当通信线路出现故障时，各换热站可根据热用户的热需求（主要是根据二级网供、回水温度平均值 / 室外温度曲线保证室内的舒适温度），通过现场控制单元对各换热站内电动调节阀进行控制，保证热量供应。在给定参数中优先保证的次序是换热站分配流量限制、一次回水温度上限、二次供水温度上限、二次供回水压差下限。

2）PLC 能够将采集来的温度、压力、流量、热量、电能表、水表信号在控制面板上以列表、曲线等形式显示。

3）系统报警涵盖循环泵、补水泵变频故障；市电停电；水箱液位超低限；循环泵、补水泵电动机电流超限；视频安防系统等。

4）电动调节阀可进行手动、自动切换。

5）联锁控制包括当水箱水位低于低限值时停止补水泵，直到水箱水位高于高限时，补水泵重新启动。当供暖供水温度高于高限值时或当所有循环泵停止或停电时，高温水电动调节阀自动关闭。当采暖供水压力值高于高限时，开启二次网安全保护泄压阀进行安全泄压；当采暖回水压力低于低限时，为保护设备，停止整个换热机组的运行直到故障解除后，再投入运行。

6）具备数据存储、断电保护、来电自启动功能。

7）换热站控制系统、网络摄像系统通过本地监控系统集成的通信组件，可同时接入光纤或有线宽带，做到了监控平台外部通信多端口的规范归一化，可以实现在同一集成通信平台下，与通辽热电高温水热网调度中心进行通信。

（3）建设智能热网生产调度中心。智能热网生产调度中心建设的指导思想是实现从热源、热网、换热站、热用户监测数据的大汇总，利用云平台、云计算等功能，实现对大数据的存储、挖掘，最终目标为实现热网安全与节能降耗。为了达成以上既定建设目标，需要建设如表11–1所示应用系统。

表11–1　　智能热网生产调度中心主要系统组成

序号	系统名称	系统功能
1	热网监控系统	实现对热网及热源自控信息系统的数据采集、显示、统计和存储功能。通过热网监控系统软件可以实现对热网自控系统的集中监控、远程操作，并实现调度中心的基本调度工作和操作记录
2	全网平衡优化控制系统	在热网监控系统远程控制的基础上，通过集中的全网优化控制策略，实现网源的结合、热网的均匀性调节和评价，以及负荷预测和热源调度等功能
3	热网水力分析计算软件	在热网运行过程中能实时显示和分析热网的水力工况，动态分析热网工况的变化，提供离线计算和在线仿真等系统工具，帮助管理者和调度人员制定和验证热网的调控和改造方案

2. 节能分析

通过换热站自控系统的完善，生产调度中心、全网平衡、能耗分析系统的建设，运用合理的控制策略和人工智能策略，通过平台中全网平衡优化调度，能耗管理分析考核，大数据积累等，实现热网全自动运行，科学有效地解决一次网的水力失调，解决各个热力站供热不均的问题，节约系统热耗；均衡供热，解决低温不热用户，降低系统失水率；优化调节二次网循环泵控制，分时优化控制，节约系统电耗；完善换热站采集数据、视频监控、数据变化分析等，达到提前预警，无人值守，节约人力成本。

（1）降低热耗。通过大数据平台获取热网数据，并进行分析、计算，得出实际温度的修正值，配合全网平衡软件及人工智能算法，最终获得最适于通辽热电热网的均匀性控制策略。采用均匀性调节控制策略的方案，其调节思想：一是对各个热力站一次网电动调节阀的调节，以各个热力站彼此之间供热效果相同为目标；二是被调量选定热力站的二次网供、回水的平均温度。全网平衡优化控制是指对各个热力站电动调节阀的调节，以各热力站二次网供回水平均温度彼此一致为热网的调节目标，对各热力站电动调节阀进行调节，保证各热力站间的均匀供热，避免由于冷热不均，为保证偏冷用户达到要求而造成过热用户的浪费，因此是保证供热要求条件下的最省能的调节方式。根据负荷预测系统，结合各供暖房间的房间温度，达到满足基本供热标准而不超供作为调节目标，进行远程自动调控，节约系统热耗。

（2）系统节电、在实际供热过程中，对于二次网流量平方米指标，可根据该供热管网的历史供热数据和历史供热情况，确定能基本保证二次网运行且不发生大面积水平失调和垂直失调的平方米流量指标，根据该供热管网的历史供热数据，确定能保证二次网基本运行的热负荷平方米指标，从而可确定二次网在设计最冷天的供、回水温差。二次网流量在整个采暖季的运行过程中，采用分阶段改变流量的运行方式：即分阶段改变水泵运行台数或分阶段调节水泵运行频率。在供热的每个阶段内，根据每天的温度变化，对水泵的变频进行微调，达到根据室外温度变化调节的效果。二次网采用变流量运行方式，在同样满足用户的基本供热需求的条件下，可以节省大量的电能。分阶段改变流量的控制功能可以通过全网平衡控制软件实现，也可以通过本地 PLC 控制柜实现。

（3）无人值守节约人力成本。热网监控系统实时监测各换热站的温度、压力、流量、液位、循环泵、补水泵等各项参数，结合换热站视频监控系统，实现温度、压力、流量的自动调整、预警等，实现无人值守，有人巡视运行，节约大量人力成本。

（4）系统节能所需边界条件。通过搭建通辽热网大数据平台，建立生产调度系统，完善换热站调控设备，为系统节能降耗提供了一个有效手段，为保证达到系统节能目标，需要保证系统建设完整，并投入生产使用，同时需要建立系统的使用规范，强化调度规程，执行能耗指标考核体系等。特别是确保物业管理站点的设备能够安装，并受调度中心统一调控。对个别能耗较高站点，适当调整二次网均衡性，达到最低优化控制效果。

3. 实施效果

该项目实施后有效解决通辽热电高温网热力站系统不可控、不能调度管控的情况，使通辽高温网的全网可控，全网平衡系统发挥均匀性调节作用，大大降低高温网的水力、热力失调度，降低生产运行成本，提高供热质量，提高数据分析深度，提升管理水平，实现精细化管理。

项目搭建的换热站视频监控系统能够方便、实时监测换热站内部的情况，对于保证换热站系统运行安全，及时发现设备异常和非法进入有极大的帮助；补全用户室温检测测点，能全面地监测高温网换热站的二次网供热的运行情况，对于响应供热客服、分析和改善热网的供热实际供热效果有很好的帮助。

11.5.2 国家电投石家庄供热公司 IC 卡预收费管控用热系统

国家电投集团石家庄供热有限公司（简称“国家电投石家庄供热公司”）根据当地供

热一管到户的工作要求，接收300余个小区换热站，居民供热面积达2200多万 m^2，一管到户后接收管理热用户近25万户。

在处理大量一管到户的用户时，传统的热费收缴和用热稽查方式存在以下问题：一是开展大批量用户的热费收缴和用热稽查需要耗费大量人力物力；二是解决用户室温冷热不均，提高供热服务质量主要依靠传统方式，效率较低；三是热费欠费、因现场对申请停供热户实施断管未按时完成造成的损失以及用户恶意窃热都给企业带来较多经济损失。根据往年运行数据统计，每年仅热费欠费率约为3%，欠费多达近千万元。

为解决上述难题，国家电投石家庄供热公司开展IC卡预收费管控用热系统研究工作，在供热管理上，采用无源射频IC卡（M1卡）进行用热缴费管理，建立一套完整的闭环管控系统，建立热用户持IC卡先缴费后用热的管控用热模式。通过利用现代网络云数据技术及自动化收费管控系统，并与现有调度中心大数据库进行对接，研究与换热站自控系统联动控制，优化控制调节策略，消除户间水力失调现象，对过热及不达标终端用户进行精细化温度调节，实现精准供热，提升服务质量，实现源－网－荷的互动节能运行。

1. 技术方案

IC卡预收费管控用热系统是一个实时在线系统，热用户充值的热量并不通过IC卡的载体进行传递，而是在监控中心的数据库进行实时结算，热用户即使自己通过不正当途径复制了IC卡，也不能窃取热费。IC卡内存储的是经过加密算法的身份识别，真正的热费及热量均在监控中心的数据库进行存储和结算，热用户到大厅缴费或者银行缴费后，充值热量直接进入系统，不需要进行二次写卡。用户持卡可任意时间开阀用热，IC卡管控系统采集用户的用热量并进行抵减。

实时在线IC卡预收费管控系统可以实现实时窃热报警。无论热用户进行任何方式的破坏或作弊，例如：用直管段替代锁闭阀偷热或者直接破坏掉锁闭阀内的球心，都会在IC卡预付费管理系统上产生报警，根据报警情况可以针对性强地进行稽查，避免大量人力的浪费去逐家逐户上门稽查。

该系统充分利用现代网络云数据技术，实时采集热用户的供回水温度、室内温度、阀门状态、缴费状态等信息，通过与换热站自控系统联动控制，优化控制调节策略，消除了户间水利失调现象，对过热及不达标终端用户进行精细化温度调节，实现精准供热，提升了服务质量，实现源－网－荷的互动节能运行，真正做到数字化的智慧供热。

2. 主要功能

IC 卡预收费管控用热系统建立了“闭环管控信息系统”，在实现热用户先缴费后用热的同时，实现国家电投石家庄供热公司计划生产、科学化管理、精准供热目标。

（1）可远程采集热用户的供回水温度、室内温度、阀门状态、缴费状态等信息。实现室内温控调节、水力平衡动态调节、热用户远程管理及 IC 卡远程收费管理，通过终端用户管控系统，可实时监控和调节热用户的采暖状态，并具备智能推送功能，提高热力公司对热用户的服务质量。通过与换热站自控系统联动控制，优化控制调节策略，实现智慧供热。

（2）实时在线供热 IC 卡预收费管控用热系统可通过银行柜台、网上银行、收费大厅等多种方式进行缴费，提高了收费率，降低了收费人员劳动强度。热用户可持 IC 卡自主完成刷卡开阀工作，为热力公司规避了风险，减少了争议和纠纷。

（3）实时在线供热 IC 卡预收费管控用热系统可实现与收费系统无缝对接，用户的缴费信息与企业收费系统、IC 卡管控系统的信息关联，在线监测热用户的缴费状态、采暖状态、报警信息，避免了热用户非正常用热现象，降低了热量损失，提高了热力公司经济效益。

3. 实施效果

目前，该系统已实际应用于 4 个小区共 39 万 m^2，3770 户居民用户集中供热，IC 卡预收费管控用热系统投入运行至今，极大地提高供热管理工作水平，用户用热缴费更加方便快捷，小区的用热缴费率达到 100%。空置房的管控做到了全天候的实时监管，杜绝了窃热现象的发生。小区物业减少了每年空置房断管工作流程（按 15% 空置房率，约 566 户），大大地节约了人力和物力的投入，使得维修人员有更多的时间做好供暖期间的检修和服务工作，提高了供热质量，得到住户的好评。

从经济效益角度，采用 IC 卡预收费管控用热系统提高了收费率，增加供热收入，用户供热前不交费就无法用热，使供热收费进入了良性发展的轨道。通过对申报空置房的用户用热情况进行远程监控，结合现场核查手段，有效、准确地杜绝能源浪费现象，使管理更加严谨，杜绝空置房的虚报现象，为企业减少了损失。

从社会效益角度，采用通断时间面积法作为热计量原理，通过用户反馈及调度中心数据库平台对用户供热运行数据进行实时采集，与换热站自控系统联动控制，优化控制调节策略，消除了户间水力失调现象，对过热及不达标终端用户进行精细化温度调节、精准供热，实现源 – 网 – 荷的互动节能运行，提升了服务质量。同时，通过精准供热，控制“空置房”及“过热用户”，使节能率较原先状况可以达到 30% 左右，节能效益明显。

11.5.3 基于信息化的邢台热力智慧热网

邢台市供热面积逐年扩大，市区集中供热普及率超过98%。邢台市热力公司（简称“邢台热力”）作为邢台市重要的供热企业，形成了包含东郊热电厂、南和热电厂为基础热源的多热源联网大型供热系统。

邢台热力在2012—2013年供暖季开始全面实施智慧供热整体节能技术方案，建设智慧热网节能监控平台，实现远程监控、优化控制，搭建了大数据回归专家系统。

1. 技术方案

邢台热力智慧热网集数据采集、处理、分析、诊断及远程控制于一体，总体架构由信息传感层、数据传输层、应用层（人工智能数据挖掘）3个层次组成。

系统信息传感层通过安装在底层的传感设备，实现对热源、换热站、热用户等供热数据的采集。传感层采用模块化设计，可进行接口个性化调整，采集点使用统一ID标注，方便互联互通，网络始终同步技术确保时间相关物理量时序准确无误。

数据传输层将底层供热数据通过数据通信技术远程传输到系统数据库进行储存，供数据分析应用。数据通信可以采用专用光纤、宽带和4G网络等技术。

应用层对采集来的大量数据预处理后进行多维度的统计分析，完成辅助决策分析和基于专家系统的调控优化。热源、换热站和热用户间的闭环控制流程为用大数据拟合回归分析来指导各个换热站的供热参数，根据供热参数反馈分析得到热源的供热参数，同时用热用户的室温参数来修正换热站供热参数，同时室温也作为热源供热效果的评判依据。

2. 主要功能

（1）GIS地理信息系统。GIS地理信息系统实现直观地显示换热站、热源、管网、设备的精准位置，形成设备台账。同时显示换热站的实时温度分布情况以及巡检人员的具体位置。

（2）全网监控及热力站节能控制系统。根据监控的换热站数据，可选择5种控制实现节能控制，根据建筑热惰性、用户用热时间等进行偏移设置，实现各换热站无人值守。

（3）热力站运行预测系统。根据大数据回归模型对供回水温度变化、耗热量进行分析，并对未来7天的供回水温度和耗热量进行预测，以指导各站节能运行。

（4）全网平衡调控系统。根据热源的运行参数实现热网的水力和热力平衡。热源处理满足理论指导值要求时，各站下发理论指导进行节能调节。热源出力远低于理论指导值时，对于泵控站一键切换到手动给定频率，对于阀控站切换到阀门控制，实现水力平衡。

3. 实施效果

通过智慧热网升级改造，可通过实时监测和专家系统进行热力站及热源的自动调控，实现系统安全稳定运行和按需供热。

（1）实施后耗热量从之前的 0.35～0.4GJ/(m^2·a) 下降到 0.3～0.33GJ/(m^2·a)，节热效率约为 14.29%。

（2）整网实现了水力平衡，消除水力不平衡对供热系统安全和可靠性的影响，室内温度基本处于 18～22℃之间，保证了采暖热舒适度。

（3）实现了良好的节能效果，在热源参数不变情况下，改造前末端 15 个站的加压泵全部拆除，扩大了供热面积 300 余万 m^2。

（4）实现换热站无人值守和巡检管理，由每个热力站需 2 人驻站，优化为每人负责 10 个换热站，提高效率，降低了人工成本。

11.5.4 无人机双光热成像热网巡检专家系统

天津能源投资集团有限公司是天津市能源项目投资建设与运行管理主体，承担天津主城区约 30% 的集中供热面积。该集团热力管道普遍采用直埋敷设方式，管网的泄漏直接影响到用户正常稳定用热，影响工业生产。为保证管网系统正常运行，须及时查找并排除缺陷。由于既有老旧管网未设置监测系统，目前仍采取“看、摸、听”的传统方式查找缺陷，检查效率低且不够全面、直观，而分段定压监测管网泄漏的方式存在无法准确定位泄漏点的问题。

为提升管网巡检水平，运用无人机、双光热成像等技术搭建了无人机 + 双光热成像智能巡检专家系统，对管网温度场进行实时检查，并具备远距离指挥和管网健康状态管理功能。

1. 技术方案

该系统主要应用了无人机、双光热成像、本地高清图传、网络传输以及专家分析诊断等核心技术。

无人机的空中稳定性、载重能力以及续航能力是系统关注的主要性能，且需包含各类开源接口，因此，选择成熟品牌的轻型多旋翼无人机作为平台。

红外图像在地上管网的巡检效果好，但由于供热管网大部分为地埋敷设，无法直接通过红外图像辨别，需观察可见光图像辨别周边环境，因此选择双光热成像的双光摄像机。

由于双光摄像机拍摄的视频数据量大，普通图传设备无法实现无延迟、无丢包传输，选择了传输距离远、传输延迟低、品质高的图传设备。

系统搭载了4G网络传输系统模块，实现了远方指挥中心与飞行现场的实时监测图像传输，便于进行远程指挥。通过网络加密算法及黑白名单应用，可以保证图像资源安全性。

专家分析诊断模块根据供热管网的特点研发，对采集的红外和可见光照片进行自动诊断，识别出可能的故障点照片，并通过地理信息系统展示其精确位置。

GIS精确定位模块通过导入地理信息系统管网信息，可以在实时监测系统上叠加管线的敷设线路图，保证航线的准确，监测后自动标注故障点位置，方便指挥调度。

2. 功能介绍

（1）实时在线监测管网健康状态。通过无人机的高空视野进行实时监测，对管网健康状况进行快速、准确检查，可以快速定位发生故障区域内的泄漏点准确位置，发现管道保温缺失及隐患点位。

（2）监测建筑物保温效果。无人机巡检系统可以对大规模住宅小区进行红外热成像直观和量化结合的分析和监测，快速发现建筑物由于构件质量、安全质量引起的热工缺陷，判断保温状态。

（3）分析埋地管道的健康状态。通过采集正常管线的双光图谱，记录周边温度并与环境场的温度进行差值运算，构建全网健康图谱模型库，通过在巡检中将实时监测图像与模型库进行对比，实现埋地管道健康状态的快速诊断。

3. 实施效果

随着系统投入使用，目前已完成多处管网泄漏及隐患检查，有效避免经济损失。同时由于系统灵活性以及应用广泛等特点，为公司管网巡视工作开辟了一条新途径，有效解决了管网的运维问题，大幅提升管网巡视工作管理水平。

需要指出的是，目前供热行业对于无人机和红外热成像设备的使用呈现增长态势，但对于管网红外图像进行分析检测的模式尚不够成熟。另外，无人机使用涉及安全反恐等原因，航线规划采集功能为不开源功能，航线导入及飞行轨迹数据导出受到限制。车辆、行人对系统判断干扰的解决也有待进一步完善。

本章小结

人工智能在供热领域的应用涵盖“源－网－站－线－户”各个供热环节，涉及热源、热网、热力站及热用户各种对象。在万物互联的信息社会以及能源转型、清洁供热的新时代背景下，智慧供热是供热产业未来的发展趋势。智慧供热发展离不开人工智能信息互联、数据收集及挖掘、智慧决策等功能。

近年来，应用于供热领域的多种人工智能技术发展迅速。人工智能应用在供热领域，可实现数据采集、汇集、分析服务于一体，通过对数据的描述、诊断、预测、决策来提高供热资源配置效率，降低供热运行成本。目前在供热大数据挖掘与可视化、智能控制和供热管网的智能巡检等场景都有应用实例。

智慧供热是构建自感知、自分析、自诊断、自优化、自调节、自适应功能的新一代智慧型供热系统，能够友好包容和消纳清洁低碳能源，这也是人工智能在供热领域应用的发展方向。要实现上述目标，除了对人工智能技术进行进一步提升和完善，还需要克服基础建设、数据共享和应用场景的局限，实现资源融合、数据融合和业务融合。

综上所述，人工智能在供热领域应用是供热产业的发展方向，可以使供热行业加速实现智慧升级，顺应新时代社会经济发展需求，显著提升供热企业生产管理及用户服务水平，突破供热行业自身发展瓶颈，推动供热行业转型升级发展。

第12章

人工智能应用的技术经济性

12.1 人工智能应用技术经济评价方法概述

12.1.1 技术经济性评价方法内涵

由于技术与经济之间同时存在着相互依赖又相互制约的辩证关系，先进的科学生产技术是否能带来经济效益的增长，往往很难轻易地给出结论。技术经济性评价本身就是针对技术与经济之间存在的辩证关系进行解释的一种科学方法。具体地说，技术经济性评价方法就是为达到某种预期目标，对可能被采用的技术方案、技术政策、技术措施等带来的效益进行计算、比较、分析、评价，进而选择出技术与经济之间的最优方案。技术是生产力的重要组成部分，其特点会体现在工程项目的各个要素和环节中。技术进步是推动行业发展的必要条件与手段，但技术的进步不仅取决于应用项目的发展与革新，而且取决于是否具有良好的经济性且能推广使用。

12.1.2 人工智能技术经济性评价必要性

人工智能经过长时间的发展，已经从理论研究逐步过渡到在各个工业领域中试点应用。发电行业作为国家经济和民生重要的支柱型能源行业，涵盖了火电、核电、水电、风电、太阳能发电等多种发电形式，涉及上下游相关产业不计其数，涵盖了高新技术装备、高新材料、先进控制技术等方方面面。从行业规模层面来说为人工智能技术应用提供了良好的实践基础。到目前为止，人工智能技术的应用绝大部分还停留在示范工程与研究项目上，很多人工智能技术难以推广与复制。所以，人工智能技术在发电行业的全面应用还需要与经济效益、技术效果、管理优化等因素紧密结合。通过对人工智能技术工程项目的有形（资金、设备）与无形（安全、效率、环境）因素以及各种限制（时间、成本）进行综合考虑，使人工智能项目在发电行业中的应用效果具有可评价性、易判断性、现实性和科学性。不仅可以为决策者提供科学合理的项目建议，还可以为人工智能在发电行业推广与复制提供技术方法。

12.1.3 人工智能技术经济性评价注意事项

技术经济性分析作为管理学科中的重要研究领域，从 20 世纪 60 年代开始就已在我国经济发展中发挥重要作用。伴随着管理技术和科学技术进步，技术经济性评价方法也在不同技术领域的应用中形成自己的特点。人工智能技术应用在发电行业中的技术经济性评价具有一定的前瞻性和探索性，根据前面章节的介绍，可以知道人工智能技术应用与发电行业中各种客观条件交织成复杂的问题，对技术的取舍也不是简单的好坏问题。在对人工智能应用进行经济性分析评价时应该注意以下几点：

（1）全局与局部的最优问题。为了更有效地利用现有资源取得最大的技术经济效果，要分析人工智能技术方案在工程项目中的地位与影响，不能因为某一项指标的提高而增加了总体负担，应全面考虑项目整体与人工智能技术应用部分的多目标最优。

（2）技术与经济的最优问题。在选择某个人工智能技术方案时，应考虑该技术是否能在保证技术效果的同时，保证经济效益的合理性。一些投资金额巨大，且投资周期长的人工智能技术，应该分析实施过程中存在的风险和损失。

（3）有形与无形的最优问题。一些人工智能技术在发电行业中的应用可以产生直接的经济效益，对于有形的盈利一目了然。但目前很多人工智能技术在发电企业的应用并不能直接产生资金效益，而是产生很多无形的成效，例如：安全性提高、事故风险降低、管理方式优化、效率效能提升等。

因此，对人工智能技术评价时应注意以上 3 个问题，通过成熟的、科学的技术经济评价方法，客观反映人工智能在发电行业中的应用问题。

12.2 人工智能技术经济静态评价方法

静态分析评价方法是一种孤立的分析方法，可以对项目经济的平衡进行分析，将时间和空间因素抽象化。静态分析方法计算简单，无需考虑资金的时间价值，适合对若干个方案同时进行快速评价或对短期投资项目做经济分析。由于该方法不考虑资金的时间价值带来的影响，所以不能准确地反映项目生命周期内的全部情况。本节内容将介绍4种常用的静态评价方法（回收年限法、计算费用法、方案分析法、模糊综合评价法），并运用这些方法对人工智能技术应用进行技术经济性评价。

12.2.1 回收年限法

1. 原理介绍

回收年限法也被称作“投资返本年限法”，在不计利息的情况下，计算项目投产后，在正常生产经营条件下的收益额、折旧额、无形资产摊销额以及用来收回项目总投资所需的时间，是一种简单快速的技术经济评价方法。其基本公式为

$$P=\sum_{t=1}^{n}F_t \tag{12-1}$$

式中：P 为投资成本，元；F_t 为在时间 t 发生的净资金流量，元；n 为投资回收期，年。

静态回收年限法最大的优点是利用最简单的数学方法解决投资中最根本的问题，即是否能补偿投资；其次，该方法还可以反映投资的原始费用得到补偿的速度，从资金周转的角度来看意义重大。该方法也存在着明显缺点：一是没有考虑投资寿命期长短；二是无法反映投资后的收益和经济效果；三是所确定的投资回收期带有主观性和随意性。

2. 给水泵汽轮机状态检测系统案例分析

给水泵汽轮机是电站热力循环系统的主要部件之一，特别是在高参数、大容量的超临界机组中占有重要地位，其安全可靠性直接影响着整个电站设备运行状态。由于给水泵汽轮机内部构造复杂，需要检修部件多，检修过程烦锁，对检修人员技能要求很高。

某发电集团研发的给水泵汽轮机状态检测系统，利用人工智能技术结合大数据、多传感器可以对给水泵汽轮机进行精准的在线状态检测，对轴瓦、轴颈喷嘴等部件进行全面扫描，提高了状态检测能力，降低了人工检测的偏差。给水泵汽轮机状态检测系统前期投资建设成本及年运维费用分别如表12–1和表12–2所示。

表12–1　给水泵汽轮机状态检测系统前期投资建设成本表　　万元

一次性投资成本	费用数值
服务器设备费用	60

续表

一次性投资成本	费用数值
传感器	33
服务器安装费用	5
预备费及其他相关费用	2
总计	100

表 12–2 给水泵汽轮机状态检测系统年运维费用表 万元 / 年

系统年运维费用	费用数值
系统运行费用	6
保养维护	4
总计	10

给水泵汽轮机状态检测系统可以当元件出现变形磨损、卷曲等问题前，做出预测性维护，不仅对保障机组安全运行有着重要意义，还可以产生良好的经济效益：

（1）一个电厂按照 2 台 1000MW 机组计算，因给水泵汽轮机事故 12 年发生 1 次事故的可能性降低 20%。汽轮机事故次数减少，可多发电 300 万 kWh，每 kWh 电的利润按 0.04 元计，每年产生经济效益 12 万元。

（2）2 台 1000MW 机组给水泵汽轮机计划检修由 3 年延长到 4 年，折算到每年，可节省给水泵汽轮机检修费、材料费和人工费约 10 万元。

综上，给水泵汽轮机状态检测系统年收益为 22 万元 / 年，如表 12–3 所示。

表 12–3 给水泵汽轮机状态检测系统年收益表 万元 / 年

给水泵汽轮机状态检测系统	收益
增加发电量	12
节约维修及材料费用	10
总计	22

采用回收年限法对给水泵汽轮机状态检测系统技术经济性进行分析，通过式（12–1）可以得到回收期明细表，见表 12–4。

表 12-4 给水泵汽轮机状态检测系统回收期明细表 万元

年份	总成本	额外产生效益	净现金流
0	100		-100
1	10	22	-88
2	10	22	-64
3	10	22	-28
4	10	22	20
5	10	22	80

从计算结果可以看出，净现金流值在检测系统投运的第 4 年时就可以收回投资，并且盈利 20 万元。

12.2.2 计算费用法

1. 原理介绍

计算费用法由年成本与按标准相对投资效果系数折算的年投资费用所组成。简单地说，就是将项目基本建设投资与经营费用统一成一种性质类似费用的数额。计算公式为

$$E_r=C+P\times E \tag{12-2}$$

式中：E_r 为年计算费用，元；C 为年经营费用，元；P 为投资成本，元；E 为投资效果系数。

计算费用法的决策规律比较简单，即通过两个方案的比较，优先选择计算费用低的方案。通过计算费用对方案进行技术经济评价时，前提条件是不同方案的收益效果是相同的。该方法的优点是在经济性评价对比范围内，变二元值为一元值，把投资与年经营费用两个经济要素统一起来，简化了多方案的比较。既可以衡量各方案的差异性，又可衡量各方案的实际折算费用水平。

2. 无人机盘煤案例分析

电厂的存煤量受到锅炉机组的发电量、能耗水平、运输路程、煤场大小、气候等因素的影响。燃煤存储太多容易造成燃煤的自然氧化，降低煤质，严重时甚至引起煤的自燃；如果存储太少则难以应对意外情况的发生，无法保证正常发电。对于火力发电厂进行煤场燃煤的盘点，关系到电厂煤耗的计量、经济性指标和电厂的安全运行。目前，国内电厂广泛采用的盘煤主要有两种方式，人工盘煤和全站式激光盘煤。随着电厂智慧化

的不断升级，智慧燃料管理系统也开始逐渐成熟，对于智慧燃料管理中一项重要的工作就是无人机盘煤。人工盘煤、全站式盘煤、无人机盘煤对于火力发电厂燃料管理来说，都是为了精准地盘算出电厂存储的燃煤量，可以假设为 3 种盘煤的收益效果相同。3 种盘煤方法使用情况对比如表 12–5 所示。

表 12–5　　3 种盘煤方法的使用情况对比

指标	人工盘煤	全站式盘煤	无人机盘煤
人员数量	需要多人配合	2～3 人	1 人
工作效率	需要长时间测绘煤堆	测绘过程需要布置几个站点，最后进行计算	只需要无人机在煤堆上空停留一下
安全性	盘煤过程存在一定安全问题	基本无安全问题	无任何安全问题
准确性	盘煤的精确性取决于工作人员的水平与状态	基本准确，需要合理的点位	十分准确
管理程度	由于人工的上报方式存在较大误差，难以管理	管理难度不大	十分便于管理，数据传输没有误差

3 种盘煤方式由于工作原理不同，所以费用构成也存在较大差异。假设盘煤工作的单人单次成本为 5 万，人工盘煤需要 5 人，全站式盘煤需要 2 人，无人机盘煤需要 1 人。现采用计算费用法对 3 种方案进行技术经济性评价，投资效果系数选择工业投资效果系数 0.16，具体费用明细如表 12–6 所示。

表 12–6　　3 种盘煤方式基本费用　　万元

指标	人工盘煤	全站式盘煤	无人机盘煤
人工成本	25	10	5
设备成本	5	70	95
运维成本	16	5	1

由式（12–2）可以得到人工盘煤、全站式盘煤、无人机盘煤的计算费用分别为 20.8 万、17.8 万、17 万元。其中，无人机盘煤计算费用最低，该方案要优于其余方案。该方案虽然简单、直观，但是未考虑经济寿命、收益、残值等问题，只能对方案进行简单的判断。

12.2.3 方案评价法

1. 原理介绍

方案评价法是用一个或多个指标来计算、分析和比较几种不同的方案，以达到相同的目标项目，从而可以从各方面解释技术和经济效益，进而选择最优方案。

在方案评价法中，参考方案应考虑可比性。可比性一般包括需求可比性、环境保护要求和成本可比性等多种方法。方案评价法将指标和各要素包含在内，操作简单，能够将定性分析和定量分析结合起来进行对比和评估。所以，方案评价法在如今的工程技术和经济评价中得到了广泛的应用。

由于方案评价法具有较强的实用性与经验性，适用于包含多项不同分析指标的评价场景。当前人工智能技术发展迅速，各种智能算法都有了很大改变，应用在发电行业中难免会造成指标的多样性，这就需要对人工智能技术进行多方案比较分析，最后定性、定量地得到评估结果。在发电行业中，方案评价法比较适用于对经验性要求和使用频次较高的人工智能项目（磨损样本检测、划痕检测、污渍检测等），也可用于数据优化类项目（燃煤优化、设备动态参数优化等）。

2. 光伏组件缺陷检测案例分析

光伏电池作为太阳能发电的关键设备，一旦出现损坏、污渍等问题会使电能转化效率大幅下降，甚至影响到光伏组件乃至光伏系统的稳定性。因此，对运行过程中的硅光伏电池进行缺陷检测、失效分析、损伤监测尤为重要。目前对光伏组件的检测常采用人工 EL（Electro Luminescence，电致发光）检测方法，即人工操作 EL 检测仪对光伏组件进行图像采集，通过目视检测判断缺陷。人工图像采集存在以下问题：

（1）电站组件采样率较低。一个 10MW 的光伏电站，通常有 3 万 ~ 4 万块光伏板，人工检测只能抽样检测，采样效率极低。

（2）肉眼识别存在主观性，且人力成本高。对于采样的照片，肉眼会因为疲劳等原因降低缺陷识别率。经验不足的人员，可能对缺陷无法识别。

（3）光伏电站建设场地偏僻，建设完成后很多组件无法拍照检测，特别是夜间检测工作难度极大，导致检测不全面。

若采用无人机 EL 图像高速采集技术与计算机视觉识别技术结合，即“无人机 + 计算机视觉”技术方案，可以全方位地覆盖光伏电站，完成全样本采集，并通过计算机快速、精确地对光伏板破损和污渍进行检测。“无人机 + 计算机视觉”技术的应用可以有效降低光伏电池检测成本，方案平均成本比较如表 12-7 所示。

表 12-7　　方案平均成本比较　　元 / 块

检测方式	EL 人工检测		无人机 + 计算机视觉	
单块成本	125	设备费：10	45	设备费：10
		人工费：52		人工费：5
		差旅费：23		差旅费：10
		税费：18		税费：10
		管理费：22		管理费：10

采用“无人机 + 计算机视觉”技术，可以对光伏电站内所有出现破损、污渍等问题的光伏板进行快速识别、快速检修、快速更换，相比人工检测，极大程度上缩短了光伏电站的检修时间。检修效率的提高，保守估计提升了光伏电站 0.4% 发电量。若光伏电站年利用小时数为 1100h，对于 1GW 的电站来说，年发电量提升 100×1100×0.4%=440 万 kWh，假设每 kWh 电的收益为 0.8 元，每年可增加光伏电站收益约为 352 万元。光伏组件缺陷检测效益比较如表 12-8 所示。

表 12-8　　光伏组件缺陷检测效益比较

检测方式	电站容量	年利用小时（h）	年发电量（万 kWh）	年收益（万元）
EL 人工检测	1GW	1100	110000	88000
无人机 + 计算机视觉	1GW	1100	110440	88352

通过表 12-7 和表 12-8 的比较分析不难看出，“无人机 + 计算机视觉”技术方案要优于 EL 人工检测方式。

12.2.4 模糊综合评价法

1. 原理介绍

模糊综合评价法来源于模糊数学，在实际案例分析中，很多因素存在边界不清、不易定量等问题，因此，利用模糊法对多个因素根据隶属度等级进行综合评估是一种较好的方法。模糊综合评价法通过精确的数字手段处理模糊的评价对象，可对蕴藏信息呈现模糊性的资料做出科学、合理的对比及量化评价。

首先根据项目实际特点，建立客观的评价因素，再对每层级进行权重设计，当权重不明确时，可由最小隶属度加权法求出。单层级评价方法如下：

（1）找出因素集为

$$U=\{U_1, U_2, U_3, \cdots, U_n\} \quad (12\text{–}3)$$

式中：U 为所有评价因素组成的因素集合；U_n 为影响评价优越性的因素子集。

（2）找出评价集为

$$V=(V_1, V_2, V_3, \cdots, V_n) \quad (12\text{–}4)$$

式中：V 为所有评价结语等级集合；V_n 为可能出现的评价结语子集。

（3）设定评估矩阵为

$$R=\begin{bmatrix} r_{11}, r_{12}, \cdots, r_{1n} \\ \cdots \\ \cdots \\ \cdots \\ r_{n1}, r_{n2}, \cdots, r_{nm} \end{bmatrix} \quad (12\text{–}5)$$

式中：R 为模糊综合评价矩阵；r_{nn} 为因素集合中每一个因素的评价隶属度。

（4）确定权重集为

$$A=\{a_1, a_2, a_3, \cdots, a_n\}, \sum_{i=1}^{n} a_i = 1\,(a_i \geqslant 0) \quad (12\text{–}6)$$

其中

$$a_i = \frac{\sum_{j=1}^{m}(g_i - r_{ij})}{\sum_{i=1}^{m}\sum_{j=1}^{m}(g_i - r_{ij})}, g_i = r_{i1} \vee r_{i2} \vee r_{i3} \vee \cdots \vee r_{im} \quad (12\text{–}7)$$

式中：A 为评价权重集合；a_n 为每个评价因素的权重系数；g_i 为第 i 个因素经过合成算法的映射关系权重，$\vee$为 Zadeh 算子。

（5）设定评价矩阵 R 中每个单因素到评语集合的最大隶属度集为

$$g_i = r_{i1} \vee r_{i2} \vee r_{i3} \vee \cdots \vee r_{im}, b_j = \sum_{i=1}^{n} a_i (g_i - r_{ij}) \quad (12\text{–}8)$$

式中：b_j 为第 j 项的评价决策。

则模糊综合评价结果为 $B=\{b_1, b_2, b_3, \cdots, b_m\}$，最后根据最大隶属度原则得出评价结果。

当前很多应用于发电行业的人工智能技术并不能直接产生经济效益，于是在技术经济评价时会存在大量主观行为。如智能化人员管理、虚拟现实建设、系统控制优化等，此时可以采用模糊综合评价法，将模糊的边界条件、不确定性以及主观行为，通过设置隶属度的方式来进行技术经济效益评价，从而科学地量化评价结果。

2. 厂级负荷智能分配案例分析

为了提高电力系统能源利用效率，厂级负荷分配一直以来都是发电企业的一项重要工作。厂级负荷分配主要依据电网调度所需负荷量，结合厂内正在运行的电站机组实时性能状况，分配给各个单元机组，实现调度负荷在电厂内的最优分配。实施过程大致包括以下 3 个方面：① 电厂远程终端控制系统接受由 AGC 系统传来的全厂负荷调度指令；② 将全厂负荷指令传递到电站机组负荷优化分配系统（可在 SIS 系统中实现），根据机组的经济、安全、快速等指标将负荷优化分配计算，之后将负荷分配指令发送到机组 DCS 系统；③ 电站机组 DCS 系统接受负荷指令后，通过协调控制系统完成负荷调节。

通常在计算厂级负荷分配时，数据来源都是基于电站机组的海量运行数据。随着智能电站的建设与普及，AGC 与 DCS 中存储的数据呈指数级增长，传统优化模型和算法难以满足不断增多的数据量和数据维度。与此同时，国家环保政策的不断收紧，电厂环保压力凸显，对计算厂级负荷最优分配时，不仅要保证电站机组能耗状态最优，还要保证机组污染物排放最优。

山西某电厂针对厂内节能、环保多目标的负荷分配，利用人工智能与大数据技术相结合，建立了模糊粗糙集的约简方法，得到负荷与供电煤耗、污染物排放的最简属性关系，减低数据规模，并且建立 PSO-SVM 智能算法负荷优化模型。通过 Hadoop 云计算平台，利用 MapReduce 并行计算框架对人工智能算法实现并行改造，实现了厂内智能负荷分配。该方案在厂内两台 660MW 超临界燃煤发电机组上计算，两台机组负荷变化速率均为 15MW/min。

以采样周期为 1min 提取数据，以供电煤耗、环保性、高效性作为技术经济性指标，通过测试不同供电煤耗及污染物在不同负荷指令下的变化规律，当负荷指令由 700MW 增加至 1000MW 时，可以得到以下技术经济收益评价指标：① 供电煤耗下降 1.21g/kWh；② SO_2 排放浓度下降 3.41mg/m^3；③ NO_x 排放浓度下降 2.97mg/m^3；④ 粉尘排放浓度下降 0.52mg/m^3。

通过上述技术经济评价指标可以看出，智能化厂级负荷分配技术可为电厂带来一定效益，但仍无法充分说明该技术的优越性。为此，采用模糊综合评价分析方法对智能化厂级负荷分配技术的优越性进行评价。

（1）建立因素集合。评判厂级负荷智能分配技术的优越性，考虑 4 个因素构成优越

性的因素集合，即

$$U=\{供电煤耗下降程度(u_1),SO_2排放浓度下降程度(u_2),NO_x排放浓度下降程度(u_3),粉尘排放浓度下降程度(u_4)\} \quad (12-9)$$

（2）建立权重集合。由于因素集合中各个因素对该技术优越性影响程度不一样。因此要考虑权重系数，加入评判人确认权重系数用集合表示，即权重集合为

$$A=(0.5, 0.2, 0.2, 0.1) \quad (12-10)$$

（3）建立评价集合。若评价人对评判对象可能做出各种总的评语为优越性很大、较大、一般、小，则评判集合为

$$V=\{很大(v_1),较大(v_2),一般(v_3),小(v_4)\} \quad (12-11)$$

（4）单因素模糊评判。对因素集合中各个因素的评判，可用专家座谈的主观方式来评定，具体做法是，任意固定一个因素，进行单因素评判，联合所有单因素评判，得到单因素评判矩阵 R。

如果对供电煤耗下降程度（u_1）这个因素评判，若 40% 的认为很大、50% 认为较大、10% 的人认为一般、没有人认为很小，则评判集合为（0.4, 0.5, 0.1, 0）。同理得到其他 3 个因素的评判集，即对 SO_2 排放浓度下降程度（u_2）、NO_x 排放浓度下降程度（u_3）、粉尘排放浓度下降程度（u_4）评判集合分别为（0.5, 0.4, 0.1, 0）、（0.1, 0.3, 0.5, 0.1）、（0, 0.3, 0.5, 0.2）。

于是，可将单因素评判集的隶属度分别为行组成评判矩阵为

$$R=\begin{bmatrix} 0.4 & 0.5 & 0.1 & 0 \\ 0.5 & 0.4 & 0.1 & 0 \\ 0.1 & 0.3 & 0.5 & 0.1 \\ 0 & 0.3 & 0.5 & 0.2 \end{bmatrix} \quad (12-12)$$

（5）模糊综合决策。该项厂级负荷优化智能分配技术优越性综合评判结果为

$$B=AR=(0.5,\ 0.2,\ 0.2,\ 0.1)\begin{bmatrix} 0.4 & 0.5 & 0.1 & 0 \\ 0.5 & 0.4 & 0.1 & 0 \\ 0.1 & 0.3 & 0.5 & 0.1 \\ 0 & 0.3 & 0.5 & 0.2 \end{bmatrix} \quad (12-13)$$

$$B=(0.4, 0.5, 0.2, 0.1) \quad (12-14)$$

进行归一化处理，得$B'=(0.33,\ 0.42,\ 0.17,\ 0.08)$。

上述 5 个因素作为模糊综合评价决策，相当于 33% 的评判人认为方法具有很大的优越性，42% 的人认为具有较大的优越性，17% 的人认为优越性一般，有 8% 的人认为该厂级负荷智能分配优越性很小。

12.3 人工智能技术经济动态评价方法

动态评价方法考虑了资金时间价值，能动态地反映资金运行情况和全面地体现项目在整个生命周期内的经济活动和经济收益，因此能提供比静态分析方法更全面、更科学的方案决策依据。本章将介绍 4 种常用技术经济动态评价方法（动态年值法、现时价值法、内部收益率法、收益成本比值法），并运用这些方法对人工智能技术应用进行技术经济性评价。

12.3.1 动态年值法

1. 原理介绍

动态年值法一般在对比各个方案时，会根据行业基准收益率还有业主想要得到的收益率，用等额序列年值来代表各个方案经济寿命期内的费用，对各个方案的年值进行对比，筛选出最佳方案，这就是动态年值法的计算方式。

项目技术方案所耗总费用涉及年经营费用和初期投资费用。其中的年经营费用支出频率比较高，在项目日常运转的过程中需要投入大量的人力、物力成本，此费用的计算单位是年，包括了修理费、材料费以及机械使用费等各种费用。初期投资费用包括建设过程中产生的费用、购置设备等产生的费用、工程安装过程中产生的费用、预备费以及其他有关的一切费用。动态法的年计算费用计算公式为

$$Z_d=\theta_g CX+S=\frac{i\left(1+i\right)^m}{\left(1+i\right)_t^m}\ C+S \tag{12-15}$$

式中：Z_d 为动态年的经营费用，元 / 年；θ_g 为资金回收系数值；C 为建设期某年情况下年投资折算额，元；X 为投资效果系数值；m 为生产期，年；i 为利率水平；S 为年经营费用，元 / 年。

由于年值法评价过程简明，评价时间尺度长，对技术参数要求相对较低，对于人工智能技术经济性效益评估具有简单、高效、全面的优势，特别适用于中小型规模的人工智能应用技术评价，可以快速了解到技术方案的可行性。但对于长时间影响整个工程项目的人工智能技术来说，则需要大量评价指标，采用年值法容易造成评估结果不准确。

2. 锅炉水冷壁检测机器人案例分析

锅炉水冷壁在运行过程中，其向火侧管壁表面存在大量的积灰、磨损、腐蚀和结渣，使得运行人员需要定期对锅炉水冷壁进行检测及清扫，而目前国内的水冷壁管清扫和检

测工作均由人工完成。常规做法是在停炉检修时，人工在炉内搭脚手架，人工判断水冷壁是否有异常情况，再用手持超声波测厚仪等检测设备对水冷壁进行检测，这样的做法存在如下问题：① 可靠性差，由于传统检测人工判断的不准确以及检测的不全面，容易出现漏检；② 安全性差，人工搭建脚手架增加了事故发生的概率；③ 作业周期长，对于一些大容量的工业锅炉，炉内的全炉膛检测常常需要 5 ~ 7 天时间。

本节以锅炉水冷壁检测机器人为例，应用动态年值法对其技术经济性进行评价。

锅炉水冷壁检测机器人主要的成本包括前期的一次性投入及后期每年的年经营费用。其中，前期一次性投入如表 12–9 所示。

表 12–9 锅炉水冷壁检测机器人投入费用表 万元

一次性投入各项费用名称	费用数值
检测机器人设备费用	20
机器人安装费用	10
预备费及其他相关费用	10
总计	40

利用动态的年计算费用法进行计算，其公式为

$$Z_d = \theta_g CX + S = \frac{i(1+i)^m}{(1+i)^m - 1} \times C + S \quad (12\text{–}16)$$

式中：Z_d 为按动态法计算的年计算费用，万元 / 年；θ_g 为资金回收系数值；C 为检测机器人的运行费用；S 为检测机器人主要运行费用，取平均 10 万元 / 年；i 为利率，取 5.6%；m 为检测机器人使用年限，取 m=15 年。故可得其年计算费用为

$$Z_d = \frac{i(1+i)^m}{(1+i)^m - 1} \times C + S = \frac{5.6\% \times (1+5.6\%)^{15}}{(1+5.6\%)^{15} - 1} \times 40 + 10 = 14.03\ (\text{万元 / 年}) \quad (12\text{–}17)$$

检测机器人带来的技术经济效益包括：

（1）降低停机时间，减少停炉损失，采用智能机器人代替人工检测，1 次水冷壁检测节省检测时间至少 7 天，按照减少停炉时间 2 天计算，2 台 600MW 机组可多发电 5760 万 kWh，每 kWh 电的利润按 0.04 元计，一次水冷壁检测产生的发电收益为 230.4 万元。

（2）提高设备安全性，降低锅炉非停风险。采用机器人代替人检测，可以扩大检测范围和提高准确率，从而降低因漏检、误检而导致的锅炉非停风险，避免机组的非停损

失。按照年多发电 1 天计算，2 台机组可多发电 2880 万 kWh，产生利润约 115.2 万元。

（3）节约检测成本。采用机器人代替人检测，可以减少炉膛升降检修平台的搭设、拆除及相关人工费用，节约成本约 20 万元。

（4）降低检测人员安全风险，保障人员健康。采用机器人代替人检测，可以减少检测人员在高空、粉尘集中环境中的安全风险及工作量，保障人员健康。

锅炉水冷壁检测机器人经济收益如表 12–10 所示。

表 12–10　锅炉水冷壁检测机器人经济收益表　万元 / 年

检测机器人经济收益名称	收益
发电利润	230.4
降低非停风险	115.2
人工成本	20
总计	365.6

利用水冷壁检测机器人，每年的收益为

$$\Delta Z=Z_i-Z_d=365.6-14.03=351.57\text{（万元 / 年）} \quad (12\text{–}18)$$

假设项目生命周期为 15 年，总收益为

$$Z_{all}=\Delta Z\times 15=5273.55\text{（万元）} \quad (12\text{–}19)$$

可以看出，水冷壁检测机器人由于其有效地代替了传统人工的烦琐检测，提高设备安全性的同时，节约了人力成本，在项目生命周期内，收益非常大。

12.3.2 现时价值法

1. 原理介绍

现时价值法是在考虑到资金时间价值的条件下，在投资项目的全生命周期内，计算全部现金流现值的总和。一般包括以下几种现值指标。

（1）净现值，即 NPV，其计算公式为

$$NPV=\sum_{i=0}^{n}(CI-CO)_t(1+i_c)^t \quad (12\text{–}20)$$

式中：CI 为现金流入量，元 / 年；CO 为现金流出量，元 / 年；$(CI-CO)_t$ 为第 t 年之下的现金流量，元；i_c 为基准收益水平。

基于经济角度而言，如果 NPV 为正，除预期收益率外，可以获得更高的回报；当

NPV=0 时，项目刚刚达到预期的回报率；当 $NPV<0$，说明项目没有达到预期的收益水平。简单来说，当 $NPV<0$ 时，项目是不可行的；反之可行。

净现值是一个绝对数指标，表明投资项目的经济绝对贡献，如果净现值为正值，投资在预期收益率下会产生额外盈余，实现投资利益最大化。但净现值法也存在一些明显的缺点，由于指标为绝对值，缺乏不同项目之间的可比性，对多个项目投资方案进行决策时，会倾向高投资和寿命长的方案。由于最低期望收益率（Minimum Attractive Rate of Return, MARR）带有主观因素，且最低期望收益率对净现值计算结果影响较大，选择不当容易影响评价结果的准确性。

（2）费用现值，即 PC。根据基准收益率，用基准年的现值来代表不同方案寿命年限内各年的年成本，再同方案一开始的总投资现值相加起来，具体计算公式为

$$PC=\sum_{i=0}^{n}CO_t\left(P/F,i_c,t\right) \tag{12-21}$$

式中：CO_t 为第 t 年形成的现金流出，元；n 为方案最大寿命，年；P 为现值，元；F 为年金，元；i_c 为基准收益水平。

在比较多个人工智能技术方案时，要是每个方案的产出价值一致、所产生的效果一致、同时能够提供一致的需求，却无法选择货币形式来衡量其效果，这时候就可以选择比较费用现值的最小值，筛选出最佳人工智能技术方案。

特别要注意的是，成本的现值只考虑剩余价值或经营成本的现值，并没有包括一开始的投资效益。在比较多个人工智能技术方案时，如果预期的使用期限相同，那么计算成本的现值比较简单；如果预期的使用期限不同，那么计算过程就比较复杂。

2. 智能发电设备巡检案例分析

发电设备的日常巡检及运维是保证电力系统稳定运行的基础，在第一时间掌握设备的异常状况从而进行预测性维护尤为重要。传统的电厂巡检手段较大程度依靠工作人员的责任心、主观性及工作经验。如果出现巡检质量不高、代巡、漏巡等问题，导致不能及时发现问题，将会给电厂生产管理造成极大干扰。智能巡检是电厂智慧化建设的重要组成部分，可以实现巡检的智能化工作，相比传统的人工巡检具有下几点优势：

（1）解决了工作人员责任心不强，执行不确定性问题。

（2）智能化的巡检模式容易监督及考核评估。

（3）无纸化管理信息的传达及时性好。

（4）可以快速、准确地分析巡检结果，对预测性维护很有意义。

智能巡检系统主要分为智能监测设备和运载设备两部分，其中智能监测设备由传感器、服务器组成。智能巡检系统一次性投入费用如表 12-11 所示。

表 12-11　智能巡检系统一次性投入费用表　万元

一次性投资成本	费用数值
传感器	80
数据分析服务器	80
运载设备	33
设备调试安装费用	5
预备费及其他相关费用	2
总计	200

智能巡检系统的投入使用，减少了电厂的用人成本。如果 1 套智能巡检系统的工作能力等于 6 个巡检人员，投入使用后只需要 1 个巡检人员对系统进行操作与维护即可，相当于减少 5 个巡检工作人员的用人成本。若每个巡检人员用人成本为 13 万元 / 年，则每年由于人员减少带来的收益为 5 × 13=65（万元 / 年）。智能巡检系统使用年限为 10 年，每年运行费用如表 12-12 所示。

表 12-12　智能巡检系统使用年限为 10 年，每年运行费用表　万元 / 年

年运行费用	费用数值
系统运行费用	4
保养维护	1
总计	5

现利用净现值法对智能巡检系统进行技术经济效益评估，具体评估计算如表 12-13 所示。

表 12-13　智能巡检系统净现值计算表　万元

年份	投资额	收益	年成本	现金流	(*P*/*F*,25%,10)	*NPV*(25%)	(*P*/*F*,30%,10)	*NPV*(30%)
0	200			−200	1.0000	−200	1	−200
1		65	5	60	0.8000	48.00	0.7692	46.15
2		65	5	60	0.6400	38.40	0.5917	35.50

续表

年份	投资额	收益	年成本	现金流	(P/F,25%,10)	NPV(25%)	(P/F,30%,10)	NPV(30%)
3		65	5	60	0.5120	30.72	0.4552	27.31
4		65	5	60	0.4096	24.58	0.3501	21.01
5		65	5	60	0.3277	19.66	0.2693	16.16
6		65	5	60	0.2621	15.73	0.2072	12.43
7		65	5	60	0.2097	12.58	0.1594	9.56
8		65	5	60	0.1678	10.07	0.1226	7.36
9		65	5	60	0.1342	8.05	0.0943	5.66
10		65	5	60	0.1074	6.44	0.0725	4.35
总计						14.23		-14.51

根据净现值计算结果可知，当最低期望收益率为 25% 时，*NPV*=14.23 万元，即智能巡检系统在寿命周期内投入使用可以保证 25% 的收益率以外，还可多收益 14.23 万元；当最低期望收益率为 30% 时，*NPV*=-14.51 万元，结果为负，说明智能巡检系统的投入收益小于 30%；如果想取得 30% 的收益率还需要在全生命周期内再增加 94 元的净收益，可使 *NPV*（30%）= 0。所以，对智能巡检系统投入的最低期望收益率大于 30% 时是不合理的。

12.3.3 内部收益率法

1. 原理介绍

内部收益率法（Internal Rate of Return，*IRR*）指项目全生命周期内净现值为零（即现金流入现值等于现金流出现值）时的折现率。内部收益率的经济含义可以理解为，项目在整个寿命期内在抵偿了包括投资在内的全部成本后，每年还平均产生 *IRR* 的经济利益。因为内部收益率可以反映投资项目本身对占用资金的一种恢复能力，所以项目的经济性与 *IRR* 的值成正比关系，*IRR* 值越高，项目经济性越好。

内部收益率的计算公式为

$$IRR = a + \frac{NPV_a}{NPV_b} \times (b - a) \qquad (12\text{-}22)$$

式中：a 和 b 为折现率，$a>b$；NPV_a 为折现率为 a 时，所计算得出的净现值，一定为正数；NPV_b 为折现率为 b 时，所计算得出的净现值，一定为负数。

计算步骤如下：

（1）在计算净现值的基础上，如果净现值是正值，就要采用这个净现值计算中更高的折现率来测算，直到测算的净现值正值近于零。

（2）再继续提高折现率，直到测算出一个净现值为负值。如果负值过大，就降低折现率后再测算到接近于零的负值。

（3）根据接近于零的相邻正、负两个净现值的折现率，用线性插值法求得内部收益率。

内部收益率法的优点是能够把项目寿命期内的收益与其投资总额联系起来，得出这个项目的收益率，便于将它同行业基准投资收益率对比，确定这个项目是否值得投资。但内部收益率表现的是比值，不是绝对值，一个内部收益率较低的方案，可能由于其规模较大而有较大的净现值，因而更值得投资。所以在各个方案选比时，必须将内部收益率与净现值结合起来考虑。

2. 汽轮机高温承压部件状态检测系统案例分析

汽轮机的高温承压部件包括高压和中压阀壳、高压和中压内缸等，由于其工作环境恶劣、常年在高温高压中，加上一般为铸件，在工作较长时间后容易出现裂纹。汽轮机的高温承压部件由于其检测难度系数、更换成本较高，其精准的状态检测一直困扰着电厂的运维人员。

某发电集团研究院研发的汽轮机高温承压部件状态检测系统，利用人工智能技术结合大数据，多传感器可以对高温承压部件的状态进行精准在线检测，包括缺陷状态评估、寿命预测以及检修管理。检测系统在线实时检测高温承压件的裂纹情况，当发生裂纹时，对裂纹深度进行计算。根据不同的裂纹深度比，推荐运行以及检修建议，为汽轮机高温承压部件的状态检修提供了依据。可提前安排大修或者中修来消除汽轮机安全隐患，达到保障机组安全运行的效果。

汽轮机高温承压部件状态检测系统主要包括数据库服务器、人工智能算力服务器、寿命计算服务器、缺陷评估服务器、检修管理服务器及各种传感器等。汽轮机高温承压部件状态检测系统前期投入费用如表 12-14 所示。

表 12-14 汽轮机高温承压部件状态检测系统前期投入费用表 万元

一次性投资成本	费用数值
服务器设备费用	100
检测云平台	93
服务器安装费用	5
预备费及其他相关费用	2
总计	200

汽轮机高温承压部件状态检测系统全寿命周期为 10 年，系统投入后每年会产生相应的运维费用，如表 12-15 所示。

表 12-15 系统年运维费用表 万元 / 年

系统年运维费用	费用数值
系统运行费用	10
保养维护	10
总计	20

在使用汽轮机高温承压部件状态检测系统后，会为发电厂带来的经济收益如下：

（1）电站 1 台 1000MW 机组发生事故的可能性降低 10%，减少非计划停机时间，可增加年发电量 300 万 kWh，若每 kWh 电的净利润为 0.04 元，可获得收益 12 万元 / 年。

（2）通过投运该状态检测系统，可将 1 台 1000MW 机组计划检修调整为状检修，A 修间隔周期预计可从 4 ~ 5 年，延长为 5 ~ 6 年，平均每年可节约检修费用及材料费用约 20 万元。汽轮机高温承压部件状态检测系统年收益表见表 12-16。

表 12-16 汽轮机高温承压部件状态检测系统年收益表 万元 / 年

系统经济收益名称	收益
增加发电量	12
节约维修及材料费用	20
总计	32

现利用内部收益率法对汽轮机高温承压部件状态检测系统投资建设进行动态经济评价，假设该系统投资建设后，运行生命周期为10年，到达年限后无残值。要求该状态检测系统投运10年后最低期望收益率不低于15%。系统内部收益率计算表见表12–17。

表12–17　系统内部收益率计算表　万元

年数	投资	增发电量收益	节约维修费用收益	年总收益	年成本	(P/F,15%,n)	净现金流	NPV(15%)	(P/F,18%,n)	NPV(18%)
0	200	—	—		—	1	–200	–200	1	–200
1		12	20	32	20	0.8696	12	10	0.8475	10
2		24	20	44	20	0.7561	24	18	0.7182	17
3		36	20	56	20	0.675	36	24	0.6086	22
4		48	20	68	20	0.5718	48	27	0.5158	25
5		60	20	80	20	0.4972	60	30	0.4371	26
6		72	20	92	20	0.4323	72	31	0.3704	27
7		84	20	104	20	0.3759	84	32	0.3139	26
8		96	20	116	20	0.3269	96	31	0.226	22
9		108	20	128	20	0.2843	108	31	0.2255	24
10		120	20	140	20	0.2472	120	30	0.1911	23
总计								65		22

根据表12–17可知：

$$IRR = 15\% + \frac{65}{65-22} \times (18\% - 15\%) = 19.5\% \tag{12-23}$$

即 IRR=19.5%＞$MARR$ (15%)，故汽轮机高温承压部件状态检测系统投运10年后最低期望收益率不低于15%方案可行。

12.3.4 收益成本比值法

1. 原理介绍

收益成本比值法简称 B/C 法（Benefit–Cost Rate），指投资项目在整个生命周期内收益的等效值与成本的等效值之比。当 B/C＞1 时，认为投资方案可行。其基本公式为

$$B/C=\frac{\sum_{k=1}^{n}\left[\frac{B_k}{(1+i)^k}\right]}{\sum_{k=1}^{n}\left[\frac{C_k}{(1+i)^k}\right]} \quad (12-24)$$

式中：B_k 为第 k 年的收益现值，元；C_k 为第 k 年的成本现值，元。

收益成本比值法在同一方案的分析中，会因为贴现率不同会得出不同的甚至相反的结论。当贴现率较高的时候，对收益期时间长的方案不利，对早期发挥效益的方案有利。

2. 灰库清理机器人案例分析

火力发电厂灰库是用于存放电厂燃烧后所剩余的粉煤灰及其残渣的场所。在物料存放一段时间后，灰库内的物料容易因为重力的原因被压实，堆积后板结成块，造成下料口下料不畅通，使库料无法正常下料工作，影响电厂正常的生产工作。

目前火力发电厂灰库清理方式为人工清理，不仅带来较高费用，而且清理速度较慢，需要长达一周时间。清洁效率与工作人员熟练度、工作人员状态等因素直接相关，具有不稳定性。若采用灰库清理机器人可以对电厂灰库进行巡逻式清理，不仅可以快速完成清理工作，而且完全不用考虑口罩、护目镜、安全带等保护工具，清理过程十分稳定。

某发电集团二级公司共有 5 个电厂合计 16 台机组，10 个灰库。其中 2 台 1000MW 机组、6 台 600MW 机组、8 台 300MW 机组。公司采用灰库清理机器人代替人工方式对 5 个电厂的灰库进行清理，该项目主要费用分为前期灰库清理机器人投资费用和运行期间每年运维费用，具体费用明细分别如表 12-18 和表 12-19 所示。

表 12-18　单台灰库清理机器人投入费用表　万元

机器人投入成本	费用数值
检测机器人设备费用	15
机器人安装费用	1
预备费及其他相关费用	1
合计	17

表 12-19　单台灰库清理机器人年运维费用表　万元 / 年

机器人年运维费用	费用数值
检测机器人运行费用	1

续表

机器人年运维费用	费用数值
检测机器人维护费用	2
总计	3

采用灰库清理机器人代替人工清洁，可以为公司节约人力成本，5 个电厂平均每年清理灰库节约收益约为 56 万元，如表 12–20 所示。

表 12–20　　10 台灰库清理机器人年节约收益表　　万元 / 年

每年收益	费用数值
2 台 1000MW 机组灰库清理	16
6 台 600MW 机组灰库清理	24
8 台 300MW 机组灰库清理	16
合计	56

现采用收益成本比值法评价灰库清理机器人的技术经济性，假设该公司为旗下 5 个电厂的 10 个灰库配置 10 台灰库清理机器人，每台机器人使用年限为 10 年，残值为 2 万元，要求基准收益率为 8%。具体评价过程如下：

首先，将收益及成本值化为等效年金进行计算，即

$$A=(170-20)(A/P, 8\%, 10)+20\times 8\%=23.95\text{（万元 / 年）} \quad (12\text{–}25)$$

然后，计算每年的总成本，即

$$\begin{aligned}\text{每年总成本} &= \text{每年分摊的投资成本} + \text{运维费用} \\ &=23.95+30=53.95\text{（万元 / 年）}\end{aligned} \quad (12\text{–}26)$$

故

$$B/C=\frac{56}{53.95}=1.04>1.0 \quad (12\text{–}27)$$

B/C 的比值为 1.04，表示收益的等年值比成本的等年值多 4%，故灰库清理机器人的应用方案可行。

本章小结

本文通过人工智能技术实际应用案例进行技术经济性分析，有效评价人工智能技术在发电领域的应用效果。人工智能技术经济静态评价方法主要包括回收年限法、计算费用法、方案分析法和模糊综合评价法；技术经济动态评价方法主要包括动态年值法、现时价值法、内部收益率法和收益成本比值法。对以上所提及的评估方法，从项目规模、投资周期、运行情况等方面进行了详细解读，并与当前人工智能技术应用情况进行了关联性分析，科学地将每种技术经济评价方法应用在人工智能技术中，为发电行业人工智能应用的技术经济性评价提供了科学依据，也为发电行业从业人员提供了技术选择思路。

附录 A

世界人工智能发展简史

1. 1936 年，英国数学家图灵（Alan Mathison Turing）创立图灵机模型。
2. 1943 年，美国神经生理学家麦卡洛克（Warren S. McCulloch）和皮茨（Walter Pits）一起研制出了世界上第一个人工神经网络模型（MP 模型），开创了以仿生学观点和结构化方法模拟人类智能的途径。
3. 1946 年，美国数学家、电子数字计算机的先驱莫克利（John W. Mauchly）等人研制成功世界上第一台通用电子计算机。
4. 1950 年，图灵发表了题为“计算机与智能”（Computing Machinery and Intelligence）的著名论文，明确提出了“机器能思维”的观点。
5. 1956 年，在达特茅斯会议上，年轻数学家麦卡锡（John McCarthy）首次提到“Artificial Intelligence”（AI，人工智能）。

   1956 年，纽厄尔（Allen Newell）、肖（John Cliff Shaw）和西蒙（Herbert Alexander Simon）等人研制出逻辑理论机（Logic Theory Machine，LT）。
6. 1957 年，康纳尔大学罗森布拉特（Frank Rosenblatt）等人研制出感知器（Perceptron）。
7. 1958 年，美国阿拉贡实验室（ANL）推出世界第一个现代实用机器人——仆从机器人。
8. 1959 年，塞缪尔（Arthur Lee Samuel）创造了“Machine Learning”（ML，机器学习）这一术语。

   1959 年，“机器人之父”恩格尔伯格（Joseph F · Engelberger）与德沃尔（George Devol）发明世界上第一台工业机器人 Unimate，意思是“万能自动”。
9. 1960 年，麦卡锡开发出列表处理程序设计语言（List Processing，LISP），成为人工智能程序语言的重要里程碑。

1960 年，纽厄尔和西蒙等人研制成功“通用问题求解程序（General Problem Solver，GPS）”，并首次提出启发式搜索概念。

10. 1961 年，明斯基（Marvin Lee Minsky）发表著名论文 *Steps toward Artificial Intelligence*。

 1961 年，Unimation 公司生产的第一台工业机器人 Unimate 在新泽西州通用汽车公司的组装线上投入使用。

11. 1962 年，塞缪尔研发的人工智能跳棋程序在与当时全美排名第四的盲人跳棋高手的战斗中大获全胜，引发世界关注。

12. 1963 年，盖梯尔（Edmund Gettier）提出著名的盖梯尔悖论，证明柏拉图给出的知识定义存在严重缺陷。

13. 1964 年，所罗门诺夫（Ray Solomonoff）引入通用的贝叶斯推理与预测方法，奠定了人工智能的数学理论基础。

14. 1965 年，约翰·霍普金斯大学应用物理实验室研制出 Beast 机器人，随即兴起研究“有感觉”的机器人。

 1965 年，鲁滨逊（J. Alan Robinson）提出归结（resolution）与合一（unification）算法。

15. 1966 年，麻省理工学院的魏泽鲍姆（Joseph Weizenbaum）发布世界上第一个聊天机器人 ELIZA。

16. 1967 年，最近邻算法（The nearest neighbor algorithm）出现，由此计算机可以进行简单的模式识别。

17. 1968 年，费根鲍姆（Edward Albert Feigenbaum）研制成功 DENDRAL 系统，标志着专家系统的诞生。

18. 1969 年，国际人工智能联合会成立，并举办第一届国际人工智能联合会议（International Joint Conference on Artificial Intelligence，IJCAI）。

19. 1970 年，人工智能第一个国际性期刊 *International Journal of AI*（《人工智能国际杂志》）创刊。

20. 1971 年，世界上第一个国家机器人协会——日本机器人协会（Japanese Robot Association，JARA）成立。

21. 1972 年，斯坦福研究所研发成功世界第一台智能机器人 Shakey。

22. 1973 年，著名数学家莱特希尔（James Lighthill）向英国科学研究委员会提交关于 AI

研究状况的报告，使政府撤回人工智能研发的资助资金。

1973 年，首次国际机器人博览会（International Robot Exhibition，IREX）在日本东京举行。

23. 1974 年，欧洲人工智能学会成立，并召开第一届欧洲人工智能会议（European Conference on Artificial Intelligence，ECAI）。

24. 1975 年，斯坦福大学研制成功基于人工智能的早期模拟决策系统——MYCIN 专家系统，用于诊断细菌感染和推荐抗生素使用方案。

1975 年，悉尼大学罗斯昆（J. Ross Quinlan）提出了决策树 ID3 算法。

25. 1976 年，西蒙和纽厄尔提出“物理符号系统假说”（Physical Symbol System Hypothesis，PSSH），成为符号主义学派的创始人。

26. 1977 年，在第五届国际人工智能联合会议上，费根鲍姆教授提出“Knowledge Engineering”（KE，知识工程）的概念。

27. 1978 年，西蒙因对“经济组织内的决策过程进行的开创性的研究”荣获诺贝尔经济学奖。

28. 1979 年，匹兹堡大学基于人工智能开发出用于医学诊断的机器人，开启了人工智能在医学领域的应用。

29. 1980 年，卡内基 – 梅隆大学为数字设备公司设计出一套具有完整专业知识和经验专家系统——XCON，可理解为“知识库 + 推理机”的组合。

30. 1981 年，斯坦福大学国际人工智能中心杜达（R. D. Duda）等人研制成功地质勘探专家系统 PROSPECTOR。

31. 1982 年，美国物理学家霍普菲尔德（John Hopfeld）提出一种新的全互联型人工神经网络——Hopfield 神经网络模型，成功解决计算复杂度为 NP 完全的“旅行商问题”（Traveling Salesman Problem，TSP）。

32. 1983 年，Kirkpatrick 等人首次将模拟退火算法应用于 NP 完全组合优化问题。

33. 1984 年，杰弗里 · 辛顿（Geoffrey Hinton）等人提出 Boltzmann 神经网络模型，辛顿被称为“神经网络之父”。

34. 1985 年，戴维 · 鲁梅哈特（David E. Rumelhart）等人采用反向传播（Back Propagation，BP）算法，解决了多层人工神经元网络（Multi–Layer Perceptron，MLP）的学习问题。

35. 1986 年，由 David E. Rumelhert 和 James L. McClelland 编写的经典著作 *Parallel Distributed Processing: Explorations in the Microstructures of Cognition* 正式出版。

36. 1987年，国际机器人联盟（International Federation of Robotics，IFR）成立。
37. 1988年L.O.Chua和L.Yang首次提出细胞神经网络（Cellular Neural Network，CNN）模型。
38. 1989年，D. F. Specht博士提出概率神经网络（Probabilistic neural network，PNN）。
    1989年，美国卡内基－梅隆大学Dean Pomerleau研发出ALVINN无人驾驶系统。
39. 1990年，Robert E. Schapire最先构造出一种多项式级的Boosting算法。
40. 1991年，麻省理工学院罗德尼·布鲁克斯（Rodney Brooks）教授研制成功六脚机器虫，并提出一种无需知识、无需推理，可通过进化来实现智能的观点，形成人工智能领域的行为主义学派。
41. 1992年，当时在苹果任职的华人李开复设计开发出具有连续语音识别能力的助理程序“Casper”，这也是Siri最早的原型。
    1992年，弗拉基米尔·万普尼克（Vladimir N. Vapnik）等人通过核方法（Kernel method）首次得到非线性支持向量机（Support Vector Machine，SVM）。
42. 1993年，世界上第一款使用触摸屏的智能手机IBM Simon诞生，它由IBM与BellSouth合作制造，使用Zaurus操作系统。
43. 1994年，加拿大阿尔伯塔大学计算机科学家乔纳森·斯卡费尔（Jonathan Schaeffer）等人开发的奇努克跳棋程序（Chinook Checkers）第一次在竞技游戏中获得官方世界冠军。
44. 1995年，科琳娜·科尔特斯（Corinna Cortes）和弗拉基米尔·万普尼克在*Machine Learning*上发表*Support-vector networks*，提出了软边距的非线性SVM，并将其应用于手写数字识别问题。
45. 1996年，意大利神经生理学家贾科莫·里佐拉蒂（Giacomo Rizzolatti）发现猴脑中的镜像神经元（Mirror Neuron），为神经网络理论奠定了基础。
46. 1997年，IBM研制的超级国际象棋电脑“深蓝”首次战胜人类国际象棋世界冠军加里·卡斯帕罗夫（Garry Kasparov）。
47. 1998年，戴夫·汉普顿（Dave Hampton）和钟少男（Caleb Chung）开发出第一款家庭机器人Furby。
    1998年，“卷积神经网络之父”杨立昆（Yann LeCun）等人提出卷积神经网络LeNet-5模型，并在手写数字识别问题中取得成功。
48. 1999年，索尼公司推出犬型机器人宠物AIBO，当即销售一空。

49. 2000年，本田公司研制出全球最早具备人类双足行走能力的类人型机器人ASIMO。
50. 2001年，由史蒂文·斯皮尔伯格（Steven Allan Spielberg）执导的电影《人工智能》上映。
51. 2002年，美国iRobot公司推出吸尘器机器人Roomba，开创了自主机器人的新时代。
52. 2003年，机器人参与火星探险计划。
53. 2004年，第一届DARPA自动驾驶汽车挑战赛在美国莫哈韦沙漠举行，可惜没有一辆自动驾驶汽车完成全长241.40km的挑战目标。
54. 2005年3月起，美国陆军将在伊拉克战场上首次使用18个名叫“SWORDS”的遥控机器人士兵。
55. 2006年，杰弗里·辛顿提出深度置信网络（Deep Belief Networks，DBN）学习模型，开创了“深度学习”的方向，并提出降维和逐层预训练方法，使得深度学习的实用化成为可能。
56. 2007年1月9日，史蒂夫·乔布斯（Steve Jobs）正式推出第一代iPhone。
57. 2008年，世界上首例机器人切除脑瘤手术成功。
58. 2009年，西北大学智能信息实验室开发出Stats Monkey，该程序可以自动撰写体育新闻而无需人类干预。
59. 2010年，ImageNet大规模视觉识别挑战赛（ILSVCR）举办。
60. 2011年，语音虚拟助理Siri（苹果）、Now（谷歌）和Cortana（微软）应运而生。

    2011年，IBM沃森（Watson）在美国智力问答节目“危险”（Jeopardy）中击败人类选手，并获得一等奖。
61. 2012年，斯坦福大学吴恩达教授与谷歌合作开发成功“Google Cat”。

    2012年，微软利用深度学习技术实现了全自动同声传译。

    2012年，谷歌发布谷歌眼镜（Google Project Glass）。
62. 2013年，谷歌Atlas双足人形机器人初次公开亮相。

    2013年，百度和Facebook分别成立百度深度学习研究院（Institute of Deep Learning，IDL）和Facebook's Artificial Intelligence Research（FAIR），专注于Deep Learning研究。
63. 2014年，聊天程序“尤金·古斯特曼”（Eugene Goostman）成为首台通过“图灵测试”的机器。
64. 2015年，Facebook开源了Torch，谷歌开源了TensorFlow，这些开源框架极大加速了深度学习算法的研究速度。

65. 2016 年 3 月，谷歌 AlphaGo 在围棋赛中战胜李世石，成为第一个击败人类职业围棋选手的计算机程序。

66. 2017 年 5 月，谷歌 AlphaGo 在浙江乌镇以 3：0 完胜柯洁。

    2017 年 10 月，在“未来投资倡议”大会上，美女机器人 Sofia 被授予沙特公民身份。

67. 2018 年 3 月，一辆 Uber 无人驾驶测试车在亚利桑那州坦佩市路上首次卷入致命交通事故。

    2018 年 10 月，新版 Atlas 机器人实现左右脚交替三连跳 40cm 台阶。

    2018 年 11 月，英伟达宣布首款自动驾驶芯片 Xaiver 正式投入生产。

68. 2019 年 5 月，旧金山成为全球第一个出台人脸识别禁令的城市。

中国人工智能发展简史

1. 1978 年 3 月，吴文俊提出的“几何定理机器证明”获得 1978 年全国科学大会重大科技成果奖，意味着人工智能在中国开始酝酿发展。

   1978 年，中国自动化学会年会报告了光学文字识别系统、手写体数字识别、生物控制论和模糊集合等人工智能研究成果。

2. 1979 年，我国第一个中医专家系统——关幼波诊疗肝病计算机程序问世。

3. 1981 年，中国人工智能学会（Chinese Association for Artificial Intelligence，CAAI）在长沙成立，著名数学家秦元勋当选第一任理事长。

4. 1982 年，我国首份人工智能学术刊物《人工智能学报》在长沙创刊。

5. 1984 年，邓小平指示“计算机普及要从娃娃抓起”，中国人工智能的研究迎来曙光。

6. 1985 年，工业机器人被列入国家“七五”科技攻关计划研究重点。

   1985 年，上海交通大学机器人研究所自主研制成功我国第一台 6 自由度关节机器人——“上海一号”弧焊机器人。

   1985 年 10 月，中国科学院合肥智能机械研究所熊范纶建成“砂姜黑土小麦施肥专家咨询系统”。

7. 1986 年，华中理工大学研制出链传动设计专家系统软件和初步完成汽轮机总体方案设计专家系统。

8. 1987 年 7 月，我国首部具有自主知识产权的人工智能专著《人工智能及其应用》在清华大学出版社公开出版。

9. 1989 年首次召开了中国人工智能联合会议（CJCAI）。

   1989 年，《模式识别与人工智能》杂志创刊。

10. 1992年，北京理工大学、国防科技大学等5家单位联合研制成功我国第一辆无人驾驶汽车——ATB-1（Autonomous Test Bed -1）无人车，行驶速度达到21km/h。
11. 1993年，智能控制和智能自动化等项目列入国家科技攀登计划。
12. 1997年6月18日，我国6000m无缆水下机器人试验应用成功。
13. 2000年11月29日，我国独立研制的第一台类人型机器人“先行者”在国防科技大学首次亮相。
14. 2003年，清华大学研制成功THMR-V（Tsinghua Mobile Robot-V）型无人驾驶车辆，最高车速超过100km/h。

    2003年7月，红旗无人驾驶车辆完成封闭环境高速公路试验，最高车速达到130km/h。
15. 2005年，中国科学院沈阳自动化所研制出一台能够在纳米尺度上操作的机器人系统样机。

    2005年12月22日，北京海军总医院通过互联网遥控机器人，进行了世界首例脑外科手术——互联网遥控机器人“开颅”手术。
16. 2006年8月，中国人工智能学会联合其他学会和有关部门在北京举办了“庆祝人工智能学科诞生50周年”大型庆祝活动。

    2006年，我国第3份人工智能学术刊物《智能系统学报》创刊。
17. 2008年7月4日，北京人工智能学会正式成立。阮晓钢教授当选第一任理事长。
18. 2009年，中国人工智能学会牵头组织，向国家学位委员会和教育部提出设置“智能科学与技术”学位授权一级学科的建议。
19. 2010年，科大讯飞发布开放云平台，免费向开发者提供语音合成、语音识别、语音唤醒、语义理解等智能服务。

    2010年，我国自主研发出能够识别中文地址的新一代信函分拣机。

    2010年，在虹膜识别专业测评竞赛中，谭铁牛团队提交的算法蝉联赛事冠军。
20. 2011年，“吴文俊人工智能科学技术奖”经国家科学技术委员会批准设立，被誉为“中国人工智能科技最高奖”。
21. 2012年，华为成立诺亚方舟实验室，并研发出神经应答机。
22. 2013年，百度成立专注于Deep Learning的研究院，并命名为Institute of Deep Learning（IDL，百度深度学习研究院）。
23. 2014年，在中国第116届广交会会展中心上，机器人“旺宝”（BENEBOT）热情招呼访客，使消费者迅速了解商品信息。

24. 2015年5月，《中国制造2025》中首次提及智能制造。

2015年7月24日，阿里巴巴推出智能客服机器人“阿里小蜜”，致力于成为会员的购物私人助理。

2015年7月26日，《中国人工智能白皮书》正式发布。

2015年11月23日，第一届世界机器人大会在北京国家会议中心举行。

2015年12月，浙江大学与杭州电子科技大学合作研制成功我国首款类脑芯片“达尔文”。

25. 2016年8月9日，阿里云在云栖大会·北京峰会上宣布推出人工智能ET（人工智能系统）。

2016年9月13日，浙江省高级人民法院宣布上线智能语音识别系统。

2016年10月18日，在北京国家会议中心举办第一届世界人工智能大会。

26. 2017年3月5日，在十二届全国人大五次会议上，“人工智能”首次被写入政府工作报告。

2017年3月29日，阿里云在云栖大会·深圳峰会上宣布推出ET医疗大脑和ET工业大脑，同时发布机器学习平台PAI2.0。

2017年3月30日，百度DuerOS智慧芯片正式发布。

2017年4月19日，百度宣布推出Apollo（阿波罗）计划，旨在向汽车行业及自动驾驶领域的合作伙伴提供一个开放、完整、安全的软件平台。

2017年6月13日，在中国互联网公益峰会上，腾讯优图正式发布“优图天眼寻人解决方案”。

2017年7月20日，国务院发布了《新一代人工智能发展规划》（国发〔2017〕35号）。

2017年8月3日，腾讯正式发布首款将人工智能技术运用在医学领域的AI产品“腾讯觅影”。

2017年9月2日，华为在柏林公布最新的麒麟970芯片，是国人首款自主研发的10nm手机SoC。

2017年10月11日，在杭州·云栖大会上，阿里巴巴正式宣布成立达摩院，用于基础科学和颠覆式技术创新研究。

2017年12月2日，深圳无人驾驶公交车正式上线运营。

2017 年 12 月 10 日，百度无人驾驶车国内首次实现城市、环路及高速道路混合路况下的全自动驾驶，最高速度达到 100km/h。

2017 年 12 月 29 日，杭州“城市大脑”综合版在云栖小镇上线。

2017 年，阿里、百度、京东、小米等企业纷纷涉水智能音箱市场。智能音箱被视为智能家居入口和家庭人工智能交互的切入点。

27. 2018 年 1 月 18 日，《人工智能标准化白皮书（2018 版）》正式发布，全面推进人工智能标准化工作。

2018 年 5 月 3 日，中国科学院发布国内首款云端人工智能芯片，理论峰值速度达每秒 128 万亿次定点运算。

2018 年 6 月 7 日，在云栖大会・上海峰会上，阿里云正式推出“ET 农业大脑”。

2018 年 6 月 21 日，腾讯发布国内首个 AI 辅诊开放平台，辅助医生提升对常见疾病的诊断准确率和效率。

2018 年 11 月 7 日，在第五届世界互联网大会上，全球首个“AI 合成主播”正式亮相。

2018 年 11 月 8 日，在第三届华为欧洲生态大会（Huawei Eco-connect Europe）上，华为发布了面向智能终端的人工智能 HiAI2.0 平台。

2018 年 11 月 22 日，在“伟大的变革——庆祝改革开放 40 周年大型展览”上，第三代国产骨科手术机器人“天玑”模拟做手术。

28. 2019 年 3 月，人工智能专业被列入新增审批本科专业名单，全国共有 35 所高校获首批建设资格，专业代码为 080717T，学位授予门类为工学。

2019 年 4 月 22 日，百度无人驾驶巴士“阿波龙”在首届数字中国建设峰会首次面对公众开放试乘。

2019 年 7 月 8 日，来自中国的火神队斩获 RoboCup2019（机器人世界杯）奖杯。

2019 年 8 月 9 日，华为正式发布全新的基于微内核的面向全场景的分布式操作系统——鸿蒙 OS（Harmony OS）。

2019 年 8 月，我国科学家研制成功面向人工通用智能的新型类脑计算芯片——“天机芯”芯片，成功在清华大学无人驾驶自行车上进行了实验。

主要符号表

符号	名称
x	标量
$\boldsymbol{x}$	向量
$\mathbf{I}$	单位矩阵
D, A	数据集
$\bar{\cdot}$	求均值运算符号
$\hat{\cdot}$	估算符号
$\sum \cdot$	求和运算符号
$\boldsymbol{\Delta} \cdot$	求差运算符号
$\lvert \cdot \rvert$	绝对值运算符号
$\prod \cdot$	连续乘积运算符号
$\mathrm{tr}\,(\cdot)$	矩阵求迹运算符号
$\exp\,(\cdot)$	以自然常数 e 为底的指数函数
$\tanh\,(\cdot)$	双曲正切函数
$\mathrm{argmin}\, f(\cdot)$	使函数 $f(\cdot)$ 达到最小值时的变量 · 的所有取值
$\mathrm{argmax}\, f(\cdot)$	使函数 $f(\cdot)$ 达到最大值时的变量 · 的所有取值
$h^{*}(x)$	贝叶斯最优分类器
$R(h^{*})$	贝叶斯风险
$(\cdot, \cdot, \cdot)$	行向量

续表

符号	名称
$(\cdot;\cdot;\cdot)$	列向量
$(\cdot)^{T}$	向量或矩阵转置
$[\cdot]$	矩阵运算符号
$\{\cdots\}$	集合
$\|\{\cdots\}\|$	集合$\{\cdots\}$中元素个数
$\|\cdot\|_p$	L_p 范数，p 缺省时为 L_2 范数
$P(\cdot)$，$P(\cdot\|\cdot)$	概率质量函数，条件概率质量函数
$R(\cdot\|\cdot)$	条件风险损失函数
$p(\cdot)$, $p(\cdot\|\cdot)$	概率密度函数，条件概率密度函数
$E_{\cdot\sim D}(f(\cdot))$	函数 $f(\cdot)$ 对 · 在 D 分布下的数学期望，意义明确时将省略 D
Rand ( )	随机函数，产生 [0, 1] 范围内的随机数
$sign(\cdot)$	符号函数，在 $\cdot<0$, $\cdot=0$, $\cdot>0$ 时分别取值为 −1，0，1
s.t	约束条件
$.\vee.$	合成算法，其中∨表示 Zadeh 算子
$(P/F, i, n)$	复利现值运算法则

参考文献

[1] Blitzer J, Mcdonald R, Pereira F. Domain adaptation with structural correspondence learning[C]//Sydney: Proceedings of the 2006 Conference on Empirical Methods in Natural Language Processing (EMNLP 2006), 2006: 120–128.

[2] Breiman L, Friedman J H, Olshen R A, et al. Classification and regression trees[J]. Chapman & Hall/CRC, Boca Raton, FL, 1984, 40(3): 874.

[3] Dong X, Xiong G, Hou J. Chapter 14 – Construction of artificial grid power systems based on ACP approach[J]. Service Science, Management, and Engineering, 2012: 285–304.

[4] Folleso K. The integrated surveillance and control system ISACS–an advanced control room prototype[C]// Tokyo: International Conference on Design and Safety of Advanced Nuclear Power Plants, 1992: 42–49.

[5] Follesø K, Volden F S. Test and evaluation program for a prototype of an advanced computerized control room for nuclear power plants[J]. Verification and Validation of Complex Systems: Human Factors Issues, 1993: 543–552.

[6] Géron A. 王静源，贾玮，边蕤，等，译．机器学习实战：基于 Scikit–Learn 和 TensorFlow[M]. 北京：机械工业出版社，2018.

[7] Goodfellow I, Bengio Y, Courville A. 赵申剑，黎彧君，符天凡，等，译．深度学习 [M]. 北京：人民邮电出版社，2017.

[8] Hinton G E, Osindero S, Teh Y W. A fast learning algorithm for deep belief nets[J]. Neural Computation, 2006, 18(7): 1527–1554.

[9] Jardine A K S, Lin D, Banjevic D. A review on machinery diagnostics and prognostics

implementing condition-based maintenance[J]. Mechanical Systems and Signal Processing, 2006, 20(7): 1483–1510.

[10] Jean A, Francois C, Jean P G. KSE: A real-time expert system to diagnose nuclear power plant failures[J]. Transactions on Nuclear Science, 1991, 38(4): 70–76.

[11] Jokar P, Arianpoo N, Leung V C M . Electricity theft detection in AMI using customers' consumption patterns[J]. IEEE Transactions on Smart Grid, 2016, 7(1): 216–226.

[12] Kim H, Yoon W C, Choi S. Aiding fault diagnosis under symptom masking in dynamic systems[J]. Ergonomics, 1999, 42(11): 1472–1481.

[13] Khan J, Arsalan M H. Solar power technologies for sustainable electricity generation - A review[J]. Renewable & Sustainable Energy Reviews, 2016, 55: 414–425.

[14] LeCun Y, Bengio Y, Hinton G. Deep learning[J]. Nature, 2015, 521(7553): 436–444.

[15] Lecun Y, Boser B, Denker J S, et al. Backpropagation applied to handwritten zip code recognition[J]. Neural Computation, 1989, 1(4): 541–551.

[16] Lecun Y, Bottou L, Bengio Y, et al. Gradient-based learning applied to document recognition[J]. Proceedings of the IEEE, 1998, 86(11): 2278–2324.

[17] Ma H, Saha T K, Ekanayake C. Statistical learning techniques and their applications for condition assessment of power transformer[J]. IEEE Transactions on Dielectrics & Electrical Insulation, 2012, 19(2):481–489.

[18] Ma J, Jiang J. Applications of fault detection and diagnosis methods in nuclear power plants: A review[J]. Progress in Nuclear Energy, 2011, 53(3): 255–266.

[19] Majidpour M, Qiu C, Chu P, et al. Fast prediction for sparse time series: demand forecast of EV charging stations for cell phone applications[J]. IEEE Transactions on Industrial Informatics, 2015, 11(1):242–250.

[20] Marr D. Vision: A computational investigation into the human representation and processing of visual information [M]. New York: W. H. Freeman and Company, 1982.

[21] Mcculloch W S, Pitts W. A logical calculus of the ideas immanent in nervous activity[J]. The bulletin of mathematical biophysics, 1943, 5(4): 115–133.

[22] Mohamed A, Dahl G, Hinton G. Deep belief networks for phone recognition[J]. Scholarpedia, 2009, 4(5): 1–9.

[23] Quinlan J R. Induction of decision trees[J]. Machine Learning, 1986, 1(1): 81–106.

[24] Quinlan J R. C4.5: Programs for machine learning[M]. San Francisco: Morgan Kaufmann, 1993.

[25] Reifman J, Graham G E, Wei T Y C. Flexible Human Machine Interface for Process Diagnostic[C]//Pennsylvania: Proceedings NPIC&HMIT, 1996: 1437–1444.

[26] Reifman J, Wei T Y C. PRODIAG: A process-independent transient dagnostic system—II: validation tests[J]. Nuclear Science & Engineering: the Journal of the American Nuclear Society, 1999, 131(3):348–369.

[27] Roverso D. Fault diagnosis with the Aladdin transient classifier[J]. Proceedings of SPIE–the International Society for Optical Engineering, 2003, 5107:162–172.

[28] Sajjadi S, Shamshirband S, Alizamir M, et al. Extreme learning machine for prediction of heat load in district heating systems[J]. Energy and Buildings, 2016, 122: 222–227.

[29] Scholkopf B, Sung K K, Burges C J C, et al. Comparing support vector machines with Gaussian kernels to radial basis function classifiers[J]. IEEE Transactions on Signal Processing, 1997, 45(11):2758–2765.

[30] Sun Q, Wang D, Ma D, et al. Multi-objective energy management for we-energy in energy internet using reinforcement learning[C]//Honolulu: IEEE Symposium Series on Computational Intelligence, 2017: 1630–1635.

[31] Thopson J W, Dai H, Lina J M. Development of an integrated remote monitoring and diagnostic system for application at a nuclear generating station[C]//Proceedings of the Topical Meeting on Nuclear Plant Instrumentation, Control, and Man-Machine Interface Technologies, 1993:553–560.

[32] Toth K. 赵俐，译 . 人工智能时代 [M]. 北京：人民邮电出版社 , 2017.

[33] Pan S J, Yang Q. A Survey on Transfer Learning[J]. IEEE Transactions on Knowledge & Data Engineering, 2010, 22(10):1345–1359.

[34] Vapnik V N. Statistical learning theory[M]. Wiley-Interscience, 1998.

[35] Vapnik V N. 张学工，译 . 统计学习理论的本质 [M]. 北京：清华大学出版社 , 2000.

[36] Wach D, Bast W. On-line condition monitoring of large rotating machinery in NPPs[C]//Proceedings NPIC&HMIT, 1996: 1313–1320.

[37] Yang Y O, Chang S H. A diagnostic expert system for the nuclear power plant based on the hybrid knowledge approach[J]. IEEE Transactions on Nuclear Science, 1989, 36(6): 2450–

2458.

[38] Yu D, Ddeng L. Deep learning and its applications to signal and information processing[J]. IEEE Signal Processing Magazine, 2011, 28(1): 145–154.

[39] Zeiler M D, Fergus R. Visualizing and understanding convolutional networks[C]//Zurich: ECCV 2014, Part I, LNCS 8689: 818–833.

[40] Zhang S, Li X, Zong M, et al. Learning k for kNN classification[J]. ACM Transactions on Intelligent Systems and Technology, 2017, 8(3): 1–19.

[41] Zhao Ke. An integrated approach to performance monitoringand fault diagnosis of nuclear power systems[D]. Knoxiville: The University of Tennessee, 2005.

[42] Zhou R, Chan A H S. Using a fuzzy comprehensive evaluation method to determine product usability: A proposed theoretical framework[J]. Work, 2016, 56(1):9–19.

[43] Zio E, Gola G. Neuro–fuzzy pattern classification for fault diagnosis in nuclear components[J]. Annals of Nuclear Energy, 2006, 33(5): 415–426.

[44] 安连锁，沈国清，郭金鹏，等．声学技术在电厂设备状态监测中的应用研究 [J]. 中国电力，2007, 40(1): 60–65.

[45] 鲍友革，黄宗碧，姬晓辉．基于强人工智能的水电厂智能巡检机器人研究与应用 [J]. 水电与抽水蓄能，2019, 5(1):39–43.

[46] 边肇祺，张学工．模式识别 [M]. 2 版．北京：清华大学出版社，2000.

[47] 蔡跃洲，陈楠．新技术革命下人工智能与高质量增长、高质量就业 [J]. 数量经济技术经济研究，2019, 36(5): 3–22.

[48] 蔡自兴．中国人工智能 40 年 [J]. 科技导报，2016, 34(15): 12–32.

[49] 蔡自兴，王勇．智能系统原理、算法与应用 [M]. 北京：机械工业出版社，2017.

[50] 常海．基于声发射的风电塔筒缺陷诊断监测技术研究 [D]. 兰州：兰州理工大学，2017.

[51] 陈德平．两类技术经济分析方法经济评价准则的比较 [J]. 数量经济技术经济研究，1998, 20(8): 46–49.

[52] 陈建忠，褚孝国，赵霞，等．燃煤电站输煤廊道机器人自动巡检系统技术开发与应用 [J]. 热力发电，2019, 48(9): 145–150.

[53] 陈伟．基于 GPS 和自包含传感器的行人室内外无缝定位算法研究 [D]. 合肥：中国科学技术大学，2010.

[54] 陈维维 . 多元智能视域中的人工智能技术发展及教育应用 [J]. 电化教育研究 , 2018, 39(7): 12–19.

[55] 陈先昌 . 基于卷积神经网络的深度学习算法与应用研究 [D]. 杭州 : 浙江工商大学 , 2013.

[56] 陈允鹏 , 黄晓莉 , 杜忠明 , 等 . 能源转型与智能电网 [M]. 北京 : 中国电力出版社 , 2017.

[57] 陈中 , 车松阳 . 基于云变换的光伏出力预测模型 [J]. 太阳能学报 , 2019, 40(11): 3054–3061.

[58] 程乐峰 , 余涛 , 张孝顺 , 等 . 机器学习在能源与电力系统领域的应用和展望 [J]. 电力系统自动化 , 2019, 43(1): 21–49.

[59] 程温鸣 . 基于专业监测的三峡库区蓄水后滑坡变形机理与预警判据研究 [D]. 武汉 : 中国地质大学 , 2014.

[60] 丛伟伦 . 基于机器学习算法的光伏电站故障诊断研究 [D]. 成都 : 电子科技大学 ,2019.

[61] 崔伟东 , 李志华 , 李星 . 支持向量机研究 [J]. 计算机科学与工程 , 2001, 27(1): 58–61.

[62] 崔喜艳 . 考虑径流预报不确定性的三峡水库非汛期优化调度研究 [D]. 天津 : 天津大学 , 2018.

[63] 戴礼荣 , 张仕良 , 黄智颖 . 基于深度学习的语音识别技术现状与展望 [J]. 数据采集与处理 , 2017, 32(2): 221–231.

[64] 戴驱 , 刀亚娟 , 吴威 . 大数据时代智能水电站建设思路 [J]. 水电站机电技术 , 2018, 41(11):86–88.

[65] 戴彦 , 王刘旺 , 李媛 , 等 . 新一代人工智能在智能电网中的应用研究综述 [J]. 电力建设 , 2018, 39(10):1–18.

[66] 董虎胜 . 主成分分析与线性判别分析两种数据降维算法的对比研究 [J]. 现代计算机 (专业版) , 2016(29): 36–40.

[67] 董明 . 基于组合决策树的油浸式电力变压器故障诊断 [J]. 中国电机工程学报 , 2005, 25(16): 35–41.

[68] 杜传忠 , 胡俊 , 陈维宣 . 我国新一代人工智能产业发展模式与对策 [J]. 经济纵横 , 2018(4): 41–47.

[69] 段海滨 , 王道波 , 黄向华 , 等 . 基于蚁群算法的 PID 参数优化 [J]. 武汉大学学报 (工

学版）, 2004, 37(5): 97–100.

[70] 段海滨，王道波，朱家强，等 . 蚁群算法理论及应用研究的进展 [J]. 控制与决策，2004, 19(12): 1321–1326, 1340.

[71] 方丹 . 基于综合效益指数的火电厂经济性分析 [D]. 保定：华北电力大学，2011.

[72] 方修睦，杨大易，周志刚，等 . 智慧供热的内涵及目标 [J]. 煤气与热力，2019, 39(7): 1–7,41.

[73] 封帅，周亦奇 . 人工智能时代国家战略行为的模式变迁——走向数据与算法的竞争 [J]. 国际展望，2018, 10(4): 38–63, 157–158.

[74] 傅家骥 . 工业技术经济学 [M]. 3 版 . 北京 . 清华大学出版社，2008.

[75] 高剑 . 直驱永磁风力发电机设计关键技术及应用研究 [D]. 长沙：湖南大学，2018.

[76] 高明，吉祥，刘宇，等 . ZigBee 技术在室内定位中的应用 [J]. 西安工业大学学报，2010, 30(1): 9–12.

[77] 高思琪，孙建平 . UWB 定位技术的应用研究 [J]. 仪器仪表用户，2019, 26(3): 77–82.

[78] 高停 . 管理体系认证对企业发展的作用评价研究 [D]. 北京：北京交通大学，2015.

[79] 高新稳 . 梯级水电站群长中短期多目标优化调度及系统设计研究 [D]. 武汉：华中科技大学，2018.

[80] 龚和，陈涛，张伟康，等 . 预测控制技术在 600MW 机组汽温自动控制中的应用 [J]. 能源研究与利用，2010(5): 29–33.

[81] 国家发展改革委 . 国家发展改革委关于印发《可再生能源发展“十三五”规划》的通知 [EB/OL]. http://www.nea.gov.cn/2016-12/19/c_135916140.htm, 2016–12–19.

[82] 国家能源局 . 国家能源局关于印发《太阳能发展“十三五”规划》的通知 [EB/OL]. http://zfxxgk.nea.gov.cn/auto87/201612/t20161216_2358.htm, 2016–12–08.

[83] 国家能源局 . 水电发展“十三五”规划（2016–2020 年）[EB/OL]. http://www.nea.gov.cn/2016-11/29/c_135867663.htm, 2016–11–29.

[84] 郭敬东，陈彬，王仁书，等 . 基于 YOLO 的无人机电力线路杆塔巡检图像实时检测 [J]. 中国电力，2019, 52(7): 17–23.

[85] 郭丽丽，丁世飞 . 深度学习研究进展 [J]. 计算机科学，2015, 42(5): 28–33.

[86] 郭天翼，彭敏，伊穆兰，等 . 自然语言处理领域中的自动问答研究进展 [J]. 武汉大学学报（理学版），2019, 65(5): 417–426.

[87] 国务院 . 国务院关于印发新一代人工智能发展规划的通知 [EB/OL]. http://www.gov.

cn/zhengce/content/2017-07/20/content_5211996.htm, 2017-7-8.

[88] 郭宪，方勇纯．深入浅出：强化学习原理入门 [M]. 北京：电子工业出版社，2018.

[89] 郭秀峰．基于信息化的智慧热网系统应用分析 [J]. 智能建筑与智慧城市，2018(11): 119-120.

[90] 郭颖，吕剑虹，张铁军．热力过程控制系统多目标优化及其在机炉协调控制中的应用研究 [J]. 热力发电，2008, 37(2): 35-42.

[91] 谷奕龙．基于决策树的电力系统电压稳定性评估的研究 [D]. 大庆：东北石油大学，2016.

[92] 韩丽霞．自然启发的优化算法及其应用研究 [D]. 西安：西安电子科技大学，2009.

[93] 韩璞，等．智能控制理论及应用 [M]. 北京：中国电力出版社，2013.

[94] 韩伟，吴艳兰，任福．基于全连接和 LSTM 神经网络的空气污染物预测 [J]. 地理信息世界，2018, 25(3): 34-40.

[95] 韩钊，袁建娟，孙春华，等．基于信息化的智慧热网系统应用分析 [J]. 区域供热，2018(2): 24-30.

[96] 郝月娇．风电塔筒清洁机器人的结构设计与分析 [D]. 兰州：兰州理工大学，2019.

[97] 何强．基于线性判别分析的人脸识别技术研究 [D]. 重庆：重庆邮电大学，2017.

[98] 胡艺耀．水电机组运行事件智能诊断系统的设计与实现 [D]. 成都：西南石油大学，2018.

[99] 华志刚．先进控制方法在电厂热工过程控制中的研究与应用 [D]. 南京：东南大学，2006.

[100] 华志刚，郭荣，汪勇．燃煤智能发电的关键技术 [J]. 中国电力，2018, 51(10): 8-16.

[101] 华志刚，胡光宇，吴志功，等．基于先进控制技术的机组优化控制系统 [J]. 中国电力，2013, 46(6): 10-15, 21.

[102] 华志刚，吕剑虹，张铁军．状态变量 - 预测控制技术在 600MW 机组再热汽温控制中的研究与应用 [J]. 中国电机工程学报，2005, 25(12): 103-107.

[103] 黄蓓蓓．改革与创新：斯坦福大学人工智能人才培养的特征分析 [J]. 电化教育研究，2020, 41(2): 122-128.

[104] 黄道姗．基于设备全寿命周期的配电系统可靠性评估方法 [J]. 电力科学与技术学报，2016, 31(2): 72-78.

[105] 黄微，刘熠，孙悦．多媒体网络舆情语义识别的关键技术分析 [J]. 情报理论与实践，

2019, 42(1): 134–140.

[106] 黄欣荣 . 新一代人工智能研究的回顾与展望 [J]. 新疆师范大学学报（哲学社会科学版）, 2019, 40(4): 86–97.

[107] 黄予春 , 曹成涛 , 顾海 . 基于 IKFCM 与多模态 SSO 优化 SVR 的光伏发电短期预测 [J]. 电力系统保护与控制 , 2018, 46(24): 96–103.

[108] 贾春霖，李晨 . 技术经济学 [M]. 4 版 . 长沙 : 中南大学出版社 , 2011.

[109] 贾鹏鹏 . 多元统计分析在企业经济效益评价中的应用 [J]. 企业研究 , 2014(14): 4–4.

[110] 贾希存 , 吴礼云 , 汪明宇 . 智慧电厂建设探讨 [J]. 冶金动力 , 2019, 234(8): 44–46, 68.

[111] 蒋雄杰 , 沙万里 , 芮杰 , 等 . 智慧电厂挂轨机器人巡检管理系统的开发与应用 [J]. 自动化与仪器仪表 , 2018(9):153–155.

[112] 江秀臣 , 盛戈皞 . 电力设备状态大数据分析的研究和应用 [J]. 高电压技术 , 2018, 44(4): 1041–1050.

[113] 赖菲 , 陈亚鹏 , 单正涛 , 等 . 深度学习算法在光伏电站无人机智能运维中应用 [J]. 热力发电 , 2019, 48(9): 139–144.

[114] 朗为民 . 射频识别技术原理与应用 [M]. 北京 : 机械工业出版社 , 2006.

[115] 雷明 . 机器学习与应用 [M]. 北京 : 清华大学出版社 , 2019.

[116] 李保健 . 水电站群中长期径流预报及发电优化调度的智能方法应用研究 [D]. 大连 : 大连理工大学 , 2015.

[117] 李德毅 . 人工智能导论 [M]. 北京 : 中国科学技术出版社 , 2018.

[118] 李冬梅 . 重大危险源分析、辨识与危险性评估的研究 [D]. 天津 : 天津理工大学 , 2008.

[119] 李立伟 . 面向全生命周期管理的电站远程诊断运维信息系统设计 [D]. 上海 : 上海交通大学 , 2017.

[120] 李雷 . 基于人工智能机器学习的文字识别方法研究 [D]. 成都 : 电子科技大学 , 2013.

[121] 李林 , 周大为 . 面向电力市场竞价的燃煤电厂实时发电成本计算模型 [J]. 湖北电力 , 2017, 41(12): 37–40, 44.

[122] 李明 , 王燕 , 年福忠 . 智能信息处理与应用 [M]. 北京 : 电子工业出版社 , 2010.

[123] 李奇倚 , 王磊 . 基于决策树和模型树的作业工时估计方法 [J]. 计算机集成制造系统 , 2018, 24(2): 309–320.

[124] 李士勇 . 蚁群优化算法及其应用研究进展 [J]. 计算机测量与控制 , 2003, 11(12): 911–

913, 917.

[125] 李心愉 . 净现值法和内部收益率法的比较法分析 [J]. 数量经济技术经济研究 , 1998(12): 33–36.

[126] 李哲 , 李娟 , 李章杰 , 等 . 日本人工智能战略及人才培养模式研究 [J]. 现代教育技术 , 2019, 29(12): 21–27.

[127] 李志华 , 吴晨佳 , 江德 , 等 . 基于量化状态系统的柔性关节机器人动力学求解方法 [J]. 机械工程学报 , 2020, 56(3): 121–129.

[128] 李忠民 , 王仁宝 , 夏立宁 . 增量分析法在电力技术方案比选中的应用 [J]. 科技风 , 2013(11):88–89.

[129] 李舟军 , 范宇 , 吴贤杰 . 面向自然语言处理的预训练技术研究综述 [J]. 计算机科学 , 2020: 47(3): 162–173.

[130] 刘炳含 . 基于大数据技术的电站机组节能优化研究 [D]. 北京 : 华北电力大学 , 2019.

[131] 刘辉 , 康文彦 . 国内深度学习研究的知识图谱——基于 381 篇中文核心期刊论文的可视化分析 [J]. 教育理论与实践 , 2020, 40(1): 50–55.

[132] 柳回春 , 马树元 . 支持向量机的研究现状 [J]. 中国图像图形学报 , 2002, 7(6): 618–623.

[133] 刘江华 , 程君实 , 陈佳品 . 支持向量机训练算法综述 [J]. 信息与控制 , 2002, 31(1): 45–50.

[134] 刘建伟 , 刘媛 , 罗雄麟 . 深度学习研究进展 [J]. 计算机应用研究 , 2014, 31(7): 1921–1930, 1942.

[135] 刘景良 . 安全管理 [M]. 北京 : 化学工业出版社 , 2008.

[136] 刘吉臻 , 胡勇 , 曾德良 , 夏明 , 崔青汝 . 智能发电厂的架构及特征 [J]. 中国电机工程学报 , 2017, 37(22): 6463–6470.

[137] 刘骏锋 . 基于实测数据的综合能源系统综合评价 [D]. 北京 : 北京交通大学 , 2019.

[138] 刘明伟 , 刘太君 , 叶焱 , 等 . 基于低功耗蓝牙技术的室内定位应用研究 [J]. 无线通信技术 , 2015, 24(3): 19–23.

[139] 刘石磊 . 人机交互中的手势分割及识别关键技术的研究 [D]. 济南 : 山东大学 , 2017.

[140] 刘世成 , 韩笑 , 王继业 , 等 . “互联网 +” 行动对电力工业的影响研究 [J]. 电力信息与通信技术 , 2016, 14(4): 27–34.

[141] 刘曙光 , 费佩燕 , 侯志敏 . 生物进化论与人工智能中的遗传算法 [J]. 自然辩证法研

究，1999, 15(12): 20–24.

[142] 刘水丽，吴恋，吴文宇，等．基于深度学习文字识别技术发展现状及展望 [J]. 电脑知识与技术，2019, 15(18): 202–203, 220.

[143] 刘通，高世臣．基于数据空间结构的 KNN 方法优化 [J]. 数学的实践与认识，2018, 48(14): 197–206.

[144] 刘伟，瞿小童．2019 年人工智能研发热点回眸 [J]. 科技导报，2020, 38(1): 151–157.

[145] 刘文博．基于神经网络的短期负荷预测方法研究 [D]. 杭州：浙江大学，2017.

[146] 刘晓明，牛新生，王佰淮，等．能源互联网综述研究 [J]. 中国电力，2016, 49(3): 24–33.

[147] 刘星．基于遗传算法的火电厂厂级负荷经济调度的研究 [D]. 北京：华北电力大学，2007.

[148] 刘永阔，刘震，吴小天．SDG 故障诊断方法在核动力装置中的应用研究 [J]. 原子能科学技术，2014, 48(9): 1646–1653.

[149] 刘云鹏，许自强，李刚，等．人工智能驱动的数据分析技术在电力变压器状态检修中的应用综述 [J]. 高电压技术，2019, 45(02): 337–348.

[150] 李祥鹏，闵卫东，韩清，等．基于深度学习的车牌定位和识别方法 [J]. 计算机辅助设计与图形学学报，2019, 31(6): 979–987.

[151] 刘照．火电厂燃料智能检测平台的设计与开发 [D]. 北京：华北电力大学，2015.

[152] 楼卓．光伏电站自主巡检中的无人机视觉定位算法研究 [D]. 杭州：浙江大学，2019.

[153] 路敦利，宁芊，臧军．基于 BP 神经网络决策的 KNN 改进算法 [J]. 计算机应用，2017, 37(S2): 65–67, 88.

[154] 陆根尧，盛龙，唐辰华．中国产业生态化水平的静态与动态分析——基于省际数据的实证研究 [J]. 中国工业经济，2012(3): 147–159.

[155] 卢云，刘广伟．人工智能在结直肠癌诊治中应用现状、难点及对策 [J]. 中国实用外科杂志，2020, 40(3): 271–274.

[156] 罗华珍，潘正芹，易永忠．人工智能翻译的发展现状与前景分析 [J]. 电子世界，2017(21): 21–23.

[157] 罗艳红，梁佳丽，杨东升，等．计及可靠性的电 – 气 – 热能量枢纽配置与运行优化 [J]. 电力系统自动化，2018, 42(4): 47–54.

[158] 吕观盛．广西北部湾中心城市旅游经济联系度测度与评价研究——基于静态分析视

角 [J]. 改革与战略 , 2015(1):119–121.
[159] 吕文晶 , 陈劲 , 刘进 . 第四次工业革命与人工智能创新 [J]. 高等工程教育研究 , 2018(3): 63–70.
[160] 吕雪霞 , 高德民 . “互联网 +” 火力发电厂智能规范化管理 [J]. 电力大数据 , 2019, 22(4): 87–92.
[161] 马凯凯 . 太阳能光伏板清洁机器人三维路径规划研究 [D]. 兰州 : 兰州理工大学 , 2018.
[162] 马宁 . 互联网平台大数据与智能媒介传播——以腾讯、百度等为例 [J]. 传媒 , 2019(23): 47–49.
[163] 尼克 . 人工智能简史 [M]. 北京 : 人民邮电出版社 , 2017.
[164] 裴凌 , 刘东辉 , 钱久超 . 室内定位技术与应用综述 [J]. 导航定位与授时 , 2017, 4(3): 1–10.
[165] 漆桂林 , 高桓 , 吴天星 . 知识图谱研究进展 [J]. 情报工程 , 2017, 3(1):4–25.
[166] 覃远年 , 梁仲华 . 蚁群算法研究与应用的新进展 [J]. 计算机工程与科学 , 2019, 41(1): 173–184.
[167] 渠慎宁 , 杨丹辉 . 突发公共卫生事件的智能化应对 : 理论追溯与趋向研判 [J]. 改革 , 2020, 313(3): 14–21.
[168] 潘俊 . 基于图的半监督学习及其应用研究 [D]. 杭州 : 浙江大学 , 2011.
[169] 潘力立 . 虹膜识别理论研究 [D]. 成都 : 电子科技大学 , 2012.
[170] 庞巍 . 进化计算算法在路径优化问题应用的研究 [D]. 长春 : 吉林大学 , 2004.
[171] 彭麟 . 基于无人机获取图像的风机叶片表面故障的检测与分析 [D]. 上海 : 上海电机学院 , 2019.
[172] 蒲天骄 , 乔骥 , 韩笑 , 等 . 人工智能技术在电力设备运维检修中的研究及应用 [J]. 高电压技术 , 2020, 46(2): 369–383.
[173] 乔伟彪 , 陈保东 , 吴世娟 , 等 . 基于小波变换和 LSSVM–DE 的天然气日负荷组合预测模型 [J]. 天然气工业 , 2014, 34(9): 118–124.
[174] 齐波 , 张鹏 , 徐茹枝 , 等 . 基于分布模型的变压器差异化预警值计算方法 [J]. 高电压技术 , 2016, 42(7): 2290–2298.
[175] 齐学义 , 李沛 . 人工智能与水电站的经济运行 [J]. 兰州理工大学学报 , 2004, 30(6):52–54.

[176] 瞿凯平，张孝顺，余涛，等．基于知识迁移 Q 学习算法的多能源系统联合优化调度 [J]. 电力系统自动化，2017, 41(15): 18–25.
[177] 全球风能理事会 (GWEC). 2018 全球风电发展报告 [R]. 2018.
[178] 阮光，江学文，周晓亮，等．燃煤电厂智能燃料系统整体解决方案探讨 [J]. 中国设备工程，2019(4): 140–143.
[179] 山下隆义．张弥，译．图解深度学习 [M]. 北京：人民邮电出版社，2018.
[180] 佘玉梅，段鹏．人工智能原理及应用 [M]. 上海：上海交通大学出版社，2018.
[181] 沈政委．基于 RBF 神经网络的风电机组变桨距控制方法研究 [D]. 沈阳：东北大学，2015.
[182] 舒亚琦．人工智能发展效应：美国的政策与启示 [J]. 财会月刊，2020(1): 146–150.
[183] 宋海波．基于 ZigBee 的人员定位与跟踪系统的设计与实现 [D]. 武汉：华中科技大学，2011.
[184] 宋久鹏，董大伟，高国安．基于层次分析法和灰色关联度的方案决策模型研究 [J]. 西南交通大学学报，2002, 37(4): 463–466.
[185] 宋俊朝，李赵一特，陈志威．多能互补分布式能源系统综合评价指标研究 [J]. 中国资源综合利用，2019, 37(8): 39–42.
[186] 宋宁．我国太阳能发电效率评价研究 [D]. 北京：中国地质大学，2018.
[187] 宋人杰，武际富，程景奕．电厂电机设备智能巡检系统的研究 [J]. 信息通信，2015, 146(2): 110–111.
[188] 苏磊，杨晓新．美国出版业人工智能应用研究 [J]. 中国出版，2019(24): 65–68.
[189] 孙红．智能信息处理导论 [M]. 北京：清华大学出版社，2013.
[190] 孙宏斌，王康，张伯明，等．采用线性决策树的暂态稳定规则提取 [J]. 中国电机工程学报，2011, 31(34): 61–67.
[191] 谭营．人工智能之路 [M]. 北京：清华大学出版社，2019.
[192] 陶永，袁家虎，何国田，等．面向中国未来智能社会的智慧安防系统发展策略 [J]. 科技导报，2017, 35(5): 82–88.
[193] 田守财．基于随机初始化的非线性降维算法的研究 [D]. 兰州：兰州大学，2016.
[194] 田芳．浅谈给水泵汽轮机检修中的关键点 [J]. 机电信息，2010(30): 9–10.
[195] 田水承．安全管理学 [M]. 北京：机械工业出版社，2009.
[196] 万筱钟，廖春梅，匡洪辉，等．基于多核集群并行计算框架的中长期梯级水电联合

优化方法 [J]. 自动化与仪器仪表 , 2019(11):76–79.

[197] 万赟 . 从图灵测试到深度学习 : 人工智能 60 年 [J]. 科技导报 , 2016, 34(7): 26–33.

[198] 王丞浩 . 基于物联网的电厂智能巡检系统移动端设计与实现 [D]. 吉林 : 东北电力大学 , 2019.

[199] 王春平 , 王金生 , 梁团豪 . 人工智能在洪水预报中的应用 [J]. 水力发电 , 2005, 31(9):12–15.

[200] 王丹 , 白佳 . "和睦系统" : 中国核电数字化仪控新名片——专访北京广利核系统工程有限公司总经理江国进 [J]. 中国核电 , 2017, 10(3): 302–305.

[201] 王德生 . 全球智能穿戴设备发展现状与趋势 [J]. 竞争情报 , 2015, 11(5): 52–59.

[202] 王东 , 利节 , 许莎 . 人工智能 [M]. 北京 : 清华大学出版社 , 2019.

[203] 王飞跃 , 刘德荣 , 熊刚 , 等 . 复杂系统的平行控制理论及应用 [J]. 复杂系统与复杂性科学 , 2012, 9(3): 1–12.

[204] 王国胜 , 钟义信 . 支持向量机的若干新进展 [J]. 电子学报 , 2001, 29(10): 1397–1400.

[205] 王海坤 , 潘嘉 , 刘聪 . 语音识别技术的研究进展与展望 [J]. 电信科学 , 2018, 34(2): 1–11.

[206] 王宏宇 , 张乃灵 , 冯浩 , 等 . 基于无线局域网的室内定位系统的应用与实现 [J]. 赤峰学院学报（自然科学版）, 2014, 30(6): 23–25.

[207] 王晶香 , 张雪梅 . 建设项目财务评价指标——投资回收期浅析 [J]. 工程管理学报 , 2004(2):13–16.

[208] 王珏 . 小脑模型神经网络控制器在水下机器人中的应用 [D]. 哈尔滨 : 哈尔滨工程大学 , 2004.

[209] 王凯 , 李婉卿 , 白雨欣 . 基于模糊综合评判法的电力系统安全评估 [J]. 数字技术与应用 , 2019, 37(1): 75–77.

[210] 汪荣伟 , 乔树文 , 顾央青 , 等 . 经济应用数学 [M]. 北京 : 高等教育出版社 , 2006.

[211] 王万良 . 人工智能及其应用 [M]. 北京 : 高等教育出版社 , 2016.

[212] 王万森 . 人工智能原理及其应用 [M]. 北京 : 电子工业出版社 , 2018.

[213] 王伟亮 , 王丹 , 贾宏杰 , 等 . 能源互联网背景下的典型区域综合能源系统稳态分析研究综述 [J]. 中国电机工程学报 , 2016, 36(12): 3292–3305.

[214] 王熙 , 李永光 , 王凯 , 等 . 采用风力制热供暖的经济性分析 [J]. 可再生能源 , 2015, 33(1): 75–81.

[215] 王小博，付豪．燃机电厂智能机器人巡检系统应用方案研究 [J]. 机电信息，2017(30): 143–144.

[216] 王晓强，袁晓鹰．机器人集成技术在煤炭制样中的应用 [J]. 煤质技术，2016(4): 20–22.

[217] 王新海．基于四轮驱动永磁吸附爬壁机器人的设计与研究 [D]. 南昌：南昌大学，2018.

[218] 王亚珅，张龙．2019 年国外人工智能技术的发展及应用 [J]. 飞航导弹，2020(1): 46–50.

[219] 王岩．火电厂盘煤新方法研究 [D]. 北京：华北电力大学，2004.

[220] 王禹．基于线性回归分析的特征抽取及分类应用研究 [D]. 扬州：扬州大学，2016.

[221] 王政，刘继伟．电站锅炉燃烧优化技术的应用与发展 [J]. 华北电力技术，2015(11): 63–70.

[222] 王志豪，李自成，王后能，等．基于 RBF 神经网络的光伏系统 MPPT 研究 [J]. 电力系统保护与控制，2020, 48(6): 85–91.

[223] 王治学，刘沂．无人值守换热站智能控制系统设计 [J]. 电气传动，2019, 49(8): 57–61.

[224] 卫平，范佳琪．中美人工智能产业发展比较分析 [J]. 科技管理研究，2020, 40(3): 141–146.

[225] 魏艳辉，陈卫华，苏德颂，等．核电厂运行安全专家决策支持系统方案 [J]. 原子能科学技术，2014, 48: 859–863.

[226] 文乐，张宝锋，张恩享，等．并网型多能互补系统优化规划方法 [J]. 热力发电，2019, 48(11): 68–72.

[227] 温有奎，温浩，乔晓东．让知识产生智慧——基于人工智能的文本挖掘与问答技术研究 [J]. 情报学报，2019, 38(7): 722–730.

[228] 吴迪，汤小兵，李鹏，等．基于深度神经网络的变电站继电保护装置状态监测技术 [J]. 电力系统保护与控制，2020, 48(5): 81–85.

[229] 吴洪石．澜沧江下游水库生态 – 发电多目标优化调度研究 [D]. 西安：西安理工大学，2019.

[230] 伍永忠．电子安全围栏系统发展现状和市场前景及在国内送变电站的应用 [J]. 中国安防，2008(3): 63–66.

[231] 席志鹏，楼卓，李晓霞，等．集中式光伏电站巡检无人机视觉定位与导航 [J]. 浙江大

学学报（工学版）, 2019, 53(5): 880-888.

[232] 夏晶 . 美国高校图书馆人工智能实验室实践与启示——以美国罗德岛大学图书馆为例 [J]. 图书馆工作与研究 , 2020(3): 68-73.

[233] 肖健华 , 吴今培 . 基于支持向量机的模式识别方法 [J]. 五邑大学学报（自然科学版）, 2003, 16(1): 6-10.

[234] 肖心民 , 沙睿 . 人工智能在核能行业发展应用初探 [J]. 中国信息化 , 2017, 284(12): 10-12.

[235] 肖徐兵 , 徐玮 . 基于机器学习的综合能源运维管控研究 [J]. 计算机技术 , 2019(7): 78-79.

[236] 谢铮桂 . 改进的粒子群算法及收敛性分析 [J]. 计算机工程与应用 , 2006, 47(1): 46-49.

[237] 熊刚 , 王飞跃 , 侯家琛 , 等 . 提高核电站安全可靠性的平行系统方法 [J]. 系统工程理论与实践 , 2012, 32(5): 1018-1026.

[238] 熊和金 , 陈德军 . 智能信息处理 [M]. 北京 : 国防工业出版社 , 2006.

[239] 熊俊 . 高压套管介质损耗及电容现场测量值分布特性 [J]. 高压电器 , 2016, 52(6): 69-77.

[240] 徐阳 , 谢天喜 , 周志成 , 等 . 基于多维度信息融合的实用型变压器故障诊断专家系统 [J]. 中国电力 , 2017, 50(1): 85-91.

[241] 许兆铭 , 陈家强 . 模糊数学在经济效益综合评价中的应用——兼论综合评价经济效益的数学模型 [J]. 财经研究 , 1985(4): 34-39.

[242] 薛红军 , 陈广交 , 李鑫民 , 等 . 基于决策树理论的交通流参数短时预测 [J]. 交通信息与安全 , 2016, 34(3): 64-71.

[243] 杨炳良 . 水电站智能安防系统研究应用 [J]. 自动化应用 , 2019(1):85-87.

[244] 杨超 . 大坝机器人渗漏检测系统与定姿控制研究 [D]. 杭州 : 浙江大学 , 2017.

[245] 杨承佐 , 李想 , 柳泓羽 , 等 . 基于大数据技术的发电厂一体化管理平台的构建与应用 [J]. 自动化博览 , 2017(11): 72-74.

[246] 杨海清 . 遗传算法的改进及其应用研究 [D]. 杭州 : 浙江工业大学 , 2004.

[247] 杨睿 , 刘瑞军 , 师于茜 , 等 . 面向智能交互的视觉问答研究综述 [J]. 电子测量与仪器学报 , 2019, 33(2): 117-124.

[248] 杨天奇 . 人工智能及其应用 [M]. 广州 : 暨南大学出版社 , 2014.

[249] 杨挺，赵黎媛，王成山．人工智能在电力系统及综合能源系统中的应用综述 [J]. 电力系统自动化，2019, 1(43): 1–14.

[250] 杨鑫，张庆海，杨旭，等．大数据分析技术在发电企业的应用 [J]. 集成电路应用，2018, 35(11): 49–51.

[251] 杨新民．智能控制技术在火电厂应用研究现状与展望 [J]. 热力发电，2018, 47(7): 1–9.

[252] 杨影．一类线性回归模型的有偏估计改进研究 [D]. 锦州：渤海大学，2016.

[253] 杨志鹏，朱丽莉，袁华．粒子群优化算法研究与发展 [J]. 计算机工程与科学，2007, 29(6): 61–64.

[254] 颜洪，刘佳慧，覃京燕．人工智能语境下的情感交互设计 [J]. 包装工程，2020, 41(6): 13–19.

[255] 严英杰，盛戈皞，陈玉峰，等．基于关联规则和主成分分析的输电线路状态评价关键参数体系的构建 [J]. 高电压技术，2015, 41(7): 2308–2314.

[256] 殷佳章，房乐宪．欧盟人工智能战略框架下的伦理准则及其国际含义 [J]. 国际论坛，2020, 22(2): 18–30, 155–156.

[257] 喻海滔．200MW 核供热站故障诊断系统研究与开发 [D]. 北京：清华大学，2000.

[258] 于会萍，刘继东，程浩忠，等．电网规划方案的成本效益分析与评价研究 [J]. 电网技术，2001, 25(7): 32–35.

[259] 余廷芳，耿平，霍二光，等．基于智能算法的燃煤电站锅炉燃烧优化 [J]. 动力工程学报，2016, 36(8): 594–599, 607.

[260] 余晓丹，徐宪东，陈硕翼，等．综合能源系统与能源互联网简述 [J]. 电工技术学报，2016, 31(1): 1–13.

[261] 袁玥．基于 NFC 的数字化智能门禁系统研究与设计 [D]. 武汉：湖北工业大学，2017.

[262] 张灿．火电厂盘煤系统的研究与设计 [D]. 北京：华北电力大学，2015.

[263] 张迪，鲁宁，李宜展，等．智能视觉感知与理解研究态势分析 [J]. 计算机工程与应用，2018, 54(19): 18–25, 33.

[264] 张东英，代悦，张旭，等．风电爬坡事件研究综述及展望 [J]. 电网技术，2018, 42(6): 1788–1792.

[265] 张洪源．火电机组锅炉燃烧优化研究 [D]. 南京：东南大学，2016.

[266] 张俭．基于深度学习的风功率预测模型的研究 [D]. 北京：北京交通大学，2019.

[267] 张佼 . 基于神经网络和支持向量机及其改进算法的供热负荷预测研究 [D]. 太原 : 太原理工大学 , 2015.

[268] 张铃 . 支持向量机理论与基于规划的神经网络学习算法 [J]. 计算机学报 , 2001, 24(2): 113–118.

[269] 张萍 . 基于神经网络的变桨距风力机系统辨识与控制 [D]. 重庆 : 重庆邮电大学 , 2018.

[270] 张平 , 陶运铮 , 张治 . 5G 若干关键技术评估 [J]. 通信学报 , 2016, 37(7): 15–29.

[271] 张强 . 探析智能巡检机器人推动水电企业智慧检修新发展 [J]. 水电与新能源 , 2018, 32(8):64–66.

[272] 张勤 . 用原创的 DUCG 人工智能技术提高核电站的安全性和可用度 [J]. 中国核电 , 2018, 11(1): 59–68.

[273] 张素香 , 赵丙镇 , 王风雨 , 等 . 海量数据下的电力负荷短期预测 [J]. 中国电机工程学报 , 2015, 35(11): 37–42.

[274] 张鑫 , 王明辉 . 中国人工智能发展态势及其促进策略 [J]. 改革 , 2019, 312(9): 31–44.

[275] 张学工 . 关于统计学习理论与支持向量机 [J]. 自动化学报 , 2000, 26(1): 32–42.

[276] 章永来 , 周耀鉴 . 聚类算法综述 [J]. 计算机应用 , 2019, 39(7): 1869–1882.

[277] 张志强 , 胡山鹰 , 胡雪瑶 , 等 . 智慧工厂综合管理信息系统开发及应用 [J]. 化工进展 , 2016, 35(4): 1000–1006.

[278] 张遵麟 . 最优化方法在核磁共振数据处理中的应用 [D]. 上海 : 华东师范大学 , 2007.

[279] 赵海涛 , 程慧玲 , 丁仪 , 等 . 基于深度学习的车联边缘网络交通事故风险预测算法研究 [J]. 电子与信息学报 , 2020, 42(1): 50–57.

[280] 赵洁 . 中低压配电网建设项目经济效益后评价研究 [D]. 北京 : 华北电力大学 , 2011.

[281] 赵亮 . 基于协同 PSO 算法的模糊辨识与神经网络学习 [D]. 上海 : 上海交通大学 , 2009.

[282] 赵文清 , 朱永利 , 姜波 , 等 . 基于贝叶斯网络的电力变压器状态评估 [J]. 高电压技术 , 2008, 34(5): 1032–1039.

[283] 赵兴文 , 杭丽君 , 宫恩来 , 等 . 基于深度学习检测器的多角度人脸关键点检测 [J]. 光电工程 , 2020, 47(1): 64–71.

[284] 赵忠辉 , 方全国 . 煤质在线检测技术现状及发展趋势分析 [J]. 煤质技术 , 2017(4): 18–21.

[285] 郑建国 . 技术经济分析 [M]. 北京 : 中国纺织出版社 , 2008.

[286] 郑梦建 . 核电站控制系统虚拟人机界面及预警功能的开发 [D]. 南京 : 东南大学 , 2013.

[287] 郑南宁 . 人工智能面临的挑战 [J]. 自动化学报 , 2016, 42(5): 641–642.

[288] 郑伟 . 数据挖掘在人工智能上的应用实践 [J]. 电脑编程技巧与维护 , 2018(8): 115–117.

[289] 中国城镇供热协会 . 中国供热蓝皮书 2019– 城镇智慧供热 [M]. 北京 : 中国建筑工业出版社 , 2019.

[290] 钟绍春 . 人工智能如何推动教育革命 [J]. 中国电化教育 , 2020, 398(3): 17–24.

[291] 周浩杰 . 集中供热系统换热站负荷预测与控制算法研究 [D]. 天津 : 天津理工大学 , 2019.

[292] 周昊 , 朱国栋 , 黄燕 , 等 . 锅炉水冷壁异常振动问题解决方案研究 [J]. 动力工程学报 , 2016, 36(6): 436–441.

[293] 周珏嘉 , 相非 , 崔宝秋 , 等 . AI 下的智能语音开放创新平台 [J]. 信息技术与标准化 , 2019(1–2): 21–23, 42.

[294] 周美云 . 机遇、挑战与对策 : 人工智能时代的教学变革 [J]. 现代教育管理 , 2020(3): 110–116.

[295] 周泉 , 齐素文 , 肖斌 , 等 . 人工智能助力检验医学发展 [J]. 南方医科大学学报 , 2020, 40(2): 287–297.

[296] 周志华 . 机器学习 [M]. 北京 : 清华大学出版社 , 2016.

[297] 朱福喜 . 人工智能 [M]. 北京 : 清华大学出版社 , 2017.

[298] 祝海龙 . 统计学习理论的工程应用 [D]. 西安 : 西安交通大学 , 2002.

[299] 朱乔木 , 李弘毅 , 王子琪 , 等 . 基于长短期记忆网络的风电场发电功率超短期预测 [J]. 电网技术 , 2017, 41(12): 3797–3802.

后记

这些年，借助数字化、智能化技术的发展，国内很多新建电厂掀起了一股建设数字化电厂、智能电厂甚至智慧电厂的潮流。五年前，我从网络上、公众号、科技刊物、技术论坛等渠道，接收了大量智能发电技术和智能电厂建设的相关信息。本着个人对新技术的热爱，我开始潜心学习各位专家的技术思想，收获颇丰。结合自己的工作经历和管理体验，提出了“一个中心、三个平台”的智慧电厂技术路线构架，即数据中心、智能安全平台、智能生产平台、智能经营平台，并陆续被国内同行采用和借鉴。

建设数字化智慧电厂，需要从管理上和技术理念上告别从前的一些传统习惯思维，打破常规、脑洞大开都是经常的事。用数据模型替代数学机理模型、用仓储智能系统替代人工库存盘点、用专家诊断预警替代工人师傅经验、用智能机器人替代繁杂重复的操作等，这些都在电厂的生产管理中屡见不鲜，数字化、信息化技术已经在电厂生产经营中生根发芽，经济效益和社会效益也初见成效，智慧电厂的概念已逐步清晰。

依稀记得 1997 年 IBM 深蓝机器人击败等级分排名世界第一的男子国际象棋特级大师卡斯帕罗夫，当时我和小伙伴们不是惊叹机器算法的厉害，而是嘲笑国际象棋的算法套路远远不如中国围棋，认为机器人想从围棋上战败人类职业九段棋手，简直是天方夜谭。就这样夜郎自大地过了 19 年，直到 2016 年谷歌的 AlphaGo 机器人击败围棋世界冠军李世石，2017 年再次击败世界排名第一的中国棋手柯洁，我们才猛然意识到，人工智能就这样闯入了平常百姓的视野。这几年，大家从网上看到波士顿动力机器人的各种“逆天”表演视频，有些行为已经超过人类身体极限，让我们叹为观止。这就促使我们改变以往的一些认识，机器人不仅可以替代人类简单重复的劳动，还可以从事更智慧、更精细的技术工作。

随着计算机视觉、物联网技术、海量数据挖掘和分析、机器学习、智能机器人等人工智能技术的快速发展，在 To C 市场得到广泛应用，培育出了像阿里巴巴、腾讯、华为、海康威视、商汤科技、旷世科技、科大讯飞、大疆科技等世界顶尖的中国高科技公司，To C 市场逐渐成为红海，竞争更加激烈，可拓展的空间越来越小。各大科技巨擘公司逐步把目光朝向 To B 市场，人工智能渐渐进入工业领域的各个环节，也颠覆了很多传统技术思维。在发电领域，数字化智慧电厂建设如火如荼，在数字化技术和常规智能控制技术得到普及推广的同时，人工智能技术开始走上舞台，得到越来越多的关注和研究。如何将人工智能技术应用到发电行业的各个安全生产经营环节，需要我们行业的各级领导和技术人员予以关注和扶持，需要科研院所、高等院校和科技公司开展前瞻性的应用研究，给各个发电企业提供更先进的技术来创造更好的经济价值和社会效益。

2015 年前，跟随着国内数字化电厂的一波风潮，我开始关注电厂数字化建设的进程。2017 年，智能电厂和智慧电厂概念席卷而来，人工智能技术也逐渐融入我们的平常生活，使我不得不去思索是跟随别人节奏亦步亦趋地模仿，还是做出自己的亮点和特色，去引领另一个蓝海领域？于是，在平时工作和学习交流中，我更多去学习和关注人工智能领域的新技术、新研究、新应用，和国内很多专家、同行去交流探讨，主动提出自己的思路和点子，请对方提问题、挑毛病，让我把技术方案做得更完善。2018 年，当自己的想法逐渐成熟后，发现自己熟悉的领域和知识面还是太局限，于是就想组建一个团队去做一件有意义、有价值，可以与国内同行交流分享的事情。2019 年联合电力高校、研究院和产业联盟，着手开展《人工智能在发电行业应用及研究》软科学研究课题，课题研究成果就是今天这本书稿的原型。从项目立题到 2020 年，我们这个编写团队从不认识到相识相知，从不熟悉到精诚合作，终于拿出一个初见成效的研究成果供各位同行批评指正。这本书是国内第一部将人工智能技术与发电领域生产经营相融合的专业性书籍，具有一定开创性和引领性，凝聚了我们整个编写组的心血。

为了更好地给电力企业、科研院所、高等院校和科技公司搭建一个互相交流学习的平台，编写组尝试着从人工智能各种应用技术在不同类型发电企业的生产需求、典型应用案例、未来前景方向等方面去做分析，尽可能地让读者熟悉技术原理和应用场景，消除不同行业和领域之间的沟壑，大家共同来推动人工智能技术在发电行业的应用落地，用技术进步来推动产业革命。

本书在编写过程中，借鉴了很多同行的资料、思想和成果，不能一一列举，在此一并表示感谢。限于编写组的水平和能力，这本书距离我们的初衷还有很大差距，但我们还是想借此抛砖引玉，希望引起大家更多关注人工智能在电力行业的应用，希望更多的技术爱好者能投身于此。编写组也诚恳地希望得到同行专家和爱好者的批评指正，争取今后展示更加丰富、更有价值的技术信息。

主编　华志刚

2020 年 6 月于北京

编写组寄语

人工智能是我国跻身创新型国家和科技强国的重要支撑，是新一轮能源革命的核心驱动力。加快人工智能技术的深度应用，促进传统发电行业数字化、智能化转型升级，是发电企业培育发展新动能、打造竞争新优势的必然选择。这是智慧的时代，更是我们的时代！

——国家电投集团科学技术研究院　李璟涛

我们正在经历发电行业与人工智能深度融合的重要历史时刻。作为能源行业从业者，看到新思考、新技术和新变化的大潮滚滚向前，不禁有一种波澜壮阔的感觉。本书是对发电行业人工智能应用实践和思考的总结，更是对能源工业互联网和新基建的一次历史记录。让我们共同开创发电行业的未来。

——上海发电设备成套设计研究院　汪勇

大数据、物联网、智能控制等人工智能技术的发展，为发电企业智能化奠定了坚实基础，智慧电厂的建设未来可期！此书成稿之时，恰逢爱女降生。谨以此书献给心爱的女儿，愿新生一代与祖国的人工智能和能源产业一同蓬勃生长。

——国家电投集团科学技术研究院　吴水木

人工智能作为当下科技领域最热门的技术，已成为新一轮科技革命和产业变革的重要驱动力。能够有幸参与本书的撰写，与行业专家一起在浪潮之巅，探索人工智能技术在发电行业应用的新途径，助推发电行业数字化、智能化转型发展，是一个电力人的骄傲与自豪，也是初心所向与使命所在。

——上海发电设备成套设计研究院　臧剑南

琴剑前时为我来，志同道合味悠哉。非常荣幸和一群用心付出的同事做一件有意义的事。人工智能是“数字经济”“新基建”的重要组成部分，是发电企业数字化升级、智能化转型、提质增效的新动能。希望本书能使读者受益。

——国家电投集团科学技术研究院　杨洋

能源和人工智能都是国家和社会发展不可或缺的力量。这本结合了电力与人工智能的编著，在时代的浪潮和机遇中孕育而出。在这背后，是许多专家学者付出的大量时间和精力，我很荣幸能够成为其中一员，相信它将在传统电厂向智慧电厂转型升级的过程中扮演重要角色。

——华北电力大学　刘鑫月

本书的编写过程是一次自我学习、开拓和思考的过程，学习人工智能新技术，开拓人工智能新思路，思考发电行业打造智慧电厂的人工智能之路。希望本书的出版能够为全国发电行业的同行提供一点帮助。

——上海发电设备成套设计研究院　范佳卿

本人从事智慧电站设计和建设相关工作，工作中深感现代科技的更新迭代之快，将成熟的新技术应用于实际去解决电站的痛点、难点问题，或者将有前景的科技在电站环境进行应用研究开发，是我们的工作方向。本次撰写书稿，让我有机会和同行深入交流，对自己也是一次提高，受益颇多。

——上海发电设备成套设计研究院　崔希

人工智能的发展深刻影响着人们生活，社会结构和经济基础也将因此发生变化。在本书编写过程中越来越深刻地体会到无论是电站设计、施工建造还是生产运营等各个阶段，人工智能技术都能带来数据管理能力和利用效率的提升。

——国核电站运行服务技术有限公司　刘一舟

在本书编写过程中，和各位专家、老师的探讨使我收获良多。这是人工智能与电力行业相结合的第一本书籍，回想起来，多少个日夜大家对每一个数据、每一个案例进行反复确认、探讨，力求论述准确。衷心希望本书能给读者带来参考价值。

——中关村华电能源电力产业联盟　余哲明

因为研究领域与人工智能在电力系统中的应用相关，所以我有幸参与本书的编写工作。书中内容知识面广，涉及大量现场经验，同时主编对本书定位高、要求严、期望大，在编写过程中我感受到很大的压力和强烈的使命感。经过编写组共同努力，本书终于和读者见面，希望能给各位电力同仁带来一丝启发。

——中关村华电能源电力产业联盟　黄睿

作为一名电气领域的相关从业者，这是本人第一次参与电气领域专业书籍的编写，在编写过程中查阅了大量的文献资料和参考书籍，同时向光伏和光热电站的前辈们咨询了相关现场信息，在此表示感谢。希望本书可以帮助读者对于人工智能在发电领域的应用及研究有所了解和认识。

——中关村华电能源电力产业联盟　孙庆喜

综合智慧能源是未来能源发展的重要方向，智慧能源在发展过程中，离不开人工智能技术的应用和支撑。智慧能源刚刚起步，应用场景和案例并不多，可供查找或参考的资料有限，因此作者是抱着学习的心态在编写本书内容，若有不妥之处欢迎各位读者一起讨论研究。

——国家电投集团科学技术研究院　符佳

在编写过程中，真切感到当前应用于供热领域的智慧热网、新能源供热、储能技术等发展迅速，作为电力人，拥抱新技术发展，努力建设“清洁低碳、安全高效”的现代能源体系是义不容辞的责任和义务。

——山东电力工程咨询院　尹书剑

伴随国家“新基建”相关政策的颁布，人工智能为发电行业全面赋能的时代已经到来。身为电力人能够赶上电力行业技术革命浪潮，并有幸与一群可爱的人共同参与这项伟大的事业倍感骄傲和自豪！

——国网冀北电力有限公司电力科学研究院　王泽森

2003年，牛津英语课本有篇课文名为*Virtual Reality*，是我对人工智能认识的起点。17年后，我有幸参与本书的编写，令我对人工智能的理解真正从“虚拟”到“现实”。我坚信，人工智能和发电领域的“跨界”融合必将会引领发电行业向更加清洁低碳、安全高效发展。

——上海电力股份有限公司　顾怡

人工智能在发电领域的普及必是大势所趋，能为这本前沿领域著作贡献绵薄之力，我感到十分荣幸。它山之石可以攻玉，希望本书可以给对电力人工智能感兴趣的读者带来源源不断的灵感。

——中电（福建）电力开发有限公司　邓剑

刚开始接到任务时，感觉无从下手，内心十分忐忑，同时又为能够参加智能化类的书籍编写工作而自豪。当书稿经过编写组的不懈努力终于完成时，内心无比激动，同志们的辛苦付出得到了回报。希望本书能够为电力行业的智能化推进提供帮助！

——国家电投集团东方新能源股份有限公司　何枭

从接受任务至本书出版，心情从激动、彷徨至喜悦、自豪。为有如此良机而激动，为无从下手而彷徨，为如期出版而喜悦，为能够投身人工智能浪潮而自豪！世上无难事，只怕有心人；有志者，事竟成。谨以此书献给智慧电厂的奋斗者们！

——五凌电力有限公司新能源分公司　马开科

身为从事电厂工作的我，深刻体会到人为操作受到许多客观因素的影响，造成工作效率低下等问题。在书籍的创作中，我学习到了利用先进人工智能技术，能够极大地提高工作效率，希望本书能够为电力企业发展贡献更大的力量。

——赤峰热电厂有限责任公司　刘萌

在中国电力市场改革加速推进、发电企业争相转型发展综合智慧能源的背景下，人工智能发展的重要性与紧迫性进一步凸显。本书对人工智能在各发电领域的研究现状、关键技术及应用情况进行了汇总和介绍，有助于读者全面了解人工智能在发电行业的发展轨迹，把握人工智能的核心价值。

——上海外高桥发电有限责任公司　周方俊

人工智能以掩耳不及之势闯进我们的生活，也给发电产业带来了重大变革和机遇。本书全面诠释了人工智能在发电行业的应用和发展前景，作为参编者，我感受颇深，也更能理解团队的用心，非常期待本书的面世，让读者感受人工智能在发电行业发展应用波澜壮阔的画面。

——国家电投集团协鑫滨海发电有限公司　李奎

人工智能已成为国家以及各行业未来发展的关键技术之一，身为一名电力工作者，有幸参编本书，能够为推动电力行业的智能化建设尽自己的一点微薄之力，为此感到无比自豪。希望本书可以为更多的电力工作者提供人工智能技术应用的思路，不断推动国家能源领域及电力行业智能化发展。

——国核电站运行服务技术有限公司　关光

我们对人工智能与发电行业融合的认识，是一个不断探索、不断修正、不断深入的螺旋上升过程，经历有多曲折，成就感就有多强烈。相信未来，人工智能作为新型生产要素，将会在发电领域创造出前所未有的价值。

——国核电力规划设计研究院　王颖